市場開放下の韓国農業

―農地問題と環境農業への取り組み―

深川博史著

九州大学出版会

は し が き

　本書では，90年代の市場開放下における韓国農業について，農地問題を中心に検討している。90年代の韓国農業は，ウルグアイ・ラウンド農業交渉の妥結を受けて，農産物市場の開放を迫られることとなった。90年代前半には米以外の作物について市場開放が進められるとともに，米市場の開放に備えて農業構造改善の事業が開始された。

　韓国農業は，日本に比べて，専業農家が多く，稲作への依存度が高いという特徴を持つ。農家所得の農業所得依存度，農業所得の稲作所得への依存度がともに高く，稲作農業の行方が農家の将来を左右している。兼業農家が大多数を占める日本農業とは類似性を持ちつつも，多くの点で異なっており，同じ条件下で米市場が開放された場合には，日本に比べてその影響は格段に大きいと予想される。よって，米市場の開放に備えた，稲作農業の競争力育成策にも相当なエネルギーが投じられた。

　稲作農業の構造改善に際しては，農地問題の解決が鍵となる。従来の韓国農業は，農地が分散し，経営規模が零細であるという特徴を有した。日本と同じく，分散錯圃制と零細小農体制の下で，生産性の向上は大きく制約されていた。このような体制の下で，生産性の向上を図るには，農地の集団化を進め，比較的耕地規模の大きい経営体の育成が求められるが，そのためには，稲作農業機械化体系の整備や，担い手農民の成長が必要となるばかりでなく，農地の流動化が避けられない。

　しかし，この農地の流動化を巡る状況は，日本とは大きく異なっていた。韓国では全体農地に占める賃貸借面積の割合が大きく，農村集落では不在地主の関わる賃貸借が広く行われている。農地の流動化にあたっては農地所有者の協力が避けられないが，不在地主の協力を得ることは容易ではなかった。50年代の農地改革後に，その成果を維持するための農地法が定められなかった韓国では，都市化とともに，不在地主の所有農地が増加し，農地の流

動化は困難となっていた。加えて，農民高齢化の進展に伴い，高齢の農民が農村に滞留し，在村地主の所有農地についても流動化の速度が低下していた。そして，これら流動化の停滞状況を背景に，90年代の構造改善事業は困難に直面した。本書では，そういう韓国農村の構造問題を検討し，構造政策の変遷を描いている。

ところで，このような分析の成果を書物にまとめるにあたっては，多くの方々より御意見を頂戴した。6人の専門家に本書草稿を送付して査読を依頼した。加えて，韓国農業をテーマとする3つの国際シンポジウムで報告し，韓国の先生方をはじめとして，多くの専門家より御意見を頂いた。

本書草稿の査読をお願いしたのは，日本では，倉持和雄（横浜市立大学），櫻井浩（久留米大学），松本武祝（東京大学）の3氏。韓国では，鄭英一（ソウル大学校），朴珍道（忠南大学校），金正鎬（韓国農村経済研究院）の3氏である。倉持和雄先生は90年代前半に，『現代韓国農業構造の変動』を発表されており，韓国農業の研究者にとっては，この大著を越える成果を示すことが長い間の課題であった。また，櫻井浩先生は韓国農地改革研究の大家であり，松本武祝先生は歴史的な視角から韓国農業について鋭い洞察を示されている。さらに，鄭英一先生は，韓国における農業政策研究学界の中心に位置し，農政転換の節目において重要な役割を果たされてきた。朴珍道先生は，農地問題の論客として知られており，90年代の農政改革については鋭い批判論を展開されてきた。金正鎬先生は政府系研究機関にあって，90年代の構造政策立案を陣頭指揮されてきた方であり，政策の表裏双方に通じておられる。

本書草稿は，これらの専門家の先生方より，あらゆる角度から多くのコメントを頂戴した。いずれも韓国農業に関しては一家言ある方々で，実力者揃いであることから，厳しい批判が出てくるものと考えられた。実際に，草稿送付の数週間後に寄せられたコメントを読むと，予想通り厳しいものが含まれていたが，最終的には，筆者の意図を理解していただき，「市場開放下の韓国農業」という，90年代の新たな局面に関する分析については，一定の評価をいただいたものと考えている。そして，それらの意見を吟味し，時には積極的に取り込み摂取することで，初期草稿の段階に比べて，内容をかな

り充実させることができたと考えている。

　倉持和雄先生には，本書草稿を最も熱心に読んでいただき，査読後に返ってきた草稿には，ほとんどのページにびっしりと，書き込みが入っていた。しかも倉持先生の批判やコメントは極めて的確であり，それらの一つ一つを検討するには長時間の作業を要した。回答のなかの賃貸借問題については，論争の様相を帯びている部分もあり，本文だけで不十分なところは，注のなかで説明を加えている。櫻井浩先生には専門用語の統一について御指摘いただき，御意見を頂戴して後に用語統一の作業を進めたが，この作業は自らの議論内容を整理する上で大いに役に立った。最終的に専門用語を極力統一することにしたが，類似の用語を複数用いざるをえないときには，用語定義に関する注釈を付した。松本武祝先生には，大農層の実態に関するコメントを頂いたが，本書では90年代の構造政策の産物としての大農層について説明を加えている。

　ソウル大学校の鄭英一先生には，ここ数年の間，多くの面で御指導いただいており，私にとっては論文指導の先生のようになってしまった。的確に草稿の問題点をご指摘いただき，それらはすべて書き改めている。朴珍道・金正鎬の両先生は，韓国農政研究の中心に位置し，この間に韓国農業に関して，数多くの論考を発表されてきた。本書でもその多くを引用し紹介している。金正鎬先生からは，政策の中のとくに事実関係について多くのコメントをいただいた。実際の政策を研究対象とする者にとって恐ろしいのは事実誤認である。とくに第4章の機械化の部分については，金正鎬先生の指摘を受けて大幅に書き改めた。朴珍道先生にも農政研究センターの活動で御多忙な中，ポイントを絞ってコメントをいただいた。切れ味鋭い朴珍道先生の御批判には検討にかなり苦労したが，時間をかけてなんとか回答を準備することができた。

　草稿は2002年の冬に完成していたが，春に各先生からのコメントを受けて，その検討作業を夏まで続け，結局，書物の刊行は秋になってしまった。草稿へのコメントをいただいてから，出版に至るまでに半年を要したことになるが，この半年間にも多くの発見があり，研究のプロセスとしては充実していた。それらの発見は，6人の先生方への回答を準備する際の，思考過程

のなかで生まれてきたものであり，コメントを寄せて頂いた方々には厚く御礼申し上げたい。

　本書の内容については，上記の他に，日韓両国の研究者が参加する3つの国際シンポジウムにおいて口頭発表と討論の機会をいただいた。それぞれのシンポジウムの参加者は異なり，発表の回を重ねるごとに少しずつ草稿に修正を加え，発表内容を充実させていった。2002年の前半には，韓国農業に関連する日韓のシンポジウムが立て続けに3回開催されている。筆者は幸いに，このすべてに発表の機会を得た。2月に韓国の蔚山（ウルサン），5月に北海道大学，8月には東京大学と，草稿を抱えて各地の会場を駆け回り，多くの方々から質問や批判を頂いた。それらは本書の内容に反映させている。

　ソウル大学校の鄭英一教授がコーディネイトされた2月の蔚山発展研究院のシンポジウム発表の際には，韓国語による討論の機会を得て，朴珍道先生及びその他の方々より御意見をいただいた。また5月の，北海道農業研究会のシンポジウムでは，松本武祝先生とともに報告の機会を得た。同シンポジウムでは北海道農業研究会の活発な討論に接し，韓国農業への関心の高さに驚かされた。この時には，李哉沄（鹿児島大学），柳村俊介（酪農学園大学），寺本千名夫（専修大学），宋春浩（韓国益山大学校），三島徳三（北海道大学），の各先生から御意見をいただいた。さらに8月の，東京大学で開催された日韓両国の農業経済学会共催の国際シンポジウムでは，金正鎬先生とともに発表の機会を得た。このときのコメンテイターの李英基（韓国東亜大学校）先生からは重要な論点を幾つか御指摘いただき，それらも本書の内容に反映させている。この他にも本書の執筆に際しては，多くの方々より御意見を頂戴しており，可能な限り訂正を加え，また質問等への回答を準備した。コメントをくださった方々には心より謝意を表したい。

　本書執筆の際の，原稿整理及び校正については，樋口晶子氏より多大なサポートを受けた。また，九州大学出版会の，藤木雅幸氏と永山俊二氏には編集の労を取っていただいた。併せて感謝申し上げる。

2002年9月

深川博史

謝　　辞

　本研究の一部については，日本生命財団の環境研究助成「韓国の開発制限区域制度に関する研究」において助成を受けた。さらに，本書の刊行に際しても，同財団より，研究成果発表助成を受けている。重ねて感謝申し上げたい。

　2002 年 9 月

深 川 博 史

凡　　例

(1)　参照論文等について原文が韓国語のものは，本文及び注において邦訳を記載した。巻末の韓国語の参考文献目録は邦訳に加えて原文のハングルを併記した。邦訳にあたっては，漢字交じりハングル文の場合，漢字部分はできるだけ原典のままとし（ただし，旧漢字は新漢字で表記），ハングル部分はカタカナで表記した。ただし，カタカナより，漢字が適切と思われる場合は，漢字で表記した。ハングルだけの文献名の場合，漢字とカタカナ交じりで表記した。
(2)　韓国の地名および人名については，初出箇所において，韓国語の音にできるだけ忠実にカタカナのフリガナを記載した。
(3)　作物名については，漢字表記が一般的な唐辛子・米・梨などは漢字で表記したが，当用漢字以外の葡萄・林檎・蜜柑などについては，ブドウ・リンゴ・ミカンとカタカナで表記した。
(4)　注は各章末尾に記載した。
(5)　他の文献からの引用語句については表記の統一は行わず原文通りとした。

目　　次

はしがき …………………………………………………………… i
謝　辞 ……………………………………………………………… v
凡　例 ……………………………………………………………… vi

序　章　問題関心と課題の設定 ……………………………… 3
１．問題関心 …………………………………………………… 3
２．先行研究の状況 …………………………………………… 5
　(1)　研究主体（研究者・研究機関）別の状況　*5*
　(2)　農地の賃貸借を巡る研究　*11*
３．課題の設定 ………………………………………………… 15
　(1)　農地問題と構造政策の評価　*15*
　(2)　研究の対象地域と研究手法　*18*
４．本書の構成 ………………………………………………… 22

第１章　WTO体制下の国際農業政策と韓国農政の方向 ……… 33
はじめに ………………………………………………………… 33
１．WTO体制下の国際農業政策 …………………………… 35
　(1)　WTO体制下の国際農業政策　*35*
　(2)　韓国のWTOへの対応　*36*
２．韓国農業の把握 ―日本との比較― …………………… 39
　(1)　農地利用と農家の比較　*39*
　(2)　専・兼別農家戸数と高齢化現象の比較　*40*
３．90年代の韓国農家・農業の特徴 ……………………… 42

(1) 耕地利用と農家人口　　43

　　(2) 専・兼業の状況　　47

　　(3) 高齢化の状況　　48

　4．韓国の構造政策 ………………………………………… 52

　　(1) 施設型農業の後退と稲作農業への回帰　　52

　　(2) 稲作経営の負債　　54

　　(3) 構造政策の転換　　56

　5．農政改革の方向 ………………………………………… 57

　　(1) 米市場開放と国内補助の削減　　57

　　(2) 直接支払い制の実施　　60

　　(3) 近隣諸国との貿易問題　　62

　おわりに ……………………………………………………… 63

第2章　賃貸借をめぐる農地政策の転換 …………………… 73

　はじめに ……………………………………………………… 73

　1．賃貸借の抑制と中農育成 ……………………………… 77

　　(1) 80年代後半までの韓国農業の基本構造　　77

　　(2) 農地購入資金支援事業の登場　　83

　2．大農育成政策への転換 ………………………………… 87

　　(1) 市場開放の圧力と農地売買事業の登場　　87

　　(2) 農地売買事業の問題点　　88

　3．賃貸借推進政策への転換 ……………………………… 94

　　(1) 長期賃貸借推進事業　　94

　　(2) 長期賃貸借推進事業の不振と97年の改善措置　　96

　おわりに ……………………………………………………… 98

第3章　農地賃貸借関係と長期賃貸借推進事業の評価 …………107
　　　　―稲作平坦部4ヵ村における賃貸借関係―

　はじめに ……………………………………………………………………107
　1．農業統計による賃貸借把握 …………………………………………110
　　(1) 農業センサス　*110*
　　(2) 農家経済調査　*119*
　2．実態調査による賃貸借把握 …………………………………………124
　　(1) 調査地の概要　*125*
　　(2) 実態調査の結果　*127*
　　(3) 賃貸借推進事業による個別賃貸借の掌握　*143*
　おわりに ……………………………………………………………………149

第4章　農業機械化事業と賃貸借関係 …………………………………157

　はじめに ……………………………………………………………………157
　1．農業機械半額供給事業の背景 ………………………………………158
　2．農業機械半額供給事業の具体的展開 ………………………………164
　3．農業機械半額供給事業の影響 ………………………………………168
　4．賃貸借抑制のメカニズムと貸し手側の論理 ………………………175
　　(1) 貸し手の営農委託選好　*177*
　　(2) 耕作者の売買事業選好　*179*
　　(3) 農民のライフサイクル　*180*
　5．賃貸借の不振と賃貸借事業の不振 …………………………………183
　6．全羅南道海南郡玉泉面ホンサン里の経営調査 ……………………186
　おわりに ……………………………………………………………………198

第5章　構造政策の制度的枠組み ……………………………211
―農業振興地域制度の導入を巡って―

はじめに ……………………………………………………………211

1．韓国の農業振興地域制度 ……………………………………213
　(1)　農業振興地域制度の構想　*213*
　(2)　保全農地の確定方式と国際競争力の向上　*215*
　(3)　農地の所有規制緩和　*216*

2．農地の保全に関する問題 ……………………………………219
　(1)　農地保全構想に関する農林水産部の説明　*219*
　(2)　農地の保全方式に関する疑問　*220*

3．農地の所有に関する問題 ……………………………………223
　(1)　農地所有上限の拡大を巡る論争　*224*
　(2)　規模拡大のポテンシャル　*227*

4．農業振興地域制度の導入過程 ………………………………230
　(1)　都市地域における指定への抵抗　*230*
　(2)　指定面積の減少と開発制限区域　*233*

おわりに ……………………………………………………………236

第6章　開発制限区域制度と農業経営 ……………………249

はじめに ……………………………………………………………249

1．開発制限区域の制度内容 ……………………………………250

2．開発制限区域制度の沿革 ……………………………………254

3．開発制限区域制度の現状把握 ………………………………255

4．開発制限区域制度の運用 ……………………………………261
　(1)　行為許可の実績　*261*
　(2)　取り締まり　*265*

5．開発制限区域制度の評価 …………………………………………269
　　6．都市化と土地問題―京畿道果川市の事例― ……………………273
　　　(1)　隣接地域の都市化と開発制限区域の開発遅延　273
　　　(2)　京畿道果川市の事例　277
　　お わ り に …………………………………………………………………287

第7章　土地所有と環境農業の対抗 …………………………………295
　　　　　　―八堂ダム周辺の上水源保護区域を事例として―

　　は じ め に …………………………………………………………………295
　　1．上水源地域の土地所有 ……………………………………………297
　　　(1)　土地所有と環境農業の対抗　297
　　　(2)　ソウル首都圏の上水源地域　299
　　　(3)　不在地主の農地所有拡大　303
　　2．環境農業と政府支援 ………………………………………………305
　　　(1)　環境農業の現況　305
　　　(2)　農林部の調査　311
　　3．土地所有と環境農業 ………………………………………………314
　　　(1)　調査地域の土地所有　314
　　　(2)　農家個票一覧の検討　316
　　お わ り に …………………………………………………………………332

終　章　市場開放下の韓国農業 …………………………………………339

　　は じ め に …………………………………………………………………339
　　1．賃貸借の性格 ………………………………………………………341
　　2．賃貸借の経営への影響 ……………………………………………343
　　3．構造政策の評価 ……………………………………………………345

おわりに ……………………………………………………… 346

韓国語要約 ……………………………………………………… 349
初出論文一覧 …………………………………………………… 361
参考文献 ………………………………………………………… 363
あとがき ………………………………………………………… 383
略語一覧 ………………………………………………………… 385
図表一覧 ………………………………………………………… 387
索　引 …………………………………………………………… 391
　事項索引 ……………………………………………………… 391
　人名索引 ……………………………………………………… 405
　地名索引 ……………………………………………………… 406

市場開放下の韓国農業
― 農地問題と環境農業への取り組み ―

序　章

問題関心と課題の設定

1．問題関心

　93年のウルグアイ・ラウンド（Uruguay Round）妥結により韓国は，米以外の農産物について市場開放を進めると同時に，次の段階の交渉へ向けて歩み始めた。90年代には2005年に迫る米市場の開放拡大に備えて構造政策が進められたが，それは海外との競争に耐えうる農業の構築を目的としていた。構造政策に連動して，高い生産性を有する大農経営の創出を狙って，所有規制の見直しも進められた。

　政策転換のターニングポイントは94年農地法であった。80年代までの韓国では，農地改革法の理念に基づく自作農体制が維持されており，賃貸借は原則的に禁止されていた。賃貸借問題を巡ってはそれまでに長く議論が続いていたが，なかなか決着がつかなかった。しかし80年代前半には，賃貸借面積の増加などから，農地の賃貸借を巡る議論が盛んになり，87年には賃貸借管理法が制定され，賃貸借の存在を認めた上でこれを管理していくこととなった。そしてついに，94年には，所有規制緩和を盛り込んだ農地法が制定され，96年から施行された。

　農地法の制定・施行に相前後して構造政策事業が推進され農業の姿は変わった。農業構造政策は90年代初頭より，農地法制定に先んじて開始されていた。構造政策事業の中心は経営規模を拡大させる農地売買事業と長期賃貸借推進事業である。この農地売買事業による所有規模拡大と，長期賃貸借

推進事業による借地規模拡大は，所有規制緩和を前提としていた。農地売買事業は94年の農地法制定以前から早くも活況を呈し，多くの農地購入希望者を集めた。賃貸借推進事業は当初沈滞していたものの，農地法制定を契機に生き返ったように事業量が増え始めた。農地売買事業の問題露呈と賃貸借推進事業への傾斜という変転はあったものの，事業に積極的に対応して大農へと成長した農家も少なくない。いまや村々には，大型機械を擁し村落内の営農を一手に引き受ける少数の大農と，他の数十軒の高齢一世代世帯という様相を呈している。政府が強調するのは，農村における労働力の急速な高齢化や農外労働市場の漸進的展開という状況のもとで，農地の遊休地化を防ぎ生産基盤の存続を図るための政策の必要性である。規制緩和と連携しながら農村の所有状況を掌握して，一定の方向へ誘導していくために，構造政策が推進されている。

　しかしながら，筆者が見る限りにおいて，構造政策推進の速度は低下している。農村高齢化と農地問題のためである。大農育成には農地の流動化が不可欠であるが，高齢の農民は農地への執着が強く流動化は進まない。農地所有の構造は硬直的であり，これに加えて都市化の影響が広がりつつある。90年代の構造政策推進期間中に農村は変わったが，韓国独特の農業構造は依然として手つかずの状態にある。農村高齢化の進展のもとで，零細小農と大農との経営関係が拡大しており，このまま米市場開放拡大の事態に至れば零細小農の存立は危うくなるであろう。今日の韓国農村における農家の大部分は，零細で高齢の農家群より構成されており，この農家群と少数の大農の間の経営関係が，農村社会存続の鍵を握っている。

　本書ではこのような切迫した思いと韓国農村への関心から，市場開放下における韓国農業について構造分析を行った。賃貸借構造の性格変化と農業経営への影響に注目し，構造政策については，複数の施策間の整合性や政策転換の意味について吟味した。政策分析に並行してさらに，WTO (World Trade Organization「世界貿易機関」) 農業交渉の韓国農業への影響についても考察している。

　分析に先立ち序章では，先行研究を整理し，その上で，構造変動と政策変遷に関する本書の構成を示した。

2．先行研究の状況

(1) 研究主体（研究者・研究機関）別の状況[1]

　韓国農業に関する研究について，日本で広く知られているのは，アジア経済研究所の成果であり，谷浦孝雄『韓国の農業と土地制度』(1966年)，櫻井浩『韓国農地改革の再検討』(1976年)，など優れた研究が発表されている。80年代に入ると，大学の研究者の間でも韓国農業は注目されるようになり，倉持和雄氏が多くの論文を発表したが，その集大成は『現代韓国農業構造の変動』(1994年) である。倉持和雄氏は，農地改革について一定の評価を与えるとともに，改革以後の小作と経済発展の過程で発生した小作を区別し，農業構造の変動について独自の見解を示した。倉持和雄氏の研究は，韓国の研究者の間でも高く評価されており，倉持和雄氏の大著刊行後，これを越える成果を示すことが課題となった。

　一方，韓国の研究機関や大学における研究も進展した。量的に多いのは韓国農村経済研究院の報告書である。同研究院は政府系研究機関という特徴を生かして，膨大な資料を収集し，それらを駆使して政策分析を進めている。80年代から90年代に至る韓国農業の事実関係を把握する上では，同研究院の数百冊にも上る報告書の検討は不可欠となっている。なかでも，農地問題で優れた成果を示したのは，金聖昊（キム・ソンホ），金正夫（キム・ジョンブ），金正鎬（キム・ジョンホ）の各氏である。

　金聖昊氏は農地改革に官僚として携わった後，90年代半ばまで研究院に所属し，農地政策についての多くの研究活動をコーディネイトした。金聖昊氏には，農地改革に関する大部の著作『韓国ノ農地制度ト農地改革ニ関スル研究』(1988年) があり，また「韓国農業の展開論理」(1994年) では，都市化の過程における農地の資産価値化に注目し，離農民の地主化の背景を解明した。この傑出した人物の後に続いたのは金正夫氏と金正鎬氏である。金正夫氏は，『農地規模化事業ノ評価ト発展方向ニ関スル研究』(1995年) などの政策分析を行い，構造問題及び農地問題について優れた洞察を示した。金正鎬氏も「農業構造政策ノ成果ト課題」(1997年) や，『土地利用型農業ノ経営

体確立ニ関スル研究』(1993年)など，構造政策の分析に関して多くの成果を発表している。

　ところで，韓国農村経済研究院等の著作物を読む上で留意すべきことは，それが政府系機関の研究成果物という点であろう。実態調査など比較的よく行われているが，政策形成・政策立案に関与する機関でもある以上，自らの作成した政策についての分析・批判には一定の限界を有すると思われる。本書でも，それらの研究成果を資料として多用したが，これらを活用するには，政策転換についてより踏み込んだ分析を行い，内在的な問題点を析出するとともに，政策の変遷を再構成していく必要がある。

　こういう問題点のあることを意識してなのか，韓国農村経済研究院においても，大学の研究者と共同で研究成果を示す場合がある。韓国農村経済研究院は，90年代半ばに政府の構造政策事業について，事業評価を行いその評価内容は『農林事業評価』(1997年)にまとめられている。この報告書は，政府事業の問題点を鋭く指摘しており，とくに，姜奉淳（カン・ボンスン）氏の論文「農業機械化」や，李栄萬（イ・ヨンマン）氏の論文「生産基盤整備及ビ規模化」が優れている。同報告書は，90年代の政策分析に際して必読の文献となっている。

　研究院以外での，大学人の研究報告は多岐にわたる。賃貸借問題の分野では，後述するように，朴珍道（パク・チンド），李英基（イ・ヨンギ），黄延秀（ファン・ヨンス），車洪均（チャ・ホンギュン），趙佳鈺（チョ・カオク），朴弘鎮（パク・ホンジン），の各氏が優れた研究成果を示した。なかでも朴珍道氏は，『韓国資本主義ト農業構造』(1994年)において，韓国における小作の零細性を指摘するとともに，構造政策では，規制緩和よりも零細農問題の解決を優先すべきと説いた。また，都市の不在地主に関しては，韓道鉉（ハン・ドヒョン）氏が『現代韓国ニオケル資本ノ土地支配構造ニツイテノ研究』(1991年)において詳細な実態調査研究を行っている。概して，90年代前半までの研究は農地問題に集中して議論されており，これは，韓国農業研究という分野における農地問題の重要性を示すものと言えよう。

　さて，韓国における農業研究はこのように，政府系研究機関や大学人がそれぞれの立場から活発に意見を述べているが，その特徴はそれが具体的な社

会への提言となり，そしてそれに対する一般社会からの強い反応が見られることであろう。農地制度改革に際しては，意見の異なる研究者が，マスメディアを通じて広く社会に意見を表明し，新聞社説等でも議論の応酬が行われた。アカデミズムは大学の中にとどまることなく，大学を出て社会批判の先頭に立つことが期待されている。一見難しそうな農業経済の話題でさえ一般市民や在野の人々を巻き込む形で社会問題化する。韓国農村経済研究院は，新聞社説や論説を集めた評論集として『農地関係新聞社説及ビ主要記事集』(1989年)や『農地関連社説・評論集』(1993年)を発行しているが[2]，これらは当時の政策背景を分析する上で貴重な資料となっている。そして，このような農業問題への強い社会的関心は，官と民を超えた共同研究の活動となって現れている。

政府系機関・大学人という立場を超えた，民間の自主的研究グループとして活発な活動を行っていたものに，韓国農漁村社会研究所がある。90年代末に筆者は，当時の副所長劉正奎（ユ・ジョンギュ）氏や研究主幹の蘇淳烈（ソ・スンヨル）氏（全北大教授）に面談したが，同研究所は，政府系機関の研究員や大学人が，立場を超えて自主的に参加し，土地問題や環境問題について活発な発言を行っていた。同研究所の季刊誌『農民ト社会』には，農業を巡る社会問題について諸々の立場からの意見が表明されている。

また，同じく大学の研究者を中心に農業関係者の支援を受けてつくられた組織として，財団法人農政研究センター（前農政研究フォーラム，理事長，鄭英一（チョン・ヨンイル）ソウル大教授，所長，朴珍道忠南大教授）がある。農政研究センターは農政研究フォーラムより2002年に衣替えし，季刊誌『農政研究』を創刊した。この『農政研究』は，農政フォーラム時代の定期月例セミナーの討論内容公開から，論文掲載の専門誌へと内容を充実させたものであり，今後農政研究センターは，非政府組織（NGO）としての研究活動が期待される。

ところで，これら韓国における研究成果の爆発的な増加に対して，日本における90年代後半の韓国農業構造の研究は，歴史分野や農家分析を除いて低調であった。歴史分野では，現代の韓国社会構造の視点から植民地期を分析した松本武祝氏の『植民地権力と朝鮮農民』(1998年)が優れている。ま

た韓国の農家農村の特徴については，加藤光一氏が『韓国経済発展と小農の位相』(1998年)で独自の分析を行い，韓国では，家よりも祭祀権存続が重視され，集落としては開放的であると，興味深い指摘を行っている。

それでも80年代までに比べると，特に開発経済分野からの研究が減少している。これは韓国経済の発展により，韓国農業が開発経済研究の対象外となったことが関係している。かつては韓国農業の研究は開発経済研究者の関心事であったが，最近ではWTO体制下の日本農業との類似性からか農業経済研究者の仕事となり，研究手法も開発経済論から農業経済論へと移っている。

この他にも，日本における90年代後半の農業構造研究が少ない理由としては，サーベイを要する韓国語論文が膨大となり韓国語の能力なくしては，韓国農業の研究が不可能な状況になったこと，もう一つは韓国の研究者が，日本語で韓国農業に関する高水準の論文を次々と発表するようになり，日本の研究者にはそのレベルへの到達がなかなか困難となったことが挙げられる。

かつては，日本において韓国の農業を研究する場合には，日本語で出版された成果物によるか，韓国で英文併記の統計書を入手し，これを分析して解説を加えることで一定の傾向を読み取ることが可能であった。しかし，80年代後半以降は，韓国の研究者による韓国語で書かれた研究文献が膨大な量に上って来ており，もはや，韓国語の文献を大量に読みこなすことなくしては，韓国農業について発言することが困難な状況となっている。

これら韓国語の研究文献は，日本農業の研究手法を踏襲しているものが多い。両国の農業構造が一見類似しており，また，日本における学位取得者が，帰国後もその手法を継続しているためと推測される。最近では，日本で学位を取得した韓国の研究者が，日本の研究者に代わって，日本語による韓国農業研究の論文を発表するようになり，韓国農業に関する日本語論文は，彼らによるものが主流となっている。とくに富民協会の『農業と経済』誌上に優れた論文が多い。しかし，それらは韓国で詳細な研究を行い，日本語ではそのダイジェスト版を発表するというパターンが多いようである。やはり，韓国語論文の綿密な検討なくしては，韓国農業研究の世界に足を踏み入れることはなかなか難しく，そのハードルは年々高くなっている。

韓国農業に関する研究成果が，韓国語及び日本語で発表されるようになると，本書のように，日本の研究者が韓国農業を吟味することの意味や必要性が改めて問われてくる。筆者はこの点について，一つは視点や手法の違い，もう一つは研究主体としての関わりにおいて，その意義がまだまだあるものと考えている。

　韓国の農業研究者は実態調査をしない，ということをよく聞く。筆者は必ずしもそうは思わない。ここに紹介したような研究者たちは，実によく実態調査を行っている。しかし最近，実態調査とは無縁の研究が増えているのもまた事実のようである。それでも農業という産業の特殊な性格からして，統計データの確保とその利用が極めて難しく，その限りにおいてフィールドに接しない研究は存立しにくいであろう。今後，韓国の農業経済研究の世界において，実態調査が敬遠されるほどに，今度は，こちらの出番が回ってくるのではないかと，筆者はひそかに，チャンスをうかがっている。

　農地問題の分野における実態調査は，ソウル大学校の鄭英一氏の談話によれば，90年代後半において，韓国でも，韓国農村経済研究院を除いては行われていないという。農地問題に関する実態調査は，90年代の前半までは数多く行われた。農地法制定に伴う論議が盛んになり社会的関心を呼び起こしたためである。しかし，90年代半ばの農地法の制定・施行で，農地法を巡る長年の議論に決着がつけられて後は，農地問題への関心は薄らぎ，WTO体制下の流通問題へと関心が移っていった。それに伴い農村調査もRPC（Rice Processing Complex：米穀総合処理場）や農協など流通機構を対象とするものが増えて，生産基盤の農地を対象とする調査は少なくなっている。こういうなかで本書は，90年代末時点の実態調査結果を掲載しており，最近の状況を知るだけではなく，90年代における農業構造の変動を把握する上で，基礎的な資料を提示している。

　さて，もう一つの研究主体の問題に関しては，膨大な韓国語文献の先行研究サーベイさえきちんと行えば，どの国の人間が韓国農業を研究しようと構わないと筆者は考えている。また，日本の研究者であれ，韓国の研究者であれ，これらを把握せずしては，もはや何も書けないであろう。誰が書いたものであれ，一定の成果さえ示すことができれば問題ないと思われる。本書に

ついては，出版助成を受けた日本生命財団からのアドバイスにより，韓国語でも概要を示すべく，各章要約の韓国語訳を末尾に添付した。本書の成果が，韓国語の世界でも活用されることを期待している。

　WTO体制に関連して，最近，活発化しつつある環境研究についても触れておきたい。韓国農村経済研究院においては，金昌吉（キム・チャンギル）氏が中心となり，『条件不利地域及ビ環境保全ニ対スル直接支払イ制度ニ関スル研究』（1998年）などの研究を進めている。これはWTO体制編入により農業政策が，環境分野や条件不利地域の分野へ活路を見いださざるを得なくなったことに関係している。政策形成にかかわる研究者は，それらの状況変化に敏感に反応しているようである。しかし広義の環境研究は，他の研究機関や団体において，早くから進められていた。

　一つは，開発制限区域にかかわる諸活動であるが，政府系機関では国土研究院の廉亨民（ヨム・ヒョンミン）氏の研究「韓国開発制限区域ノ合理的改善方案」（1997年）があり，金泰福（キム・テボク）氏編集の『グリーンベルト白書』（1997年）は，開発制限区域研究の貴重な資料となっている。また東南開発研究院の金興官（キム・フングァン）（現，東義大）氏が，開発規制緩和の観点から，「開発規制ノ緩和ト撤廃」（1993年）などの，制度見直し論を展開している。これらが主に，開発側の立場から開発制限区域を論じたのに対して，環境保護の立場から制度の検討作業を行ったものに，環境保護運動団体の緑色連合（ノクセキヨナップ）がある。この団体は，金大中（キム・デジュン）政権下において，政府支援を受けつつ，英国の環境保護について研究報告を行うなどの活動を進め，金恵愛（キム・ヘエ）「グリーンベルト問題ノ新シイ解法」（1998年）など，開発規制の立場から論評を行った。

　また，最近注目され始めた都市化との関わりにおける環境問題については，京畿開発研究院の成果物が注目される。京畿開発研究院は比較的新しい研究機関である。90年代の韓国では，自治体ブームで，市・道別の研究機関が発足し，地域研究を進めている。最近の研究ではとくに，ソウル首都圏を研究対象とする，京畿開発研究院の成果が際立っている。筆者は，ソウル上水道の水質保全との関わりで，近郊水源地域における有機農業・環境農業について実態調査を行ったが，その際に検討した先行研究としては，同研究院の成

果報告書が最も優れていた。京畿開発研究院は環境農業地域において継続的に調査研究を行っており，『八堂上水源水質管理方案ニ関スル研究』（1997年），『首都圏地域ノ水環境管理方案ニ関スル研究』（1996年）等，研究成果の蓄積は相当なものである。

　環境研究に関連して，八堂有機農業運動本部の活動についても言及しておきたい。ソウルの上水源である八堂ダム湖を囲繞するこの八堂地域は，都市の上水道の水質保全との関連からその有機農業の動向が注目されている。この地域における環境農業は，早くは80年代から民間の自然農法として自主的に行われてきたものであるが，WTO体制下における農政転換の追い風と，都市化に伴う環境問題解決の必要という理由から，90年代後半になって，政府支援が加わることになった。キム・ビョンス氏らが自主的に進めてきた環境農業推進運動は最近，政府支援を受けて，その規模を飛躍的に拡大させている。これら環境農業推進運動は政府支援なくしてはもはや存立し得なくなって来ており，政策の影響下におかれた以上は，運動側からの政策への反応も含めて，政策分析を進める必要があると考えている。

　本書はこれら韓国農業への多様な関心を背景に，論点を農地問題に絞って議論している。韓国農業を理解するためには，賃貸借問題という韓国農業の隠された構造を明らかにして，農業への影響を分析する必要がある。土地利用型の農業においては，賃貸借が構造として組み込まれていることから，あらゆる局面にこの問題が影を落としている。

(2) 農地の賃貸借を巡る研究

　韓国では70年代以降の都市化に伴う農村人口流出で農村社会が変容するとともに，農地の賃貸借や生産基盤の維持に関して何等かの解決が要請されるようになった。これを受けて政府系研究機関により大規模な調査研究が開始されることになり，その結果は80年代に入り韓国農村経済研究院より次々と発表されてきた。代表的な調査研究として，金栄鎮（キム・ヨンジン）ほか，の『農地賃貸借ニ関スル調査研究』（1982年）があり，同報告書の中で，不在地主の実態が明らかとなった。農地所有の実態が把握されるようになると，賃貸借を公に認めて制度として管理する動きが急となり，87年に

農地賃貸借管理法が制定され90年に施行された。この時の経過をまとめたものが,韓国農村経済研究院の『農地賃貸借管理法白書』(1987年)であり,賃貸借について,歴史的な経過を踏まえて総合的な分析が行われている。さらに,80年代後半には農地制度改革論議が活発となり,改革の是非を巡って関連論文が多数現れた。金聖昊『農業構造改善ノタメノ農地制度定立方案』(1991年),金炳台(キム・ビョンテ)「農業構造改善ト農地政策」(1988年)などである。

　争点の一つは,農地改革以来の自作農主義を堅持するか,それとも賃貸借拡大という現実をにらみ借地農主義に立つ制度を定めるかということであった。いずれの見方を尊重するかで制度改革の内容が異なった。借地を肯定的に捉える人々は制度改革推進の立場をとり,零細小作農増加を憂慮する人々は借地農主義を退けて,自作農原則を堅持した。改革すべき制度が具体的に存在したわけではないが,時限立法の農地改革法が理念として有効視されており,これに代わり制定される農地法の内容が問われていた。自作農主義に立つ農地改革法の理念を堅持するのか,それとも,借地農主義の農地法を制定するのか,議論は分かれた。新たに農地法を制定するならば,それは農地改革法の理念とは異なるものとならざるをえず,論議は農地法制定の是非を巡るものとなっていった。

　農地法制定の是非を巡る議論の争点の一つは生産力格差を巡る問題であった[3]。当時の生産力格差論議は,農地制度改革を巡る論議に一定の経済的根拠を示すものと考えられていた。生産力格差の存在が大農と小農への農民層分解の経済的根拠を示すものであり,その格差の証明が制度改革に際しては,零細自作農体制から,大農借地農体制への,転換のポテンシャルを示すものと考えられた。そして当時の,農業経営分析は,一様に生産力格差について否定的な評価を示していた。この生産力格差を巡る議論とは次のようなものである。

　韓国における農業構造の特徴は,平野部農村において零細な借地経営が多く,大農借地経営がなかなか育たないということにあった。大農経営が育つには小農経営の離農が前提となり,小農の離農で放出される農地を借地することによって,はじめて大農の規模拡大が進む。しかし,小農が経営存続を

図るならば，大農の借りるべき農地は出てこない。大農も小農も限られた賃貸地を求めて競争を行い，地代水準を押し上げることになる。一般に大農経営が小農経営を駆逐する条件は，大農経営が小農経営に対して生産力の優位を確保し農業余剰が増えて，大農経営の地代が，離農する小農経営の農業所得を保証することにある。

けれども韓国農村では，離農を促すための大経営の生産力的優位がいまだ確立せず，小農の離農には十分な条件が揃っていなかった。これが80年代末頃までの韓国農村の状況であり，多くの研究者がその点では一致していた。

車洪均「賃借農家ノ階層性ノ変化トソノ要因」(1987年)によれば，生産力格差未形成で上層の地代負担力が不十分である。朴珍道「地主小作関係ノ展開トソノ性格」(1987年)によれば，韓国農業は未だ機械化等が進まず，多肥多労段階にあり生産力格差も形成されていない。李英基『韓国農業ノ構造変化ニ関スル研究』(1992年)によれば，生産力格差はわずかに形成されているものの，上層の機械化の条件としての土地整備が不十分であり，分散錯圃制の下で上層農の耕地が集団化していない以上，上層農の生産力上の優位は制限されざるをえない。

これらは，賃貸借が大農経営へ結びつくことの経営上の根拠を否定するものであり，賃貸借の零細性を指摘し，間接的にではあるが，賃貸借容認論を批判するものであったと考えられる。また，所有規制緩和の経済的実態について議論することで，制度改革を批判するものであったとも言えよう。

しかしその中でも，生産力格差問題が賃貸借を前提として議論されたことの背景には，87年の賃貸借管理法制定により，賃貸借の是非をめぐる議論が沈静化して，賃貸借容認への流れが作られたことが影響している[4]。さらには，90年前後から市場開放をめぐる議論が出始め，93年に市場開放交渉が妥結される。この対策として農業競争力向上が提唱され，大農育成策が始まる。構造政策として，農地規模化事業[5]が開始され，94年には所有上限規制が事実上撤廃されるとともに，それまでの農地を巡る議論が一段落した。加えて，90年代半ば以降は，賃貸借が経営手法として積極的に評価されるようになり，経営規模拡大に賃貸借が活用されるようになる。

こういう状況において，90年代中頃には，生産力格差の形成に肯定的な

研究も現れてきた。例えば，朴弘鎮氏は，「機械化ニヨル水稲作経営ノ変化ニ関スル研究—1980年代以後ノ中型機械化ヲ中心トシテ—」(1995年) において，中型機械化の進展が水稲作経営に及ぼす影響を考察して，上層農の剰余が下層農の所得を地代化できる程度には達していること。上層農が賃貸を通じて大規模経営に発展できる経済的条件が形成されているとともに，農地流動化の主導性が上層に移っていること，などを示した。同じように，趙佳鈺『韓国における稲作生産力構造に関する研究』(1994年) も，従来は機械化が進まず規模拡大は制約されていたが，中型機械化の進展により，借地による規模拡大が可能となった，と90年代の新たな現象に着目した。

　生産力格差の形成により，構造変動の経済的条件は成熟しつつあるかに見えた。しかし賃貸借増加に併行して，営農受委託が増える傾向にあり，小農の離農は停滞している。この原因は機械の供給過剰による営農受委託料低迷と，高齢化にあった。車洪均「農作業受託組織ノ動向トソノ構造」(1989年) や朴弘鎮「中型機械所有農家ノ経営変化トソノ含意」(1995年) では，営農受委託増加の経済的根拠が分析されている。営農委託後の農業所得が，賃貸料水準を上回るために，営農委託が選好されている。その背景には，機械の供給過剰による委託料低迷と，農業で生計を確保する高齢世帯の合理的選択がある。受託農家における機械の過剰装備と委託農家群の高齢化という，二つの条件の下で，賃貸借に代わり営農受委託が増え始めて，構造政策は停滞している。小農の離農と大農への農地集積という観点から見れば，最近の構造変化の動きは緩慢となっており，市場開放に備えて構造政策を推進する政策側は，苦しい立場に置かれている。

　以上にみてきたように，農地問題，賃貸借問題については，これまでに相当の研究蓄積があり，地主の性格，小作の性格，地主小作関係，及び農業経営についてそれぞれ，詳細な分析が行われている[6]。しかしながら，賃貸借関係（地主小作関係）の農業経営への影響に関して最近の状況には不明の点が少なくない[7]。90年代には，賃貸借が大農経営の中心的手法となり，政策支援も開始されたことから，賃貸借の経営への影響度は高まっている。加えて，90年代の都市化の進展は，都市近郊地域の農地関係に強い影響を与えており，平野部農村とは別に，都市部の賃貸借について独自の研究が必要と

なっている。このような問題意識から，本書では主に，賃貸借の経営への影響，都市部の賃貸借の特徴，の２点について検討を加えており，賃貸借問題を巡る政策上の変化，政策の変遷についても併せて吟味した。

3．課題の設定

(1) 農地問題と構造政策の評価

以上の先行研究の整理のもとで，ここでは，90年代以降の構造変化や政策分析に関連して問題となる次の３点について議論の概要を紹介する。

一つは，新しい賃貸借の出現を巡る議論であり，高齢化の進行や構造政策の進展により，90年代後半には，新たな賃貸借が生まれたという仮説を，本書では示している。その仮説については統計分析と実態調査を行ったが，これらが新たな性格のものか，それとも従来の賃貸借の延長線上に存在するものか，という点について若干の議論がある。

賃貸借の新たな性格を巡る議論について注目されるのは，農家人口の高齢化にともなう在村地主の増加傾向である。稲作平坦部における集落[8]の農業経営は，多数の高齢一世代世帯と少数の大規模経営世帯に二極分化しており，両者間での賃貸借関係や営農受委託関係が増えている。このような状況は，高齢化の進展と，90年代の構造政策等によるものであり，賃貸借の性格は変化したと考えられる。

賃貸借増加の現象については，これまでも幾つかのパターンとして整理されてきた。そのうち，高齢化に関連するものとしては，家族の一部が都市に流出して，自家労働力不足の高齢農家が在村地主化するパターンが，既に指摘されており，高齢を理由とする農家の農地賃貸はとりたてて新しい傾向とは言えないかもしれない[9]。

ところで，農家労働力の不足現象を招いた人口流出は，90年代よりも80年代の方が激しかった。農家人口の流出により，残された農民が労働力不足から賃貸を余儀なくされたという点では，農家を地主とする賃貸を90年代の新しい傾向と断ずることは難しいであろう。しかし，人口流出が一段落した90年代においても賃貸借が増加していることから，最近の賃貸借増加の

背景は，従来とは異なってきているではないかと考えられる。すなわち，新しい傾向としての農家賃貸は，農家人口の流出がダイレクトに招いた労働力の不足ではなく，人口流出後，一定時間経過して後の，農民高齢化によるものとして捉えられる。ここでは，人口流出による労働力不足と，農民高齢化による労働力不足は区別されている。

例えば，若い世代が都市へ流出した後に残された壮年の夫婦二人の世帯は，第1の段階で，経営耕地面積を縮小し，所有農地を賃貸に出す等の最初の農地賃貸の時期がある。そしてこの夫婦は10年ないし20年後には，高齢化による体力の衰えから，もう一段の経営規模縮小と賃貸地増加という道を選ぶであろう。こういう文脈において，本書では，村内農家相互の農地賃貸借増加を，新しい傾向とみて，主に第3章と第4章で検討している。

二つは，賃貸借の経営不安定に及ぼす影響に関する問題である。90年代には，市場開放対策として大農育成が推進されるともに，賃貸借が経営規模拡大の中心的な手法に据えられてくることから，賃貸借の経営に与える影響が従来に比べて大きくなったと思われる。

韓国農村において，分散錯圃制で農地が集団化せず，しかも経営規模が零細であることが，生産性上昇を阻む要因であったから，借地による経営規模の拡大は生産性向上につながるものとみなされた。在村地主による賃貸借の場合は，長年の賃貸借関係が慣習化して安定している場合も多く，農民の高齢化による農地賃貸増加は，生産性向上に寄与する可能性も出てくる[10]。

しかし，在村地主ではなく，不在地主の非農家による農地賃貸の場合は，どうであろうか。この場合には経営への影響が認められる。韓国では，離農後も継続して農地を所有し，また資産価値として農地を取得した人々が農地を賃貸に出すケースが少なくない。そういう不在地主による賃貸は農業経営を不安定化させ，長期的には生産性に影響を与えかねない。

例えば，都市近郊の不在地主の場合であれば，賃貸農地の管理を在村の不動産業者に委ね，その不動産業者は，農地の引き揚げや，貸し手変更を行っている。よって都市化の進展や，農地の資産価値化により，慣習的な賃貸借関係が性格を変える可能性もある。そういう都市化が急進展したのも90年代の特徴であり，農地関係は，従来とは異なってきているのではないかと考

えられる。第3章，第4章，及び第7章では，このような問題について検討している。

三つは，構造政策の評価を巡る議論である。従来は，国際的な経済状況の変化や経済危機の影響をもって，構造政策を評価するケースが見られた。政策自体は首尾一貫性を有したが，外部の要因，あるいは突発的要因により，政策の失敗や，問題露呈に至ったという説明である。それらの説明はわかりやすく，一定の妥当性も有しているが，他方において，推進された政策自体についての内在的分析が不十分でもあった。その理由は不明であるが，既存の政策評価は，政策立案側によるものが多く，立案者の自己評価には一定の限界があるものと推測される。このことから，政策推進の過程で生じた問題を析出し，政策転換の背景を探ることは重要な課題と思われる。

構造政策は，国内の構造問題を解決すべく，立案，施行されるが，立案過程や政策推進過程には国際情勢の影響が避けられず，政策転換に際しての評価を困難にしている。政策が大きく変わる際にそれが，国際的な情勢変化を受けたものか，それとも政策の内部問題打開を目的としたものか，判別しがたい場合がある。一般には，国際的情勢変化を原因として説明される場合が多いが，政策の推進過程で生じてくる問題も軽視できない。

80年代までの韓国では，都市化による農家人口の流出から賃貸借面積が増加し，農地問題が注目された。都市化の進展は農地の資産価値化を招来し，不在地主の所有農地が増えて，農業の生産基盤は不安定化した。このような問題を解決するための当初の構造政策の内容は，賃貸借農地の自作地化であった。政府が低利の自作地購入資金を提供し，賃貸借面積の縮小と自作地面積の拡大を通じて，農地改革以来の自作農体制を補強し，農業経営基盤を安定させるというものであった。

しかし，こういう構造政策は，国際的な農業情勢の変化と，それを受けた市場開放対策にとって代わられることになる。市場開放交渉に伴い国際的な農業競争力の確保が切迫した問題と認識されるようになると，自作農体制維持を目的とした政策は，競争力ある大農の育成へと方針転換し，さらには経営規模拡大の手法に賃貸借が活用されるようになる。賃貸借による大農経営創出方針は，自作農主義の放棄と，借地農主義への転換を意味した。

このような方針転換は一見，国際的な農業情勢をうけたもののように見受けられるが，しかし政策実施過程で醸成された問題が政策転換を加速させたという可能性もある。当初の政策は自作地購入を促進したが，大農育成に伴い，自作地購入規模が増えると地価の高騰を招いた。これに，大農による購入需要増加が加わり，財政負担が重くなって，事業自体が方針転換を迫られるようになった。自作農主義の放棄と借地農主義への転換は，政策の産物たる側面も有している。このような側面について本書では，第2章と第4章の他に第6章及び第7章でも検討している。

(2) 研究の対象地域と研究手法

［対象地域と手法］

以上のような問題を解明するために，本書では，対象地域を区分・限定し，統計分析に実態調査を組み合わせるという手法を用いている。また政策評価に関しては，政策の内在的問題の析出に努めている。

まず，賃貸借構造について本書では，平野部と都市部に分けて論じており，従来の，平野部のみの賃貸借分析とは若干異なっている。韓国の賃貸借は，農地全体に占める借地面積比率の大きさと，不在地主の多さ等がその特徴であるが，それらは平野部借地を主に念頭に置いたものであり，都市近郊農業について農地問題の観点からの言及は従来，多くなかった。本書では，平野部中心のこれまでの分析手法とは異なり，両地域を区分して分析を加えた。本書の構成のなかでは，平野部賃貸借については第3章及び第4章，都市近郊農業については，第6章及び第7章で議論している。

まず第3章で賃貸借全体の鳥瞰図を描いているが，その際には，農業センサスと農家経済調査という二つの統計を用いている。両統計にはそれぞれ特徴があるが，両者を相互に補完的に用いることにより，賃貸借の地域的特性が明らかとなる。

農業センサスの分析からみると，都市部の借地農家の特徴が，全借地形態（純借地農）であるのに対して，平野部の借地農家の特徴は部分借地形態（自借地農）中心である。また，賃貸借の特徴としては，農家からの賃貸よりも，非農家からの賃貸が多い。さらに，都市部では，非農家による賃貸面

積の比率が農村平野部よりも大きい。韓国における賃貸借特性を非農家賃貸の大きいこととらえれば，農村平野部よりも都市部の賃貸借の方が，韓国の所有構造の典型を示している。要約すると，①韓国の土地所有構造の特性は賃貸借比率の高いこと。②非農家による賃貸比率の大きいこと。③平野部賃貸借と都市近郊賃貸借の2類型のあること。④平野部では高齢化に伴い農家賃貸も増加していること。⑤都市部では非農家による賃貸が多く，全借地農家の多いこと。この5点である。

農家経済調査は，独自の4地帯区分により地帯別統計を作成している。この地帯別統計は，農林部の統計官室で標本設計しており，都市近郊や山間といった地理的条件で全国の標本農家を4地帯にグループ分けしている。この農家経済調査では，①84年以降の一貫した借地比率の増加，②全階層の借地比率増加と階層間借地比率格差の拡大，③都市近郊地域および山間地域における借地比率の上昇テンポが急であること。これらの点が把握される。

ところで，韓国農業に関する最も正確な統計は農業センサスであり，地域分析も可能であるが，5年ごとの統計であり，時系列比較が難しい。これに対して，毎年の数値がでてくるものに，農家経済調査がある。こちらは時系列比較が可能であるが，地域別ではなく地帯別統計となっており，地域分析が難しい。基準は，都市地域，平野部，中山間部，山間部の4区分であり，各道別に統計が作られていないために，道別比較が不可能である。また，農業センサスのように全数調査ではなく標本調査であるため正確さという点では農業センサスに劣る。要はこれらの統計の欠点を補いながら，両者を組み合わせて，できるだけ正確な農地賃貸借の姿を描き出すことにある。両者を補完的に用いることにより，一定程度までは，賃貸借の階層別特性，作目別特性，及び地域的特性等が明らかとなる。しかし，両統計の補完的利用をもってしても，賃貸借の正確な把握には限界がある。そこで以上の統計分析を補うために本書では実態調査を行っている。

農業センサスは農家経済調査に比べて正確であるが，こと賃貸借になると怪しい。借地面積については，農業センサス，農家経済調査ともに4割が借地であるが，実際には，統計として把握されない賃貸借がかなりの面積にのぼると専門家の間で言われており風説でも6割とされる。土地所有や借地に

ついては名義上の操作など様々な事柄が可能であるために，公式統計には表れない事実上の借地がかなり存在する。本書では，複数地点において実態調査を行ったが，それらの結果からは公式統計の数値をかなり超える数値が出てきている。具体的には，各集落の借地面積は平野部で全体農地の6割に及び，風説通りの比較的高い借地面積比率が示された。

　この実態調査から導き出された結果については，特定地域のものであるという問題点も抱えている。これを補うために本書では，統計資料と調査を併用して調査地点の経済的意味づけを行うと同時に，複数箇所で合計約120件の農家について，サンプルデータを収集した[11]。

　以上に見るように，賃貸借の実情を把握するためには，公式統計の弱点を補うために，両者を併せて利用するとともに，さらにこれらを補完するべく実態調査を行う必要性が出てくる。一般に，政策分析や構造分析は，既存の統計を前提とされることが多い。しかし，農業分野では，小農的家族経営における自家飯米や自家労賃については経済状況の数値化が難しい。加えて，家族経営それぞれの正確な把握が困難なことから，実態調査の役割が重要となってくる。もちろん実態調査だけでも完結するものではなく，またそれらは限られた地域の情報であるという限界を有している。よって典型地域を特定するとともにそれらの地域的意味づけを行い，他の資料とともに，補完的に利用することが必要となってくる。本書では，先行研究をサーベイし，複数の統計を組み合わせることで独自の地域分析を行っているが，さらにこれに，実態調査を行うことで新たな発見を目指している。

　［政策の変遷］
　ところで，このような手法に基づく賃貸借分析は，構造政策の分析と一定の対応関係にある。構造政策は既存の構造を把握し，それを変えることを目的として行われるが，これまでの構造政策の経験では成功した事例は多くない。韓国の場合も，成功と失敗を経験しつつ構造政策が進められた。その特徴は，政策の対象となる構造変化のスピードが速く，政策に緊急性が求められたことであろう。加えて，海外からも市場開放の圧力が強く，拒みきれないという状況に置かれて，相当に厳しい条件下で市場開放に踏み切っている。

一言でこれを表現すれば，内憂外患という形容が当てはまる。日本以上に脆弱な農業構造を抱えて，市場開放の決断を迫られたためである。当時の，政策当局は，市場開放下の構造改革に際して，相当に切迫した状況におかれたものと推測される。

　ここでは，そういう政策状況への関心から，構造分析に並行して，市場開放下における構造政策の動きを追跡しているが，とくに政策変遷の分析に際しては，政策転換の契機となる問題点の摘出に努めた。転換前の政策の問題点や政策相互間の整合性の検討などである。政策変遷の分析に一定のルールがあるとは思えないが，過去の政策が改められて新たな政策に転換していく過程では，転換前の政策による問題点が，転換の動因となるケースが少なくない。政策の変遷とは，過去の政策の問題点が明らかとなり，その問題点を解決するために新たな政策が策定される過程とも考えられる。本書では政策の産物としての問題点を明確にすることで，政策転換のプロセスを描き出そうとした。具体的には，第2章における賃貸借政策の転換，第4章の構造政策転換，第6章と第7章の開発規制政策の転換，などである。

　第2章の政策転換では，政府の農地政策が，賃貸借抑制から，賃貸借の推進へと180度転換したことを示した。市場開放政策に対応した大農育成策が，賃貸借を軸に進められるようになった。当初の賃貸借抑制策が内在的な問題を醸成したことが政策転換の契機となった。賃貸借抑制を伴う農家支援の具体策は，自作地の購入支援による自作農育成策であった。しかし市場開放に伴う競争力育成政策に対応して，農地購入支援の対象が，中規模農家から大規模農家へと移った。農地の購入需要は大きくなり農地価格が上昇して，事業に要する政策資金の支出が増加した。人為的な農地の購入需要から農地価格が上昇し，同時に財源問題が発生した。また，大農へ資金が集中したために，他の一般農家から批判が出た。農地売買事業は開始後数年で事業規模の縮小を余儀なくされた。同時に，これに代わる大農育成事業として長期賃貸借推進事業への期待が高まり，構造政策全体が賃貸借推進へと傾斜していった。

　第4章の政策転換では，大農育成事業に並行する機械化事業について論じている。農業機械化事業は，経営農地規模の拡大を前提に推進されてはじめ

て，その効果を発揮できるものであった。両者は車の両輪のようでもある。経営農地規模の拡大を進める農地規模化事業と，農業機械の導入を促す農業機械化事業は，相互に関係を有しており，各事業単独では存立が困難であった。しかしながら，農地規模化事業との関係に規定された農業機械化事業は，「農業機械半額供給事業」と呼ばれ始めた1993年頃からその性格を変えていった。「農業機械半額供給事業」は農地規模化事業との補完関係から離れて，独り歩きし始めることになり，さらには農地規模化事業の阻害要因へと転化していく。この変質の契機は，競争力育成策と市場開放対策との間に生じた政策的ジレンマにあった。

　第6章と第7章では，開発制限区域の規制緩和策としての田畑転換（水田の畑地への転換）容認が環境問題をひきおこしたことを示した。開発制限区域制度は70年代に制定されて後，厳しい運用が行われてきたが，80年代の都市化の急進展から規制緩和の要求が強まった。これを受けて政府は制度見直しの作業を開始し，1992年末に田畑転換のみ認めるという規制緩和策を打ち出した。政府の狙いは，規制緩和により，低収益の稲作栽培から，高収益の施設栽培[12]への転換を促進して，農業という産業の振興により開発停滞という批判に応えるものであった。この政策転換は成功して，区域内では田畑転換が進み，グラスハウスやビニールハウスという施設栽培が急増した。しかしながら高収益農業の普及は，同地域の環境への負荷を重くしていった。多投入・高収益であるために大量の化学肥料や農薬が投入され，本来ならば地域の環境を保全すべき開発制限区域では，その反対の影響が現れた。高収益農業は広範囲に土壌・水質汚染を深刻化させて，とくに，首都圏上水道の水質問題が顕在化した。

　以上，概観ではあるが本書では，政策転換のプロセスを描く際に，転換の動因を明確にすることで，政策転換をわかりやすく説明することに努めている。

4．本書の構成

　本書は二つの視点で構成されている。一つは構造問題，二つは構造政策で

ある。構造問題については，賃貸借の性格変化と経営への影響，構造政策については その問題点の解明に努めている。以下では各章の概要を示す。

　まず，第1章では，韓国農業の特徴について論じている。日本との比較で見た場合に，幾つかの特徴が見られるが，その特徴は，90年代後半期に入って，ますます明確となり，性格上に日本農業との距離が開きつつある。とくに韓国農業は日本に比べて，稲作所得への依存度と，専業比率がともに高い。これは稲作農業が好条件であれば健全な農業発展の姿ともなるが，WTOによる米市場開放等で国際的な競争が激化するなかでは，稲作所得だけで農家経済を支えるという稲作専業農家の存続は難しくなりつつある。このため，90年代前半期の韓国では，選抜された稲作専業農家の育成と，施設栽培等の成長農業育成による脱稲作政策が同時並行して推進された。とくに稲作では，ウルグアイ・ラウンド妥結に伴うミニマム・アクセス（MA：最低輸入義務）[13]受け入れと，2005年の米市場開放拡大に備えて，大規模な専業経営を育成することによって，国際競争力を有する農業の構築が目指された。そのために巨額の構造政策資金が投じられ，土地・機械等の購入について，規模拡大を指向する農家への支援が行われた。90年代には，この政策の効果で大規模な経営体が各地に登場した。

　第2章では，先行研究から韓国農地問題の状況を紹介している。従来の研究によれば，80年代まで，農地改革法の理念に基づき賃貸借は原則的に禁止されていたが，実際には借地が増え続けており，農地問題を巡って長く議論が続いていた。80年代後半には，借地面積の増加や高齢化問題などから，農地問題の解決が迫られ，賃貸借管理法制定後，賃貸借の存在を認めた上でこれを管理していくこととなった。政策変遷の過程では，都市化に伴い増加した不在地主所有地が生産性向上の障害とみなされたことから，80年代後半には農地買入融資による借地解消が推進された。しかし市場開放やむなしとなった90年代前半に今度は，借地解消ではなく，借地による経営規模拡大が生産性向上に結びつくと理解されて，賃貸借が容認されることになる。さらに90年代後半に賃貸借の位置づけは，より積極的なものとなり，経営規模拡大のための賃貸借推進が構造政策の中心に据えられるに至る。こういう賃貸借抑制政策から賃貸借推進政策への転換は，法整備によっても後押し

された。1996年に施行された農地法では，不在地主の所有は，既存のものはすべて容認するとともに，新規に発生する不在地主の所有についても一定程度を認定することとなった。

　第3章では，韓国の農地賃貸借を，稲作平坦部と都市部に分けてその特徴を整理するとともに，稲作平坦部の賃貸借に焦点を当てて論じている。とくに，賃貸借と経営の関係については，村落を類型化して影響の有無を検討している。

　稲作平坦部における借地面積の大きい村と，比較的小さい村を比較すると，借地面積比率の大きい村では在村地主が多く，借地面積比率の小さい村は村外地主が多い。

　前者の村では，高齢化を理由として多くの農家が，中核農家に農地を賃貸しており，村内賃貸借関係の多いのが特徴である。一定程度に高齢化した世帯であれば，毎年賃貸相手を代えていくよりも，信頼できる借地農に委せて，実質的に長期の賃貸借関係を維持した方が有利，という判断によるものと推測される。このような判断に至れば，借地農の経営も安定し，さらにはそのことが借地農の経営拡大をも促して，高齢化と村内賃貸借関係増加が並行する。結果的には，大規模借地農中心の，借地比率の高い農村集落を形成することになる。高齢化世帯の多い集落では一つの安定した集落運営のタイプと言える。

　対する後者の借地面積が小さい村では，村内ではなく村の内外で賃貸借関係が取り結ばれている。不在地主が多く，経営は相対的に不安定で，借地の規模拡大には一定の限界がある。大農はいずれも不在地主との間に賃貸借関係を結んでおり，前者の村のように安定した経営ではない。このように，不在地主が多い場合には，今年借地した農地が来年も同じように経営できるとは限らず長期的な営農計画の樹立は困難となる。このことから，農家は，借地による拡大の道を諦めて，一定以上の安定的経営拡大には，借地から自作地拡大路線への転換を選ばざるをえなくなる。結果的に集落のタイプとしては，前者の村とは異なり，自借地型の中規模農中心で，比較的借地比率の小さい農村集落を形成する。以上のように稲作平坦部には二つの類型の賃貸借が存在し，経営への影響が異なっている。

第4章では，構造政策における機械化事業の問題点とその賃貸借への影響について検討している。農業機械化事業により農業機械が各農民階層に普及した結果，平野部稲作地帯では営農委託が拡大している。本来の農業機械化事業は，構造改革推進上において，農地規模化事業との間で補完関係を持つものであった。農地規模化事業が，農地規模の拡大や交換分合を通じて経営規模の拡大と農地の集団化を促進したのに対して，農業機械化事業は，農業機械の購入に際して農民に購入資金の補助及び融資を行った。しかし，農業機械化事業は93年頃から大きく性格を変えていった。本来の農業機械化事業は，大農を対象に大型機械の導入を補助する予定であったが，支援対象は一般の中小農家にも拡充され，さらに融資に代えて補助金の比重が増やされた。農業機械を購入した一般の中小農家は，機械の償却負担を抱え，ますます農地に執着するようになった。また，農業機械化事業は，農民各階層における農業機械の過剰装備をもたらし，農家間での受託競争と受託料低迷から，農地の賃貸よりも委託が有利という条件が生まれている。特に高齢の農民は，軽作業可能な間は，賃貸よりも営農委託を選択する傾向があり，賃貸借による農地の流動化が停滞する要因ともなっている。第3章の前者の類型における，安定した賃貸借関係が，比較的に不安定な営農受委託関係へ移行することもありうる。

　第5章では，農業振興地域制度及び都市近郊の賃貸借問題について検討している。農業振興地域では，大農育成のために上限が引き上げられ農業投資の基盤作りが行われた。しかし同時に，指定地域では他用途転用を禁じたため，都市近郊地域を中心に所有者の反対も強かった。

　大農育成には投資基盤の確定が必要であり，農業振興地域制度により保全農地の確定作業が進められた。構造改革において，競争力ある農業経営創出を目的とした農業投資の実施には，投資の受け皿としての保全地域の確定が必要とされた。農業振興地域制度は，構造改革へ向けて保全農地を面として確定する制度であったため，農地保全制度は，筆地別保全方式から圏域別保全方式へと変えられた。同時に保全地域では，大農育成を目的として所有規制が緩和されたが，これには抵抗が強かった。所有上限の引き上げは，農地改革以来の自作小農体制を変えるものと見なされた。

他方，都市地域の農業振興地域指定では，これとは反対に，指定による規制への抵抗に遭遇した。農業振興地域指定に伴い農地の他用途転用が制限されたために，資産価値保全との関わりから，所有者がこれに反対した。都市近郊の開発制限区域では，都市在住の人々が農地を所有しており，その内実は資産価値としての農地所有であることから，転用不可能となる保全地域の指定は，資産価値に影響を与えるものと見なされた。都市近郊農地の多くが指定拒否に遭遇したが，その結果，農地の保全計画は大きく後退し，都市近郊の農地関係は不安定なままに残された。指定困難な農地は，その多くが開発制限区域内に位置していた。

　第6章では，この開発制限区域内の農地所有問題に焦点を当てている。都市周辺地域にドーナツ状に指定された同区域には，林野以外にも農地や集落が含まれている。同制度は，都市の無秩序な拡散の防止と，都市周辺の自然・生活環境の確保を目的としており，農地の転用や建築行為を原則的に禁止している。しかし，所有者側からの規制への抵抗は強い。開発制限区域に隣接する区域外農地は既に，かなり転用されており，開発制限区域内外の農地価格差が大きい。開発制限区域の隣接地域における都市開発と農地転用により，隣接地域の農地評価額が高まると，開発制限区域内の農地評価額は相対的に低下し，開発制限区域の農地所有者は，転用規制が重い負担となる。とくに80年代後半以降における都市開発の急展開は，区域内外の資産格差を拡大させた。この時期の規制緩和論議は，制度の欠陥よりも，制度を取り巻く経済状況の変化を背景としていた。周辺地価高騰の影響で転用規制緩和の要求が激しくなってくると，政府は92年に制度改正を行い，田畑転換を認めた。これは農業分野における土地利用規制の緩和と，農業という産業の振興で，開発規制への批判に応えるものであった。

　しかしこれは，開発規制の緩和という側面だけではなくて，WTO体制下の市場開放対策の一環をなすものとも理解されている。田畑転換容認以降に同区域では，田から畑への転換が進み，畑地の施設栽培が発展した。この時期には稲作以外の農産物について市場開放が進められ，施設栽培の競争力を確保することが必要であった。大都市近郊の市場流通条件に恵まれた，開発制限区域内における施設栽培促進の制度整備は，市場開放対策としても一定

の効力を有した。こうして，90年代には，花卉類等の高収益栽培が成長したが，後にこれらの高収益多投入の施設栽培では，化学肥料や化学農薬の投入増加により，環境への影響も大きくなっていった。

第7章では，開発制限区域よりもさらに規制の厳しいソウル近郊の上水源保護区域における，農地の所有と利用の問題を吟味している。上水源保護区域は開発制限区域のなかにあって，更に規制の厳しい指定区域である。ソウル近郊の有機農業は同区域において80年代から地域住民により自主的に行われてきたが，90年代に入り環境問題が注目されるや政府がこれを支援する姿勢を打ち出した。政府支援も手伝って90年代末に有機農業は飛躍的に発展した。

しかし，ソウルに隣接するこの地域は，開発への期待度が高く，都市資本が入り込んで土地の買い占めを行い，平坦農地の多くが都市資本の所有に帰している。有機農業への転換は土壌改善に長期・安定的な土地利用経営を必要とするが，土地所有側は随時的な土地処分権を保持することを重視しており，農業側の長期・安定的な土地利用とは利害が対立している。土地所有と有機農業の関係について同地域の状況を調べたところ，両者の間には一定の相関関係が確認された。不在地主からの借地の多い農家であるほどに有機農法の導入には消極的である。借地の多い地域を中心に，有機農法による土壌改善に踏み込めない農家が多数現れてきている。農地利用規制の厳しい上水源保護区域においても，農地の所有規制を行わない限り，有機農業の振興は難しい。

以上の第1章から第7章にみるように，90年代の韓国では，市場開放等の影響により，農地をめぐる政策方針が大きく変わった。新たな方針のもとで農業競争力の育成を目指して，構造政策が推進されたが，十分な成果をあげるには至っていない。構造政策推進に当たって，平野部では高齢化，都市部では農地の資産価値化が問題となっている。平野部稲作地帯における，農業生産性の向上には，農地の集団化と規模拡大による大農の育成が必要とされるが，これは農地の流動化を前提としている。しかし，現在の韓国農村では農民の高齢化問題が深刻であり，農地での軽作業が高齢者の生活を支える手段となっていることから，流動化の速度は停滞している。一方，都市化の

影響を受けた地域では，農地が生産手段から資産価値へと変容しており，この場合も農地の流動化や，安定した借地経営への移行を妨げている。今後も，構造政策は推進されるであろうが，これらの構造問題の根本的解決無くしては，なかなか明確な成果を示すのは難しいと思われる。

注

1) ここで文献について，本文では，著者名，発行年，書名ないしは論文名のみを示した。出版社ないし掲載雑誌などは参考文献の項を参照されたい。
2) ただし後者の『農地関連社説・評論集』(1993年)については農林水産部発行となっている。
3) 生産力格差については，次の文章と文献を参照。「経営規模の小さい農家ではその規模に不釣り合いな固定資本を投下し，かつ相対的に大量の労働投下をしてコストの高い米を生産し，僅かの稲作所得をうるよりも，所得相当の地代の支払いを受け，稲作労働に投下している労働力を非農業部門へ移動させたほうが有利になる。問題になるのは，下層の所得相当分の地代支払能力のある農民層がいるかどうかということになる」今村奈良臣「基本法農政下の農民層分解」梶井功編『農民層分解』農山漁村文化協会，1985年，188頁。
4) また，生産力格差論全般に関連して，金聖昊氏は，日本の学界で通例見られる生産力論を韓国にストレートに適用させるのは難しいと述べている。「農家間の『競争力差・生産力差』というものは，既に現れた階層分化の結果を，統計的に把握した事後的な現象であって原因そのものではない。基本的な原因は農村労働力を引き出した資本主義経済の労働市場なのである」(139頁)。また，氏は台湾・日本等の兼業型成長パターンに対して，韓国を離農型成長パターンと位置付け，80年代の大量の離農により，農業労働力が枯渇したことを指摘している (147頁) (金聖昊「韓国農業の展開論理」今村奈良臣他著『東アジア農業の展開論理』農山漁村文化協会，1994年)。

　　Parkは，兼業の少ない理由について次のように述べている。「80年にはソウルと釜山の2大都市に，5人以上の製造業工場の8割が集中した。韓国の輸出指向工業化の過程では，海外市場へのアクセスが容易なソウルや釜山に工業が集中した。また中央集権的な韓国政府は，政府決定の伝わりやすい大都市に工業を配置した」(Fun Koo Park, "Off-farm Employment in Korea". in *Off-farm Employment in the Development Area,* ed. R. T. Shand., Thailand, 1986, p. 141.)。さらに，Hoによれば，兼業機会の多い国では，兼業所得で農家間の所得格差が減少したという (Samuel P. H. Ho, "Off-farm Employment and Farm Households in Taiwan" in *Off-farm Employment in the Development Area,* ed. R. T. Shand. Thailand, 1986, p. 119.)。
5) 「農地規模化事業」とは，農地経営規模の拡大事業のこと。この時期には，構造改革の目玉として土地利用型大農経営の育成事業が実施された。

6）生産力格差論以外の賃貸借研究については次の通り。
　韓国における賃貸借関係一般については，経済発展と都市化の産物と捉える見方が一般的である。例えば倉持和雄氏は，80年代までの韓国農業に関する先行研究をまとめたうえで，農地関係について整理している。その整理は，農地改革以降80年代に至るまでの農業構造の変動過程を追跡したものである。倉持和雄氏は，農地改革の性格，改革後の小作，現行の地主小作関係，と三つの点について韓国の農地関係を吟味している。また，工業化のインパクトと農村内部の構造変化を考察し，農家経済・農村金融・農外雇用・農地価格の四つの要因を挙げて，それらが各時代で一定の組み合わせで影響を及ぼしつつ，小作の発生要因となったと論じている（倉持和雄『現代韓国農業構造の変動』御茶の水書房，1994年，183-243頁）。
　例えば，70年代については，労働力流出に地価上昇が加わり小作を増加させた。「世帯流出の場合，それは零細農家に多いが，70年代とりわけ後半になると必ずしも離農に際して農地を全部売却するとは限らず，跡地を小作に出すといったケースが増えるようになってきた。この点には，農地価格が70年代後半に急上昇しているということが大きく影響している」（同上，215頁）。また，「単身流出の場合，家族のうち特に若い子供たちが，次々と農村を去り，このため自家労働力に不足した農家が経営を縮小して農地の一部を小作に出すといったケースが増えるようになった」（同上，217頁）。これらの分析は90年代の現象を予見するものと言える。農村内の小作について，「労働力不足要因が多く，小作料収入を自己目的化したものは皆無といってよい」（同上，227頁）。「不在地主が最近に至って増加しているのではないかということが十分に予想される」（同上，226頁），と説明されている。かくして，倉持和雄氏は地主を類型化して，①労働力不足による在村地主化，②離農・相続した都市民の零細地主化，③家主の農外就業による地主化，④都市民の投機的農地購入による地主化を指摘している（同上，228頁）。
　また，倉持氏は韓国農村経済研究院の調査結果を見て次のように言われている。「非農民地主の場合であっても相続・贈与などによるものが過半をしめている。非農民地主であっても大多数は，もともと自身が農民であったか，そうでなくとも農家出身であったことを物語っている。ただし，商工業者の場合には，買入れの比率が他よりは格段と高く，もともと非農民であったにもかかわらず，農地を買い入れてこれを小作に出しているという部分が多いことが窺われる」（同上，227頁）。
　一方，朴珍道氏は，1987年に書かれた論文の中で，同じく韓国農村経済研究院の調査を基にして，「今日の地主の発生経路の中心が離農と都市資本の農地購入にあることを示して」おり，「こうした傾向は今後もますます強まる」と予測している（朴珍道「戦後韓国における地主小作関係の展開とその構造」1987年，87頁）。また，不耕作地主の農地所有の動機として次のように述べた。「今日，小作料収入の土地収益率が銀行利子率を大いに下回る状況のもとで，このような財産形成・維持を目的とした農地保有が一般化していることの背景には，インフレヘッジとしての土地資産保有や地価上昇に対する期待が大きく働いていると思われる。だが，そればかりではない。離農後の不安な都市生活に対する安全弁としての農地保有，都市小ブルジョアジーの

社会的プレステージの象徴としての農地保有欲などもかなり強く働いているといえよう」(同上, 89 頁)。加えて, 地主の性格について,「土地所有の基本的動機が小作料収入の獲得でもない」「小作料収入は彼らの所得の補助物に過ぎず, 彼らの農地保有の主たる目的は, 不在地主にせよ, 在村地主にせよ, 財産形成および財産維持にある」(同上, 89 頁), と述べた。

さらに, こういう農地所有状況の下における農業経営についても鋭い指摘を行った。

韓国の農民層分解の特徴として,「『高度成長』以降の韓国の農民層分解は基本的に全階層下降運動の態様をおびている。その過程で生じた貸付け地を, 残存の中・下層農が借り入れる形で地主小作関係が拡大しているし, その結果中間層の比重が高まっている」(同上, 102-103 頁)。「こうした韓国の農民層分解の特殊性は, 農業生産力が今日尚, 零細農耕の枠にとどまり, 生産力の階層間の格差が形成されていないという農業内部の生産力条件に基礎付けられている」(同上, 103 頁)。

以上のように, 80 年代後半には, 賃貸借の性格に加えて, 賃貸借の農家経済への影響にも分析のメスが入れられるようになったが, 90 年頃までの時点においては, この影響については, ネガティブなものとみられていた。

しかし, 90 年代に入ると賃貸借についても新たな傾向を指摘する研究が現れた。趙佳鈺氏は, 1992 年の調査結果から, 賃貸借の増加要因を土地の供給側と需要側に分けて分析した。

まず供給側については, 農業労働力の流出と農村労働力の高齢化, 農地価格の高騰による非農家の資産的農地所有の増大を指摘する。70 年代以降の労働力流出は農村青壮年の流出を特徴とし, 担い手不足が生じた。①労働力の婦女子化・高齢化に伴って貸付け地の増加と在村地主の増大が見られた。②農地を所有したまま流出した離農民による貸付け地の増加。③農地価格の高騰に伴う非農家の資産的農地所有の増加 (趙佳鈺『韓国における稲作生産力構造に関する研究』, 1994 年, 150 頁)。(深川は農家の資産的農地所有の増加も最近では存在すると見ている。本書第 3 章における構造政策関与の大農に関する記述参照。)

需要側面からは, ①農地価格の上昇による自作地拡大の制約, ②兼業機会の制約による農外所得拡大の制約, ③中型機械化による作業処理能力の向上, が挙げられている。兼業機会が限られているため農業所得による家計費充足を目指すが, 農地価格上昇のため借地による拡大を選択せざるを得ない。従来は機械化が進まず規模拡大は制約されていたが, 中型機械化の進展により, 借地による規模拡大が可能となった, という (同上, 150 頁)。

さらに, 借地農と, 地主を, 類型化し, それぞれの割合が示されている。

借地農については, ①飯米確保型は全体の 2 割で, 高齢化世帯と単身世帯が多い。②借地による家計充足を目指す生計維持型は, 5 割を占め, 50 代の経営主が多く, 中規模農家層であり, 主要機械作業は全部経営委託して, 家族労働報酬を確保している。③一定の自作地と機械を保有する自作地上層は 3 割である。一方, 地主については,「高齢在村地主」「資産的地主ないし飯米確保的不在地主」に分けられる。これを在村と不在地主に分けた場合, 四つに類型化できる。①在村地主のうち高齢化ないし

男子欠損の耕作不能な地主は，在村地主の中では9割である。②在村地主のうち他産業従事者は1割である。③不在地主の5割強は離農者が占める。④都市住民が資産保有の形態として農地を購入し不在地主になったケースは4割強，という（同上，151-152頁）。

さらに加藤光一氏は，1990年代半ばの調査から，地方中核都市近郊の農地賃貸借関係の現代的形態として，次のように述べている。「貸し手（地主）は，非農民が多くかつ不在地主が多い。もちろん在村地主もいるがその場合には高齢農家が多い。また非農家のなかには離村した兄弟の土地を預かっている場合もある。ただし，この場合に小作料は離農した兄弟の飯米の役割を果たしている」（加藤光一『韓国経済発展と小農の位相』日本経済評論社，1998年，81頁）。また加藤は，日本との比較において韓国農業構造の特徴を次のように説明しており興味深い。「日本の場合であったら，ほぼ集落内で自己完結する農地賃貸借も，そうしたことは存在せず，借り手であれば誰にでも貸し付けるし，誰からも借りるという意味では，『ムラ』の階層性の論理は成立していないと言える」（同上，226頁。）

7) なお，賃貸借については，80年代までの研究は，地主・小作関係と呼ばれることが多かったが，最近ではもうこういう呼び名は使われずに，賃貸借という呼称が一般的である。ここでは成立過程という歴史的分析に際しては，「地主小作関係」，最近の研究については，「賃貸借」という用語法を用いている。
8) 本書では，比較的狭い地域を対象とするときは「稲作平坦部」，広い地域を対象とするときは「平野部稲作地帯」，と使い分けた。たとえば，複数の集落や村程度の範囲であれば，「稲作平坦部」，全羅北道の複数の郡にまたがる程度に広域であれば，全羅北道の「平野部稲作地帯」と表記している。
9) この問題に関する倉持和雄氏の見解については，第3章の注1で詳述している。
10) この問題に関連する倉持和雄氏や朴珍道氏のコメントについては，第4章の注20を参照されたい。
11) 調査の模様については，その一部を下記のエッセイに紹介している。「韓国農村のフィールドワーク」九州大学『Radix』No. 26，九州大学大学教育センター，2000年9月，10-12頁。
12) 本書においては施設型の農業について，畜産を含む場合には施設農業，畜産を含まない耕種の場合には施設栽培と記した。
13) ミニマム・アクセス（MA：Minimum Access 最小市場接近）とは，最低輸入義務の意味。貿易品目に課せられた最低限の輸入枠設定の取り決めを指す。ウルグアイ・ラウンド以前は，日本の米などについては輸入制限措置が認められていた。しかし，ウルグアイ・ラウンド以後は，最低輸入量が設定されることとなった。

ウルグアイ・ラウンドにおいて，91年末のドンケル事務局長の合意案では，輸入制限措置を関税に置き換えることが前提とされた。当初の日本は関税化が輸入拡大に結びつくという判断から，ドンケル案を米について拒否した。日本に提示された代替案は，最低輸入枠を初年度は国内消費量の4％，6年後は8％と増やしていく特例措置であった。この特例措置はミニマム・アクセスと呼ばれており，日本はこの特例措置

を受け入れた。日本が米の関税化を拒否し特例措置のミニマム・アクセスを受け入れた結果，1995年度から6年間，一定数量の輸入を義務付けられた。しかしその後，日本政府は，関税化した方がミニマム・アクセスによる年ごとの加算率を抑えられ得策などの判断から，1998年12月に関税化を決定しWTOに通報した。

第1章

WTO体制下の国際農業政策と韓国農政の方向

はじめに

　WTO体制下における韓国の市場開放は90年代の成長作物に始まり2005年の米市場開放拡大へと向かっている。当初韓国は，農家の農業所得依存度と農業の稲作依存度がともに高いことから，米市場開放に際しては日本よりも影響が大きいと見られていた。しかし94年のウルグアイ・ラウンド妥結以後は，WTO体制下の日本市場開放に乗じて対日輸出を伸ばし，バラや蔬菜類等の成長作物で日本市場を席巻した。韓国では市場開放対策として政府が施設現代化資金融資等の政策を実施しており，これらの支援を受けて生産を伸ばした幾つかの成長作物の分野では，日本の競争上の地位が相対的に低下して，韓国農産物の対日輸出が増加した。一見不利に見えるWTO体制が韓国農業に有利に作用しており，WTO体制は日韓両国の間で複雑な様相をみせている[1]。

　しかし，WTO体制下の両国間の競争関係は徐々に変わりつつある。一旦は伸長した韓国の成長作物も，農業施設への過剰投資や経済危機の影響，及び中国農産物の輸出攻勢で，近年は停滞傾向にあり，稲作への回帰現象が見られる。この間に，稲作依存の農業構造については，市場開放に耐えうる農業構造への転換が試みられてきた。しかしそれらは十分な成果をあげたとは言えず，また大規模経営を中心に負債問題が深刻化している。2005年の開放拡大の時期は刻一刻と近づいており，農政転換は差し迫ったものとなって

いる。

　本章では，90年代のWTO体制編入による韓国農業への影響を検討していくが，具体的には，94年のウルグアイ・ラウンド妥結にともなう農産物市場開放と，2005年の開放拡大へ向けての構造政策，及びその国内農業への影響等に触れる。

　WTO対策をめぐる議論の検討に先立って，韓国農業の特徴を浮き彫りにするために，日本農業との比較を行う。類似の農業構造を持つように見える日韓両国は，WTO対策でも共通する点が少なくない。しかし，前提条件は同じではなく，日韓両国の農業構造の間には，隔絶した差異が存在する。本章で韓国の農政転換を議論するには，韓国農業の基本構造の理解が前提となるが，ここでは日本との比較から韓国農業の特徴部分のみを示している。市場開放の影響を議論する際に，農業構造との連関を論ずる上でも，その特徴を把握することは重要である。

　次いで，90年代における韓国農業の構造変化を，統計数値を追いながら確認して，WTO体制編入による国内農業への影響を検討する。特にここでは，80年代との比較で90年代韓国農業の特徴を示している。同時期の日本との比較に，他の時期の韓国農業との比較が加わり，90年代の韓国農業が，地理的，時間的に相対化される。

　そして，最後に，最近の農政転換をめぐる議論について検討し，新たな農政の方向を探る。90年代の構造政策のインパクトは小さくなかった。莫大な資金が投じられて，農業全般が揺れ動いた。施設型農業や大規模経営が発展する一方で負債問題が残された[2]。農地の流動化を伴う規模拡大が推進されたが，高齢化の進展で農地の流動化事業は困難に直面した。種々の事業は一定の成果をあげながらも，多くの問題を残している。

　これらの政策はそもそも，構造政策の推進で競争力ある農業経営を育成しようとするものであった。けれども，それらは最終的に，農業農民すべてを丸抱えしたものとならざるをえなかった。当初の計画に反して，十分にターゲットを絞り込めなかったことに政策としての限界がある。結果的に政府の融資金は広範な農民階層に散布されることになり，過剰生産力を刺激する一方で，負債問題をひきおこした。経済危機も手伝って，農家の負債問題は深

第1章　WTO体制下の国際農業政策と韓国農政の方向　　　　35

刻なものとなった。

　今後の構造政策の見直しはWTO体制に沿うものとならざるをえないだろう。WTO体制下に要求される国内補助の削減で，今度は否応なく，支援対象のターゲットの絞り込みが要求される。丸抱え的な価格支持政策から，環境保全や条件不利地域に絞り込んだ直接支払い制への移行が検討されており，農政のあり方は大きく変わると予想される。しかしながら，これらの政策転換がスムーズに農民に受け入れられるかどうかについては，不安な側面が少なくない。また，従来の構造政策との整合性についても，今後の検討が必要とされている。

　以上のように課題は山積しているが，直接支払い制等，一部のWTO対策は始動しており，しかも一定の成果をあげつつある。これからはそれらの評価を踏まえて，広範な地域への制度の導入が検討されることになるであろう。

1．WTO体制下の国際農業政策

(1)　WTO体制下の国際農業政策

　WTO体制下の国際農業政策とは，世界的な貿易体制下の特定の理念と具体的な政策調整に関するものである。

　ウルグアイ・ラウンドは，欧米の妥協により1993年末に決着し，95年からWTOが発足した。WTOは，それまでのGATTと異なり，国内法に優越する立法権と司法権を有する国際機関であり，その農業協定は「市場指向型の農業貿易体制の確立」を目的とする。具体的には，①すべての非関税障壁の関税化，及び，②市場歪曲的・生産刺激的な国内政策の削減，を追求している[3]。この目的のもとに国内農業保護の削減・撤廃を要求される国々は，要求をそのまま呑み込むのではなく，国際的な交渉の場においてこれまでに，幾つかの例外事項を勝ち取ってきた。

　WTO農業協定の下で削減を免れる政策は，「グリーンボックス」[4]と呼ばれる。その典型は，生産を刺激しないように，生産や価格にリンクさせない直接支払い政策である[5]。従来の農政は価格支持政策が中心であるが，これ

ではすべての農民階層を保護することになる。過剰な生産力が刺激され，生産物は過剰在庫として積み増されることから，価格支持政策は過剰生産の元凶とされてきた。対する直接支払いは，対象農家の性格規定を行い，対象農家を絞り込んで支持を行うものであり，過剰生産力を刺激しないような形での支持が条件次第では可能となる。欧州の直接支払いは，その条件を環境や条件不利地域とリンクさせることで，対象の絞り込みを行ってきた。WTOにおける農業協定では，環境農業推進のための直接支払いについては，「グリーンボックス」のなかにあるものとして，農業協定の削減対象から免除されることとなった。このため各国農政は，環境農政や地域農政への傾斜を強めることで，農業保護政策の生き残りを模索しており，従来の農業・農民丸抱えの農政から，支持対象農家のターゲットを絞り込んだ農政への転換をすすめている。

　こういう状況を背景として，欧米の農政は，価格支持政策から直接支払い政策へ，農業政策から農業環境政策への転換を図るようになる[6]。日本では，1999年に米が関税化され，新農基法（食料・農業・農村基本法）が制定された。新農基法の基本理念は，食糧安全保障と農業の多面的機能の発揮を骨格としている[7]。

(2) 韓国のWTOへの対応

　一方，韓国でも，WTO体制下の農業問題は，国内農政に大幅な改革を迫るものと認識されている。ウルグアイ・ラウンドの結果，農業協定が生まれることとなり，各国は農産物市場開放を一層拡大するとともに，国内農業政策の推進において，「農業生産と貿易をゆがめる政府介入」の漸進的削減，という義務を抱えるようになった。李相茂（イ・サンム）氏によれば90年代には，①急激な市場開放の衝撃を和らげるために関税化を進めたものの，輸入は着実に増えた。②日本の市場開放を利用して対日輸出を増やしたが目立った拡大は見られない。③農業基盤整備等の国内農業支援策がとられたが，これも目立った効果はあげていない[8]。

　WTO農業交渉で韓国だけが持つ争点としては，①米関税化の猶予と開発途上国としての地位の維持問題がある。現行協定では，開発途上国には，補

助金などの削減幅と移行期間を長くしている。農産物輸出国は韓国を途上国とは見なさない方針であるが、韓国は途上国の立場を主張している。②日本は、国内事情から早期関税化しており、韓国の味方にはならない。③韓国の場合、米の農業生産及び農家所得に占める割合が日本に比べて高いため、早期関税化は難しい。李相茂氏はこのような認識を示している。加えてさらに、韓国の農政方向と交渉戦略としては、①最近制定された農業・農村基本法で、市場原理の追求と環境保全などの公益機能を含めたこと、②OECD 勧告により直接支払い制の拡大（条件不利地域及び環境農業）を進めていること、③セイフティネットの構築、等が挙げられている[9]。

このような政策課題と目標は 90 年代の市場開放と構造政策を背景としている。河瑞鉉（ハ・ソヒョン）氏によれば 90 年代には、2004 年まで関税化が猶予された米を除いて、ほとんどの農産物市場が開放され、食料自給率は穀物ベースで 99 年に 29.4％まで低下した[10]。

加えて、巨額の資金を投じて構造政策が実施された。米以外の品目については市場開放と同時に施設現代化のための資金の手当が行われた。米についても、2005 年の開放拡大に先立って国際競争力を引き上げるべく、経営規模拡大を目標に、農地流動化と機械化を促進する事業が行われている。

以下ではこれら事業の行われた 90 年代の構造変動について、統計的に明らかにし、その上で、構造変動と政策との連関についての諸説を検討する。さらに、構造政策の見直しをめぐる議論について触れた後に、新たな農政転換の方向について展望を示す。

統計の検討に際してはまず、日韓比較により韓国農業の構造的特徴を、次に、80 年代との比較で 90 年代韓国農業の特徴を示す。同じ時期の日本との比較に加えて、他の時期と 90 年代の韓国農業の比較を行い、この二つから、90 年代韓国農業を相対化することで、WTO 体制下における農業構造の変動を探る。

表1-1 日本との比較に見る韓国農家・農業の特徴 (2000年)

		単位	韓 国	日 本
耕地				
	総耕地面積 (A)	千ha	1,889	4,830
	耕地利用面積 (B)	千ha	2,098	4,594
	水田面積 (C)	千ha	1,149	2,641
	稲作作付け面積 (D)	千ha	1,072	1,788
	耕地率 (A/国土面積)	%	19.0	13.0
	耕地利用率 (B/A)	%	111.1	94.4
	水田率 (C/A)	%	60.8	54.7
	水田稲作作付け率 (D/C)	%	93.3	67.7
農家				
	専・兼別農家戸数			
	専業農家戸数 (H)	千戸	928	1,209
	兼業農家戸数 (I)	千戸	456	1,911
	うち第1種兼業農家 (J)	千戸	203	350
	うち第2種兼業農家 (K)	千戸	253	1,561
	専業農家比率 (H/F)	%	67.1	38.8
	兼業農家比率 (I/F)	%	32.9	61.3
	うち第1種兼業農家比率 (J/F)	%	14.6	11.2
	うち第2種兼業農家比率 (K/F)	%	18.3	50.0
	年齢階層別農家人口			
	農家人口 (E)	千人	4,032	13,458
	農家世帯数 (F)	千戸	1,384	3,120
	農業就業者数 (G)	千人	2,203	3,891
	農家人口率 (E/総人口)	%	8.7	10.6
	農家戸数比率 (F/総世帯数)	%	9.7	6.6
	農業就業者比率 (G/総就業者数)	%	10.5	4.5
	農家の農業就業者比率 (G/E)	%	54.6	28.9
	戸当り世帯員数 (E/F)	人	2.91	4.31
	戸当り農業就業者数 (G/F)	人	1.59	1.25
	戸当り農地面積 (A/F)	ha	1.36	1.55
	15〜59歳 (L)	千人	2,345	6,926
	60歳以上 (M)	千人	1,356	4,803
	15〜59歳 (L/E)	%	55.7	51.5
	60歳以上 (M/E)	%	32.2	35.7
	年齢層別農業就業人口			
	15〜59歳 (N)	千人	1,232	1,326
	60歳以上 (O)	千人	1,056	2,565
	15〜59歳 (N/G)	%	53.8	34.1
	60歳以上 (O/G)	%	46.2	65.9
	農業就業人口/農家人口			
	15〜59歳 (N/L)	%	56.8	19.2
	60歳以上 (O/M)	%	74.9	53.4

出所:韓国農林部『農林業主要統計』2001年、韓国統計庁『2000年農業センサス暫定結果』2001年5月、農林水産省『農林水産統計』2001年。
注:(1) 日本の利用耕地面積と稲作作付け面積は、1999年の数値。
(2) 韓国の農業就業者には林業就業者を含む。
(3) 韓国の「農家兼業農家」は、農林業就業者比率」は、農林業就業者を農家人口で除したもの。
(4) 第1種兼業農家:農家全体の収入中、農業収入が農業以外の収入より多い農家。
　　第2種兼業農家:農家全体の収入中、農業以外の収入が、農業収入より多い農家。
(5) 韓国の年齢階層別農家人口には、林業及び漁業を含む。
(6) 年齢階層別農家人口は1999年の数値であり、L/EとM/Eでは、Eには1999年の農家人口値を用いた。
また、N/L及びO/Mについても、2000年における1999年の農林漁業就業者人口を農家人口で除した。

2．韓国農業の把握 ― 日本との比較 ―

(1) 農地利用と農家の比較[11]

　韓国は日本ほどに急峻な山岳地帯が多くなく，また，日本ほどには都市化による農地転用が進んではいない。このために，国土面積対比の耕地比率は日本の13％に対して韓国は19％と大きい。この耕地の利用について，日本では，耕作放棄地が増えて，利用率が94.4％と低下しているのに対して，韓国ではいまだ，耕地利用が111.1％と比較的高い。耕地を，水田と畑の割合で見ると，韓国の方が僅かに水田の占める面積が大きく，しかも水田稲作作付け率[12]は，日本の67.7％に対して韓国は93.3％と，相対的に高い水準を維持している。これらから韓国ではいまだ，農業に占める稲作の比重がかなり大きいことが推察される。

　次に，農家についてみると，総人口対比の農家人口は，8.7％と日本以下にまで低下している。この間の農村から都市への農家人口の流出が急速なだけでなく，農家人口がほぼ払底というところまでに減少したことを示している。農家人口の減少は，スピードだけではなく，後に見るように，韓国農業の構造を形作る要因となっている。

　農家人口とは反対に，農家戸数の総世帯数に占める比率で見ると，韓国の方が日本よりも，まだまだ高い数値を示している。日本が農家戸数比率で6.6％であるのに対して，韓国は9.7％である。農家人口と農家戸数の，この逆転現象の理由は，戸当り世帯員数の差異にある。日本では戸当り世帯員数が4.31人と比較的多いため，小さい農家戸数比率にもかかわらず，大きな農家人口比率を維持している。これに対して，韓国は，戸当り世帯員数が2.91人と比較的少なく，日本とは反対に，少ない農家人口にもかかわらず，相対的に多くの世帯が農村に存在している。これら少数家族で農村に存在する農家の大多数は，後に示すように，高齢一世代世帯であり，日本とは隔絶した韓国農村の特徴となっている[13]。また，この逆転現象がさらに顕著なのが，農業就業者の比率であり，韓国では1割を超えているのに対して日本では5％を下回っている。日本の方では，4.31人の平均世帯員数のうちに，

教育を受ける学齢期の子供や，リタイアした高齢者が，含まれるのに対して，韓国では高齢一世代世帯が多数を占めて，生計のためにリタイアせずに，農作業を続けていることから，全体としての，韓国の農業就業者比率が，大きく現れているものと考えられる。つまり日本のように平均世帯員数が多ければ，リタイアしえたであろう高齢者が，高齢者のみの世帯となった場合に，独立して家計を支えるべく，最小限の就労を余儀なくされて，いわば自給的な営農を継続するという状況と推測される。もちろんこれには，高齢化問題や，世帯員数の少なさ，ということに加えて，兼業機会の少なさという，韓国農業の特徴が関係している。即ち，兼業の多い日本では，農村にいながらにして，農業を片手間にする農家人口が大多数であり，多くの農家人口と少ない農業就業者という構造を形成している。これに対して，韓国では農村兼業機会が少ないために，農家人口のほとんどが，農業を生計維持の手段として選択せざるをえず，農業就業者の比率が日本に比べて高く現れている。戸当り農業就業者数は，日本の1.25人に対して，韓国では，1.59人であり，日本では4.31人の農家世帯中の1.25人しか農業に従事していないのに対して，韓国では2.91人中の半分を超える1.59人が従事している。これを全体として見ると，農家の農業就業者比率という数値で確認することができる。農業就業者を農家人口で除した結果は，日本の28.9％に対して，韓国は54.6％である。韓国では，青壮年層の都市への流出により，農家人口が高齢一世代化しており，しかも，兼業機会の乏しい農村で，農業専業となることから，いきおい高齢者の農業就業率が，後述するように高くなっている。

(2) 専・兼別農家戸数と高齢化現象の比較

　専・兼別農家戸数は，両国農業構造の違いを明確に示している。専業比率は日本の38.8％に対して韓国では67.1％と倍近い[14]。これはまた，韓国の兼業比率が日本のほぼ半分であることを意味している。加えて，日本の場合，同じ兼業でも「農業以外の収入が農業収入より多い」第2種兼業農家が大半を占めて，いわば「脱農」した農家が大半ともいえる。これに対して，韓国ではこういう農家の占める割合も，いまだ日本ほどではなく，農業所得が，農家の生計を支える主な手段となっている。先に示した，少ない家族数と高

第1章　WTO体制下の国際農業政策と韓国農政の方向

齢化という韓国農家の特徴に，専業の多さということをもう一つ加えれば，兼業機会の少なさから，青壮年が脱農せざるを得ず，その結果として高齢一世代世帯が増えたものの，その世帯も，兼業機会の少なさから，農業を所得源とせざるをえないといったパターンを描いている。高齢者であるほどに兼業の機会は限られるものと推測され，高齢化と専業比率の上昇は，比例関係にあるものと思われる。後に示すように90年代後半になって，専業比率は再度上昇しており，これは同時期の高齢化進展と関係があるものと考えられる。

　その高齢化の状況について，年齢階層別農家人口をみると，韓国よりも日本の高齢化の方が進んでいる。15～59歳の農家人口に比べて60歳以上の農家人口の比率は，日本の方が大きい。年齢別農業就業人口では，より一層，日本の農業就業者の高齢化が目立っている。これらの数値を見る限りでは，韓国の農村高齢化現象は，日本ほどには深刻ではない，ということになりそうである。日本では60歳以上の農業就業者が65.9％を占めるのに対して，韓国ではいまだ46.2％にすぎないからである。これを，先ほどの韓国の高齢化の特徴ということと関係させて，どのように考えればよいのであろうか。

　実はこの疑問は，農業就業人口を農家人口と比較することによって解決される。農業就業人口を農家人口で除した数値は，60歳以上について，韓国の方が74.9％と高い数値を示している。日本の方は兼業比率が大きいために，15～59歳でも農業に就労する人の割合は，韓国の約3分の1程度に過ぎない。60歳以上になると，日本では約半分の人が農業に就労しているが，韓国では約4分の3とこれも，日本よりは，高齢者の就労の割合が高いことを示している。

　以上のように見てくると，日本と比較した場合の韓国農家・農業の特徴は，高い水田稲作作付け率，少ない家族数，高齢化，高い専業比率，高齢者の就労，という5点に特徴づけられる。これらの5点から浮かび上がってくる平均的な農家の姿は，稲作を中心とする専業の高齢一世代世帯であり，韓国における筆者の農村調査でも，実際に集落の7割程度が，これら農家群であるとの印象を受ける。農業構造改革においても，高齢化した専業零細規模の農家世帯の対策が難しい問題となっている。こういう問題は日本農業がかつて

経験したことのない,韓国農業独特の構造的な問題でもある。日本の場合であれば,都市における独居老人は問題化しても,農村においては,まだまだ三世代家族の構成員として暮らす人々が少なくない。韓国では,こういう家族構成の多くは崩れ去っている。日本の場合であれば,兼業所得を得ながら,土地資産を守るという兼業農家は,三世代,あるいは二世代世帯を維持するだけの所得基盤を保持することが可能である。しかし,兼業所得に期待できない韓国では,専業世帯のみが農村にとどまり,非農業へ就労可能な青壮年は農外へ流出することから,いきおい残された家族は少数家族世帯となり,また高齢化して,農業専業化せざるをえない。こういう事情が現在の韓国農業と農家を作り上げ,また特徴づけており,農地の流動化と構造改革を難しいものにしている。

3.90年代の韓国農家・農業の特徴

90年代にはウルグアイ・ラウンドが妥結して,稲作以外の農産物市場が実質的に市場開放され,米についても10年後2005年の市場開放拡大を目途に,ミニマム・アクセスが開始された。これを受けて国内では,WTO体制下の農業改革が開始され,米を含む農産物の全面市場開放に耐えうるような農業基盤作り,及び農業国際競争力の向上を目的として,農業構造の大改革が開始された。42兆ウォンという莫大な資金が投下されて,様々な事業が開始され,農民の生活は大きな影響を受けた[15]。

ここでは,94年のウルグアイ・ラウンド妥結後の市場開放の影響を,農民側の対応,政策側の対応,政策実施による農業構造への影響などに分けて,この間の経過を検証する。90年代を前半期(90~95年)と,後半期(95~00年)に分けてみると,その変化は両者で,大きく異なっている。特にウルグアイ・ラウンド妥結時期を含む前半期(90~95年)に,激変ともいえる動きがあり,韓国農業は大きな変化を示した。後半期(95~00年)には,その揺り戻しのような現象が生じている[16]。そういう変化の性格やその背景を探るために,ここでは,増減率を用いたトレンド分析と,構成比を用いた構造分析の二つを行った。トレンド分析の方は,90年代の変化を相対

第1章　WTO体制下の国際農業政策と韓国農政の方向

化するために，80年から5年刻みの変化を増減率という数値で示した。90年や95年など5の倍数の年には農業センサス調査が行われており，数値が比較的正確である。10年ごとのセンサス調査は，調査後3年を経過してその数値が発表される。2000年調査は2003年を待たねばならないが幸いに速報値を入手したので，2000年の数値にはセンサス調査のその速報値を用いた。この手法とは別に各5ヵ年平均の増減率を示すという手法もあるが，以上の理由に加えて，ここでは趨勢を見ることが目的であるので，5年刻みの正確なセンサスの数値を比較した。構造分析の方も，構成比の数値を5年刻みで算出し，各時期の特徴を示している。2000年や1995年の数値をそれ以前と比較することで，韓国農業の構造変化を読み取ることができる。各指標は表1-1の日本との比較とほぼ同じものを用いており，日本との比較で明らかとなった韓国農業の構造的特質が，過去20年間の変化の中で，如何にして生じてきたものであるのか，わかりやすく示している。

(1)　耕地利用と農家人口

表1-2から，90年代の特徴を耕地利用と農家人口について見ると，耕地利用については稲作面積の変化，農家人口については，世帯員数の減少という，特徴が見て取れる。

耕地面積のトレンドを見ると，耕地面積の減少は90年代に入って加速している。耕地利用面積は90年代前半にはいったん大幅に落ち込んだものの，後半には減少が鈍化した。この耕地利用面積の減少は水田面積の減少を原因とするものであり，90年代前半の90〜95年には，稲作作付け面積がマイナス15.1％と大幅な減少を示した。ただし，稲作作付け面積は，次の95〜00年にはプラス1.5％と回復しており，前半と後半で，稲作を巡る環境に大きな変化のあったことが推測される。

これを構成比の数値で確認していくと，耕地率が低下を続ける中で，耕地利用率は95年期に低下を止め，00年期には若干ではあるが増えている。この背景には水田面積や水田利用の変化があったようである。水田率は，87年民主化措置期の収買価格引き上げ等を受けて，80年代に上昇を続けたが，90年代前半期に入り低下し，後半期には下がり止まった。水田稲作作付け

表1-2 90年代の韓国農家・農業の特徴 I（耕地利用と農家人口）

	単位	80年	85年	90年	95年	2000年	増　　　減　　　率			
							80~85年	85~90年	90~95年	95~00年
総耕地面積（A）	千ha	2,196	2,144	2,109	1,985	1,889	-2.4	-1.6	-5.9	-4.8
耕地利用面積（B）	千ha	2,765	2,592	2,409	2,197	2,098	-6.3	-7.1	-8.8	-4.5
水田面積（C）	千ha	1,307	1,325	1,345	1,206	1,149	1.4	1.5	-10.3	-4.7
稲作作付面積（D）	千ha	1,233	1,237	1,244	1,056	1,072	0.3	0.6	-15.1	1.5
農家人口（E）	千人	10,827	8,521	6,661	4,851	4,032	-21.3	-21.8	-27.2	-13.2
農家世帯数（F）	千戸	2,155	1,926	1,767	1,501	1,384	-10.6	-8.3	-15.1	-7.8
農林業就業者数（G）	千人	4,429	3,554	3,100	2,419	2,203	-19.8	-12.8	-22.0	-8.9
耕地率（A/国土面積）	％	22.2	21.6	21.2	20.0	19.0				
耕地利用率（B/A）	％	125.9	120.9	114.2	110.7	111.1				
水田率（C/A）	％	59.5	61.8	63.8	60.8	60.8				
水田稲作作付率（D/C）	％	94.3	93.4	92.5	87.6	93.3				
農家人口率（E/総人口）	％	28.4	20.9	15.5	10.8	8.7				
農家戸数比率（F/総世帯数）	％	27.0	20.1	15.6	11.6	9.7				
農林業就業者比率（G/総就業者数）	％	32.4	23.7	17.1	11.8	10.5				
農家の農業就業者比率（G/E）	％	40.9	41.7	46.5	49.9	54.6				
戸当り世帯員数（E/F）	人	5.02	4.42	3.82	3.23	2.91				
戸当り農業就業者数（G/F）	人	2.06	1.85	1.75	1.62	1.59				
戸当り耕地面積（A/F）	ha	1.02	1.11	1.19	1.32	1.36				

出所：韓国農林部『農林業主要統計』2001年、韓国統計庁『2000年農業センサス暫定結果』2001年5月。

注：(1) 農家の農業就業者比率G/Eは、農林業就業者Gを農家人口で除したもの。
　　(2) 農業就業者には林業就業者を含む。

率は，水田率ほどではないにせよ，80年代には高い水準を維持した。80年代の水田稲作作付け率は漸減傾向だが，この時期の作付け面積自体は増え続けている。95年期になるとこの数値は急に落ち込んでおり，00年には反転し回復している。

　以上のように見てくると，耕地利用で特徴的なことは，90年代前半期の稲作作付け面積の急減少と水田稲作作付け率の大幅な低下，及び00年期の反転，急回復。この２点である。

　このうち，前半期の低下は，ウルグアイ・ラウンド妥結による稲作の将来展望不安や，収買価格低迷，土地利用型農業から施設型農業への転換，等を理由とするものと考えられる。また，後半期の回復は，土地基盤整備などの構造政策の成果が現れたことや，米以外の農産物市場開放で外国産農産物が大量流入し，農産物価格不安定化で施設型農業がダメージを受けて，稲作への回帰現象が生じたもの，と思われる[17]。先の表１－１では，水田稲作作付け率の高さが韓国の特徴であったが，この特徴は00年期に一層強まっている。多様な農作物形態ではなく，稲作形態への専一化が強まることで，高い稲作依存度という従来からの韓国農業の独自色を強めているといえよう。

　このような耕地利用を巡る動きは農家の性格にも反映している。80年代以降農家人口は減り続けているが，90～95年期には，27.2％という大幅な減少を示した。ウルグアイ・ラウンド妥結で農業の将来に希望を失い離農した人々も少なくないと思われる。同時期には，世帯数や就業者数も減少したが，世帯数が農家人口ほどの減少を示していない。世帯数減少の約２倍のスピードで農家人口が減少するという傾向は，80年代より一貫しており，青壮年層の都市への流出により，高齢化世帯が増えて，結果的に，農村に大量の高齢一世代世帯を残すことになった。ただし，農家人口と世帯の減少は95～00年期にはテンポを緩めており，水田稲作作付け率の反転・回復と連動した，稲作農業への回帰現象の一端を示すものと思われる[18]。

　以上を構成比で見ていくと，農家人口率は80年以降５年ごとに約５ポイントずつ減り続けてきたが，00年期には下げ止まっている。農家戸数比率は，農家人口率より減少傾向が緩やかであるが，やはり同じく00年期に下げ止まり現象を示している。農林業就業者比率はこの20年間で最も大きく

変化している。特に80年と95年の対比で見ると,農業で働く人の割合は,この15年で約3分の1にまで減少した。

　一方,農家の農業者比率,農家人口のうち実際に就農している人の比率はだんだんと増えて来ている。表1-1で見たように,日本に比べた場合の韓国の特徴として,この比率の高いことが注目されるが,80年代から90年代にかけては,ますますこういう韓国的な特徴が強まって来ている。日本では兼業比率が高く,農家人口と言っても,そのうちの農業就業者は限られている。対する韓国では兼業比率が低く,農家人口の多くが就農している。都市化,工業化の進展に伴い,韓国でも,日本に似た現象が,進みつつあるかに思えるが,実際には,その反対に,ますます日本との差異を大きくして,就農者の比率が増えてきている。この背景には,高齢一世代世帯における,高齢者の就農増加という現象があるものと推測される。日本との差異を大きくしている点では戸当り世帯員数もおなじであり,80年代から低落を続けて,2000年には2.91まで落ちている。戸当りの農業就業者数は,世帯員数ほどには,減少していない。80年には平均的な農家の世帯員数は約5名で,そのうち約2名が就農していたが,00年には世帯員数約3名で,その半分強が就農している。このように,農家人口における就業者比率が高いという特徴は,農業全体としてだけではなく,戸当りの数値においても確認される。

　さて,表1-2に示されるように,90年代における韓国の農家・農業の特徴を,耕地利用と農家人口についてみると,90年代の前半期と後半期で対照的である。90年代前半期にウルグアイ・ラウンドなどの影響から,一旦は落ち込んだ水田稲作作付け率も,後半期には反転回復して,高い水田稲作作付け率という,日本との違いが再度明瞭になった。稲作離れの日本に対して,韓国は依然として稲作を農業の中心にすえている。このことは,目前に迫る2005年の米市場の開放拡大に際して,韓国農業が厳しい環境におかれていることを意味する。米市場の開放拡大に際しては,稲作依存度の高い国内農業者からの強い反発が予想される。そういう農業者は,大きく分けて二つの階層として特徴づけられる。表には示されていないが,筆者の農村調査からは[19],農村の階層分化については,ごく一部の大経営と,残された大半の高齢一世代世帯という図式として把握される。この大経営と多数の高齢世帯は,

多くの村では，営農委託を通じて，一定の経営協力関係にある。しかしながら，90年代における両極分解の結果は，韓国農業の発展を保証するものではない。現状を見ると，大経営は政策融資を受けて，償還すべき負債を抱えているケースが少なくない。高齢の農家は自給的農業に近いケースがあり，今後の生産力発展の担い手になるとは期待できない。むしろ，高齢世帯を中心とする農村コミュニティを維持するために，政策支援が必要になるほどである。これらの経済的に困難な状況にある二つの階層が，90年代には稲作経営への依存度を強めており，その稲作経営を巡る状況が，米市場の開放拡大を目前に，急速に悪化しつつある。これが現在の韓国農業の一つの姿である。

(2) 専・兼業の状況

次には，このような特徴的な農民階層成立の背景となった，専・兼業，及び高齢化問題について検討する。表1-3は，表1-2と同じく，トレンドと構造変化の両面について，専・兼業及び高齢化の状況を示したものである。専・兼業農家の戸数統計については，80年代の数値変動が大きく，80年代と90年代では，統計数値の基準が変わったのではないかと推測される。詳細が不明であるので，ここでは数値の安定している90年代のみを示した。表1-3から専業農家戸数をみると，90年代前半には減少したが，後半期には増加している。兼業農家戸数は減少を続けているが，一様ではなく，第1種兼業農家については両時期ともに減少する一方，第2種兼業農家については前半期に増加したものの後半期には減少に転じている。兼業の主体をなすのは，農業収入より農外収入の大きい第2種兼業農家である。経済危機等の影響から，後半期には，第2種兼業農家が大幅に減少して，第1種兼業農家のゾーンに入り，加えて第1種兼業農家のなかで兼業機会喪失者が増えたことから，以上のような結果を招いたものと推測される。専・兼別構成比にもこれは示されている。専業農家比率は前半期に一旦は低下したものの，後半期には上昇している。兼業農家比率の動きはその反対であり，後半期の兼業減少には，第2種兼業農家減少の影響が大きいようである。このような動きから明らかなように，日本との比較で専業比率が高いという韓国の特徴は，90

表1-3 90年代の韓国農家・農業の特徴 II（専・兼業農家）

専・兼別農家戸数	単位	90年	95年	2000年	増　減　率	
					90~95年	95~00年
専業農家戸数（H）	千戸	1,052	849	928	−19.3	9.3
兼業農家戸数（I）	千戸	715	652	456	−8.8	−30.1
うち第1種兼業農家（J）	千戸	389	277	203	−28.8	−26.7
うち第2種兼業農家（K）	千戸	326	374	253	14.7	−32.4
専業農家比率（H/F）	％	59.6	56.6	67.1		
兼業農家比率（I/F）	％	40.4	43.4	32.9		
うち第1種兼業農家比率（J/F）	％	22.0	18.5	14.6		
うち第2種兼業農家比率（K/F）	％	18.4	25.0	18.3		

出所：韓国農林部『農林業主要統計』2001年，韓国統計庁『2000年農業センサス暫定結果』2001年5月。
注：第1種兼業農家：農家全体の収入中，農業収入が農業以外の収入より多い農家。
　　第2種兼業農家：農家全体の収入中，農業以外の収入が，農業収入より多い農家。

年代後半期にますます強まっている。この原因の一つとしては，経済危機の影響による兼業機会の減少等が，想定される。加えて，高齢化の昂進等により，兼業困難な高齢者世帯の増加に伴う専業比率の増加等も考えられうる。いずれにせよ各者の要因は相互に絡み合って影響を及ぼしながら，韓国農業の特徴を構成しているようである。

　その高齢化現象についても，日本との比較では，先にみたように興味深い数値が示されている。農家人口と農業就業者人口では，日本の方で高齢化が顕著であるが，各農家世帯における高齢者の就農の割合では，韓国の方が大きくなっている。農業専業者の多い韓国の農家では，青壮年層の就農の度合いが大きいのはもちろんのこと，高齢層についても，リタイアせずに，その多くが就農している。

(3) 高齢化の状況

　こういう韓国高齢者の就農の特徴を，トレンドと構成変化で見たものが表1-4である。年齢階層別農家人口の増減率で見ると，90年代の変化が大きく，前半期に15~59歳層が大幅に減少し，後半期には60歳以上層の増加率が上昇している。これは前半期におけるウルグアイ・ラウンド妥結を契機に

表 1-4　90年代の韓国農家・農業の特徴 III（高齢化）

	単位	80年	85年	90年	95年	2000年	増　　減　　率				
							80~85年	85~90年	90~95年	95~00年
年齢階層別農家人口										
15~59歳（L）	千人	6,459	5,230	4,104	2,916	2,345	−19.0	−21.5	−29.0	−19.6
60歳以上（M）	千人	1,138	1,177	1,187	1,255	1,356	3.4	0.9	5.7	8.1
15~59歳（L/E）	％	59.7	61.4	61.6	60.1	55.7				
60歳以上（M/E）	％	10.5	13.8	17.8	25.9	32.2				
年齢階層別農林漁業就業人口										
15~59歳（N）	千人	4,134	3,169	2,471	1,619	1,232	−23.3	−22.0	−34.5	−23.9
60歳以上（O）	千人	520	564	766	915	1,056	8.5	35.8	19.5	15.4
15~59歳（N/G）	％	88.8	84.9	76.3	63.9	53.8				
60歳以上（O/G）	％	11.2	15.1	23.7	36.1	46.2				
農林漁業就業人口／農家人口										
15~59歳（N/L）	％	64.0	60.6	60.2	55.5	56.8				
60歳以上（O/M）	％	45.7	47.9	64.5	72.9	74.9				

出所：韓国農林部『農林業主要統計』2001年，韓国統計庁『2000年農業センサス暫定結果』2001年5月。
注：(1) N/L と O/M については，農林漁家人口の数値がないために，これに代えて農家人口で除した。
　　この数値は，農業就業人口の年齢構成の指標となるもので，正確な数値ではない。
　(2) 年齢階層別農家人口は1999年の数値であり，L/E と M/E では，E には1999年の農家人口値を用いた。
　　また，N/L 及び O/M については，2000年の農林漁業就業者人口を農家人口で除した。
　(3) 年齢階層別農家人口の15~59歳について，80年と85年の数値には，14歳を含む。

将来展望を失った農民の多くが離農したためと推測され，農林漁業就業人口についても，この年齢階層はマイナス34.5という数値を示している。以上を5年ごとの構成変化で見ていくと，まず農家人口については90年代における60歳以上層の構成比上昇が顕著である。就農者についても同様であり，80年代から90年代における高齢化の急進は，想像以上に，農村に劇的な変化をもたらしたと思われる。80年頃には60歳以上の高齢者は農家人口の約1割に過ぎず，農村社会で見られる高齢者・老人は，わずかに過ぎなかった。それが2000年には，60歳以上の人が農家人口の3割を占めるようになり，農村社会は高齢者が中心になりつつある。またこの60歳以上層は，80年頃には農家の働き手の約1割に過ぎず，年老いてなお元気な人を除いては高齢者が農作業に従事することはなかった。それが韓国農村社会の本来の姿であったとも思われる。その60歳以上層の働き手は，この20年間で急増し，2000年には，農家の働き手の約半分が60歳以上となってしまった。地域的差異を勘案して純農村地域を想定すれば様相はより明確となる。都市近郊の成長作物栽培は年間作業日数が300日を超えるのが普通であるために，高齢者には不適である。これに対して，農村平野部の稲作は年間作業日数が50日程度と比較的少ない。最近の平野部稲作農村では営農委託関係が発展しており，作業中の大部分を機械化大農に委託して，軽作業のみ自分で行えば済むために，さらに年間作業日数は減少しており，高齢者でも営農可能である。このため全国平均以上に，平野部農村には高齢の就農者が多く，筆者の調査では，約7割が60歳以上の高齢一世代世帯という集落も見られた[20]。そういう農村では，就農者は，大型機械を擁する大経営が数軒と，残りの多数の高齢世帯という，階層の二極分化が顕著である。大経営は営農受託により，生産の実質的な担い手ではあっても，農村コミュニティの中心的担い手までには，なり得ていないものと思われ，今後の農村社会の維持は困難であろうことが予想される。

　高齢者には農村が終の住処となりつつある。就業者を人口と対比した数値を見ると，15〜59歳層よりも，60歳以上層の方が，就農比率が高く現れている。本来この比率は反対で，60歳を超えるとリタイアして，働かないというのが韓国農村の伝統的な姿であったものと思われる。80年代まではそ

れが数値に現れていた。これが逆転したのが同表では90年で，15～59歳の青壮年層よりも，60歳以上の高齢者の方で，就業の割合が大きいという，それまでの韓国農村社会ではみられなかったような，高齢者就業社会という新たな状況に突入している。

　以上に見てきたように，韓国農村では，日本との比較で見た場合に，いくつかの特徴が見られたが，その特徴は，90年代後半期に入って，ますます明確となり，性格上に日本農業との距離が開きつつある。このことは根本的に両国農業が構造的な違いを有するためと考えられる。歴史的に工業化の制約された韓国では，戦後の経済開発の過程において，拠点開発方式の工業化が進められたために，商工業の地域偏在が著しい。政策側はこれを意識し，農工団地の開発等で改めようとしたが成功したとは言えない[21]。このために韓国農業は日本に比べて，高い専業比率を示している。これは農業自体の条件がよければ健全な農業発展の姿でもあるのだが，WTOによる市場開放等のなかでは，国際的な農業生産性の競争が厳しくなりつつあり，農業だけで農家経済を支持するという専業農家の存続は難しくなりつつある。

　かつてはこういう韓国農業のおかれた諸条件を利用して農業の発展を図る政策が指向された。90年代前半期において，韓国の農政当局は，専業農家育成を通じた構造政策推進を試みた。ウルグアイ・ラウンド妥結に伴うミニマム・アクセス受け入れと，2005年までの米市場開放拡大に備えて，国内稲作農業の構造改善を図り，大規模な稲作専業農家を育成することによって，国際競争力のある農業経営の実現を目指した。そのために，大規模な構造改革資金が投じられ，土地・機械等の購入について，規模拡大を指向する農家への支援が行われた。90年代前半期には，この政策の効果で，大規模な経営体があちこちに登場した。しかしながらこの構造政策は，十分な投資の受け皿のないままに資金を投じたことが問題となって[22]，90年代後半期になると，政策の見直しを余儀なくされることとなった。

　加えて，WTO体制下では，国内補助削減に関する国際的な合意形成がなされ，価格支持等を通じた保護の削減と，直接農家補助への移行が，回避不可能な状況にある。韓国政府もこれに従い，価格支持の見直しと，グリーンボックス内の環境直接支払い等への移行を進めており，農政の重心を，価格

支持から直接支払いへと移す構えである。

以下ではこのような構造政策と農政転換をめぐる議論について検討する。

4．韓国の構造政策

1994年にWTO出帆に備えて,「農漁村発展対策及ビ農政改革推進方案」[23]が発表された。この方案は，競争力の向上，農村生活の改善，農村福祉増進という3部門の対策を包含していた。この対策を推進するために，構造改善事業費42兆ウォン，特別税15兆ウォン，を確保して，約10年間にわたり，農漁村に投資することとした。特に，生産基盤整備，構造改善，食糧管理制度，農地制度改善，農産物流通構造革新等，競争力向上の施策に，重点投資が行われることとなった[24]。

そして90年代には，これらの政策が実施され，韓国農業には大きな変化が起きた。

(1) 施設型農業の後退と稲作農業への回帰

そのうちの一つは，90年代前半期における稲作作付け面積の減少である。李哉泫（イ・ジェヒョン）氏によれば，この時期に稲作は，作付け面積を大幅に減らした。1991年まで100％に達していた米の自給率は，1996年には89％まで低下した。それに伴い在庫量も，FAOの勧告水準にも満たない10％未満にまで減少した。このような米不足の原因は，1992年から3年間続いた不作の影響もあるものの，それ以上に，稲作作付け面積が大幅に減少したことが最大の要因として働いている。特に，非農地への転用や耕作放棄地の増加に比べて，稲作以外の，高収益が得られる作物への転作による稲作作付け面積の減少が目立っている[25]。

このような作目転換の多くは政策支援を受けていた。転作農家の多くは，政府の施設現代化資金の融資を受けて，施設型の成長作物栽培への転換を進めた。国際的な競争の難しい土地利用型の稲作農業から，高収益の期待できる施設型農業への作目転換であった。この作目転換により90年代前半には稲作作付け面積が減少している。また，成長農業成功の証左として，一部の

農産品で対日輸出増加等も見られた。しかし，政策支援を受けた施設型農業は，90年代後半に入ると，経済危機後のウォンの暴落による資材価格の高騰と，市場開放後の農産物流入による価格変動の影響等を受けた。例えば，河瑞鉉氏によれば，畜産は，90年代に，零細農が経営から離脱し，大規模経営が比較的増えたが，飼料穀物を海外に依存していることから，経済危機及び，為替レート変動による，飼料価格の不安定と，経営の不安定が，つきまとっていた[26]。また，安部淳氏によれば，97年の通貨危機は，成長著しい施設園芸部門を直撃し，ウォン安の結果，重油，ビニールシートなどの輸入生産資材の価格が急騰した[27]。

かくして政府支援を受けた成長農業は90年代後半には不安定な状態に陥った。最も深刻なのは，施設型農業における負債増加の社会問題化である。韓国農村経済研究院の『農業展望2001』は，農業所得の低迷と負債問題を，市場開放による海外農産物流入や経済危機だけでなく，高所得作物への資源集中による過剰生産という視点から説明している。

すなわち，「農業生産増加と価格低迷による農業所得下落の原因は，WTOによる市場開放で農産物輸入が増えたことだけではない。相対的に高所得作物の野菜・果樹・畜産部門に農業資源が集中し，過剰生産と価格不安定をもたらしている」[28]。加えて「市場開放で，輸入農産物の価格以上に国内価格は上昇せず，高収益部門への資源集中は過剰生産による価格下落をひきおこした。経済危機による投入財価格の上昇と農産物販売価格の下落で，農業交易条件は悪化し，農業所得は大きく下落した」[29]。

こうして，90年代前半期の，施設作物への資源集中傾向，90年代後半期の経済危機後のウォンの暴落による資材価格の高騰，市場開放による農産物流入と価格変動。これらにより，政策融資を受けた農家は負債を抱えることとなり，負債問題から破綻に直面した農家も少なくない。

そして次の段階にはこの反動で，比較的安定した稲作が見直されることとなる。90年代後半期には，稲作農業への回帰現象が起きて，先の表で見たように稲作作付け面積が増加した。米は2004年まで市場開放が先送りされて，他の農産物に比較すると相対的に安定しているとみなされたためであろう。成長作物が後退し，稲作回帰現象が起きて，結果的に，農業全体の稲作

依存度が上昇することとなった。

しかしながら,この稲作農業についても,大規模化を促進する政府の融資拡大で負債問題が深刻化している。負債問題は,零細農よりも,多くの融資を受けた大規模農家の階層において深刻である。韓国農業の中核を担うべき大規模農家階層の経済的基盤が負債問題で脆弱化しているところへ,2005年の米市場開放拡大の時期が,だんだんと近づいており,従来の構造政策の見直しと抜本的な農政転換が差し迫ったものとなっている。

(2) 稲作経営の負債

稲作は元来,韓国農業の中心に位置するものであり,政策当局は90年代に重点投資で構造改革を試みた。経営耕地の規模拡大や,農業機械化推進の事業などがそれである[30]。しかしながら,この稲作の分野においても,農家経済は困難に直面している。その困難とは農家種別で見ると大きく二つに分かれる。零細規模で,高齢一世代世帯の稲作専業農家における所得減少と,大規模な稲作専業農家が政策資金融資の返済不能に陥り負債を抱える,という問題である。

韓国農村経済研究院の『農業展望2001』は,農家経済の分析から,その問題点を指摘している。同書によれば,農家経済は90年代後半から所得増加が鈍化して負債が急増した。94年以降に農業所得が実質的に減少し,しばらくは,農外所得と移転収入の増加で,農家所得は増加趨勢を維持したが,経済危機の影響で,農外所得と移転収入も減少して,大幅に農家所得が下落することとなった[31]。

平均として見た場合の農家の所得下落には,経済危機以外に,「高齢化」による農外就業人力の減少,「農村地域の農外所得源の制約」といった構造的な問題が関係している[32]。

農外就業者数は,農家人口高齢化による農外就業人力自体の減少によって,95年の戸当り0.37人から,99年には,0.22人へと減少している[33]。この場合の「高齢化」とは,同一の兼業所得機会という条件下においても,高齢化の進行で高齢者が農外就業困難となり,兼業者及び兼業所得が平均として減少するという問題である。また,「農村地域の農外所得源の制約」とは,

第1章　WTO体制下の国際農業政策と韓国農政の方向

商工業等の農外産業の都市偏在から，農村部の兼業機会が一般的に少ないという韓国の特徴を意味するものである。日本のように，農業所得減少を兼業所得で補完し，農家所得のバランスを取る場合に比べると，農外就業困難な高齢化世代の急増は，韓国農家の存続条件を難しいものにしている。

農家所得の減少は，すべての農家に等しく現れることなく，特定の階層に集中した。

この時期には，耕地規模0.5 ha未満階層の所得が大幅に下落した。こういう階層別の，農家所得の減少は，耕地規模の下層では，農業所得と農外所得の双方で生じており，これには，高齢化が関係している。高齢化に伴い農外就業の機会を失った零細農家層は，農業においても条件悪化に伴い所得を減らした。こうして農業及び農外所得双方の減少から，零細層の所得が大きく影響を受けることとなった。これに対して，大農層は構造農政における規模拡大支援等を受けて，所得を大きく伸ばすこととなり，零細農との格差を広げた。高齢化した零細農の下降と，上層の上向から，両極分解が進行した。所得は0.5 ha未満の階層で減少し，2.0 ha以上の階層で増加している。負債は若い専業農と大農層に集中した[34]。

構造改善の投資拡大で急激に増加してきた負債は，90年の所得対比42.9％から，99年には83.0％水準に達した。所得停滞と経済危機の衝撃で，償還能力を失った農家は，後には，消費性負債が増加した。90年代を通してみると，90～95年には生産性負債が，95～99年には消費性負債が増加している[35]。

この負債は階層別には，大農層において最も深刻となった。しかも政策性負債の性格が強い。経営規模の小さい零細農家は生産投資を抑制し，負債増加は小さかったが，所得基盤の大きい大農は，むしろ投資拡大で負債が大きく増えた。土地利用型農業経営の負債は，5 ha以上の階層で大きく，生産性負債が中心であり，下層が消費性負債中心であることと対照的である[36]。また，こういう階層のなかでも，30代の農家の負債が最も大きく，その後，年齢と反比例して負債は減少している[37]。生産性負債は高齢農家には少なく，青壮年の農家に多い。これらの階層は，将来への農業の意欲に燃え，政策融資を受けて様々な投資を行ったものと推測される。

(3) 構造政策の転換

このような負債が生じたことについて，その原因は種々考えられるが，結果的には負債中では政策融資が最も大きな位置を占めている。韓国農村経済研究院の農民アンケートによれば，「負債対策中の最も有効な施策」の一つとして，「政策資金の償還延期」が挙げられている[38]。これは，それだけ政策資金の償還負担の大きいことを意味している。また，実際に，負債額を調べてみると，2001年3月期における負債農家1件当りの平均負債額は8,266万ウォンであり，そのうちわけは，私債が263万ウォン（3.2％），相互金融資金が2,731万ウォン（33.0％），政策資金が5,273万ウォン（63.8％）であった[39]。負債の6割以上が政策資金であることは，それだけ負債発生に政策が深く関与したことを意味している。

構造政策の問題点は政策側でも十分に把握されており，政策転換の必要性が主張されてきた。金正鎬氏によれば，「1993年末のウルグアイ・ラウンド農業協定の合意を契機にたてられた『新農政方案』(94年6月)[40]では，主として費用節減的な国際競争力を高めることに力を注ぎ，規模拡大及び施設現代化に重点をおいてきた。しかし，総体的な農業不況の中で大規模農家であるほどに経営収支の悪化を見せており，従来の外形的な農業発展戦略に関する反省の声が高まっている。また，財政緊縮によって農業予算も縮小され，農政基調はいわゆる内延的発展を重視する国内資源活用型農業の育成に移っている」[41]。また，IMF経済危機を契機に，従来の農政には，転換が求められており，とくに「農業構造改善事業の方向に対する見直しが進められている」[42]。

構造政策は，農地の流動化を推し進めて，零細農の離農と大規模農の育成で，2005年の米市場開放以前に国際競争力のある農業を作り上げることを目的とした。そのために流動化促進と大規模農の経営効率化を目的として，多くの政策資金が投じられた。これらは一定の成果を上げたが，問題も多く残した。

なかでも構造改革推進上の隘路の一つとして農民の高齢化問題がある。大規模農育成には，農地流動化と離農民発生が不可避であるが，高齢化した大量の農民が農村部に滞留することとなり，セイフティネットが不十分のまま

に，生計の手段としての農業・土地に執着せざるを得ないことから，離農の難しい状況におかれている。これら高齢一世代世帯の零細経営は，構造政策上には，農地流動化の阻害要因となっている。河瑞鉉氏によれば，「高齢化問題は構造政策の障害となり，後継者育成は成果を上げていない」[43]。李哉汯氏によれば，「農産物自由化や農業補助削減に伴い，国内農業の構造調整を実施してきたが，農業労働力の高齢化や農地流動化の停滞が足かせとなっている」[44]。

以上の高齢化対策を含めて，ターゲットを絞り込んだ農政への転換如何が，今後の構造政策の成否を決めることになるであろう。以下では具体的に，今後残された問題について，いかなる政策が計画されており，それらについてどのような議論が交わされているのか検討する。

5．農政改革の方向

(1) 米市場開放と国内補助の削減

米に関しては，1995年から関税化猶予の代わりに，ミニマム・アクセスを許容した上，初年度は国内消費量の1％（基準年度1988～1990年，51,307トン）を輸入し，1999年まで毎年0.2％ずつの増量を行うことに合意した。そして開始年度から10年目となる2004年には再び交渉を行うことになった[45]。しかし，日本の米輸入関税化により，韓国への早期関税化要求が強まると見られており，政府は，米の収買方式変更を発表している[46]。

政府は，国際貿易秩序の変化に対応して，農業・農村基本法を制定・施行し（2000年1月から施行），WTO体制下では農業補助削減が不可避であると判断して，稲作の環境保全機能へ対する直接支払い制を導入した。さらに農業生産環境保全と，農産物の安全性保証のために，環境農業育成法を制定し，2000年1月から施行した。しかし，国内農業補助額中で，米の占める割合は95％を占めており，ウルグアイ・ラウンド合意によるAMS（Aggregate Measurement of Support：国内補助）削減のために，政府収買量及び収買価格は，漸次引き下げざるを得ない。稲作が農業に占める割合が大きいため，政府は，農家の負担軽減を狙って，約定収買という制度を導入してい

表1-5 政府収買米価及び収買実績

年次	生産量 (A) 千石	収買実績 (B) 千石	介入度 (B/A) %	収買価格 ウォン/80kg	対前年 引上げ率 (%)
1983	37,529	8,468	22.6	55,970	—
1984	39,457	8,436	21.4	57,650	3.0
1985	39,071	7,567	19.4	60,530	5.0
1986	38,936	6,186	15.9	64,160	6.0
1987	38,145	5,473	14.3	73,140	14.0
1988	42,038	6,718	16.0	84,840	16.0
1989	40,958	11,748	28.7	96,720	14.0
1990	38,932	8,357	21.5	106,390	10.0
1991	37,390	8,489	22.7	113,840	7.0
1992	37,023	9,598	25.9	120,670	6.0
1993	32,981	9,977	30.3	126,700	5.0
1994	35,134	10,500	29.8	126,700	0.0
1995	32,601	9,550	29.3	126,700	0.0
1996	36,959	8,618	23.3	131,770	4.0
1997	37,842	8,500	22.5	131,770	0.0
1998	35,397	6,445	18.2	139,020	5.5
1999	36,550	6,082	16.7	154,000	10.8
2000	36,742	6,291	17.1	—	—

出所：韓国農林部，『農林業主要統計2001』2001年。
注：収買価格は，2等品基準。糧穀年度基準。

る[47]。

　従来政府は，生産された米のうち，市場へ出回る商品化米からその一部を買い上げる（収買）ことで，市場をコントロールし，加えて，買い上げる価格（収買価格）を調整することで，二重に米市場を管理してきた。この政府介入の度合いは，収買価格の引き上げ幅が小さくとも収買量が多ければ高まり，また反対に，収買量が少なくとも収買価格の引き上げ幅が大きければ，高まるという関係にあったものと考えられる。80年代からの収買量と収買価格引き上げ幅を見たものが表1-5である。収買実績を生産量で除したものを仮にここでは「介入度」と呼んでいる。本来は，生産量の内の商品化米

で除す必要があるが，その数値がないために，生産量で除しており，正確な「介入度」ではない。対前年比の収買米価変動率もあわせて示している。統計の『農林業主要統計』には，収買価格が糧穀年度基準で前年度のものを示してあるので，ここでは1年前の実際に買い上げられた年の数値を掲げている。

さてこの表1-5を見ていくと，政府は市場のコントロールに，買い上げ量を積み増す介入度の引き上げと，買い上げ価格の引き上げという，二つの手法を用いていることがわかる。80年代前半には，比較的高い介入度を維持しながら，収買米価を抑えていた。87年の民主化措置前後にはこの政策が大きく転換する。87年には一旦介入度は低下するが，収買米価は大きく引き上げられた。民主化に伴う労働運動の成果として賃金が全般的に上昇する中で，米価の引き上げは政治的成果として象徴的なものであり，代わりに介入度を抑え込むことで政府負担を軽減したものと推測される。しかし，88年と89年は，米価の引き上げと，介入度引き上げが併行する。米市場のコントロールが最も強力に機能した時期であろう。87年からの3年間は，統計表上の期間（83年～2000年）のなかでは，最高の生産量水準を示した。しかしこういう時期は長くは続かなかった。まず，90年から米価の引き上げ幅が鈍化しはじめ，94年にはゼロ水準まで落ち込んだ。介入度は90年代前半も比較的高い水準を維持したが，これは93年からの3年間の不作との関係が考えられる。不作に直面して政府が管理機能を高めたのではないかということである。そして，この不作も96年には回復し介入度は徐々に低下しはじめている。あわせて引き上げ率も低いままであるが，99年には久方ぶりに大きく収買米価が伸びた。

以上から気づくことは，介入度が下がる年には米価が伸び，米価が伸び悩む年には，一定の介入度を維持するという手法で，米市場対策を行っているのではないかということである。このような政策を維持する限り，コントロール機能は比較的安定するが，財政的な負担は軽減されることはないだろう。WTO協定に基づく補助削減要求を呑む限りは，いずれ方向転換が必要となって来る。

そして，その転換期となったのが2001年の糧穀流通委員会答申であろう。

2001年秋の糧穀流通委員会は，初めての米価の引き下げを答申した[48]。これは，WTO体制下における農政転換を象徴する出来事であったと言える。今後，農政の方向が，価格支持削減と直接支払いの比重増大という体制へ移行するためには，困難が少なくないであろうが，この答申が農政転換の一つの契機となったことは間違いないと考えられる。

(2) 直接支払い制の実施

　新しい農政には幾つかの特徴があるが，このうち，直接支払い制や環境農業育成は，削減対象補助から許容対象補助へ政策の方向を転換したものである[49]。WTOでは，環境保全のための政府支援を，グリーンボックスに含ませて，削減対象から除外している。環境保全へと農業を誘導する政府の支援に対しては，国際的に認められた要件を満たす場合には，制約なく支援できるようになっており，国際的紛争の素地がない。最近では，食品の安全性と環境保全のための国連規定委員会が，有機農産物基準を制定しようとしている[50]。そしてこのような条項に関連する農業の多面的機能については近年多くの議論が出ている。

　農村経済研究院の金正鎬氏は，WTOにおける，農業の多面的機能をめぐる議論を次のように整理している。①農業の多面的機能は，輸出国では既に十分政策に反映されているが，輸入国はいまだ不十分で，この機能をより反映させるべきである。しかし，②多面的機能が助成縮小や自由貿易原理を妨げる論理として用いられてはならない。③先進各国では多面的機能は一様ではなく，その重点が異なり，韓国では特に食料安全保障が重視されている[51]。韓国では米以外の自給率は低下しており，世界第3位の穀物輸入国となっている。国際的な穀物需給動向に左右される度合いは大きく不安定性が増している。食糧は特殊な財であり，国際的な食糧需給の逼迫時には，特殊な財という性格が表面化し，資金力が輸入能力に転化しないこともありうる[52]。

　食糧安全保障の他には，農村地域社会の維持などの社会的機能がある。若年層の流出による農村労働力の高齢化と，活力低下が，農村社会を崩壊させんとしている。環境保全と景観造成の機能などについて研究が進み，重要性

が認識され始めている。これらの機能を社会的に説得力あるものとするために，「代替法」を中心として，評価手法の整備も進んでおり，政策手段としての直接支払い制が整備され始めている[53]。

このように評価手法は洗練されてきているが，直接支払い制の導入については，検討項目も少なくない。忠南大学校の朴珍道氏は，直接支払い制導入の動向を整理した上で，導入に際しての検討項目を次のように列挙している。

1．直接支払い制導入のための社会的与件があるのかという点。国民一般は，農業について生産の点からの関心はあっても，環境保全や多面的機能についての関心は薄い。そういう状況で，条件不利地域に直接支払い制を導入するのは難しい。
2．直接支払い制は，全面導入するのではなく，予算も考慮しつつ，WTOの枠内で選択的に導入しなければならない。
3．韓国の直接支払い制は，EUや米国等の，過剰国・輸出国・財政負担の大きい国々とは，全く与件が異なる。韓国は自給率30％の輸入国で，財政支援も従来貧弱であった。
4．先進各国の農政は必ずしも，WTOの規定を遵守しているわけではない。
5．直接支払い制と構造政策が，衝突するという意見がある。直接支払い制の中山間地域対策は，構造政策で，流出する限界人力を残存させて，最終的に構造政策を遅らせることになる，という。しかし，両者は支援対象が異なっている。一方は，中山間地域，他方は，稲作農家対象である。両者は相反するどころか，補完関係にある。また，中山間地域対策は，離農と生産縮小に歯止めをかけて，生産力を維持するものである。
6．指定地域をめぐる地域間の葛藤，指定基準の問題，環境農業実施の際の条件履行の監視等の問題。これらの解決のために，情報と効率的な監視システムが必要である[54]。

加えて，朴珍道氏は，稲作農家への直接支払い制の適用と糧穀政策の問題に関連して，直接支払い制は，政府の構造政策（零細・高齢農家の脱農促進）に逆行すると，政策の不整合性を指摘している。そしてこういう問題の解決策の一つとして，農業の共同化（土地利用・機械利用）に，直接支払い制を

リンクさせるという手法を示唆している[55]。

(3) 近隣諸国との貿易問題

以上のような農政転換は日本においても検討されており，韓国と日本は，WTO体制下において同時並行的に農政改革を進めている。両国は農政転換という課題を抱える点で国際的に協調できる可能性があるが，他方では，双方の市場開放が進むことにより，韓国農産品の対日輸出増加も目立っており，競争力格差がむき出しの形で現れてきている。よって，WTO体制下の日韓両国は，農業問題については，協調と対抗の双方の可能性を有しているといえる。

このうちの対抗の関係については，安部淳氏が，韓国からの対日農産物輸出拡大に注目している。日本への輸出基地になっている韓国南部の慶尚南道や，全羅南道では，施設野菜や，花卉栽培の回復が見られ，1999年は日本の生鮮トマトの輸入量の79％を韓国産が占め，パプリカ，キュウリ，ナス，イチゴなども日本向け輸出が急増して，生産が勢いづいている。花卉も韓国の全輸出額の3分の2が日本向けである。例えば，バラ（切り花）は，日本の主産地福岡等の生産者の減少や他作物への転換などで近年，対日輸出が急増している[56]。

武藤明子氏もこのバラに注目している。花卉のような施設栽培は技術集約的であり，先端技術を導入すれば高収益が期待される。WTO体制下では国際競争力を持つことができるとして，花卉産業の一層の発展が期待されている[57]。

こうして見てくると，WTO体制は，韓国農業すべてを委縮させるものではなく，分野によっては，輸出拡大のチャンスを与えたことになる。この点について，安部淳氏は「農産物貿易自由化は，農産物輸入増大が韓国農業に深刻な影響を与え強い反発を呼ぶ反面で，日本，中国，香港，東南アジア向けの輸出国として周辺諸国の市場開放と農業動向に強い関心を持つという複雑さが韓国に見られる」[58]，と述べている。

また同時に，WTO体制下では対抗関係ばかりでなく，両国共通の課題たる2005年の米市場開放拡大へ向けて，日韓協力体制の構築を摸索していく

必要性も指摘されている。先の安部淳氏によれば,「1999年5月,日本と韓国の初の農相会談が行われ,WTO次期農業交渉に向けて,食糧輸入国の立場から,WTO農業協定の輸出入国間利害の不均衡の是正,食糧安全保障や環境保全の多面的機能などの非貿易的関心事項の尊重で共同歩調を取っていくことで合意」[59]しており,今後多方面で,協調関係を維持しながらWTO戦略が考案されていくものと思われる。

おわりに

韓国農村には,日本との比較で見た場合に,いくつかの特徴が見られたが,その特徴は,90年代後半期に入って,ますます明確となり,性格上に日本農業との距離が開きつつある。とくに韓国農業は日本に比べて,高い専業比率を示している。これは農業自体の条件がよければ健全な農業発展の姿でもあるのだが,WTOによる市場開放等のなかでは,国際的な農業生産性の競争が厳しくなりつつあり,農業だけで農家経済を支持するという専業農家の存続は難しくなりつつある。

かつてはこういう韓国農業のおかれた諸条件を利用して農業の発展を図る政策が指向された。90年代前半期において,農政当局は,専業農家育成を通じた構造政策推進を試みた。ウルグアイ・ラウンド妥結に伴うミニマム・アクセス受け入れと,2005年までの米市場開放拡大に備えて,国内稲作農業の構造改善を図り,大規模な稲作専業農家を育成することによって,国際競争力のある農業経営の実現が目指された。そのために,大規模な構造改革資金が投じられ,土地・機械等の購入について,規模拡大を指向する農家への支援が行われた。90年代前半期には,この政策の効果で大規模な経営体があちこちに登場した。しかしながら構造政策は,90年代後半期になると,見直しを余儀なくされることとなる。

90年代前半期の農政では,施設作物の分野へ資源を集中させる傾向があったが,90年代後半期の経済危機後の輸入資材価格の高騰,市場開放による農産物流入と価格変動により,施設現代化の政策融資を受けた農家の中には負債を抱えるものが現れ,この負債問題から破綻に直面した農家も少な

くない。そして90年代後半には，施設作物傾斜への反動から，比較的安定した稲作が見直されることとなる。この時期には稲作回帰現象が起きて，農業全体の稲作依存度が上昇した。

しかしながら稲作農業についても，大規模化を促進する政府の融資拡大で負債問題が深刻化した。構造政策は，農地の流動化を推し進めて，零細農の離農と大規模農の育成で，2005年の米市場開放拡大以前に国際競争力のある農業を作り上げることを目的とした。そのために流動化促進と大規模農の経営効率化を目的として，多くの政策資金が投じられた。その結果，負債問題は，零細農よりも，多くの融資を受けた大規模農家の階層において深刻となった。これらの農家は今後の韓国農業の中心となる農家群であるが，多額の負債を抱え込んで経営困難な状況にある。将来の韓国農業の中核を担うべき大規模農家の階層の経済的基盤が，負債問題で脆弱化しているところへ，2005年の米市場開放拡大の時期が，だんだんと近づいており，従来の構造政策の見直しと抜本的な農政転換が差し迫ったものとなっている。

WTO体制下の農政転換では，価格支持削減と直接支払い制への移行が進められているが，問題点も少なくない。価格支持削減は，2001年の糧穀流通委員会の米価引き下げ答申が一つの転換期になったが，農民団体の反発は強く，WTO体制下における今後の農政転換も難局が予想される。同時併行して，多面的機能に関する評価手法や，直接支払い制の導入が検討されている。とくに直接支払い制の導入に関しては，農民側の理解を得る必要があり，加えて，従来の構造政策との整合性も求められよう。

以上のような農政転換は日本においても検討されており，韓国と日本は，WTO体制下の農政改革について，同時並行的に農政改革を進めている。両国は農政転換という課題を抱える点で国際的に協調できる可能性があるが，他方では，双方の市場開放が進むことにより，韓国農産品の対日輸出増加も目立っており，競争力格差がむき出しの形で現れてきている。WTO体制下の日韓両国は，農業問題については，協調と対抗の双方の可能性を有しているが，問題解決へ向けて対話の道を歩むことは可能であろう[60]。

第1章　WTO体制下の国際農業政策と韓国農政の方向　　　　65

注

1) 韓国の対日農産物輸出に関する日本側の代表的見解は以下のようである。
　　市場開放により中国等からの「農産物輸入が急増すると，韓国政府はその圧力を対日輸出でかわし，それが日本国内の農業圧迫へと連動してきた。WTO体制下で韓国から日本へと，農産物貿易ドミノが起きたのだ」(安部淳・張德氣「WTO体制下の韓国における農政転換」九州大学『韓国経済研究』第2巻，2002年，89-97頁)。
　　但し，WTO体制下における市場開放については，日韓の専門家の間で必ずしも意見が一致していない。私見では，日本側の専門家は，韓国農産物の対日輸出を注視しており，最近議論されている二国間の自由貿易協定（FTA：Free Trade Agreement）についても消極的である。その背景には，韓国政府がWTO対策として相当のてこ入れをして，施設型農業を中心に競争力強化を図っていることへの警戒感があるものと思われる。他方，韓国の専門家は，自由貿易協定締結にはより前向きである。詳しくは，以下のシンポジウム討論を参照されたい。鄭英一「日韓FTAと農業問題」，及びそれに対する甲斐諭氏のコメント（前掲，九州大学『韓国経済研究』第2巻，2002年，101-130頁）。
2) 90年代における土地利用型の大規模稲作経営では，農業会社法人を中心に，経営困難に陥ったところが少なくない。しかし，経済危機後の負債問題は施設型農業が中心であった。稲作経営が比較的安定しているのに対して，施設型農業は，畜産やグラスハウスなど，比較的大きな投資を要するにもかかわらず，価格が乱高下した。市場開放下において施設型農業に参入するか，投資規模を拡大させた経営者は，価格の乱高下という経済状況に慣れておらず，結果的に経営困難から負債を増大させた。
3) 田代洋一「農業政策」田代洋一他編『現代の経済政策』有斐閣，2000年，203頁。
4)「水田稲作作付け率」という用語は，水田面積対比の稲作作付け面積の比率という意味で使っている。水田面積中の稲作面積の占める比率である。当初は，「水田稲作作付け率」ではなく，「水田利用率」という用語を使用していたが，稲以外の麦類や蔬菜類も水田を利用することから，「水田稲作作付け率」に変更した。この変更は，韓国東亜大学校の李英基氏の指摘を受けたものである。同氏によれば，水田稲作作付け率ではなくて，水田利用率に関して言えば，麦類は蔬菜類の作付け増加で，時期によっては，利用率が上昇している。とくに，90年代前半に水田稲作作付け率は大きく低下したが，水田での麦類・蔬菜類の作付けのため水田利用率は大きく低下してはいない。この時期の稲作作付け面積の減少は，水田への野菜等施設栽培の増加のためである。例えば，1993～95年の3年間の稲栽培面積の減少規模10万1,000haのなかで，施設栽培，果樹等の他作物栽培による稲栽培面積の減少が5万2,000haを占めるという（2002年8月3日の日韓農業経済学会共同の国際シンポジウム［於東京大学］，深川報告に対する李英基氏のコメント）。
5) 前掲，田代洋一，203頁。
6) 同上。
7) 同上，田代洋一，206頁。

8) 李相茂「UR以降韓国における農政の変化と次期農産物交渉の対応戦略」『農業と経済』1999年7月号，33頁。
9) 同上，李相茂，38頁。
10) 河瑞鉉「WTO体制下ニ対応スル韓日ノ農政比較」『農業経営・政策研究』第28巻第3号，2001年9月，419頁。
11) 日韓農業の比較に際しては，農地・兼業・高齢化などの現象に着目して検討し，韓国農業の特徴を示している。データには両国の基本的な統計を用いたが，比較の基準が不統一な部分もあり，基準を無理に揃えることも難しいことから，一定の留保条件を示した後に，数値を掲げて比較している。これらは比較という観点からは精度に欠ける点のあることは否めない。しかしながら，本稿の目的は，両国の，農地・兼業・高齢化等の数値を単純に比較することではなく，各項目から，韓国農業の構造問題の所在を探ることであるので，こういう大要を示す数値でも十分であると考えられる。
12) 李英基氏によれば，表1-1の日韓比較において，日本の専業農は1,209千戸（38.8％）であるが，ここには自給農（2000年の場合，75万3,000戸で総農家数の25.1％に該当する）が含まれている。この自給農は韓国の「自給的兼業農」に相当し，韓国の分類方式では第2種兼業農に入る。よって，韓国の基準を適用するならば，日本の兼業農家はもっと増えることになり，日韓の専兼業構造の差異はさらに拡大することになる（前記シンポジウムにおける李英基氏のコメント）。

　また，日本との比較について，李英基氏は，「日本の場合には，零細兼業農家の農業滞留問題が，韓国の場合には，専業農の零細高齢農家の農業滞留問題が，それぞれ核心的な構造問題」であると，興味深い指摘を行われている。さらに，同氏によれば，「両国農業構造のこういう相反する性格を考察する時，単純に農業内部を見るだけでは不十分であり，両国の資本主義経済発展過程における農外労働市場の発展水準とその地域的編成，そしてこれに対応する農外資本の，農家労働力把握形態等をはじめとする部門間関係までも視野に入れる必要がある」という（前記シンポジウムにおける李英基氏のコメント）。本書においては，農業構造の歴史的形成という表現で，第2章の第1節でこの問題に触れている。また筆者は，拙稿「韓国における農業構造政策の大転換」（1999年）において，既にある程度の問題認識を示していたが，前記シンポジウム報告では形態比較にとどめていた。
13) このような離農パターンに関しては幾つかの説明方法があろう。韓国農村経済研究院の金正鎬氏によれば，日本は農地所有放棄を伴う挙家離村が多いが，韓国は，故郷や相続農地を守るという意識が強い（筆者との面談から）。日本の離農は，農村を離れて都市に移り住む離農パターンと，在村したまま兼業農家となるパターンに分かれる。前者の場合には継続的に農地を所有したくても農地法があるために難しい。後者の場合には資産価値保全という経済的理由が伴うケースが少なくない。韓国の場合は農地法不在の状態が続いたために，都市在住者でも農地を所有し続けることが可能であった。文化的要素に加えて，農地法不在も現在の所有状況の形成要因であろう。しかし，「故郷や相続農地を守る意識が強い」ことは，農地法が長期間制定されなかった理由を説明する要素となるかもしれない。この点については，更なる検討が必要で

ある。
14) なお，ウルグアイ・ラウンドでは，各国の農業補助の削減を巡り一定のルールが決められた。無条件に削減を義務付けられる補助政策はイエローボックスに入れられる。補助削減を一定程度免除されるのは生産削減計画を伴うブルーボックスである。補助削減の対象から外されるのは，環境直接支払等のケースであり，グリーンボックスに入る。
15) 韓国農村経済研究院の金正鎬氏は，韓国のガット・ウルグアイ・ラウンド対策費，WTO対策費は，資金規模ではさほど大きなものではない，という意見を表明されている。それは，90年代の後半に構造政策事業に対する，非効率性などの批判が出てきた際の反論として説明されたものである。氏は，事業に対する批判が農民の投資意識を萎縮させることを憂慮している。

「農漁村構造改善事業ニ対スル幾ツカノ誤解」（金正鎬，韓国農村経済研究院動向分析室長，内外経済新聞，1998年10月2日号の論説）より抄訳。

「92年に着手された構造改善事業42兆ウォン規模は，既存の事業に約1兆ウォンを追加したもので，42兆ウォンすべてが新規事業規模ではない。また，これに追加された，農漁村特別事業規模の15兆ウォンは，関連部署の事業まで含めていた。過去10年間に農林関係予算は国家予算対比で2％程度増加したに過ぎない。

事業による農民への融資資金に加えて，個人の事業負担まで併せて，事業総額が計上されている。事業の多くは生産流通施設や農漁村整備等の社会間接資本整備のための投資に当てられており，農漁民支援事業は13兆4千億ウォンにすぎない（97年末まで。全体対比で42％）。2兆5千億ウォンの補助金は目立つようだが，資本力の脆弱な農漁民の投資助成のためには不可避な政策選択である。また，収益率などの経済効率ばかりで判断せずに，環境保全や食糧安全保障なども加味すべきである。政治的産物としてばかり見るべきでもない。経済危機を脱しようと努力する農漁民の改革意思を尊重すべきである」。

92年の事業開始当時の42兆ウォン＋農特税15兆ウォンというのは，政治的効果を意図したものであった。すなわち，農産物市場開放による農民の不安心理を和らげるためである。しかし，経済危機に見舞われた90年代後半には，農政への批判が噴出し，事業投資規模を巡る議論が沸き起こった。金正鎬氏の見解は，誇張された事業規模への誤解を解き，事業の実態を説明すると同時に，事業の継続を訴えるものと言えよう。
16) 90年代の構造政策評価は難しい。97年の経済危機やその後のIMF管理下の緊縮政策の影響を政策評価にどこまで含めるかという問題が出てくる。94年からの10年間の投資計画は経済危機がなければ，順調に推移したかもしれない。また，経済危機がなくともおのずと内在的な問題が噴出したかもしれない。あるいは危機を契機に諸問題が露呈したのかもしれない。厳密な評価はなかなか難しい。
17) ソウル大学校の鄭英一氏は，九州大学におけるシンポジウム講演で，次のように説明している。「1990年代後半にはWTOの影響で，米を除いた農産物の市場開放が急進し，他の作物の植付けが非常に不利になりました。しかし，米は依然として政府が

買い上げていましたので，農民の米生産へのシフトが進み，米の作付面積は増加しました」。「日韓 FTA と農業問題」九州大学『韓国経済研究』第 2 巻，2002 年，101-130 頁。
18) 98 年の経済危機の際に農村に U ターンした離農者も多いという（筆者との面談からの金正鎬氏のコメント）。
19) 拙稿「韓国における農地賃貸借の実態把握」九州大学『経済学研究』第 66 巻第 4 号，1999 年，同論文の個票参照，227-231 頁。
20) 拙稿「韓国における農地賃貸借の実態把握」，227-231 頁。
21) 拙稿「韓国における農地の賃貸借について」九州大学『経済学研究』第 58 巻第 3 号，1992 年，94 頁の注 16 参照。
22) ソウル大学校 鄭英一氏の講演録（2001 年 12 月 1 日の九州大学韓国研究センターのシンポジウム講演）。ここで言う「投資の受け皿」とは，大規模経営体を指していると思われる。90 年代には，稲作専業農や営農会社法人について，機械購入補助の支援が行われ，同時に専業農については経営農地の規模拡大が促進された。しかし，他方では，一般農家向けの小型農業機械の普及事業等によって，専業農や営農会社法人等のなかには経営困難に陥るところも現れている（金正鎬編『農漁村構造改善白書』韓国農村経済研究院，2002 年 2 月。129 頁，同 161 頁）。会社法人の詳細については本書には示していないが，稲作専業については，その具体的な姿を第 3 章及び第 4 章の調査結果に示している。またこの場合に問題となる「投資の受け皿」については，稲作専業農だけでなく，畜産などの施設農家がかなり含まれる。経済危機以後の負債問題は土地利用型の稲作専業農よりもむしろ，こちらの施設型の経営で多く顕在化しているが本書では，土地利用型経営を問題としていることから，「投資の受け皿」という場合には，稲作専業農等を想定している。
23) この「農漁村発展及び農政改革推進方案」が，正式な WTO 対策の名称である。
24) 前掲，河瑞鉉，424 頁。
25) 李哉法「アジア諸国の WTO 対応―韓国―」農林統計協会『農林統計調査』2000 年 2 月号，33 頁。
26) 前掲，河瑞鉉，421 頁。
27) 安部淳「WTO 体制下における韓国の農政転換」村田・三島編『農政転換と価格・所得政策』筑波書房，2000 年 9 月，103 頁。
28) 韓国農村経済研究院『農業展望 2001』2001 年 1 月，78 頁。
29) 同上。
30) この政策の詳細とその問題点については拙稿参照。「韓国のガット・ウルグアイラウンド対策」九州大学『韓国経済研究』第 1 巻第 1 号，2001 年，93-109 頁。
31) 前掲，韓国農村経済研究院『農業展望 2001』，77 頁。
32) 同上，韓国農村経済研究院，78 頁。
33) 同上，韓国農村経済研究院，83 頁。
34) 同上，韓国農村経済研究院，87-88 頁。
35) 同上，韓国農村経済研究院，78 頁。

36) 同上，韓国農村経済研究院, 89 頁。
37) 同上，韓国農村経済研究院, 93 頁。
38) 金正鎬ほか『農家経済・負債ノ実態ト政策課題』韓国農村経済研究院, 2001 年 3 月, 17 頁。
39) 同上，金正鎬ほか, 18 頁。
40) この『新農政方案』とは，先の「農漁村発展及び農政改革推進方案」という WTO 対策と同じものである。
41) 金正鎬「転換期の韓国の農業環境政策」『農業と経済』1998 年 11 月号, 73 頁。
42) 同上。
43) 前掲，河瑞鉉, 421 頁。
44) 前掲，李哉泫, 34 頁。
45) 同上，李哉泫, 34 頁。
46) 前掲，河瑞鉉, 424 頁。
47) 同上，河瑞鉉, 423 頁。「約定収買」とは，前掲の安部氏の論文によれば，農協が「原料米確保のために政府収買価格より高い契約価格で生産者から買い付け」るものである。同論文にはその背景が次のように説明されている。「従来，韓国の米流通は，政府ルートと商人ルートの二本立てであり，農協は，政府米集荷の委託業務をこなすだけのマイナーな存在であった。94 年の糧穀法改正以後，米の集荷・加工・流通・販売各段階に農協が参入攻勢をかけ，それを政府が強力にバックアップした結果，生産地から消費地までの農協ルートが形成され，その取扱量が飛躍的に伸びている。産地での農協収買量は，改正以前は多い年でも 1 割前後であったが，現在では 4 割のシェアを超え，2002 年には 55％になると予測されている。消費地までの販売ルートを農協が開拓したため，産地だけではなく，消費地を含めて商人ルートが壊滅的な打撃を受けた。とくにショッキングな出来事は，ソウルのヤンジェドン（良才洞）糧穀卸売市場から米穀卸売業者が完全撤退に追い込まれたことだ。農協ルートの怒濤のような展開を前に，創設後 10 年ほどで米穀卸売市場は自己の存在理由を失った」（中略）。

「米流通に本格的に参入してきた農協」は，いまや「ソウルなどの大消費地へ向けた販売ルートの開発，有名百貨店やスーパーとの提携によって，高価格で米販売を行っている。そのために必要な原料米確保のために政府収買価格より高い契約価格で生産者から買い付けている。それに対応して米生産地での水稲の品種構成は良食味米中心に切り替わってきている」。これが「約定収買」の背景と説明である。

また，この問題について，図表を含むより詳細な説明は，張徳氣・安部淳「新糧穀管理制度下の米穀生産と農家対応」（日本農業経済学会『1999 年度日本農業経済学会論文集』, 1999 年, 486-491 頁）に示されている。

また，この他に，融資収買制度が韓国農村経済研究院で検討されているが，未導入である。融資収買制度とは，米を担保にして収穫を前に融資するもので，米国の CCC（Commodity Credit Corporation：商品信用公社）の事業に類似している。また，かつての韓国でもこういう政策が実施されたことがある。収穫時の洪水のような米の出荷による価格下落を防止するものである。しかしながら，WTO 交渉により現

在，価格政策は後退している（筆者との面談の際の，金正鎬氏のコメント）。
48) ソウル大学校 鄭英一氏の講演録（2001年12月1日の九州大学韓国研究センターのシンポジウム講演）「日韓FTAと農業問題」九州大学『韓国経済研究』第2巻，2002年，101-130頁。この「糧穀流通委員会」は，日本の米価審議会に相当する。
49) 前掲，李哉浗，33頁。
50) 韓国農村経済研究院『条件不利地域及ビ環境保全ニ関スル直接支払イ制度ニ関スル研究』，1998年8月，1頁。
51) 金正鎬「韓国の多面的機能評価と政策展開」『農業と経済』2000年5月号，50-51頁。
52) 同上，金正鎬，51頁。
53) 同上，金正鎬，55-58頁。
54) 朴珍道「世界貿易機構（WTO）ト韓国農業政策ノ調整」農業政策学会『農業政策研究』第26巻第2号，1999年12月，112-114頁。但しこれらは，条件不利地域への直接支払い制の適用に関する問題であり，直接支払い制一般へ適用することはできない。朴珍道氏によれば，直接支払い制一般に適用しうる問題としては次のことが挙げられる。
   1．直接支払い制の全面拡大のためには農業の公益的な価値に対する国民の認識，即ち，国民の農業・農村観を変えなくてはならない。
   2．直接支払い制の全面導入には農政の転換，即ち，農家に対する支持方式の変化が必要となる。
   3．韓国の直接支払い制のプログラムは，米国やEU等と同じであってはならない。
   4．直接支払い制については，UR農政規定に過度に拘束される必要はない。
   5．直接支払い制を全面導入する際には，プログラム相互間の整合性を考慮すべきである。
   6．直接支払い制実施に必要な条件，即ち，農民の経済活動と関連する各種の情報と効率的な管理システム等が整備されるべきである。
   （朴珍道氏の筆者草稿へのコメントより）。
55) 同上，朴珍道，117頁。稲作農家のどういう階層への直接支払いであるのかが問題となる。農業の多面的機能に関する先の金正鎬論文によれば，97年に開始された韓国の直接支払い制は，高齢者に始まり，稲作農家，一般農家の所得補償へと展開している。また，直接支払いに学界から批判のあることも認識されている（前掲，金正鎬，57-58頁）。
56) 安部淳「WTO体制下における韓国の農政転換」村田・三島編『農政転換と価格・所得政策』筑波書房，2000年9月，103-105頁。
57) 武藤明子「急増する韓国からのバラ輸入」農林統計協会『農林統計調査』2000年7月号，54頁。
58) 前掲，安部淳，104頁。
59) 同上，安部淳，95頁。
60) 本章の内容については，2002年に，北海道農業研究会総会シンポジウム「韓国農

第1章 WTO体制下の国際農業政策と韓国農政の方向

業の構造変動」において報告し，数名の方からコメントをいただいた。筆者は日韓農業の差異，及び韓国農業の構造変動，さらには開発制限区域制度（本章第6章）の特殊性について言及した。日本との比較でみた場合の韓国農業の特徴は，専業農中心・高齢化などにあることを説明し，90年代初めの市場開放交渉妥結とともに，脱稲作・成長農業重視の支援政策が取られたこと，開発制限区域の田畑転換容認もそれに連動したが，畑作の増加とともに開発制限区域内での環境負荷が増大したことを述べた。また90年代後半期になるとWTO下での環境農政重視へと一転し，韓国農政は世界の農業政策の影響を受けつつ，その対応として自国の農業政策を展開させているという持論を述べた。

　コメントはまず，鹿児島大学の李哉汯氏より，韓国農業の本質的特徴は家督相続等の農家の生態的特徴にあるのではないかとの質問を受けた。十分な回答をなし得なかったが，その点については農家のライフサイクル等として本書でも若干言及している。次に酪農学園大学の柳村俊介氏より，韓国の社会資本の充実及びその理念について質問を受けた。筆者は，日韓の経済発展について，その歴史的背景を説明するとともに，社会資本充実についても両国の前提条件は異なることを強調した。また，専修大学の寺本千名夫氏より，専業農中心の農業構造の形成過程，及び価格政策から直接支払いへの政策移行の展望について，質問が寄せられた。前者については，拠点立地主義という工業化の特性と，農工団地等の産業再配置政策の限界について説明し，後者については，従来の構造政策との整合性が問題となるという議論を紹介しつつ，最終的には土地所有が，農政移行の成否の要となるだろう，という持論を述べた。従来の構造政策はこの土地所有の壁に直面しており，直接支払いにおいては，既に，借地経営における環境農業への転換困難という事態が生じている（本書第7章）。最後に，韓国益山大学校の宋春浩氏は，筆者の農業構造に関する説明に肯定的見解を示されるとともに，開発制限区域制度の範囲に関して若干のコメントを加えられた。宋氏は，開発制限区域については，都市周辺区域のみならず国立公園すべてを同区域に含めるものという制度説明をなされた。制度の正確な理解は重要であるが，筆者の場合はこれに加えて，農業構造との関わりで同制度を取り上げており，都市周辺の開発制限区域制度による近郊農業への影響が大きいと考えている。

　これらの討論内容については，録音されており，文章化されたものが北海道農業研究会の機関誌上で公開される予定である。

第2章

賃貸借をめぐる農地政策の転換

はじめに

　95年のWTO出帆により韓国は，米以外の農産物について市場開放を進めると同時に，10年後2005年への米市場開放拡大へ向けて歩み出した。2005年の開放拡大に備えて，約10年の間に，海外農業との競争に耐えうるような農業構造の構築が求められた。政策側では，農業生産性の向上を目標に構造政策を推進し，2004年までの10年間で構造政策投資を実施することとした。

　これに連動してそれまで農業を規制していた農地政策も転換された。農地の所有と保全に関する制度が見直され，所有規制や転用規制が大幅に緩和された。例えば，農地保全制度は，筆地別保全方式から圏域別保全方式へ，絶対農地制度から農業振興地域制度へと変えられ（第5章参照），農地面積の約半分に絞られた保全地域では，所有上限が3haから20haまで引き上げられた[1]。これらは，従来の農業・農民保護政策から，焦点を絞り込んだ農政への転換であり，所有規制の緩和により，競争力ある大規模な農業経営の創出を狙うものであった。そしてこういう農地政策の転換により90年代の農業構造は少なからず影響を受けた。

　本書の構造政策研究全体の中で，こういう農地問題は中心的な位置を占める。構造政策は，WTO体制への編入に伴い，90年代に次々と打ち出されている。①90年の農地賃貸借管理法施行，②農地保全制度の見直し，③94

年制定の農地法，④90年代の構造政策事業，⑤併行する農業機械化事業，⑥98年の親環境農業法，⑦99年の新農基法，等である。これら90年代の改革農政のいずれにも賃貸借政策は関係を有する。この後に，第3章では賃貸借の実態，第4章では機械化事業を扱い，本書後半では農地保全制度，環境農政等を検討しているが，賃貸借問題はこれらにも深く関わっている。

　ところで，こういう賃貸借政策の転換は，当初から，そのことが意図されて構造政策に組み込まれていたのではなかった。賃貸借政策の転換はWTO体制への編入という外圧に加えて，政策変遷の顛末ともいうべき性格を有している。最初の政策が問題を生み出し，それを解決するための方針転換が繰り返された。農地政策は，90年代初めと半ばの2回の変更で，80年代後半までの自作農主義とは反対の方向に転換している。最初は中農育成から大農育成への変更。2回目は自作農育成から借地農育成への変更である。そもそもは自作中農を軸に農業の発展を図ることで賃貸借封じ込めが指向されていた。しかし，最初の変更では，中農育成という目的が放棄され，2回目の変更では，借地封じ込めという目標が放棄された。結果的に，中農育成は大農育成へ転換し，賃貸借抑制は賃貸借推進へと方針転換して，最後には，賃貸借による大農育成が目標となった。

　韓国では1980年代まで，農地改革法の理念に基づく自作農体制が指向されており，賃貸借は原則的に禁止されていた。賃貸借問題を巡っては長く議論が続いていたが，なかなか決着がつかずにいた。これが80年代に，借地面積の増加や高齢化問題などから，賃貸借を巡る議論が盛んになり，80年代後半には賃貸借管理法が制定され，賃貸借の存在を認めた上でこれを管理していくこととなった。日本でも，自作農体制から借地農体制へという転換がかつて見られたが，韓国の借地構造は日本とは異なっており，借地問題は土地利用型農業において生産性向上を妨げるものとみなされていた。このことから当初の80年代後半には，借地解消が生産性向上に結びつくものとされ，賃貸借解消が構造政策の目標に上がっていた[2]。しかし，市場開放やむなしとなった90年代には，借地解消ではなく，借地による規模拡大が生産性向上に結びつくと理解されるようになり，賃貸借が容認されるに至る。そして90年代後半には，賃貸借の位置づけはより積極的なものとなり，経営

第2章　賃貸借をめぐる農地政策の転換

規模拡大のための賃貸借推進が構造政策の中心に据えられた。このように賃貸借政策の転換は複雑な経路をたどっている。

　以上の政策転換を概観しておくと次の通り。

　最初の，1980年代末までの構造政策の主眼は，賃貸借の抑制と「不在地主の一掃」にあった[3]。当時は，不在地主の農地所有や零細借地経営の不安定性などが社会的な問題となり，不在地主の農地所有の解消と中規模農家育成のための構造政策が求められた。1988年に開始された農地購入資金支援事業は不在地主の一掃を目的として，農家に農地購入資金の融資を行った。同事業は，相続・離農・離村により発生する賃貸農地の購入を希望する農家に対して，農協を通じて資金を貸与し，不在地主の発生を防ぐことを目的とした。

　この事業は1988年に開始されて1990年頃までは相当の事業規模を維持したが，その後，事業規模を縮小し93年には廃止される。その理由の一つは，農地購入資金支援事業に代わる農地売買事業の登場にあった。1990年に開始された農地売買事業は，農地購入資金支援事業と似ているが，農地購入資金支援事業が零細規模の小農経営対策を主眼としていたのに対して，農地売買事業は大農の育成を目標とした。前者が，希望農家を対象としていたのに対して，後者は稲作専業農家を対象としており，その選定基準も年々厳しくなっていった。

　事業交代の理由は，市場開放に際して農業の競争力向上が求められ，政府の政策方針が，不在地主一掃から農家の経営規模拡大へと転換したことにある。すなわち，ウルグアイ・ラウンドと農産物市場開放の動きのなかで，農業の国際競争力向上という至上命題の下に，経営規模の拡大が求められることになった。中農育成から大農育成事業への転換に併行して，農地の所有上限規制も大幅に緩和されることになり，94年に制定された農地法では，農業振興地域内の所有上限は従来の3 haから20 haまで引き上げられた[4]。以前の農地購入資金支援事業の際には，多数の零細経営の安定が求められたが，今度は，限られた農家の所有規模拡大を支援して競争力ある農業経営を育成することが目標となった。しかし，この農地売買事業も開始後数年で問題に直面する。政策的に作られた農地の購入需要により農地価格が上昇し，同時

に，財源問題から事業規模の縮小を余儀なくされた。大農に毎年融資が集中したために，他の一般農家からの批判も強まった。

　構造政策は再度転換する。限られた事業資金で規模拡大の実をあげる次の方法は，借地による規模拡大方式の推進であった。制度としての長期賃貸借推進事業は1990年に準備されていたが，当初の事業実績は微々たるものでしかなかった。しかし農地法が制定されて不在地主の所有が容認された1994年頃から事業面積は増え始める。長期賃貸借推進事業は，賃借農家に対して数年分の賃貸借料を無利子で長期融資し，賃貸農家に対する賃貸借料の一括支払いを可能にして，農地の長期賃貸借を促している。この事業は幾つかの問題を抱えているが，1997年には部分的な改善が加えられて事業規模は一段と増えている。

　この段階ではもはや，賃貸借抑制政策は賃貸借推進政策へと転換していた。1996年に施行された農地法では，不在地主の既存の所有は容認するとともに，新規に発生する不在地主の所有についても1haを限度として認定した。

　ここでは，以上のような農地政策の転換について，事業報告書からその実績を整理し，筆者の実態調査から農民の政府事業への対応等を紹介するとともに，先行研究を参考としつつ，政策転換の背景と意味について考察する。

　本章の執筆にあたっては，主に韓国農村経済研究院の研究報告を参考とした。金正夫，金正鎬，金泓相（キム・ホンサン），李榮萬各氏の研究である[5]。豊富な実態調査に裏打ちされた彼らの研究は，この時期の各事業の内容と問題点を把握するためには極めて有用である。それらは韓国農業の政策立案に携わる第一線の研究者によって書かれており，政策の立案者によって書かれた研究報告であるから資料としてはかなり詳しい。筆者はそれらを大いに参考にしながら，自身の実態調査による見聞を加えて，政策転換の過程を描き出そうとした。政策の変遷は過去の政策の失敗が糊塗されて新たな問題が醸成されていく過程でもあり，政策の立案者とは少し異なる視点から分析を加えたつもりである。ここでは農業構造政策の変化を漸進的な過程ではなく，一つの転換として捉えている。

1．賃貸借の抑制と中農育成

(1) 80年代後半までの韓国農業の基本構造

1980年代後半までの農業構造政策の主眼は，賃貸借の抑制と不在地主の一掃にあった[6]。当時は，不在地主の農地所有や小作経営の不安定性などが社会的な問題となり，不在地主の農地所有の解消と中規模農家育成のための構造政策が求められた。改革が求められる農業構造とは，不在地主・高水準の地代・零細借地経営，の三つによって特徴づけられる。

まず，不在地主は，農地改革以前の寄生地主制下の地主とは全く異なるものである。農地改革以後の経済発展の過程において，農村人口の都市集中に伴い新しく生み出されたものであり，工業化・都市化の産物と言える。韓国では，1950年代の農地改革以後に，日本とは異なり農地法が制定されなかった。そして，本来は時限立法であるはずの農地改革法が，1950年代の改革事業終了以後においても，いわば農地法的な小作制限の機能を持つものとされてきた。この間において，小作地比率は増加を続け，1970年代前半には「高米価政策」やセマウル運動等の影響もあり一時的に小作地比率は減少したものの，1970年代半ば以降再び増加に転じた[7]。

小作地面積の増加は非農民所有地の増加を伴った。農地法不在の下，農地の所有が明確に農民に限定されていないために，工業化の過程で離農し都市へ移動して非農家となった人々が農地を所有し続け，その所有地が賃貸に出される一方で，非農民による農地の売買も行われ，「耕者有田」という農地改革法の理念は形骸化していった。小作地の増加という問題に直面して，韓国政府は農地の賃貸借に関する調査に着手した[8]。

日本に比べて兼業機会の少ない韓国農村では，農業所得の不足を兼業所得で補って農家所得を安定させることが難しく，よって，日本のように，実質的には離農している人々が，土地持ち農民として農地を所有し続けたままに農家として存続するという兼業農家形態はあまりとられていない。さらに，韓国では工業化の過程において，農業の崩壊により大量の離農民が発生している。表2-1から，農家人口率（H/G）をみていくと，1965年の55.1％

から95年には10.9％へ減少し，農林業就業者比率は56.1％から12.0％まで減少している。

この離村者の農地所有について明確な規定がなかった。加えて，慢性的な食糧不足時代の長く続いた韓国では，農地所有＝飯米確保という意識が強く，都市在住の零細規模の地主は賃貸料を現物の米で受け取り，家族の飯米に当てているケースが多い[9]。つまり，離農民の多くは農地所有関係を引きずったまま都市へ移動し，農村出身の都市民と在村農民の間で賃貸借関係が結ばれている。韓国における農地の賃貸借関係は，在村地主と借地農の間だけではなく，むしろ不在地主と借地農の間において形成された。

この不在地主は，かつての大地主とは異なる零細規模の地主である。離農・相続により零細規模の農地を所有している人々が賃貸料を得ている。不在地主・非農家による農地の賃貸は韓国農業の特徴をなしており，農業の生産性向上を妨げる要因として長年その対策が検討されてきた[10]。農地の賃貸借面積は90年代半ばには，全体農地面積の約4割に及んでいる（表2-2参照）。1987年からのデータをみていくと，総耕地面積に占める賃借農地面積は，87年の31.1％から95年には42.2％まで増えている。非農家所有は，20.7％から27.5％と推移しているが，賃借地に占める非農家所有の割合は，87年と95年の比較で見る限りで大きな変化はなく，賃貸借の内部構造は固定的であることを示唆している[11]。

韓国農村経済研究院の金正夫氏によれば，都市在住の地主による農地所有で，本来農業に投じられるべき資本が都市へ流出して，農業生産性への影響が憂慮されている。80年代から90年代にかけては非農民の農地所有は増加傾向にあり，生産現場から非生産現場へ，あるいは農村から都市へ流出する資本規模が増えている。金正夫氏の推計では，構造政策事業開始後の94年に年間8,000余億ウォン相当の賃貸料が生産者から地主を通じて農外へ流出している[12]。この背景には，不在地主の問題に加えて，形成される地代の水準が一般に高いという農業構造が存在している。その農業構造は，経済発展と工業化の過程において歴史的に形成されたものである。

一般に高水準の地代が形成される理由の一つは，韓国農村の兼業機会が日本に比べて少ないことにある。兼業機会が少ないために，農家所得の不足は

表 2-1　韓国農業の長期的変化（1965～1995 年）

	単位	1965 年	1970 年	1980 年	1990 年	1995 年
総耕地面積（A）	千 ha	2,256	2,298	2,196	2,109	1,985
利用面積（B）	千 ha	3,319	3,264	2,765	2,409	2,197
水田面積（C）	千 ha	1,286	1,273	1,307	1,345	1,206
稲作作付け面積（D）	千 ha	1,228	1,203	1,233	1,244	1,056
耕地率（A/国土面積）	％	22.9	23.3	22.2	21.2	20.0
耕地利用率（B/A）	％	147.1	142.0	125.9	114.2	110.7
水田率（C/A）	％	57.0	55.4	59.5	63.8	60.8
水田稲作作付け率（D/C）	％	95.5	94.5	94.3	92.5	87.6
総世帯数（E）	千戸	4,844	5,857	7,969	11,357	12,961
農家戸数（F）	千戸	2,507	2,483	2,155	1,767	1,501
うち第 1 種兼業農家	千戸	—	488	295	389	277
第 2 種兼業農家	千戸	—	314	218	326	375
農家率（F/E）	％	51.8	42.4	27.0	15.6	11.6
第 1 種兼業農家率	％	—	19.7	13.7	22.0	18.5
第 2 種兼業農家率	％	—	12.6	10.1	18.4	25.0
総人口（G）	千人	28,705	32,241	38,124	42,869	44,606
農家人口（H）	千人	15,812	14,422	10,827	6,661	4,851
就業者総数（I）	千人	8,206	9,745	13,683	18,036	20,377
農林業就業者数（J）	千人	4,603	4,826	4,433	3,237	2,451
うち 20～29 歳人口	千人	1,067	861	671	206	83
60 歳以上人口	千人	217	303	507	779	917
農家人口率（H/G）	％	55.1	44.7	28.4	15.5	10.9
農林業就業者率（J/I）	％	56.1	49.5	32.4	17.9	12.0
20～29 歳人口の比率	％	23.2	17.8	15.1	6.4	3.4
60 歳以上人口の比率	％	4.7	6.3	11.4	24.1	37.4
農業所得（K）	千ウォン	89	194	1,755	6,264	10,469
農外所得（L）	千ウォン	23	62	938	2,841	6,931
移転収入（M）	千ウォン	—	—	—	1,921	4,403
農家所得（N＝K＋L＋M）	千ウォン	112	256	2,693	11,026	21,803
農家家計費（O）	千ウォン	100	208	2,138	8,227	14,782
農業所得率（K/N）	％	79.5	75.8	65.2	56.8	48.0
家計費充足度（K/O）	％	89.0	93.3	82.1	76.1	70.8

出所：農林部『農林業主要統計』1997 年。

表2-2 賃借農地面積の推移 (単位:千ha,%)

	87年	88年	89年	90年	91年	92年	93年	94年	95年
総耕地面積 (A)	2,143	2,138	2,127	2,109	2,109	2,070	2,055	2,033	1,985
賃借農地 (B)	666	744	776	789	782	770	810	838	837
うち農家所有(C)	205	201	225	243	234	223	199	196	223
非農家所有(D)	444	460	462	456	465	464	538	564	546
その他所有	17	83	89	90	83	83	73	78	68
B/A	31.1%	34.8%	36.5%	37.4%	37.1%	37.2%	39.4%	41.2%	42.2%
D/A	20.7%	21.5%	21.7%	21.6%	22.0%	22.4%	26.2%	27.7%	27.5%
D/B	66.7%	61.8%	59.5%	59.0%	59.5%	60.3%	66.4%	67.3%	65.2%

出所:農林部『業務資料』1996年。

　農外所得ではなく農業所得によって補う他なく,農家所得の相対的低下のもとでは,営農規模の拡大を進めることにより農業所得の上積みを目指すことになる。営農規模の拡大は当面,借地規模の拡大であるが,零細農家群が一斉に借地の拡大に走るために,借地競争によって高い水準の地代が形成される。筆者が全羅北道の平野部で1998年に実態調査を行った際にも,いまだに収穫の13/25という,高水準の地代が確認された[13]。

　車洪均氏は,韓国農業の基本的構造を,「高地代・低労賃」と特徴づけている。兼業機会の少なさによる借地競争から高地代となり,高地代を捻出するために自家労賃をぎりぎりまで切り下げる。この労賃水準は,周辺地域の臨時日雇い労賃に規定されるが,当該地域にそもそも兼業機会が少なく労働力需要の限られた地域であるために,労賃は相対的に低い水準に留まらざるをえない[14]。

　黄延秀氏によれば,この「高地代・低労賃」の構造は地域差が大きい。京畿道や慶尚南道の農外労働市場が発達した地域は,「高地価・低地代・高労賃」の地域であり,反面,全羅南道・全羅北道等の農外労働市場が未発達な地域は,「低地価・高地代・低労賃」地域と類型化できる。地価水準の格差は,転用地価の影響を受けた前者の高水準の地価と,後者の農業収益還元地価の間で発生する。転用地価の影響を受ける地域では兼業機会が多く,農外所得に依存して農家所得は相対的に安定している。そのために賃借農地の需要は相対的に少なく,「低地代・高労賃」となる。逆に,全羅南・北道のように工業

第2章 賃貸借をめぐる農地政策の転換　　　　81

表2-3　農家経済の道別比較（1996年）

	戸当り耕地面積	水田率	賃借地率	米作収入/農業粗収入	農外所得率	坪当り地価	賃借料率	時間当雇用労賃
単位	ha	％	％	％	％	ウォン	％	ウォン
京畿道	1.34	69.1	47.2	42.5	49.8	81,387	20.2	4,299
江原道	1.58	47.5	42.9	37.8	30.2	18,198	21.8	3,717
忠清北道	1.51	51.1	46.7	34.9	29.9	15,689	16.8	3,542
忠清南道	1.63	76.7	46.1	41.6	24.8	16,146	23.0	4,324
全羅北道	1.58	82.2	43.7	62.1	26.7	14,656	26.1	3,791
全羅南道	1.19	69.6	37.1	47.3	28.8	20,618	19.2	3,227
慶尚北道	1.41	62.8	44.1	36.3	24.7	21,573	20.5	3,584
慶尚南道	0.92	76.2	38.3	39.2	43.4	30,656	19.8	3,825
平均	1.37	66.4	43.8	40.8	32.1	26,883	21.5	3,857

出所：農林部『農家経済統計』、『農産物生産費統計』1996年版より作成。

の配置が相対的に少なく兼業機会の限られた地域は，ソウル周辺の京畿道や釜山周辺の慶尚南道に比べて，地代水準が高く労賃水準は低い。全羅南・北道と京畿道・慶尚南道との間には中間地帯が並ぶ[15]（表2-3）。

車洪均氏の言う「高地代・低労賃」という基本的構造は，黄延秀氏の類型区分では，全羅南道・全羅北道等といった農外労働市場の未発達な地域を典型事例とする。後述する筆者の農家調査地域（第3章参照）は，全羅北道の平野部稲作地帯であり，この区分では，韓国農業の典型事例に相当することになる。全羅南・北道であれ京畿道・慶尚南道であれ，こういう地域構造は，長年の経済発展の過程における工業の地域的偏在に関係している。両地域における従来の筆者の調査においても，稲作単作地帯の全羅南・北道にくらべて，京畿道・慶尚南道はビニールハウスやグラスハウス等の施設栽培の発達が確認される。農業部門の資本蓄積には両者の地帯において大きな差異が生まれている。

もう一つの韓国農業構造の特徴は，平野部農村において零細な借地経営が多く，大農借地経営がなかなか育たないということにある。借地経営を行っている農家には小農経営が多い[16]。大農経営が育つには小農経営の離農が前提となり，小農の離農で放出される農地を借地することによって，はじめて

表 2-4　農家の経営規模別借地面積比率　　　　　　　（単位：％）

年　次	0.5ha未満	0.5〜1.0	1.0〜1.5	1.5〜2.0	2.0ha以上
1986	22.0	30.5	32.7	31.4	32.7
1987	25.1	28.6	31.9	33.9	30.9
1988	25.9	32.1	36.2	34.9	37.2
1989	27.8	32.5	36.6	34.9	41.6
1990	26.8	31.1	36.0	37.7	44.1
1991	28.4	30.2	33.8	36.8	46.5
1992	27.5	27.3	33.7	34.8	49.0
1993	24.6	31.1	34.3	37.6	48.2
1994	23.5	31.9	35.5	38.7	49.3
1995	25.7	32.0	34.7	39.3	50.8

出所：農林水産部『農家経済統計年報』各年版。

大農の規模拡大が進む。しかし，小農が借地により経営存続を図るならば，大農の借りるべき農地は出てこない。大農も小農も限られた賃貸地を求めて競争を行い，地代水準を押し上げることになる。

一般に大農経営が小農経営を駆逐する条件は，大農経営が小農経営に対して生産力の優位を確保し農業余剰が増えて，大農経営の地代が，離農する小農経営の農業所得を保証することにある。けれども韓国農村では，離農を促すための大農経営の生産力的優位がいまだ確立せず，小農経営の離農には十分な条件が揃っていない。これが1980年代末頃までの韓国農村の状況であり，大方の研究者もそういう見解を示していた。例えば，車洪均氏によれば，生産力格差未形成で大農の地代負担力が不十分であり[17]，朴珍道氏によれば，韓国農業は未だ機械化等が進まず，多肥多労段階にあり生産力格差も形成されていない[18]。李英基氏によれば，生産力格差はわずかに形成されているものの，大農の機械化の条件としての土地整備が不十分であり，分散錯圃制の下で大農の耕地が集団化していない以上，大農の生産力上の優位は制限されざるをえない[19]，などである[20]。

以上のことを統計数値から確認すると次の通り。農家の家計費が増え（表2-1のO），農業所得による家計費充足度が低下してきた（表2-1のK/O）にもかかわらず，兼業機会が少なく兼業所得でそれを補うことが難しい，と

いう韓国農村において，特に小農は，借地による生計補充をすすめ，規模間借地比率の平準化という現象を生み出した（表2-4）。借り手の農家側を経営規模別にみると，80年代半ばまでの韓国の農家は大農から小農の間で借地比率に大きな格差がなく，経営規模の小さい農家も大きな農家とほぼ同じ割合で農地を借りていた（表2-4）。農地の賃貸借は必ずしも，大農の規模拡大や小農の離農と連動するものではない，というのが80年代半ばまでの状況にあった。

しかし，これが90年代に入る頃から様相を変えてくる。ほとんどの階層が借地比率において緩やかな伸びを示す中で，上層の1.5～2.0ha及び2.0ha以上層の借地比率が大きく伸びている。上層において蓄積された賃借のポテンシャルは，90年代における農地政策転換を後押しすることになったと考えられる。

いずれにせよ，80年代後半までの韓国農業の基本的な構造は，不在地主・高水準の地代・零細借地経営，によって特徴づけられており，こういう構造を改革することが80年代後半における農業構造政策の主眼となってくる。

(2) 農地購入資金支援事業の登場

不在地主対策については長年研究が続けられており，農地賃貸借管理法が制定された翌年の1988年には，不在地主解消を目指して農地購入資金支援事業が開始された。農地購入資金支援事業は，不在地主の一掃を目的として農家の農地購入資金の支援を行った[21]。同事業は，相続・離農・離村により発生する賃貸農地の購入を希望する農家に対して，農協を通じて資金を貸与し，不在地主の発生を防ぐことを目的とした。この事業は1988年に開始されて，1990年頃までは相当の事業規模を維持したが，その後事業規模を縮小し93年には廃止されることになる（表2-5）。

農地購入資金支援事業の支援対象は，当該年度の農民後継者，相続農地を買い入れる営農子女，営農組合法人，長期賃貸借している干拓地開墾地を買い入れる耕作農民，専業農育成対象者，営農復帰者である。後の農地売買事業が米専業農家に支援対象を限定したことに比べると，より広範囲な農民を対象としている。また，購入される農地は，農業振興地域の水田・畑・果樹

表 2 - 5　構造政策 4 事業の面積推移　　　　　　　　　　（単位：ha，％）

	農地購入資金 支援事業		農地売買事業		長期賃貸借 推進事業		農地の交換 分合事業		事業合計	
	面積	比率	面積	比率	面積	比率	面積	比率	面積	比率
1988年	13,135	100.0	—	—	—	—	—	—	13,135	100.0
1989年	9,959	100.0	—	—	—	—	—	—	9,959	100.0
1990年	5,286	72.8	1,969	27.1	3	0.0	—	—	7,258	100.0
1991年	1,678	22.8	5,616	76.4	8	0.1	50	0.7	7,352	100.0
1992年	366	5.1	6,687	94.1	36	0.5	18	0.3	7,107	100.0
1993年	893	10.2	7,591	86.4	180	2.0	120	1.4	8,784	100.0
1994年	—	—	4,354	80.7	792	14.7	248	4.6	5,394	100.0
1995年	—	—	5,079	71.9	1,795	25.4	189	2.7	7,063	100.0
1996年	—	—	4,932	62.5	2,806	35.6	152	1.9	7,890	100.0
1997年	—	—	3,447	25.8	9,701	72.7	190	1.4	13,338	100.0

出所：農林部『農林業主要統計』1998 年。
注：比率（％）の計算においては，小数点以下第 2 位を四捨五入してあるため，実際には
　　0 でなくとも 0.0％と表示される場合がある。本書では以下同じ。

園とされた。支援限度は，農家の場合，世帯当り 3,000 万ウォン，営農法人は 6,000 万ウォン，年利 3 ％，2 年据え置き 18 年償還であった[22]。償還期間の 18 年は，小作料 20 年分程度支払えば小作地が自作地になるという発想を根拠としていた。農地の賃貸借が農地面積の約 4 割に及び，その多くが都市在住の不在地主によるものであり，本来農業に投じられるべき資本が都市へ流出していた。この対策として，地主の所有農地を買収する資金を，借地農民に長期貸与する，というのが農地購入資金支援事業の当初の発想であった[23]。農地購入資金支援事業の基本的な仕組みは，政府が耕作農民へ農地購入資金を貸与して，不在地主から耕作農民へ農地の所有権を移転するものである。耕作農民への所有権移転を政府が仲介するという点では，かつての農地改革に類似しているが，耕作農民に資金を貸与するという点では異なっている。いずれにせよ，農地購入資金支援事業が継続して推進されていたならば，不在地主の問題は解消の方向へ向かっていたかもしれない。しかしながら事業は，開始後幾年も経たないうちにその性格を変えていくことになる。

　表 2 - 5 から，事業面積規模の推移を見ると，1988 年開始当時は 13,135

表 2-6　構造政策 4 事業の事業費推移
（単位：百万ウォン，%）

	農地購入資金支援事業		農地売買事業		長期賃貸借推進事業		農地の交換分合事業		事 業 合 計	
	事業費	比率	事業費	比率	事業費	比率	事業費	比率	事業費	比率
1988年	199,428	100.0	—	—	—	—	—	—	199,428	100.0
1989年	199,848	100.0	—	—	—	—	—	—	199,848	100.0
1990年	141,982	60.3	93,408	39.7	48	0.0	—	—	235,438	100.0
1991年	59,554	18.4	263,293	81.4	160	0.0	337	0.1	323,344	100.0
1992年	15,000	4.5	315,615	95.2	807	0.2	156	0.0	331,578	100.0
1993年	42,233	10.2	367,901	88.6	4,029	1.0	958	0.2	415,121	100.0
1994年	—	—	215,233	90.4	19,997	8.4	2,927	1.2	238,157	100.0
1995年	—	—	235,000	83.9	39,999	14.3	5,000	1.8	279,999	100.0
1996年	—	—	266,500	79.2	64,999	19.3	5,040	1.5	336,539	100.0
1997年	—	—	211,200	60.6	129,469	37.2	7,727	2.2	348,396	100.0

出所：農林部『農林業主要統計』1998 年。

ha の農地に融資を行っている。表 2-2 における非農家所有面積は，88 年当時で約 46 万 ha であるから，この調子で事業を継続していれば，約 35 年程度で非農家所有がすべて解消されることになる。しかし，表 2-2 に見るとおり，非農家所有の面積はその後も減少する気配を見せてはいない。同事業の効果が表 2-3 の数値となって現れない理由の一つは，開始後すぐに事業が縮小に向かったためである。表 2-5 に戻り事業面積の数値を追うと，89 年 9,959 ha，90 年 5,286 ha と推移し，91 年には 1,678 ha と開始時の 1 割近くまで面積規模が落ち込んでいる。表 2-6 の事業費規模では，約 4 分の 1 に減少している。減少率が異なるのは，地価の上昇，単位面積当り融資基準の緩和など幾つかの理由がある。

　こういう事業推移の原因は，この事業が別の性格を持つ事業にとって代わられたためである。一つの事業が廃止されて別の事業が始まるのであるから，実際には政策が転換している。しかし，その政策転換を表面化させないようなわかりにくい方法で，新旧の事業交代が行われている。この場合の古い事業は農地購入資金支援事業であり，新しい事業は農地売買事業である。両者の性格は全く異なるのだが，そこは農家の自作地を拡大するという共通項で

ひとまとめにされて，90年から93年の間に，新旧事業の交代が行われている。これらはあたかも，表面上は事業組織の変更という姿をとって，新旧事業組織の事業目的に大きな変更はないかの如くである。新しい事業組織のもとに新事業が90年に始まり，94年に前の事業を統合吸収しているのだから，事実上，前の事業を廃止するという，明確な政策転換であった。

　変化の兆候は90年の組織変更に現れている。農地購入資金支援事業は，1989年に発表された農漁村発展総合対策において，農協中央会から政府管理に事業移管することが決定されていた。1990年にはこのために，農漁村振興公社及び農地管理基金法が制定され，事業の専門組織として農漁村振興公社が設立された。農漁村振興公社は大農育成を目的として1990年に農地売買事業を開始した。以後1993年までは，農協中央会の農地購入資金支援事業と農漁村振興公社の農地売買事業が併行して行われるが，管理事務等が重複することなどの理由から，徐々に事業の統合が進められ，1994年には農地購入資金支援事業が農地売買事業へ統合吸収された。

　1990～93年の農地購入資金支援事業では，支援対象者の選定は公社が担当し資金融資は農協が担当する等で，公社は二つの事業の支援対象選定作業を行い業務内容が重複した。1998年の事業報告によれば，「農地購入資金支援事業は農地売買事業に比べて，支援手続が複雑で業務の重複から手続きの所要時間も長く，また支援金額の制限がより大きかったことから，農家が農地売買事業の方を選好する傾向があり，年次を経るにつれて農地購入資金支援事業は縮小し，94年には農地売買事業へ統合された」[24]。ここで統合理由は，農地売買事業を農家が選好するためであり，さらにその理由は，手続時間の短縮化と支援金額の制限緩和とされている。しかしこのように，農地購入資金支援事業に内在する問題，ないしはその事業の欠陥のために，農地売買事業に統合吸収されたのか，あるいは他の事情のためにそうなったのかは，検討を要するところである。

2．大農育成政策への転換

(1) 市場開放の圧力と農地売買事業の登場

　農地購入資金支援事業の廃止理由の一つは，農地売買事業の登場にあった。1990年に開始された農地売買事業は，農地購入資金支援事業と似ているが，資金融資の対象が異なっていた。農地購入資金支援事業が比較的零細規模の小農対策として開始されたのに対して，農地売買事業は大農の育成を目標とした。前者が希望農家を対象としていたのに対して，後者は稲作専業農家を対象としており，その選定基準も年々厳しくなった。

　政策転換の理由は，市場開放により競争力向上が求められて，土地利用型の大規模稲作農業の育成が目指されたことである。ウルグアイ・ラウンドと農産物市場開放の動きのなかで，農業生産性の国際競争力向上という至上命題の下に，国際競争に耐えうる大農の育成が進められる。中農育成から大農育成事業への転換に併行して，農地の所有上限規制も大幅に緩和されることになり，94年に制定された農地法では，農業振興地域内の所有上限は従来の3 haから20 haまで引き上げられた。以前の農地購入資金支援事業の時には，多数の農民経営の安定が求められたが，今度は，限られた大農の規模拡大を支援して競争力ある農業経営を育成することが目標となった。

　農地売買事業はその基本的な仕組みにおいても農地購入支援事業とは異なっている。農地購入資金支援事業と農地売買事業の差異は，前者が，農地の購入者に購入資金を直接融資するのに対して，後者は，農漁村振興公社が農地を買い入れて，農地を一旦「貯蔵」した後に，購入者を探して融資条件付きで売却する，というものである。融資条件は前者が3％・2年据え置き18年均等償還，後者が3％・20年均等償還となっている。農地売買事業における農地の「貯蔵」機能は，農地需給のギャップを埋めるために考案された。「貯蔵」機能によって，とりあえず購入者がいない場合でも，後継者のいない優良農地の遊休地化を防ぐために，公社が購入・保有して，賃貸する等の方策が計画された[25]。これは日本の農地保有合理化事業に似ているが，急速な高齢化と後継者不足に苦しむ韓国農村に必要な生産基盤保全対策とい

える。この事業が順調であれば，農地需給のギャップは埋められるはずであった。しかしながら，農地売買事業は当初の目的のようには機能しなかった。実際には，農地の購入者が販売者を探してきて，農地を公社に売却させるとともに，公社からの融資を取りつける，という方法が一般化し，事実上，「貯蔵」機能は稼働しなくなっていった[26]。

　農地の買い手のみ多く，農地のなかでも特に優良農地の売り手が少ないことも理由の一つであった。融資を受けて購入を希望する農家は大農層に多く現れたが，それに見合うだけの農地を公社が集めることができなかった。そのため村落の事情に通じた大農層に農地購入の情報収集を依存せざるを得なくなり，さらには農地購入そのものの斡旋を農民が行うことになった[27]。優良農地であればあるほどに購入希望農民も積極的に斡旋に乗り出し，ついには彼らがイニシアティブを握ることとなり，見かけの上での事業実績は増えていった。

　90年に開始されて後，93年の市場開放決定の時期へ向けて，農地売買事業の規模は急拡大した。90年の開始当時の事業規模は約1,000億ウォンであったが，91年には2,500億ウォン規模となり，91年に発表された農漁村構造改善対策では，投資規模を5,000億ウォンへ増額することが決定されていた。そして，購入需要の増加に応じて，事業規模を拡大したことにより農地売買事業は新たな問題を抱えることとなった。

(2) 農地売買事業の問題点

　農地売買事業は開始後数年で事業規模の縮小を余儀なくされた。人為的な農地の購入需要から農地価格が上昇し，同時に財源問題が発生した。大農へ毎年資金が集中したことも，他の一般農家からの批判を受ける原因となった。

　表2-5から農地売買事業の実績を事業面積ベースでみると，90年の事業規模は1,969 haに過ぎなかったが，91年には5,616 haと約3倍近くまで増え，93年にはさらに7,591 haまで増加したが，94年には4,354 haと急落し，その後，93年の水準に回復することはなかった。農地売買事業の拡大現象は93年で停止していることになる。事業費ベースでみても同じことが言える（表2-6）。90年の事業規模は93,408百万ウォンにすぎなかったが，91

年は約3倍近くまで増え，93年には367,901百万ウォンまで増加したが，94年には215,233百万ウォンと急落している。農地売買事業の拡大現象は事業費ベースでみても93年で停止していることになる。事業規模縮小には幾つかの理由があった。

第1の原因は，事業が農地価格の上昇を招いたことである。

農村経済研究院の金正鎬氏によれば，「農地の購入者及び賃借人（需要者）中心の支援政策により一部の地域では農地価格及び農地賃借料の上昇が指摘されている」[28]。

1998年における筆者の農家調査（全羅北道4ヵ村の63戸の農家を対象。第3章参照）の際にも，農地売買事業により地価が上昇したということを各所で聞いたが，これを一般的に，事業と地価上昇の因果関係として証明することは難しい。地価の上昇現象は生じているが，それが事業のためだけに生じたと厳密に言えるかどうか判断に苦しむケースもある。特に都市近郊における農地価格は，転用地価の影響を受けて，純粋に農業収益で決まることが少ないために，政策による人為的な購入需要による地価上昇であるのか，道路や鉄道敷設計画という都市化の影響を受けたものであるのか，区別し難い場合がある。

その点，平野部の農地は転用地価の影響を受けにくく，地価が他所に比べて上昇した場合には，事業の影響と判断できる可能性が高まることになる。農地売買事業による融資を受けた農地の購入者が多いことだけで地価上昇を説明できる。そして，そこが転用の制限された農業振興地域であるならば，農地価格は一般に，転用地価の影響を受けずに農業的に決まることになり，農地売買事業との因果関係はさらに強まる。もちろん，これは代替え地購入による転用地価の農業振興地域最深部への波及を考慮しない，という条件付きである。全羅北道群山（グンサン）市ファヒョン面クムガン里オクセム村は，到底転用の可能性のありえないような平野部の農村であり，また代替え地購入者も確認されなかった（第3章参照）。そういう個所において，「農地価格は農地売買事業により上昇した」という意見が聞かれたのであるから，この政策要因説は，ある程度の説得力を持つと考えられる。

農地売買事業による地価上昇現象は，平野部農村の農業振興地域に限らず，

都市近郊の非農業振興地域においても見られる。都市近郊の農民たちのなかには売買事業申請に際して将来の地価上昇を期待するケースが少なくない。韓国農村経済研究院が行った農地売買事業に関する農民アンケート調査では，売買事業資金の使用目的について，「資産増殖目的」と回答した農民が全体の4.3％であった。自己申告のアンケート調査でも一定の数値となって現れるくらいであるから，アンケートに現れない「財産増殖目的」も相当数あるものと推察される[29]。

都市近郊地域（全羅北道益山（イクサン）市クムガン洞カンギョン村）の調査でも，それに近いケースが確認された。農地売買事業による融資を受けて農業振興地域内に農地を購入し，同時に自己資金で，隣接する農業振興地域外に農地を購入したケースである。家主には現在，大学生を含めた20歳前後の3人の子供たちがおり，将来子供たちが分家（結婚）する際に後者の農地を売却する計画であると回答した。この農家の場合，自己資金で農業振興地域内の農地を購入していれば，農業振興地域外に農地を購入する余裕はなかったものと考えられる。自己資金による農地購入は，農地売買事業の融資により可能になっており，間接的であるが，農地売買事業による融資資金の流入が農業振興地域外の農地売買を活発化させて，地価変動に影響を及ぼしている。

よって，平野部農村地帯であれ，都市近郊地域であれ，その仕組みは異なっても，農地売買事業と農地価格の上昇にはある程度の関係が認められる。このようなことから判断して，90年代における農地売買事業は，事業対象地域周辺において一定の地価上昇現象をもたらしたものと思われる[30]。

第2の原因は，財源問題の発生である。事業面積が増えて売買事業費が増加したことにより財源問題が生じている。農地売買事業を資金面から支えるのは農地管理基金であるが，その財源については不足分を高利で調達しており，事業の運用金利の差が大きく，基金の欠損が避け難くなっていた。農地売買事業の財源は当時，全額が政府からの投融資であり，投資の性格を有する政府出掲金と，負債性資金の財特融資金・農地債権，から構成されていた。財特融資金が年利5％・2年据え置き18年分割償還，農地債権は，年利14から15％の3年据え置き一時償還，という条件の負債であり，他方，農地

第2章　賃貸借をめぐる農地政策の転換　　91

表2−7　農地管理基金の運用状況　　　　　　　　　　（単位：100万ウォン）

	1991年	1992年	1993年	1994年	1995年	1996年	1997年
収　　入							
財特出捐金	157,700	130,000	304,834	—	—	—	—
財特融資金	127,700	209,984	214,964	134,166	162,576	213,641	235,808
債券発行	—	—	—	214,964	277,946	313,737	349,974
融資金回収等	51,374	68,710	76,317	160,829	21,746	218,648	268,398
計	336,774	408,694	596,115	483,700	652,268	746,026	854,180
支　　出							
農地購入資金支援事業	59,554	15,000	42,233	—	—	—	—
農地売買事業	263,293	315,615	367,901	215,233	235,000	266,500	211,200
長期賃貸借推進事業	160	807	4,029	19,997	39,999	64,999	129,469
農地交換分合事業	337	156	958	2,927	5,000	5,040	7,727
4事業合計（A）	323,344	331,578	415,121	238,157	279,999	336,539	348,396
借入金償還（B）	4,941	77,057	149,120	219,941	348,880	383,503	446,446
移越金	8,489	59	31,874	25,602	23,389	25,984	59,338
B/A	1.50%	23.20%	35.90%	92.40%	124.60%	114.00%	128.10%

出所：農林部『農林業主要統計』1998年。

売買事業は3％・20年償還，長期賃貸借推進事業は無利子であった[31]。

　問題は，財源調達方法上において，農地債権などの負債性財源の比重が大きく，負債償還必要な資金の比重が年々増えていることであり，事業支出に占める債権元利金償還額の割合は，96年には過半を超えている[32]。すなわち高利の負債を返すためにさらに高利の借金を重ねるという悪循環に陥っている。構造政策4事業は，その事業資金のかなりの部分を借入金に依存していたために，ある時期から債権元利金償還額が急増し始めている。1992年には，4事業に対する借入金償還費用の割合は，23.2％でしかないが，93年，94年と，この比率は増え続け，1995年には124.6％となって，借入金償還費用の方が事業費を上回るという状況に陥っている（表2−7）。これは，農地の購入資金を融資するという売買事業費が膨張したためである。農地価格は事業当初に比べて上昇しており，事業面積の増加を抑制するだけでは事業資金規模の増加を止めることは難しくなっている。表2−6から構造政策4事業に占める農地売買事業費の構成比をみていくと，開始当初の90年に

は39.7％にすぎなかったが,翌年には81.4％,92年には95.2％と,構造政策4事業の中心的な位置を占めるようになる[33]。それに従い4事業合計の事業費も急増し,89年と93年を比べると事業資金規模は2倍以上に増えている。このようなことから,「高地価の状況下において,農地売買事業中心の規模化事業は政府予算運用の側面から見て非効率との声が上がっている」[34]。

第3の原因は,事業の支援対象から排除された一般農家からの批判である。

農地購入資金支援事業への申請資格条件は,「希望農家」であったが,農地売買事業では「専業農育成対象者」に限定され,さらに95年には,「米専業農」へと条件が狭められた。「専業農育成対象者」の資格条件は,年齢20歳以上60歳以下,後継者のいる場合は18歳から65歳までと条件が緩和される。営農歴3年以上,農地所有規模が0.5 ha以上～3.0 ha未満であること。「米専業農」の資格条件は,米作歴3年以上,50歳以下,50歳以上の場合は後継者(最近1年間同居し農業に従事していること)のあること。自己所有地が1.0 ha以上で10.0 ha未満の農家。支援対象農地が農業振興地域内であること[35]。90年の「専業農育成対象者」が,95年の「米専業農」に変わるまでには,ほぼ1年ごとに小さな資格条件の変化があるが,基本的には,年齢制限・後継者の有無・米作歴等により,年々支援対象を絞り込んできている。「米専業農」の資格条件が従来と大きく異なるのは,自己所有地1.0 ha未満の農家が支援対象から排除されている点である。

農地購入資金支援事業においては,零細農問題を解決し中農を育成することが政策の課題とされていたが,この95年段階になると,そういう政策意図は消えてなくなり,反対に1.0 ha未満の零細農家が支援対象から排除されている。零細農に代わって,政策支援の対象として登場したのは大農,あるいは大農になる可能性のある中農であり,制度上の支援対象農家が段々と大農へ傾斜してきている。資格条件における自己所有農地の面積は,90年の「0.5 ha以上～3.0 ha未満」から,95年には「1.0 ha以上～10.0 ha未満」へと変わっているが,これは「0.5 ha以上～1.0 ha未満」の零細農を農地売買事業から排除しただけではなく,「3.0 ha以上～10.0 ha未満」の大農でも,農地売買事業への融資申請が可能となったことを意味する。

第 2 章　賃貸借をめぐる農地政策の転換　　　　　　　　　　　　　93

　農地売買事業では，事業申請回数や事業による農地購入回数に制限が課されていない。自己資金に乏しい零細農家が融資申請への道を閉ざされる一方で，経営規模「3.0 ha 以上〜10.0 ha 未満」の大農は，自己資金に余裕のある場合でさえ，繰り返し融資を受けることができる。こうして，特定の農家へ累積的に事業資金が集中していった。金正夫氏らの調査によれば，売買事業の支援を受けた農家はすでに 2 回以上融資を受けており，一つの農家が何件も支援を受けている場合が多い。1990〜94 年において，農地売買事業 1 件当りの平均支援面積は 1,312 坪であるが，1 農家当りで見ると数千坪の支援を受けている場合もあり，所有規模が 2 倍に増えた農家も見られる。1995 年の米専業農選定農家は，これまで相当の事業支援を受けた農家である[36]。かくして，農地売買事業により所有規模を拡大した農家と，申請条件に達しない所有規模 1 ha 未満の農家との間において両極分解の様相を示し始め，支援対象の米専業農という資格に達しない農家群を中心に，事業への批判が沸き起こることになる。

　例えばそれは次のような問題である。①零細農対策の欠如。大農の規模拡大は小農の離農によるが，零細小農の離農条件がつくられていない条件下で，零細小農であるほどに規模拡大は切実である。5 ha 以上の大規模農家の場合，事業による規模拡大が費用節減に寄与したが，小規模農家はそうではない。離農しようとしても難しく，農村で暮らさざるをえない。大規模農家中心に差別的に支援することに問題がある。②所有規模 1 ha 未満農家の排除。若くて，いまだ 1 ha の農地を所有してない農家は事業対象から外されるが，若く有能な新規就農者を減らすことになり，後継者育成にはマイナス。米専業農は稲作農家の内の一部に過ぎず，彼らの生産する米は全体生産量のなかでは僅かに過ぎない。米専業農中心の支援は，対象に漏れた稲作農家から営農意欲を奪い，結果的に，米の自給率を低下させることになる。③地域的格差。米専業農の資格を持つ農家数には地域的に差異があるが，予算は地域的公平性にある程度配慮して組まれており，予算執行に問題が現れている。米専業農だけが支援の対象となっているため，畑作地帯や（稲作と畑作の）中間地帯に属する忠清北道・慶尚北道・慶尚南道では，予算執行が不十分であり，予算を平野地帯の全羅南道・全羅北道等に回している。95 年 12 月 10 日

現在,忠清北道75.5%・慶尚北道62.4%・慶尚南道73.9%しか執行されていない。これらの農漁村振興公社の郡支部では,予算が余っていても執行できずに,農民たちの不満が大きい。これらの地域の農業条件は相対的に不利であり,特に中山間地では農業関連投資から排除されているために不満が大きい。中間・山間地に属する農家は多くが米専業農育成には批判的である。済州島のように米専業農が全然いない地域は農政から排除されており強い不満を抱いている。96年に済州島では事業が全く予算化されていないことが判明し,現地の新聞で問題として取り上げられた[37]。

このように,大農育成による稲作農業の生産性向上を主眼とした農地売買事業は,開始後数年を経て難しい問題に直面した。人為的な農地の購入需要から農地価格が上昇し,同時に財源問題が発生した。また,大農へ毎年資金が集中したために,他の一般農家から激しい批判が浴びせられた。かくして農地売買事業は開始後数年で事業規模の縮小を余儀なくされることになる。同時に,これに代わる大農育成事業として長期賃貸借推進事業への期待が高まり,構造政策全体が賃貸借推進へと大きく傾斜していくことになる。

3. 賃貸借推進政策への転換

(1) 長期賃貸借推進事業

構造政策は再度転換する。農地売買事業が膨らむにしたがい財源問題が深刻となり,農地売買事業の規模を縮小するとともに,縮小した事業規模で従来と同等以上の規模拡大効果をあげる必要が出てきた。そこに構造政策が長期賃貸借推進事業へ傾斜していく一つの理由がある。限られた事業資金で規模拡大の実を挙げる次の方法は,借地による規模拡大方式の推進であった。経営規模拡大の方式としては,農地売買事業のような所有規模拡大方式に対して,農家の賃借面積の規模を拡大していく方式がある。前者の自作地拡大方式では農地購入の必要があるのに対して,後者の賃借地拡大方式では,一時的な地代支払い能力さえあればよいが,当時は経営の不安定性が問題視されていたために,長期賃貸借契約を条件に融資が行われている。長期賃貸借推進事業では,農漁村振興公社が一定期間の賃貸借料を無利子で融資し,賃

貸農家に対する賃貸借料の一括支払いを可能にして農地の長期賃貸借を促している。当初の一括支払い期間は10年であり，購入資金融資に比べて半分以下の費用で規模拡大を進められた。この結果，同じ事業資金規模ならば，売買事業より賃貸借事業が大きな面積規模への支援が可能であり，また同じ面積規模ならば賃貸借事業がより小さな資金規模で済むこととなった[38]。

長期賃貸借推進事業において当初，貸付農地として想定されたのは，①転業または引退しようとする農家の農地，②1ha未満の農地を所有する兼業農家の農地，③農漁村振興公社の所有農地，④公社へ貸し付けられた農地等であり，農漁村振興公社が賃貸借を仲介する計画であった。賃借側の資格は，専業農育成対象者，営農組合法人，営農復帰者中の米を主作物とするものであり，当初の支援条件は，無利子，10年均等分割償還であった。賃貸料は，市郡が定める条例の上限線の範囲内で，該当する地域の慣行賃貸料水準等を勘案して，賃借者が農地所有者と協議して現金で契約し，支度金が必要な転業者へは公社が賃貸料の一時支払いをする。賃借農民の立場からは，賃借料は公社が賃貸者へ先払いする水準で決定され，賃借料の水準としてはそれを契約年数（10年）で割って均等分割した当該年度の賃借料を毎年収穫後に納付する，と計画された[39]。

計画段階では，専業農育成対象者または，営農組合法人に農地を長期賃貸して，営農規模の拡大と経営の安定を公社が保障すると同時に，転業希望農民についても公社が農地を購入・賃借して，直接的に支援する予定であり，農民層分解に伴い離農する農民の生活対策も含まれていた。農民層分解では，離農する農民の農地を大農が集中していく過程が進行するが，そこに政府が介入して分解を促進するという意図が窺われる。賃貸料の一括支払いにより，離農を促進して大農育成の条件を人為的に作るものと推察される。けれども，上記対象農地のうち，賃貸借事業農地として機能したのは一部にすぎなかった。①から④のうち，③④は，先述したように公社に「貯蔵」ないし賃貸される農地が集まらないために機能しなかった。機能したのは①②であり，長期賃貸借推進事業は賃借する農家に公社が直接融資するという事業に転化した。それでも賃借農家に資金を融資し農地の長期賃貸借を促す機能が順調であれば，事業に応じた賃貸農家はまとまった賃貸借料を現金で手にすること

ができ，農地の賃貸に一定のインセンティブをあたえることになる。また，賃借農家は賃貸借料の融資を受けるだけでなく，通常1年更新で口頭契約の賃貸が長期10年の文書契約となり，相対的に安定した条件のもとで耕作を続けることが可能となる。賃貸借推進政策はこのような事業内容を有したが，初期段階の事業は順調とは言えなかった[40]。

制度としての長期賃貸借推進事業は1990年に準備されていたが，当初の事業実績は微々たるものでしかなかった。しかし農地法が制定されて不在地主の所有が認められた1994年頃から事業実績は増加している。表2-5から事業面積を見ると，開始当初の1990年は僅か3 ha にすぎない。92年・93年も未だ政府レベルの事業と呼べるほどの規模ではないが，94年から増え始めている。構造政策4事業に占める94年の面積比率は，前年の2.0％から14.7％へ急増している。その後も増え続け1997年には72.7％となり，長期賃貸借推進事業は農地売買事業に代わり構造政策の主役として躍り出てきた。これはまだ事業面積ベースによる構成比である。事業費ベースでは97年でも37.2％であり，未だ農地売買事業が60.6％と過半を占めている。長期賃貸借推進事業が5年ないし10年という賃貸借料を融資するものであるのに対して，農地売買事業が購入費用を融資するものであるため，単位面積当りの融資額が異なってくる。そして，事業面積の割に事業費の大きいことが農地売買事業による財源問題をひきおこし，単位面積当り事業費の少ない長期賃貸借推進事業への傾斜を促した。面積ベースでは事業の主役から降ろされた農地売買事業が，未だ事業費ベースでは約6割を消尽していることが，構造政策の事業費運営における農地売買事業の負担の重さを示している。面積ベースでは主役となっても肝心の事業費ベースでは未だ農地売買事業の負担が重いことから，構造政策4事業はなお一層，長期賃貸借推進事業への傾斜を強める必要があった。

(2) **長期賃貸借推進事業の不振と97年の改善措置**

長期賃貸借推進事業は96年頃まで事業の不振問題が深刻であった。農地売買事業に代わる構造政策の主役として期待されたにもかかわらず，その事業実績は予定通りには伸びなかった。そこで不振原因が究明されて幾つかの

改善が加えられることになる。賃貸借事業の不振問題の解明において，李榮萬氏は貸し手の事情を重視している。①農民たちが第2の農地改革を恐れて長期の賃貸借に消極的であること。貸した土地が返ってこなくなるのではないかという不安。また，これに関連して，長期で賃貸借契約を結べば，土地価格の変動に応じて自由に土地を処分できなくなるという可能性のあること。さらに，②高齢で零細な農民達が，農地を賃貸に出すことによって限られた自己労働実現の機会を失ってしまうこと。農村に残された高齢の農民達にとっては，農地は年金代わりの頼りになる資産であり，賃貸に出さずに細々とでも耕作すれば生活を支えることができる。長期の賃貸はそういう生活の柱を失うのではないかという不安を農民に与えている。①賃貸借が長期10年契約であるために，また，②自己労働の機会を失うために，彼らは賃貸に消極的である[41]。

　こういう問題の指摘を受けて，1997年から農地売買事業の手直しが行われた。まず，①の賃貸借の契約期間については10年から5年へ短縮されて，5年賃貸でも融資が受けられるようになった。また，②引退農民の生活保障については，「直接支払い制」が導入された。この時の「直接支払い制」とは，65歳以上で3年以上米作に従事した農家が，農村振興公社を通じて農地を売却するか，5年間の長期賃貸に応ずれば，1ha当り258万ウォンを支援金として直接支払う，というものである。これらの制度改善の効果は部分的に現れている。例えば表2-5をみると，1997年に事業面積が大きく増加している。また，表2-5及び表2-6について，1996年と97年の事業実績を比較すると，事業費が2倍の伸びであるのに対して，事業面積は約3倍の伸びを示している。これは，契約期間が短縮されたことにより，事業費当りの事業面積拡大効果が大きくなったことを示している。一方直接支払い制は，97年度は12,000 haについて310億ウォンが実施されており，支援金の効果が部分的に現れている[42]。

　1998年以降の動向も注意してみていく必要があるが，これらの改善措置は数値の上では一定の成果を示している。しかしながら他方では，制度改良が不十分との意見も根強い。韓国農村経済研究院の金正鎬氏によれば，「97年から実施された直接支払い制は65歳以上の農業人を対象としているが，

農地流動化の効果が微弱であり，離農の中心である1ha未満の零細農家の場合には，補助金が生活に大きな助けとならないために誘因が少ない。直接支払い制は，一次的な資金の手当よりも老後の生活を考慮した老齢年金などの形を考慮すべき」[43]と述べている[44]。

いずれにせよ，事業実績の上では，97年改革が一定の成果をあげたのは事実であり，事業面積ベースで見る限りにおいて，長期賃貸借推進事業は構造政策4事業における主役の座を占めることとなった。そしてこのことは同時に，賃貸借推進政策が，韓国における農業構造政策の根幹に据えられたことを意味する。80年代後半に賃貸借抑制政策が始められてから，97年に賃貸借推進政策が明確となるまでに約10年しか経過していない。それは，あまりにも短期間の，構造政策の大転換であった。

おわりに

こういう賃貸借抑制政策から賃貸借推進政策への転換は，法整備によっても後押しされた。1996年に施行された農地法では，不在地主の所有は，既存のものはすべて容認するとともに，新規に発生する不在地主の所有についても1haを限度として認定することとした。これは自作農体制をつくった農地改革の理念の放棄であった。1950年代に農地改革が実施された後に農地法が制定されないままであり，この間，30年間にわたり農地法制定を巡る長い論争が続けられてきた。農地の所有上限規制と所有資格規制を巡る論争では，資本の支配を危惧する規制緩和反対論者と，借地容認による農業振興を訴える規制緩和論者が激しい論戦を繰り広げてきた。そして，96年の農地法施行により，一旦はその論争に決着がつけられることとなった。農地の所有上限規制も所有資格規制も，従来に比べて大幅に緩和された。

規制緩和を盛り込んだ農地法制定を受けて構造政策事業は進展した。農地売買事業による所有規模拡大も，賃貸借推進事業による借地規模拡大も，所有規制緩和を前提としたものであった。農地売買事業は94年の農地法制定以前から早くも活況を呈し，多くの農地購入希望者を集めた。賃貸借推進事業は当初沈滞していたものの，農地法制定をきっかけに生き返ったように事

業量が増え始めた。農地売買事業の問題露呈と賃貸借推進事業への傾斜という変転はあったものの，事業に積極的に対応して大農へと成長した農家も少なくない。いまや村々には，大型機械を擁し村落内の営農を一手に引き受ける1，2軒の大農と，他の数十軒の高齢一世代世帯という様相を呈している。政府が強調するのは，農村における労働力の急速な高齢化や農外労働市場の漸進的展開という状況のもとで，農地の遊休地化を防ぎ生産基盤の存続を図るための政策の必要性である。規制緩和と連携しながら農村の所有関係を政府が掌握して一定の方向へ誘導していくために，賃貸借推進政策が進められている。

しかしながら，筆者が実態調査で見る限りにおいては，賃貸借関係へ政府が介入して分解を促す，というこの事業について，個々の農民は否定的である。農村ではかなりの賃貸借関係が結ばれているが，それらのほとんどが1年契約の私的なものであり，5年・10年契約という政府事業は敬遠されている。賃貸借事業は近年，事業量を増加させたが，事業による賃貸借が賃貸借一般に占める割合は小さい。さらにこの賃貸借一般についても今後減少していくことが予想される。高齢化した農民の多くは，賃貸借よりも営農委託を選好するケースが増えている。受託農家における農業機械の過剰装備から営農受託料が低迷して，賃貸より委託が有利という条件が生まれている。

賃貸借推進政策の前途には，賃貸借不振と賃貸借事業の不振という二つの問題がある。それらを政府事業が乗り越えて，個々の私的な賃貸借を掌握し，賃貸借を規模拡大の軸に据えることができるのかどうか，今後の動向が注目される[45]。

注

1) 農地法の制定・施行は規制の緩和を意味したが，その内容は，現実の変化を追認するという側面を有していた。即ち全農地の約4割にも相当する借地の存在を否定することができなくなり，地主の農地所有を法律で認めた。
2) 80年の憲法改正以降，80年代の借地については，「賃貸借容認，小作禁止」という，一見妙な農地体制下にあった。86年の賃貸借管理法制定で賃貸借は容認されたが，小作については社会的に不安要素とみなされていた。この後90年代に，ウルグアイ・ラウンド妥結を経て大規模経営育成に賃貸借が活用されるようになっていくが，

他方では，零細農耕の小作農も存続しており，零細農対策と重なる形で，小作問題が継続的に論議されていたものと思われる。
3)「不在地主の一掃」という言葉は以下の文献において，「事業推進の変遷過程」を説明する際に使われている（農漁村振興公社『農地規模化事業統計』, 1996 年, 4 頁）。この後に，90 年代前半の自作地による規模拡大推進（農地売買事業）の時期を経て，90 年代中期の賃貸借による規模拡大（長期賃貸借推進事業）の時期に入るのであるから，その直前の 80 年代末に，「不在地主の一掃」という用語を使ったのは奇妙に思える。短期間であまりに政策の変転が激しすぎる。このことの理解には，当時が農地の賃貸借の取り扱いを巡る議論が過熱していた時期であることを把握しておく必要があろう。

1980 年代後半の政策事情について，金正夫氏は次のように述べている，「1980 年代後半は我が国農業においては，非農民の農地所有と農地投機，及び農民の小経営と小作経営の弊害に対する論難が大きくなり，国際化・開放化の流れが強まる時期でもあり，農民の小経営及び小作経営克服の政府の努力が要求された。農地購入資金支援事業というのは基本的に，非農民の農地を農民に還元して，小経営と小作経営の不安定性を解消することに目的があった」（金正夫ほか『農地規模化事業ノ評価ト発展方向ニ関スル研究』韓国農村経済研究院, 1995 年, 1 頁）。この時期の政策は，中農育成から大農育成への過渡期にあり，必ずしも首尾一貫していない。
4) 2002 年現在では，この 20 ha の所有上限はさらに緩和され，上限そのものが撤廃されている。さらにこの規定は農業振興地域だけではなく，振興地域外の農地にも適用するという政府試案が出ており，今年中に制度化される見込みである。加えて，所有資格についても，従来認められなかった株式会社による農地所有も認定される見込みである，という（2002 年 4 月に，政策関係者からヒアリング）。
5) 本章に関係する代表的な論文は次の通り。金正夫ほか『農地規模化事業ノ評価ト発展方向ニ関スル研究』韓国農村経済研究院, 1995 年。金正鎬「農業構造政策ノ成果ト課題」韓国農村経済研究院『農村経済』第 20 巻第 4 号, 1997 年。金泓相「農地規模化事業ニ対スル診断ト政策課題」『農村経済』第 20 巻第 2 号, 1997 年。李榮萬「生産基盤整備及ビ規模化」韓国農村経済研究院・農林事業評価委員会『農林事業評価』, 1997 年。
6) 朴珍道氏は筆者の草稿に，以下のようなコメントを寄せておられる。ここでは，筆者草稿について制度面重視という評価をされつつも，「賃貸借抑制と中農育成」という筆者の見方については，お認め頂いたものと考えている。

「深川先生は，80 年代までの農地政策は賃貸借抑制と中農育成だが，90 年代初頭に中農育成から大農育成へ，90 年代後半に自作農育成から借地農育成に変更され，今日の農地政策は賃貸借による大農育成を目標としていると整理されている。

私はこのような深川先生の整理について事実認識については大部分同意するが，あまりに制度的な側面だけを基準に評価しているのではないかと思われる。むしろ制度の変化が実態の変化を後追いするものと考えられる。

また，韓国政府は農業構造改善のために賃貸借活性化を目指していたが，依然と

第2章　賃貸借をめぐる農地政策の転換　　　　101

して所有経営の拡大も追求していたと思われる。そうでなければ，農地法を改正して農地所有面積の制限を緩和・撤廃したり，農地売買事業を支援したりする必要がなかったであろう。私の考えでは，韓国政府は，所有・賃借にかかわらず経営規模拡大を支援しようとしており，こういう政策変化は既に80年代末に始まっていたが，時間の経過とともに政策の目標と手段が漸次明らかになってきたと思える。即ち，大農育成（目標）を達成するために賃貸借（手段）を活性化させようとしており，そういう政策意志が農地法に現れていたと見ることができる。もちろんそういう政策変化には農業構造の変化という実態が反映されていた。
　こうしてみると，1980年代までに，賃貸借抑制と中農育成に政策の重心が置かれていたという深川先生の指摘は正確と言える。例えば，1986年の農漁村総合対策では，農業規模拡大と農業構造改善を標榜していたが，その目的意識も不分明であり，1986年に農地賃貸借管理法を制定して，農地流動化を促進しようとしたが，当時の条件は不十分で，多くの反対によりすぐには施行されなかった。しかし，ウルグアイ・ラウンドが進展して，農産物の全面輸入を目前にした時点とも言える1989年に発表された「農漁村発展総合対策」では，賃貸借を通じた農地流動化＝商業的専業農の規模拡大という目標を明確に提示し，諸般の施策を準備している。1991年から施行された農漁村構造改善事業は，こういう農政基調にもとづくものであった。加えて私見では，借地農による大農育成という政策目標は1990年頃に既に樹立されており，その後の農地法の制定は，こういう政策目標を達成するための制度的整備過程と見ることができるようである。また他方で政府は，所有規模拡大を通じた大農育成を副次的ではあるが推進していたとも言える」（拙著草稿への，朴珍道氏のコメント。2002年5月）。
以上の朴珍道氏のコメントに対してそれぞれ筆者の回答を示しておきたい。
　朴珍道氏の拙著草稿評価の通り，確かに制度的側面への一定の偏りがあることは認めたい。また，「制度の変化が実態の変化を後追いする」という考えには私も賛同する。本来ならば，農業構造の変動を追跡し，その延長線上に制度改編があると位置づけるのが理想的であろう。このうち農業構造については静態的であるが，第4章以降で，90年農業センサスの分析とこれを補完する幾つかの実態調査を示している。動態分析が望まれるところであるが，90年代の構造変動は，政策の産物たる面もあり，制度改編との関係で，それに至る構造変化の動きを，政策から切り離して分析することが難しい。90年代の大農は部分的には政策の産物たる性格も有しており，構造政策事業との関係抜きに論じることができるのか否か難しいところである。加えて，動態分析を行うには，公式統計の処理に加えて同一地点の継続調査が欠かせないであろう（朴珍道氏は5年ごとに同一集落での継続調査を実施しておられると聞く。是非その成果などを参考にさせていただきたいと思う）。このようなことから90年代の動態分析には躊躇したが，次の機会にはこれを試みるつもりである。
　次に，90年代の大農育成は，所有規模・借地規模に関わらず，経営規模の拡大を目指すものであったという点については，全くその通りだと思う。90年代初頭に農地売買事業が始められ，94年制定の農地法では農業振興地域の20 haまで所有規模拡大

が認められて，最近では，上限そのものが撤廃されている。また，所有資格についても，最近はずいぶんと緩和されてきており，農業参入への規制は消滅しかけている。但し，90年代後半くらいまでについて政策評価を行うと，農地売買事業は財政負担等により投資規模を縮小させており，代わりに，事業面積ベースで，長期賃貸借推進事業が構造政策事業の中心に据えられている。このことから，政策との関連で見るならば，借地規模拡大が，90年代後半期における経営規模拡大の中心的手法になっているのではないか，と筆者は考えている。

7）倉持和雄『現代韓国農業構造の変動』御茶の水書房，1994年，217-224頁。及び，金聖昊「韓国農業の展開論理」今村奈良臣ほか著『東アジア農業の展開論理』農山漁村文化協会，1994年，129-136頁。

8）賃貸借に関する代表的な調査研究として，金栄鎮ほか『農地賃貸借ニ関スル調査研究』韓国農村経済研究院，1982年，韓国農村経済研究院『農地賃貸借管理法白書』，1987年，金聖昊『韓国ノ農地制度ト農地改革ニ関スル研究』韓国農村経済研究院，1988年，金聖昊・鄭起煥・イテヨン『農業構造改善ノタメノ農地制度定立方案』韓国農村経済研究院，1991年，などがある。

9）換言すれば，飯米確保のために農地を所有している。筆者の確認したケースでは，借地農は農協の倉庫に貯蔵した米を，地主の求めに応じて2ヵ月に1回程度トラックで都市の地主に向けて送っている。この場合，運送料は地主負担となる。

10）不在地主・非農家による賃貸が，どのようにして生産性向上を妨げているのかについては，例えば，借地関係が不安定で長期投資ができないということがある。韓国の場合の賃貸借は通常，口頭契約・1年ごとの更新で，長期営農計画は立てにくい。また生産性に関しては，賃貸地を含め農地の集積が困難で大規模経営ができないことも，問題となっている。1987年制定の農地賃貸借管理法は，こういう不安定性を改めて，賃貸借を管理し，経営安定的な賃貸借関係の構築を目指すものであったが，管理法施行にも3年を要し，目標実現は容易ではなかった。

11）1992年と1993年の賃貸借データには断裂がみられる。表2-2において，非農家賃借地面積は92年と93年で大きく違っている。1年間で10万ha近くも差異が出てくるというのは異常である。この問題に関してはとりあえず次の4点を指摘しておきたい。①従来の韓国賃貸借研究は筆者の知る限りにおいて，この問題に注意を払っていない。韓国農村経済研究院や農林部の統計官室において，筆者はそれぞれ複数の関係者に尋ねてみたが重視されていないようである。②韓国の賃貸借統計は，農家経済調査のサンプルを集計した賃貸借率に農地面積を乗じた推定賃貸借面積として算出されている。③賃貸借率は農家経済調査から算出されるが，この数値の異常は，農家経済調査の標本のとり方や，その利用の仕方に起因している。標本は10(5)年ごとの農業センサスにより再設計されている。90年の農業センサス再設計標本は93年より推計に用いられており，92年までは以前の段階の標本に基づく数値で推計されている。このことがデータの断裂問題の理由の一つと考えられる。④但し，他の理由を重視する見解もある。例えば，韓国農村経済研究院の金正鎬氏は筆者との討論のなかで，この断裂は，93年の市場開放交渉妥結により農業の将来に希望を失った

農民が，農地を一斉に売却した結果，賃貸借率が実際に急増した部分もあり，統計上の問題だけではない，と述べた。これらの韓国農業統計に関連する事柄については，自家労賃評価や兼業統計の問題なども含めて検討の余地が大きい。
12) 前掲，金正夫ほか『農地規模化事業ノ評価ト発展方向ニ関スル研究』，66頁。
13) 農家調査のインタビューでは一般に，その地域で一般的に使われる度量衡表現を用いて農家経済の状況を把握する。この13/25を，その地域の単位基準で表現すれば，1筆地（1,200坪当り）の収穫量が25カマ（1カマは精米換算80 kg）に対して，地代が13カマという意味である。正確にはこの農家の場合，「トゥジ」と呼ばれる収穫前の地代支払方式を採用しており，その大きさは収穫前10カマである。これを収穫後の地代に換算すると利子包含で13カマとなる。ここでは通常の収穫後地代に換算したこちらの数値を用いた。この10カマという「トゥジ」はこの地域でもかなり高い水準の地代である。
14) 車洪均「農作業受託組織ノ動向トソノ構造」韓国農業政策学会『農業政策研究』第16巻第1号，1989年，150頁。
15) 黄延秀『韓国米作農業ノ生産力構造分析―生産性及ビ収益性ノ階層差ト地域差ヲ中心トシテ―』高麗大学校大学院博士学位論文，1995年，213頁。
16) 生産性と借地の関係については，借地による規模拡大は生産性向上につながるものであり，借地関係それ自体よりも規模の零細性が，生産性にかかわる問題とも考えられうる。分散錯圃制で農地が集団化せずに，しかも経営規模が零細であることは，確かにこの頃までの生産性上昇を阻む要因であった。そしてこれに加えて，韓国農業に特有なことは，地主との間で取り結ばれる賃貸借関係が相対的に不安定であったことであろう。地主が不在地主であり，契約が短期1年の口頭契約と不安定なものであれ，長年続けられていれば，その借地関係は慣習化して相対的に安定的なものになるとも考えられうる。しかしながら，後の第7章の調査結果に示されるように，不在地主は，賃貸農地の管理を在村の不動産業者に委ね，その不動産業者は，農地の引き揚げや，貸し手変更を行うということも実際に行われている。慣習的な賃貸借関係が，都市化の進展や，農地の資産価値化により，その性質を変容させていったと考えることもできよう。そういう都市化は80年代後半から90年代に急進展して農地を巡る諸関係を急速に変えていったのではないかと推察される。
17) 車洪均「賃借農家ノ階層性ノ変化トソノ要因」韓国農業政策学会『1987年洞渓学術発表論文集』，1987年，80-113頁。
18) 朴珍道「地主小作関係ノ展開トソノ性格」『韓国資本主義ノ性格ト課題』，1987年，289-308頁。
19) 李英基『韓国農業ノ構造変化ニ関スル研究』ソウル大学校経済学博士論文，1992年。
20) これに対して，1990年代には生産力格差の形成に肯定的な研究が現れてきている。朴弘鎮『機械化ニヨル水稲作経営ノ変化ニ関スル研究―1980年代以後ノ中型機械化ヲ中心トシテ―』ソウル大学校博士学位論文，1995年，133頁。詳細は本書の序章を参照されたい。

21)「不在地主の一掃」は，農地賃貸借管理法における「賃貸借容認」と，相反するようであるが，この場合の不在地主一掃は，零細農の経営不安定に関わる限りでの，農民対策としての「不在地主一掃」であろう。また，農地賃貸借管理法により容認された賃貸借とは，その後に規模拡大の手段と化していく借地経営方式の発展を想定したものであろう。この時期は自作農主義から借地農主義への転換期と考えられる。

韓国では，農地改革後の数十年間もの長きにわたり小作問題が論議されており，小作経営の解消と中農育成が政策目標とされたが，他方では，農民層分解は，70年代の中農標準化から，80年代の両極分解へと様相を変えて，大農発展の可能性が見え始めていた。加えて市場開放に直面して国際競争力の向上も要請されるようになり，この時期には，中農育成から大農育成への政策転換が議論されるようになる。

韓国農村経済研究院の金正夫氏は（同氏は2001年度末に韓国農村経済研究院を定年退官），農地購入資金支援事業の中農育成という方針が，分解を促進する大農育成策と整合しなかったことを認めて次のように述べている。「農地購入資金支援事業は中農育成という目標を特徴とするが，これは厳密には，農家階層の両極化を加速化させて，農業構造を改善するための農地規模化事業の主旨とは相反する側面を有していた」。前掲，金正夫ほか，1995年，18頁。

22) 農漁村振興公社『営農規模適正化事業ノ成果』，1998年，30頁。
23) 前掲，金正夫ほか，2頁。
24) 前掲，農漁村振興公社，30頁。
25) 本書の中で，優良条件の農地を指して，「優等地」と表記したり，「優良農地」と表記したりしている個所があるが，いずれも引用文にかかわる部分であり，意図的に使い分けたのではなく，原文通り表記したものである。
26) 前掲，金正夫ほか，51頁。
27) 大農は一般に，賃貸農地の経営や営農委託作業を村落内外の多くの農家から引き受けているため，周辺農家の事情に通じている。そういう大農は通常，各村落に1～3軒であり，最も経営規模の大きい農家が「里長」という集落の世話人を兼ねるケースが多い。集落の情報はこの「里長」の家に集まるようになっており，公的な機関が集落と何らかの関わりを持つ際にはまず，この「里長」に相談することになる。
28) 前掲，金正鎬，103頁。
29) 前掲，金正夫ほか，82頁。
30) 以上の叙述は筆者の農家調査を基礎としているが，その個票一覧については，第3章に掲載している。

一般に，農地価格の安定は営農継続上必要なことであるが，政府の政策がこの営農条件を攪乱したことが，94年からの事業規模の縮小に関係していると思われる。（1992年夏に筆者は，韓国農村経済研究院で金聖昊首席研究委員と面談した。その際に金聖昊氏は，「韓国では今，自作地売買事業というものをやっているが，これは失敗ですよ」と振り絞るような声で言われた。金聖昊氏は当時，農村経済研究院において構造政策の立案作業を指揮しており，構造政策大転換の決断を迫られていた。また他方では，韓国の東亜日報紙上で賃貸借批判論者の金柄台氏と論戦を展開していた。

農民を思う氏の人柄は国内外に広く知られており，政策立案者の，内面の苦悩を表すような声に筆者は衝撃を受けた。金聖昊氏及び当時の農政事情について日本語で紹介したものに次の論説がある。日出英輔「韓国の農業と農地政策」『農政調査時報』第431号，1992年。）
31) 前掲，李榮萬「生産基盤整備及ビ規模化」，136頁。
32) 同上。
33) 構造政策4事業には，既述の2事業に加えて，長期賃貸借推進事業と農地の交換分合が含まれる。長期賃貸借推進事業については後述しているので，ここでは，農地の交換分合事業について説明しておく。

 農地の交換分合事業は，農地を交換して交換農地の価格差額を支援し，農地の集団化を行うものであり，通作距離の短縮による経営効率の向上を目指している。事業ではとくに耕地整理地区の事業にともなう集団換地を推進している。事業には，公社が主管する事業と農民相互間の2つがある。公社が行うものは，所有者2人以上が一定の区域内で土地所有者3分の2以上の同意を得て公社の該当郡支部へ申請する時に推進するものである。対象は振興地域内農地であることが第1条件，農振地域でない場合は，農振地域と隣接する地域であり，農振地域内農地の集団化のために，事業区域に編入することが妥当である，と認められる耕地整理が完了した地域。大単位干拓地域，農地拡大開発事業による開墾地域，その他水利施設が完備された地域。農民相互間の農地交換・分合事業は，事業を行う自耕農民が公社の郡支部に申請書を提出すれば，資金支援を行うものである。この場合の資格は，交換分合当事者の一方が自耕農民でなければならない。事業費の支援範囲は，事業による農地価格差額等の清算金に限定して，支援条件における利子率は年利3％，均等分割償還，償還期間は支援を受けたものと協議して5年以上10年以内で決める（前掲，農漁村振興公社『営農規模適正化事業ノ成果』，1998年，6頁）。
34) 前掲，金正夫ほか，107頁。
35) 前掲，金泓相，29-30頁。
36) 前掲，金正夫ほか，42頁。
37) 同上，金正夫ほか，73-94頁。
38) 賃貸借関係次第では経営の不安定性という問題が残る。
39) 前掲，金正夫ほか，33頁。
40) 前掲，李榮萬，132頁。
41) 同上，李榮萬，133頁。
42) 前掲，金泓相，23頁。
43) 前掲，金正鎬，104頁。
44) この問題についての筆者の見解は，長期賃貸借推進事業の不振問題は現在も，根本的な解決には至っていないが，このような事業不振の背景には，構造的な問題が横たわっている，ということである。筆者の98年の農家調査（第3章参照）においては，一般の農家は予想通り，賃貸借事業に否定的な意見を持っていることが確認された。実際には，事業ベースには乗ってこない賃貸借がかなり行われている。個別相対の私

的な賃貸借は広範に行われており，公的には把握されない賃貸借関係が相当数存在している。よって賃貸借不振という場合には，私的な賃貸借には積極的で事業に否定的な場合と，私的な賃貸借にも否定的な場合との二通りがあり，両者は論理的に区別しなければならない。換言すれば，賃貸借事業の不振と賃貸借一般の不振は，全く別次元で論じるべきである。そして，後者の方が問題であるならば，それは営農委託や機械化事業との関わりにおいて構造分析のなかで論じる必要があるが，ここでの主旨とは異なってくるのでそれは第4章の検討に譲る。

45) 本章の執筆に当り，資料の収集については，韓国農村経済研究院の金正鎬，金正夫，鄭起煥，各研究委員の協力を得た。実態調査に際しては，国立益山大学校の趙佳鈺氏より農家の紹介を受けた。

第3章

農地賃貸借関係と
長期賃貸借推進事業の評価
— 稲作平坦部4ヵ村における賃貸借関係 —

はじめに

　本章では，1990年代における経営規模拡大事業の主な手法となった農地の賃貸借について論じている。経営規模拡大の技術的裏付け等に関しては，続く第4章の機械化事業において検討しており，本章は構造政策事業の対象たる農地賃貸借関係に焦点を絞って分析を加えている。

　従来の韓国における賃貸借認識はおおよそ次のように要約できる。韓国農業の特徴の一つは，不在地主による農地賃貸借であり，農民相互間の賃貸借に加えて，農民・非農民間の賃貸借が存在する。この場合，農民が借り手であり，貸し手は不在地主として農村以外に居住している[1]。いかなる階層の農民も争って農地の賃借に努め，階層間において賃借比率にあまり格差は見られなかった。また，借地競争の結果，高水準の地代が生まれて，長期的な農業生産性の向上を阻んでいた。そしてこのような賃貸借構造を改革するために，農地購入資金支援事業をはじめとする政府事業が，80年代末から実施された。これらのことは前章に述べた通りである。

　本章では，そういう事業の対象となる賃貸借構造と，長期賃貸借推進事業の実態を把握することが目的である。そのために前半では，『農業センサス』と『農家経済統計』という二つの基本統計を用いて，賃貸借の把握に努めている。両統計にはそれぞれ問題があるが，両者を相互に補完的に用いることにより，賃貸借の大要が明らかとなる。それは，賃貸借の階層別特性，作目

別特性,及地域的特性である。しかし,これらはあくまで大要の把握に過ぎない。両統計の補完的利用をもってしても,正確に賃貸借を把握することには限界がある。

そこで以上の統計分析をさらに補うために,幾つかの実態調査を行っている。稲作平坦部の賃貸借等に関する調査を,本章と次章で行い,都市近郊農村の調査を第6章と第7章に示している。第4章は機械化事業とのかかわりで賃貸借構造を示し,第6章と第7章は環境農業との関連で賃貸借問題を論じている。これらの調査は少しずつ視点をずらしながら,一貫して賃貸借構造の解明に焦点を据えている。本章では,これら一連の賃貸借分析に先立ち,基本的な賃貸借構造についての性格把握を試みた。まず『農業センサス』及び『農家経済統計』といった全国統計について検討し,平野部賃貸借と都市近郊賃貸借の特徴を示した。さらに調査農村の位置する全羅北道平坦部稲作地帯について地域的な位置づけを行い,同地域の四つの村落における60軒の農家について聞き取り調査[2]の結果を示した。驚くべきことに実態調査による賃貸借農地の割合は,先の公式統計の数値を大幅に超えるものとなっている。公式統計は従来,なかなか正確な数値を示すことが難しいと言われてきた。本章の結果は,公式統計による賃貸借把握の困難と,実態調査の重要性を示している。

また,本章の実態調査の結果から,個票一覧を検討してわかることは,同地域における農村の高齢化の急速なことである。農家として取り上げた世帯のみに限定してみても60歳ないしは70歳以上の高齢一世代世帯,独居の高齢世帯がかなりの数に上る。このために,農地経営には労働力に不足するという農家が増えてきている[3]。そういう労働力不足の農家が農地を賃貸や営農委託に出す,という形で村落内の労働力調整が行われるというのが一般的であるが,韓国では従来,不在地主の多さから,この通常のパターンが成立しなかった。農地の賃貸借が集落内で完結して小経営の離農と大経営の借地拡大が生じるのではなく,都市在住の離農民等が農地を賃貸に出すことで賃貸借関係の成立するケースが多かった。加えてこのような農地は投機的に売買されることが多く,不動産業者が不在地主の代理人として農地を管理するケースもあり,賃貸借関係は不安定化して,借地農の経営と長期的な生産性

向上の障害となっていた。

　しかしながら，本書で確認されたように，このような従来の韓国農村の状況は，最近の急速な高齢化で変わり始めており，村落内部での賃貸借関係が増えている[4]。本書における個票一覧に示されるように，大多数の農家の高齢化が進む一方では，各村落に少数の比較的大規模の農家が生まれて，これら労働力に不足する農家の経営や作業を一手に引き受けている。一方における高齢農家群と，その対極における少数の大規模農家の出現，これが現段階における韓国農村の状況である。

　そして，こういう変化を背景として，農村では，旧来の不在地主型賃貸借に加えて，高齢労働力不足型賃貸と兼業離農型賃貸という二つのタイプの賃貸借が現れてきている。前者は高齢化，後者は兼業従事者の増加を伴う。とくに後者の兼業離農型賃貸については，兼業機会の展開というよりも，農業だけでは生活困難となり農家所得の不足を補うために家族の一員が離農するというケースが少なくない。よって，兼業機会の増加よりも，家計支出の増加と農業所得による家計費充足度の低下から兼業が増えざるをえない，というのが実情のようである。兼業離農型賃貸の内実は消極的なものであり，兼業機会増加による離農促進という段階には到達していないようである。

　他にも，農地法による不在地主容認や，資産価値化した農地の流動化困難という状況は継続している。このために現在も，基本的には不在地主型賃貸が大勢を占めており，こういう硬直的な所有構造を背景に，政府の事業速度も低下している。前章における筆者の分析では，長期賃貸借推進事業が幾つかの困難に直面していること，追加的な対策が打ち出されていること等を紹介したが，同事業の手直しは容易ではない。本調査からも，長期賃貸借推進事業における不在地主の長期契約拒否が，確認されている。政府事業は大々的に個別賃貸借を政府管理に取り込むことを表明しているが，少なくとも調査の時点では，長期賃貸借推進事業による個別賃貸借の掌握は遅々として進んでいなかった。通常の賃貸借は個別相対のケースがほとんどである。賃借農家の多くは政府事業ベースの長期契約を望んでいるが，貸し手の不在地主は頑としてこれを受け入れない。農地価格不安定という条件下に農地の随時的な処分の権利を確保するためである。かくして事業の不振問題と硬直的な

所有構造は密接に関連している。

1. 農業統計による賃貸借把握

(1) 農業センサス

　韓国において農地の賃貸借を把握するための農業統計には，大きく分けて『農業センサス』（農業総調査）と，農家経済調査『農家経済統計』の二つがある。農業センサスは1960年から10年ごとに実施されている全数調査である。60年・70年・80年・90年と実施されており，その間の75年と85年には『簡易農業センサス』調査が実施されている。そして，95年のみ10年間隔の調査と同じ大規模な全数調査が行われている。75年と85年の『簡易農業センサス』を除く各年度の『農業センサス』はそれぞれ，全国編及び各道編を合わせた全11巻からなる大部のものであるが，農業の生産面の把握に重点が置かれており，土地所有関係の資料は少ない。しかし幸いに，1990年の『農業センサス』のみ詳細な賃貸借統計が含まれており，これを整理することによって，賃貸借の正確な把握が可能となった。なぜ90年センサスのみ賃貸借の全数調査が行われたのか定かではない。しかしながら，この時期の韓国では農地法制定をめぐる議論が盛んに行われており，新法の制定と施行に先立ち，行政側に，賃貸借の実態把握が必要視されたものと推測される。賃貸借統計は『農業センサス』全体のごく一部であるが，そこには経営規模別の賃貸借農家戸数・面積，及び所有主（農家・非農家）別の賃貸借農家戸数・面積，という重要な資料が含まれている。本章ではまず，この統計数値を整理して韓国における賃貸借の特徴を明らかにする。

　賃貸借構造は，営農形態や作目別に異なっており，地域別にも特徴があることから，賃貸借分析に入る前に，韓国農業の階層別地域別特徴を把握しておく必要がある。賃貸借の場合には土地が問題となり，借地料は，豊度に加えて土地の面積と位置に依存する。また，土地の使用面積等は作目別に異なってくる。土地の位置は，都市近郊か平野部か，それとも中山間地か，等が問題となる。平野部の純農業地帯であれば，地価は農業収益を資本還元したものとして農業的に決まり，地代にもそれが反映される。しかし，都市近

第3章　農地賃貸借関係と長期賃貸借推進事業の評価　　　111

郊は転用地価の影響を受けて，地価は農業的にのみ決まることなく，地代もその影響を受ける可能性が出てくる。都市近郊の高収益農業と地代は，ある程度これを反映しているものと考えられる。本章では，賃貸借構造を検討する前に，これら各要素間の関係を，整理しておく。

　表3-1「営農形態別作目別地域別農家戸数」では，表頭に作目，表側に経営規模と地域を掲げている。まず経営耕地規模別の作目別構成比を見ると，経営耕地規模が0.5～1.0 ha，ないしは，1.0～2.0 haという中間層に傾斜している作物と，0.5 ha未満に傾斜している作物の2種類に分かれる。前者の代表的なものは米作であり，その他にも果樹や特用作物などがある。これに対して，0.5 ha未満の下層農に傾斜している作物として代表的なものは花卉類であり，同様の傾向を示すものに畑作や畜産がある。蔬菜類もこれに近い傾向を示している。これら作目と地域との関連を見ると，各作目は，平野部・中山間部・都市部の各地域別に特定作目が集中している。平野部中心のものは当然ながら米作であり，平野部中心の全羅北道では全作物の83.7％を米作が占めている。一方，中山間部中心の作目には果樹や畑作がある。リンゴの産地である慶尚北道および道都の大邱（テグ）近郊，ミカンの産地である済州道でこの数値が大きい。類似の傾向を示すものに畑作がある。高原地帯の済州道や江原道においてこの数値が大きい。都市近郊に特徴的な作物としては，蔬菜類，花卉類，畜産がある。興味深いことに，蔬菜類は大都市一般で多いが，その他では都市ごとに作目の特徴が異なっている。例えば，ソウル近郊は花卉栽培の中心地であり，同様に仁川（インチョン）は畜産，大邱は果樹などである。

　これをより明快に示すために，各作目別の地域比重の構成比をあわせて見ると次の通り。米作の場合，忠清南道から慶尚南道においてこの割合が大きく，6道合わせて全体の75％を占める。果樹は，リンゴ産地の慶尚北道とミカン産地の済州道に二分される。慶尚南道はイチゴのハウス栽培が多く，蔬菜類は慶尚南道に傾斜している。慶尚南道は施設栽培が多く，農業部門の蓄積において，全羅南道との開きが大きい。高麗人参などの特用作物は山間部の忠清北道や慶尚北道に多く，花卉類はソウル市及び京畿道・慶尚南道に集中している。畑作は山間部の江原道ばかりではなく平野部の全羅南道にも

表 3-1 営農形態別作目別地域別農家戸数 (単位：戸，％)

経営規模別	米	果樹	蔬菜	特用作物	花卉	畑作	畜産	養蚕	その他	計
耕種外農家	0	3	29	20	47	15	23,392	0	297	23,803
0.5ha未満	285,292	21,973	67,742	8,913	4,121	63,183	27,352	672	3,455	482,703
0.5～1.0ha	406,877	32,792	49,718	8,028	1,330	26,559	17,283	956	914	544,457
1.0～2.0ha	409,419	38,693	43,394	15,981	679	18,040	15,521	929	371	543,027
2.0～3.0ha	99,079	9,668	8,046	4,469	114	4,319	3,587	169	59	129,510
3.0ha以上	31,172	4,133	3,421	1,174	113	2,016	1,387	59	58	43,533
計	1,231,839	107,262	172,350	38,585	6,404	114,132	88,522	2,785	5,154	1,767,033
構成比										
耕種外農家	0.0	0.0	0.0	0.1	0.7	0.0	26.4	0.0	5.8	1.3
0.5ha未満	23.2	20.5	39.3	23.1	64.4	55.4	30.9	24.1	67.0	27.3
0.5～1.0ha	33.0	30.6	28.8	20.8	20.8	23.3	19.5	34.3	17.7	30.8
1.0～2.0ha	33.2	36.1	25.2	41.4	10.6	15.8	17.5	33.4	7.2	30.7
2.0～3.0ha	8.0	9.0	4.7	11.6	1.8	3.8	4.1	6.1	1.1	7.3
3.0ha以上	2.5	3.9	2.0	3.0	1.8	1.8	1.6	2.1	1.1	2.5
計	100.0	100.0	100.0	100.0	100.0	100.0	100.0	100.0	100.0	100.0
地域別	米	果樹	蔬菜	特用作物	花卉	畑作	畜産	養蚕	その他	計
ソウル特別市	1,262	129	952	10	929	11	102	0	15	3,410
釜山直轄市	4,146	67	2,904	2	558	59	753	0	4	8,493
大邱直轄市	3,728	2,459	1,096	16	72	79	766	1	29	8,246
仁川直轄市	3,518	108	804	50	130	64	792	0	7	5,473
光州直轄市	12,119	302	2,117	39	77	304	523	18	58	15,557
大田直轄市	6,123	1,261	939	109	64	337	454	7	23	9,317
京畿道	147,305	4,989	14,773	2,250	2,444	5,426	24,686	98	624	202,595
江原道	57,031	1,332	12,838	2,594	63	21,133	5,431	52	215	100,689
忠清北道	72,764	7,880	11,290	12,414	79	5,442	5,018	472	281	115,640
忠清南道	181,344	6,261	13,966	4,504	205	6,944	10,918	287	1,018	225,447
全羅北道	157,538	2,671	11,574	2,988	181	5,645	6,654	551	358	188,160
全羅南道	224,974	4,135	24,901	967	237	34,329	7,462	199	813	298,017
慶尚北道	184,500	46,240	41,041	11,495	101	10,340	12,334	758	1,013	307,822
慶尚南道	175,410	10,087	28,291	784	986	9,812	11,651	342	657	238,020
済州道	77	19,341	4,864	363	278	14,207	978	0	39	40,147
計	1,231,839	107,262	172,350	38,585	6,404	114,132	88,522	2,785	5,154	1,767,033
作目別構成比	米	果樹	蔬菜	特用作物	花卉	畑作	畜産	養蚕	その他	計
ソウル特別市	37.0	3.8	27.9	0.3	27.2	0.3	3.0	0.0	0.4	100.0
釜山直轄市	48.8	0.8	34.2	0.0	6.6	0.7	8.9	0.0	0.0	100.0
大邱直轄市	45.2	29.8	13.3	0.2	0.9	1.0	9.3	0.0	0.4	100.0
仁川直轄市	64.3	2.0	14.7	0.9	2.4	1.2	14.5	0.0	0.1	100.0
光州直轄市	77.9	1.9	13.6	0.3	0.5	2.0	3.4	0.1	0.4	100.0
大田直轄市	65.7	13.5	10.1	1.2	0.7	3.6	4.9	0.1	0.2	100.0
京畿道	72.7	2.5	7.3	1.1	1.2	2.7	12.2	0.0	0.3	100.0
江原道	56.6	1.3	12.8	2.6	0.1	21.0	5.4	0.1	0.2	100.0
忠清北道	62.9	6.8	9.8	10.7	0.1	4.7	4.3	0.4	0.2	100.0
忠清南道	80.4	2.8	6.2	2.0	0.1	3.1	4.8	0.1	0.5	100.0
全羅北道	83.7	1.4	6.2	1.6	0.1	3.0	3.5	0.3	0.2	100.0
全羅南道	75.5	1.4	8.4	0.3	0.1	11.5	2.5	0.1	0.3	100.0
慶尚北道	59.9	15.0	13.3	3.7	0.0	3.4	4.0	0.2	0.3	100.0
慶尚南道	73.7	4.2	11.9	0.3	0.4	4.1	4.9	0.1	0.3	100.0
済州道	0.2	48.2	12.1	0.9	0.7	35.4	2.4	0.0	0.1	100.0
計	69.7	6.1	9.8	2.2	0.4	6.5	5.0	0.2	0.3	100.0
地域別構成比	米	果樹	蔬菜	特用作物	花卉	畑作	畜産	養蚕	その他	計
ソウル特別市	0.1	0.1	0.6	0.0	14.5	0.0	0.1	0.0	0.3	0.2
釜山直轄市	0.3	0.1	1.7	0.0	8.7	0.1	0.9	0.0	0.1	0.5
大邱直轄市	0.3	2.3	0.6	0.0	1.1	0.1	0.9	0.0	0.6	0.5
仁川直轄市	0.3	0.1	0.5	0.1	2.0	0.1	0.9	0.0	0.1	0.3
光州直轄市	1.0	0.3	1.2	0.1	1.2	0.3	0.6	0.6	1.1	0.9
大田直轄市	0.5	1.2	0.5	0.3	1.0	0.3	0.5	0.3	0.4	0.5
京畿道	12.0	4.7	8.6	5.8	38.2	4.8	27.9	3.5	12.1	11.5
江原道	4.6	1.2	7.4	6.7	1.0	18.5	6.1	1.9	4.2	5.7
忠清北道	5.9	7.3	6.6	32.2	1.2	4.8	5.7	16.9	5.5	6.5
忠清南道	14.7	5.8	8.1	11.7	3.2	6.1	12.3	10.3	19.8	12.8
全羅北道	12.8	2.5	6.7	7.7	2.8	4.9	7.5	19.8	6.9	10.6
全羅南道	18.3	3.9	14.4	2.5	3.7	30.1	8.4	7.1	15.8	16.9
慶尚北道	15.0	43.1	23.8	29.8	1.6	9.1	13.9	27.2	19.7	17.4
慶尚南道	14.2	9.4	16.4	2.0	15.4	8.6	13.2	12.3	12.7	13.5
済州道	0.0	18.0	2.8	0.9	4.3	12.4	1.1	0.0	0.8	2.3
計	100.0	100.0	100.0	100.0	100.0	100.0	100.0	100.0	100.0	100.0

出所：農林水産部『農業センサス』1990年。

多い。畜産はソウル周辺部地域の京畿道や釜山（プサン）周辺部地域の慶尚南道に集中している。このように各作物の全国比を見ていくと地域ごとの特徴が明らかとなる。

　要約すると，都市型の狭小農地経営として花卉類・蔬菜類・畜産があり，対する平野部土地利用型経営に米作がある。中山間地は果樹・畑作中心であり畑作は比較的狭小の農地で経営されている。これらの作目構成は一般的な農業の傾向を示しているが，韓国の地域構造の中でこれを把握しておくことに意味がある。

　次にこういう地域別作物別特徴のもとに，いかなる形で賃貸借が展開しているのか，表3‐2から「耕地所有形態別農家及び面積」を見ていく。90年センサスによる借地面積比率は27.9％である。経営規模別には，規模と借地比率は比例している。25％区分の所有比率による借地比率を見ていくと，全体では，100％所有農家グループの比率が56.7％であり，次いで，50～75％所有農家グループの比率が11.9％である。経営階層別に見ると，100％所有農家グループは下層ほど所有比率が高い。他の所有比率の農家グループについても，おおむね経営規模との相関が見られる。特徴的なのは100％借地という農家グループの経営規模別比率であり，下層の数値が大きくなって他の所有比率との間で際だった違いを見せている。地域別に見ると都市部と地方ではその差が開いている。6都市合計の借地比率45.4％に対して，9道合計は27.5％である。また100％所有比率は，前者では43.2％だが，後者では57.1％である。他方，100％借地比率は前者の27.4％に対して後者は9.3％にすぎない。これらからみて概して都市部の借地比率の高いことがわかる。両地域を比較した場合の借地農家には，もう一つの特徴が認められる。前者では100％借地のケースが第1位であるのに対して，後者の地方農家の場合は50％前後の借地比率というケースがもっとも多い。言い換えれば，都市部の借地農家は全借地の場合が多いのに対して，地方の場合は半分程度借地という農家の方が多くを占める。それらの典型事例は，都市部ではソウルであり100％借地という農家グループが63.7％に達する。地方では全羅北道であり，50％を境とする二つの借地比率のグループ中に借地農家が集まってきている。よって，これらのことから，都市部の借地農

表 3 - 2　耕地所有形態別農家及び面積　　　　　　　　　　　（単位：戸, ha, %）

経営規模別	面積 所有面積	借地面積	農地面積計	所有比率別農家戸数 100%所有	75%以上	50～75%	25～50%	25%未満	100%借地	農家戸数計
0.5ha未満	115,353	31,875	147,228	343,642	13,094	23,149	18,059	9,157	75,602	482,703
0.5～1.0ha	311,527	93,345	404,872	324,052	42,745	63,962	44,615	21,029	48,054	544,457
1.0～2.0ha	554,742	208,317	763,059	253,791	66,665	90,493	65,167	31,551	35,360	543,027
2.0～3.0ha	209,209	99,019	308,228	50,222	16,728	23,262	19,485	11,770	8,043	129,510
3.0ha以上	112,698	70,976	183,674	16,058	4,553	6,162	6,582	6,172	4,006	43,533
計	1,303,529	503,532	1,807,061	987,765	143,785	207,028	153,908	79,679	171,065	1,743,230
構成比										
0.5ha未満	78.3	21.7	100.0	71.2	2.7	4.8	3.7	1.9	15.7	100.0
0.5～1.0ha	76.9	23.1	100.0	59.5	7.9	11.7	8.2	3.9	8.8	100.0
1.0～2.0ha	72.7	27.3	100.0	46.7	12.3	16.7	12.0	5.8	6.5	100.0
2.0～3.0ha	67.9	32.1	100.0	38.8	12.9	18.0	15.0	9.1	6.2	100.0
3.0ha以上	61.4	38.6	100.0	36.9	10.5	14.2	15.1	14.2	9.2	100.0
計	72.1	27.9	100.0	56.7	8.2	11.9	8.8	4.6	9.8	100.0
地域別	所有面積	借地面積	農地面積計	100%所有	75%以上	50～75%	25～50%	25%未満	100%借地	農家戸数計
ソウル特別市	766	1,597	2,363	867	48	111	114	77	2,139	3,356
釜山直轄市	3,649	3,380	7,029	3,244	307	713	661	370	2,557	7,852
大邱直轄市	3,117	2,162	5,279	3,981	390	742	715	389	1,670	7,887
仁川直轄市	3,190	2,197	5,387	2,547	237	373	372	325	1,262	5,116
光州直轄市	7,345	5,913	13,258	6,194	1,046	1,795	1,736	993	3,534	15,298
大田直轄市	3,869	2,977	6,846	4,172	552	908	806	531	2,191	9,160
6都市小計	21,936	18,226	40,162	21,005	2,580	4,642	4,404	2,685	13,353	48,669
京畿道	163,763	69,664	233,427	109,561	14,027	19,475	15,387	9,260	29,000	196,710
江原道	83,602	36,854	120,456	52,300	7,579	11,541	8,678	4,443	14,616	99,157
忠清北道	84,635	41,882	126,517	54,948	10,438	15,561	12,348	6,065	15,033	114,393
忠清南道	181,808	61,926	243,734	133,343	16,505	24,258	18,534	10,869	19,874	223,383
全羅北道	146,646	70,616	217,262	94,886	16,997	23,677	19,523	12,767	18,557	186,407
全羅南道	217,906	73,760	291,666	177,695	23,965	36,392	26,457	12,711	19,196	296,416
慶尚北道	224,589	77,084	301,673	171,773	30,060	39,546	27,231	11,681	23,391	303,682
慶尚南道	143,786	44,307	188,093	144,012	20,195	28,260	18,902	8,384	14,828	234,581
済州道	34,852	9,214	44,066	28,242	1,439	3,676	2,444	814	3,217	39,832
9道小計	1,281,587	485,307	1,766,894	966,760	141,205	202,386	149,504	76,994	157,712	1,694,561
計	1,303,523	503,533	1,807,056	987,765	143,785	207,028	153,908	79,679	171,065	1,743,230
構成比										
ソウル特別市	32.4	67.6	100.0	25.8	1.4	3.3	3.4	2.3	63.7	100.0
釜山直轄市	51.9	48.1	100.0	41.3	3.9	9.1	8.4	4.7	32.6	100.0
大邱直轄市	59.0	41.0	100.0	50.5	4.9	9.4	9.1	4.9	21.2	100.0
仁川直轄市	59.2	40.8	100.0	49.8	4.6	7.3	7.3	6.4	24.7	100.0
光州直轄市	55.4	44.6	100.0	40.5	6.8	11.7	11.3	6.5	23.1	100.0
大田直轄市	56.5	43.5	100.0	45.5	6.0	9.9	8.8	5.8	23.9	100.0
6都市小計	54.6	45.4	100.0	43.2	5.3	9.5	9.0	5.5	27.4	100.0
京畿道	70.2	29.8	100.0	55.7	7.1	9.9	7.8	4.7	14.7	100.0
江原道	69.4	30.6	100.0	52.7	7.6	11.6	8.8	4.5	14.7	100.0
忠清北道	66.9	33.1	100.0	48.0	9.1	13.6	10.8	5.3	13.1	100.0
忠清南道	74.6	25.4	100.0	59.7	7.4	10.9	8.3	4.9	8.9	100.0
全羅北道	67.5	32.5	100.0	50.9	9.1	12.7	10.5	6.8	10.0	100.0
全羅南道	74.7	25.3	100.0	59.9	8.1	12.3	8.9	4.3	6.5	100.0
慶尚北道	74.4	25.6	100.0	56.6	9.9	13.0	9.0	3.8	7.7	100.0
慶尚南道	76.4	23.6	100.0	61.4	8.6	12.0	8.1	3.6	6.3	100.0
済州道	79.1	20.9	100.0	70.9	3.6	9.2	6.1	2.0	8.1	100.0
9道小計	72.5	27.5	100.0	57.1	8.3	11.9	8.8	4.5	9.3	100.0
計	72.1	27.9	100.0	56.7	8.2	11.9	8.8	4.6	9.8	100.0

出所：農林水産部『農業センサス』1990 年。

家の特徴が全借地形態（純借地農）であるのに対して，地方の借地農家の特徴は部分借地形態（自借地農）中心と言える。

表3-3は，「経営耕地面積別借地規模別農家戸数」である。今度は，表頭に所有形態を，表側に作目と地域を示している。まず，個人農家約174万3千世帯の内，全自作地農家は98万7千世帯で56.7％，借地農家は75万5千世帯で43.3％である。借地面積比率別に見ると，10～50％借地という農家がもっとも多く，全体の17.9％を占めている。次いで，50～90％の12.7％である。10％未満借地という農家は1.8％に過ぎない。また，90％以上借地農家の比率は0.5 ha 未満と3.0 ha 以上で大きい。経営規模の両極で大きい理由は，後述するように，前者が都市近郊賃貸借，後者が平野部賃貸借をそれぞれ代表しているからである。次に栽培種別で見ると，全自作地農家比率の高いのは，果樹67.2％，畑作69.7％などである。反対に，借地比率の高いものには花卉栽培70.2％がある。この花卉栽培では90％以上借地比率の農家グループが，58.0％と驚異的な数値を示している。前表で見たように，花卉栽培はソウル・京畿道近郊に集中しており，平野部稲作地帯とは異なる，もうひとつの借地農類型がこの地域に存在している。都市の高地価地帯の借地型花卉栽培は，地域別統計においても確認される。花卉栽培の多いソウルは借地農家が74.2％であり，64.4％が90％以上借地農家である。この借地比率は，全国的に見ても突出している。都市近郊賃貸借の特徴は他の都市でもみられる。ソウルを含む6都市合計では，借地農家の比率が56.8％であるのに対して，9道合計は43.3％である。また，前者の90％以上借地比率が28.9％であるのに対して，後者は10.4％である。これに対して平野部稲作の借地類型では自作地比率が比較的高い。借地農家の借地面積についても，9道平均では10～50％のグループが17.9％であり，6都市平均に対して，借地依存度の低い農家の比率がより高くなっている。ただし，この9道という地域についてもそれぞれに特徴があり，慶尚南道のように自作地比率が61.4％と高く，借地面積も10～50％という農家比率の多い地域と，反対に，全羅北道のように，借地比率が49.1％と高く，90％以上借地という農家比率が12.2％水準の地域に分かれている。京畿道は，この両者の折衷的な特徴を示している。以上に見るように，韓国の賃貸借類

表3-3 経営耕地面積別借地規模別農家戸数 (単位:戸, %)

経営規模別	農家計	全自作地農家	借地農家計	借地面積比率別農家戸数			
				10%未満	10～50%	50～90%	90%以上
0.5ha未満	482,703	343,642	139,061	2,474	31,736	26,825	78,026
0.5～1.0ha	544,457	324,052	220,405	8,406	95,268	63,778	52,953
1.0～2.0ha	543,027	253,791	289,236	14,344	140,622	91,454	42,816
2.0～3.0ha	129,510	50,222	79,288	4,201	35,434	28,454	11,199
3.0ha以上	43,533	16,058	27,475	1,304	9,212	10,925	6,034
計	1,743,230	987,765	755,465	30,729	312,272	221,436	191,028
構成比							
0.5ha未満	100.0	71.2	28.8	0.5	6.6	5.6	16.2
0.5～1.0ha	100.0	59.5	40.5	1.5	17.5	11.7	9.7
1.0～2.0ha	100.0	46.7	53.3	2.6	25.9	16.8	7.9
2.0～3.0ha	100.0	38.8	61.2	3.2	27.4	22.0	8.6
3.0ha以上	100.0	36.9	63.1	3.0	21.2	25.1	13.9
計	100.0	56.7	43.3	1.8	17.9	12.7	11.0
栽培種別							
米	1,231,839	678,281	553,558	24,888	238,892	170,361	119,417
果樹	107,259	72,094	35,165	1,759	16,784	8,563	8,059
蔬菜	172,321	96,072	76,249	1,985	27,663	19,754	26,847
特用作物	38,565	16,212	22,353	602	8,503	6,793	6,455
花卉	6,357	1,897	4,460	26	375	372	3,687
畑作	114,117	79,511	34,606	616	10,430	8,168	15,392
畜産	65,130	39,193	25,937	774	8,728	6,641	9,794
養蚕	2,785	1,311	1,474	50	561	442	421
その他	4,857	3,194	1,663	29	336	342	956
計	1,743,230	987,765	755,465	30,729	312,272	221,436	191,028
構成比							
米	100.0	55.1	44.9	2.0	19.4	13.8	9.7
果樹	100.0	67.2	32.8	1.6	15.6	8.0	7.5
蔬菜	100.0	55.8	44.2	1.2	16.1	11.5	15.6
特用作物	100.0	42.0	58.0	1.6	22.0	17.6	16.7
花卉	100.0	29.8	70.2	0.4	5.9	5.9	58.0
畑作	100.0	69.7	30.3	0.5	9.1	7.2	13.5
畜産	100.0	60.2	39.8	1.2	13.4	10.2	15.0
養蚕	100.0	47.1	52.9	1.8	20.1	15.9	15.1
その他	100.0	65.8	34.2	0.6	6.9	7.0	19.7
計	100.0	56.7	43.3	1.8	17.9	12.7	11.0
地域別							
ソウル特別市	3,356	867	2,489	12	138	177	2,162
釜山直轄市	7,852	3,244	4,608	58	860	1,048	2,642
大邱直轄市	7,887	3,981	3,906	64	1,025	1,045	1,772
仁川直轄市	5,116	2,547	2,569	59	543	586	1,381
光州直轄市	15,298	6,194	9,104	218	2,521	2,591	3,774
大田直轄市	9,160	4,172	4,988	101	1,292	1,251	2,344
6都市合計	48,669	21,005	27,664	512	6,379	6,698	14,075
京畿道	196,710	109,561	87,149	3,604	29,477	22,364	31,704
江原道	99,157	52,300	46,857	1,555	16,796	12,822	15,684
忠清北道	114,393	54,948	59,445	2,004	23,601	17,650	16,190
忠清南道	223,383	133,343	90,040	3,755	36,172	27,148	22,965
全羅北道	186,407	94,886	91,521	4,347	35,205	29,248	22,721
全羅南道	296,416	177,695	118,721	4,426	54,506	37,800	21,989
慶尚北道	303,682	171,773	131,909	6,257	62,285	37,639	25,728
慶尚南道	234,581	144,012	90,569	4,145	43,293	26,512	16,619
済州道	39,832	28,242	11,590	124	4,558	3,555	3,353
9道合計	1,694,561	966,760	727,801	30,217	305,893	214,738	176,953
計	1,743,230	987,765	755,465	30,729	312,272	221,436	191,028
構成比							
ソウル特別市	100.0	25.8	74.2	0.4	4.1	5.3	64.4
釜山直轄市	100.0	41.3	58.7	0.7	11.0	13.3	33.6
大邱直轄市	100.0	50.5	49.5	0.8	13.0	13.2	22.5
仁川直轄市	100.0	49.8	50.2	1.2	10.6	11.5	27.0
光州直轄市	100.0	40.5	59.5	1.4	16.5	16.9	24.7
大田直轄市	100.0	45.5	54.5	1.1	14.1	13.7	25.6
6都市合計	100.0	43.2	56.8	1.1	13.1	13.8	28.9
京畿道	100.0	55.7	44.3	1.8	15.0	11.4	16.1
江原道	100.0	52.7	47.3	1.6	16.9	12.9	15.8
忠清北道	100.0	48.0	52.0	1.8	20.6	15.4	14.2
忠清南道	100.0	59.7	40.3	1.7	16.2	12.2	10.3
全羅北道	100.0	50.9	49.1	2.3	18.9	15.7	12.2
全羅南道	100.0	59.9	40.1	1.5	18.4	12.8	7.4
慶尚北道	100.0	56.6	43.4	2.1	20.5	12.4	8.5
慶尚南道	100.0	61.4	38.6	1.8	18.5	11.3	7.1
済州道	100.0	70.9	29.1	0.3	11.4	8.9	8.4
9道合計	100.0	57.1	42.9	1.8	18.1	12.7	10.4
計	100.0	56.7	43.3	1.8	17.9	12.7	11.0

出所:農林水産部『農業センサス』1990年。
注:耕種外農家を除く。

第3章　農地賃貸借関係と長期賃貸借推進事業の評価　　117

型には，平野部借地に加えて，もうひとつの都市型借地がみられる[5]。

　さらに，平野部稲作についても地域的特徴が見られる。表3-4は，「耕地借用所別農家及び面積」である。どこから農地を借りているかによって農家を区分しており，地主が「農家」か「非農家」か，などによって借地農家が分けられている。この表3-4から，両類型の賃貸借の差異点が明確になる。各項目別に，農家と非農家の割合，および農家から借りている面積と非農家から借りている面積の比率を示している。注意すべきは，農家戸数の数値であるが，同一農家が，農家と非農家の双方から借りている場合もあり，前者の農家戸数は，表3-3の借地農家戸数とは一致しない。すなわち，表3-3における借地農家合計は755,465戸であったが，表3-4の合計は「延べ」の借地農家戸数であり，1,047,314戸である。まず，全体で借入先を見ると，農家が34.0％であるのに対して，非農家は50.6％である。その他15.4％には企業等が含まれる。また面積比率もこれと似た数値である。経営規模別に見ると，大きな違いは見られないが，経営規模の小さなものほど，「その他」の比率が大きくなっている。ここには，企業等の土地所有により，都市近郊で零細農に農地を貸与しているものが含まれている。次に，作目別に見ていくと，非農家比率の大きいものに，花卉類があり，その他の作目はほぼ並んでいる。面積についても，花卉類の非農家比率がもっとも大きくなっている。さらに，地域別に見ると，もっとも非農家の比率の大きいのは，ソウル市であり，他の大都市もこれに近い傾向を示している。また地方の道では，ソウルに近接する京畿道および江原道が比較的に非農家の比率が高い。面積比率もほぼこれに連動するか，非農家への傾斜をより強めている。

　以上から明らかなことは，韓国の賃貸借の特徴は，農家からの賃貸よりも，非農家からの賃貸が多いということである。さらに，都市部の賃貸借に特徴的なことは，非農家による賃貸面積の比率が農村平野部よりも大きいことである。韓国における賃貸借特性を非農家賃貸の大きいことと捉えれば，農村平野部よりも都市部の賃貸借の方が，韓国の所有構造を明確に示していることになる。

　従来の賃貸借研究では主に，平野部稲作地帯が対象とされており，そういう地域の実態調査をもって韓国の代表的な賃貸借と位置づけられてきた。平

表 3-4　耕地借用所別農家及び面積　　　　　　　　　　　　　　　　　　　　　　（単位：戸, ha, %）

経営規模別	借入先別農家戸数				面積			
	農家	非農家	その他	計	農家	非農家	その他	計
0.5ha未満	55,077	77,930	28451	161,458	11,270	15750	4854	31,874
0.5〜1.0ha	99,341	145413	47930	292,684	33,052	47403	12886	93,341
1.0〜2.0ha	144,343	218027	62519	424,889	74,081	109046	25189	208,316
2.0〜3.0ha	42,685	65710	16876	125,271	35,151	53133	10735	99,019
3.0ha以上	14,647	22341	6024	43,012	24,323	37655	8996	70,974
計	356,093	529,421	161,800	1,047,314	177,877	262,987	62,660	503,524
構　成　比								
0.5ha未満	34.1	48.3	17.6	100.0	35.4	49.4	15.2	100.0
0.5〜1.0ha	33.9	49.7	16.4	100.0	35.4	50.8	13.8	100.0
1.0〜2.0ha	34.0	51.3	14.7	100.0	35.6	52.3	12.1	100.0
2.0〜3.0ha	34.1	52.5	13.5	100.0	35.5	53.7	10.8	100.0
3.0ha以上	34.1	51.9	14.0	100.0	34.3	53.1	12.7	100.0
計	34.0	50.6	15.4	100.0	35.3	52.2	12.4	100.0
作　目　別								
米	266,129	394,897	123,282	784,308	134,661	194,014	46,457	375,132
果　　樹	14,726	23,534	7,748	46,008	7,507	13,862	3,204	24,573
蔬　　菜	35,762	49,679	13,903	99,344	16,543	23,835	5,858	46,236
特 用 作 物	10,835	17,575	5,152	33,562	6,262	10,031	2,277	18,570
花　　卉	1,516	3,077	233	4,826	622	1,158	99	1,879
畑　　作	13,960	21,543	5,729	41,232	6,795	11,434	2,544	20,773
畜　　産	11,904	17,187	4,873	33,964	5,006	7,774	1,825	14,605
養　　蚕	532	1,049	490	2,071	214	532	249	995
そ の 他	729	880	390	1,999	267	349	145	761
計	356,093	529,421	161,800	1,047,314	177,877	262,989	62,658	503,524
構　成　比								
米	33.9	50.3	15.7	100.0	35.9	51.7	12.4	100.0
果　　樹	32.0	51.2	16.8	100.0	30.5	56.4	13.0	100.0
蔬　　菜	36.0	50.0	14.0	100.0	35.8	51.6	12.7	100.0
特 用 作 物	32.3	52.4	15.4	100.0	33.7	54.0	12.3	100.0
花　　卉	31.4	63.8	4.8	100.0	33.1	61.6	5.3	100.0
畑　　作	33.9	52.2	13.9	100.0	32.7	55.0	12.2	100.0
畜　　産	35.0	50.6	14.3	100.0	34.3	53.2	12.5	100.0
養　　蚕	25.7	50.7	23.7	100.0	21.5	53.5	25.0	100.0
そ の 他	36.5	44.0	19.5	100.0	35.1	45.9	19.1	100.0
計	34.0	50.6	15.4	100.0	35.3	52.2	12.4	100.0
地　域　別								
ソウル特別市	385	2,420	115	2,920	253	1,297	47	1,597
釜山直轄市	1,297	3,354	752	5,403	729	2,248	402	3,379
大邱直轄市	1,473	3,388	349	5,210	584	1,480	98	2,162
仁川直轄市	1,092	1,985	226	3,303	697	1,429	71	2,197
光州直轄市	3,402	7,491	1,428	12,321	1,611	3,774	528	5,913
大田直轄市	2,126	4,164	891	7,181	945	1,755	277	2,977
6　都　市　計	9,775	22,802	3,761	36,338	4,819	11,983	1,423	18,225
京　　畿	40,531	64,356	13,962	118,831	22,992	39,377	7,296	69,665
江　　原	20,775	37,423	7,591	65,789	11,693	21,614	3,547	36,854
忠　清　北　道	26,788	47,098	15,769	89,655	12,892	23,317	5,674	41,883
忠　清　南　道	49,574	50,315	22,640	122,529	26,386	26,334	9,206	61,926
全　羅　北　道	47,823	61,382	21,423	130,628	29,761	33,820	7,034	70,615
全　羅　南　道	55,090	81,620	27,622	164,332	24,496	36,630	12,633	73,759
慶　尚　北　道	60,077	96,527	29,719	186,323	25,708	41,694	9,681	77,083
慶　尚　南　道	40,262	61,409	18,715	120,393	15,552	23,031	5,724	44,307
済　　州　道	5,409	6,489	598	12,496	3,582	5,191	442	9,215
9　道　計	346,318	506,619	158,039	1,010,976	173,062	251,008	61,237	485,307
構　成　比								
ソウル特別市	13.2	82.9	3.9	100.0	15.8	81.2	2.9	100.0
釜山直轄市	24.0	62.1	13.9	100.0	21.6	66.5	11.9	100.0
大邱直轄市	28.3	65.0	6.7	100.0	27.0	68.5	4.5	100.0
仁川直轄市	33.1	60.1	6.8	100.0	31.7	65.0	3.2	100.0
光州直轄市	27.6	60.8	11.6	100.0	27.2	63.8	8.9	100.0
大田直轄市	29.6	58.0	12.4	100.0	31.7	59.0	9.3	100.0
6　都　市　計	26.9	62.7	10.4	100.0	26.4	65.8	7.8	100.0
京　　畿	34.1	54.2	11.7	100.0	33.0	56.5	10.5	100.0
江　　原	31.6	56.9	11.5	100.0	31.7	58.6	9.6	100.0
忠　清　北　道	29.9	52.5	17.6	100.0	30.8	55.7	13.5	100.0
忠　清　南　道	40.5	41.1	18.5	100.0	42.6	42.5	14.9	100.0
全　羅　北　道	36.6	47.0	16.4	100.0	42.1	47.9	10.0	100.0
全　羅　南　道	33.5	49.7	16.8	100.0	33.2	49.7	17.1	100.0
慶　尚　北　道	32.2	51.8	16.0	100.0	33.4	54.1	12.6	100.0
慶　尚　南　道	33.4	51.0	15.5	100.0	35.1	52.0	12.9	100.0
済　　州　道	43.3	51.9	4.8	100.0	38.9	56.3	4.8	100.0
9　道　計	34.3	50.1	15.6	100.0	35.7	51.7	12.6	100.0

出所：農林水産部『農業センサス』1990年。
注：農家借入先別面積に僅かの誤差がある。

野部の農地面積に対して都市農地面積は僅かであるという量的な問題のためであるとも考えられる。そして，都市近郊地域の賃貸借については今までに，ほとんど言及されていない。しかしながら以上の統計に見るように，賃貸借比率は平野部よりも都市部で高く，両方の類型に着目しながら韓国の賃貸借構造を明らかにしていく必要がある。本書では，韓国の農地所有の特徴を，「非農家賃貸」と捉えた上で，さらにそれを2類型に分けて，平野部賃貸借と都市近郊賃貸借に区分している。くわえて最近の新しい傾向として平野部農村の農家賃貸についても論じている。研究の順序としてまず，平野部賃貸借について議論した上で，次に都市近郊賃貸借を検討することになる。本章ではまず平野部農村の分析を行い，都市近郊賃貸借についての検討は，後の開発制限区域と環境農業の章に譲る。

さて以上のような研究の枠組みを示した上で，本節では農業センサスの分析を次のように締めくくる。①韓国の農地所有の特徴は賃貸借比率の高いこと。②非農家による賃貸比率の大きいこと。③平野部賃貸借と都市近郊賃貸借の2類型のあること。④高齢化に伴い最近では農家賃貸が増加していること。この4点である。

(2) 農家経済調査

農業センサスは全数調査であるために，比較的正確な賃貸借把握が可能だが問題点もある。それはまず，90年の1回しかこの調査が行われていないために時系列比較ができないこと，また，賃貸借に関しては限られた項目しか調査されていないという点である。農業センサスによる賃貸借把握には限界があるが，他の統計でこれを補完することにより賃貸借構造をより詳細に分析することが可能となる。

こういう問題点を克服したものに，農林部の農家経済調査がある。農家経済調査は，毎年行われているために時系列比較が可能である。また，同時に実施される生産費調査と併せて検討することにより，農地所有と農家経済の関わりを分析することができる。但し，本章では経営分析は行わず，土地所有形態の分析にとどめている。平野部賃貸借の検討に入る前に，さきの「非農家賃貸」の2類型である，平野部賃貸借と都市近郊賃貸借の存在と特徴を，

表3-5 『農家経済調査』の賃貸借統計（年次別借地面積の推移）

(単位：坪/戸, %)

年次	経営耕地面積			構成比		
	自作地面積	借地面積	計	自作地面積	借地面積	計
1984	2,407	950	3,357	71.7	28.3	100.0
1985	2,393	1,051	3,443	69.5	30.5	100.0
1986	2,384	1,095	3,479	68.5	31.5	100.0
1987	2,404	1,086	3,491	68.9	31.1	100.0
1988	2,323	1,241	3,563	65.2	34.8	100.0
1989	2,318	1,330	3,648	63.5	36.5	100.0
1990	2,297	1,370	3,667	62.6	37.4	100.0
1991	2,277	1,361	3,638	62.6	37.4	100.0
1992	2,249	1,334	3,582	62.8	37.2	100.0
1993	2,449	1,591	4,040	60.6	39.4	100.0
1994	2,403	1,682	4,085	58.8	41.2	100.0
1995	2,368	1,727	4,095	57.8	42.2	100.0
1996	2,356	1,776	4,132	57.0	43.0	100.0
1997	2,316	1,784	4,099	56.5	43.5	100.0

出所：農林部『農家経済統計』各年版。

もう一つの統計から確認しておく。

この農家経済調査から賃貸借統計を抜き出して整理したものが表3-5である。これは農家経済調査のなかの「土地関係事項」という項目から、農家1戸当りの、自作地面積対借地面積の比率を年次別に整理している。1984年からの年次別データを見ていくと、農家平均の借地面積比率は84年以降増加している。84年には28.3％であったものが、90年には37.4％に達し、97年には43.5％にまで増えてきている。他方、自作地比率は97年には56.5％まで低下している。このような借地比率上昇の原因として、従来言われていることは、先の章で示したように次の通りである。①離農・相続による不在地主の増加、②それを可能にする農地法不在の状況、③90年施行の賃貸借管理法や、それを吸収した96年施行の農地法が、不在地主の農地所有を認めたこと。④農村高齢化による農地放棄。⑤非農民の投機目的の農地購入、⑥食糧（地代）確保目的の非農民による農地購入。⑦企業による農地購入。以上のさまざまな要因である。

第3章 農地賃貸借関係と長期賃貸借推進事業の評価

　次の表3-6では，経営規模別の借地比率を示している。84年以降について言えることは，①借地比率の階層別格差が拡大してきていること，②全階層において借地比率が増加してきていること，の2点である。これらについては前章でも触れたので詳述しない。日本と異なるのは，下層の離農地を上層が賃借するという農民層分解とは，賃貸借が必ずしも連動するものでない，という点である。下層も上層も借地比率を上昇させてきており，この背景には不在地主の増加という問題がある。

　表3-7は地帯別統計であるが，農家経済調査は農業センサスと異なり，道別・都市別比較ではなく，独自の4地帯区分により地帯別統計を作成している。この地帯別統計は，農林部の統計官室で標本設計しており，都市近郊や山間といった地理的条件で全国の標本農家を4地帯にグループ分けしている。

　この区分で韓国農業の地理的相違による特徴は明確になる。都市近郊と山間部農家の経済状況の差異などである。しかしながら，そういう利点はあるものの，先の農業センサスとは異なり，具体的な地域名が地帯区分の中に埋没してしまい，農業センサスのような他の地域統計との相関関係分析を困難にしている。先の農業センサスではこういう地帯区分は行われず，実際の行政区域ごとの地域統計が出てくる。それらと比較しながら農家経済調査を分析することは，地帯区分の基準が異なる限りは難しい。

　農家経済調査は，このような問題点を抱えているが，ここから一定の傾向を見いだそうとすれば，次のようなことが言える。①四つの地帯すべてで借地比率は上昇している。②特に都市近郊の上昇値がもっとも大きい。84年と97年を比較すると，その上昇ポイントは，都市近郊で16.7，平野は18.5，中間は10.1，山間は15.9，である。都市近郊と山間はほぼ同じ上昇ポイントであるが，出発点の84年に差異がある。都市近郊は3割代の借地から5割代までに増えてきている。中間地帯は92年をピークに借地比率の上昇が頭打ちとなっている。地帯別特徴は様々であるが，借地比率が都市近郊において最も大きく表れている。以上に見るように，農家経済調査による時系列比較では，①84年以降の一貫した借地比率の増加，②全階層の借地比率増加と階層間借地比率格差の拡大，③都市近郊地域および山間地域に

表 3-6 『農家経済調査』の賃貸借統計（経営規模別） （単位：坪，%）

年　次	経　営　耕　地　面　積（A）				
	0.5ha未満	0.5〜1.0	1.0〜1.5	1.5〜2.0	2.0ha以上
1984	925	2,282	3,761	5,212	7,642
1985	928	2,278	3,754	5,183	7,927
1986	927	2,294	3,755	5,219	7,892
1987	943	2,284	3,746	5,214	7,866
1988	939	2,260	3,736	5,208	7,967
1989	942	2,279	3,760	5,200	8,138
1990	914	2,279	3,765	5,214	8,095
1991	903	2,254	3,764	5,220	8,246
1992	895	2,250	3,741	5,219	8,397
1993	900	2,293	3,733	5,236	8,893
1994	902	2,301	3,741	5,226	9,198
1995	902	2,267	3,748	5,261	9,338
年　次	借　　地　　面　　積（B）				
	0.5ha未満	0.5〜1.0	1.0〜1.5	1.5〜2.0	2.0ha以上
1984	194	639	1,147	1,469	2,095
1985	218	658	1,213	1,594	2,450
1986	204	700	1,227	1,640	2,582
1987	237	652	1,193	1,766	2,430
1988	243	726	1,353	1,815	2,967
1989	262	740	1,374	1,815	3,383
1990	245	708	1,355	1,967	3,571
1991	256	680	1,271	1,919	3,837
1992	246	614	1,261	1,816	4,112
1993	221	713	1,280	1,966	4,282
1994	212	733	1,329	2,024	4,530
1995	232	725	1,302	2,068	4,739
年　次	借　地　比　率（B/A）				
	0.5ha未満	0.5〜1.0	1.0〜1.5	1.5〜2.0	2.0ha以上
1984	21.0	28.0	30.5	28.2	27.4
1985	23.5	28.9	32.3	30.8	30.9
1986	22.0	30.5	32.7	31.4	32.7
1987	25.1	28.5	31.8	33.9	30.9
1988	25.9	32.1	36.2	34.9	37.2
1989	27.8	32.5	36.5	34.9	41.6
1990	26.8	31.1	36.0	37.7	44.1
1991	28.3	30.2	33.8	36.8	46.5
1992	27.5	27.3	33.7	34.8	49.0
1993	24.6	31.1	34.3	37.5	48.2
1994	23.5	31.9	35.5	38.7	49.2
1995	25.7	32.0	34.7	39.3	50.7

出所：農林水産部『農家経済統計』各年版。
注：96年より経営規模の指標が変更されている。

第3章 農地賃貸借関係と長期賃貸借推進事業の評価

表3-7 『農家経済調査』の賃貸借統計(地帯別) (単位：坪，％)

年　次	経　営　耕　地　面　積（A）			
	都市近郊	平　野	中　間	山　間
1984	2,513	3,438	3,419	3,595
1985	2,709	3,519	3,496	3,642
1986	2,736	3,533	3,545	3,677
1987	2,635	3,529	3,593	3,709
1988	2,773	3,731	3,642	3,559
1989	2,812	3,749	3,761	3,662
1990	2,695	3,790	3,800	3,646
1991	2,541	3,701	3,837	3,642
1992	2,570	3,683	3,758	3,575
1993	2,979	4,593	3,750	4,030
1994	2,935	4,701	3,815	4,029
1995	2,911	4,772	3,752	4,066
1996	2,948	4,726	3,845	4,043
1997	2,876	4,754	3,787	4,031
年　次	借　地　面　積（B）			
	都市近郊	平　野	中　間	山　間
1984	864	916	962	1,001
1985	1,062	1,048	1,055	1,042
1986	1,028	1,102	1,096	1,118
1987	956	1,031	1,125	1,140
1988	955	1,230	1,277	1,258
1989	1,085	1,260	1,396	1,342
1990	1,116	1,347	1,465	1,287
1991	968	1,320	1,498	1,295
1992	1,004	1,278	1,470	1,269
1993	1,396	1,935	1,219	1,625
1994	1,426	2,053	1,320	1,644
1995	1,421	2,135	1,335	1,695
1996	1,492	2,117	1,442	1,705
1997	1,470	2,143	1,445	1,761
年　次	借　地　比　率（B／A）			
	都市近郊	平　野	中　間	山　間
1984	34.4	26.6	28.1	27.8
1985	39.2	29.8	30.2	28.6
1986	37.6	31.2	30.9	30.4
1987	36.3	29.2	31.3	30.7
1988	34.4	33.0	35.1	35.3
1989	38.6	33.6	37.1	36.6
1990	41.4	35.5	38.6	35.3
1991	38.1	35.7	39.0	35.6
1992	39.1	34.7	39.1	35.5
1993	46.9	42.1	32.5	40.3
1994	48.6	43.7	34.6	40.8
1995	48.8	44.7	35.6	41.7
1996	50.6	44.8	37.5	42.2
1997	51.1	45.1	38.2	43.7

出所：農林部『農家経済統計』各年版。
注：山間：地域内の75％以上が山地。
　　中間：地域内の山地と平野が約50％。
　　平野：地域内の平野が約75％以上。
　　都市近郊：市・郡庁所在地または都市に隣接した地域。

おける借地比率の上昇テンポが急であること。これらの点が把握される。こういう特徴は，90年一時点という農業センサス統計からは把握できないものであり，毎年作成される農家経済調査という統計の存在によって初めて明らかにされる。

結局，農家経済調査では，農業センサスと異なり時系列比較が可能であり，また，農業センサスよりも詳細な借地分析を可能としている。しかし，全数調査ではなく標本調査であるために，農業センサスのような正確な賃貸借把握ができず，地域比較も難しい。基準は，都市地域，平野部，中山間部，山間部の 4 区分であり，各道別に統計が作られていないために，道別比較を行い，歴史的分析を含む各視点から検討することが不可能となっている[6]。

以上に見るように，両統計はそれぞれ問題点を抱えている。農業センサスは正確であるが，90年の一時点に限定される。農家経済調査は各年度の数値があるが，その正確さなどの問題点がある。さらに，韓国の農地賃貸借は，統計により公式に把握することが難しいとも言われている。先に 90 年農業センサスで見た際には，借地比率は 38.6 ％であった。農家経済調査でみても 90 年は 37.4 ％であり，ほぼ 4 割が当時の借地比率と思われる。しかしながら実際には，統計として把握されない賃貸借がかなりの面積規模になると専門家の間で言われており，風説でも約 6 割とされる。土地所有や借地については名義上の操作など様々な事柄が可能であり，政府による実態把握を困難にしている。この点においても統計的な把握には限界のあることに留意しておく必要がある。よって，賃貸借の実情を把握するためには，これらの統計の弱点を補うために，両者を併せて利用するとともに，さらにこれらを補完するべく実態調査を行う必要性が出てくる。この調査は，先の賃貸借の 2 類型それぞれについて行わなければならないが，本章ではまず，農村平野部の賃貸借類型について検討を加える。農村平野部の借地構造形成の典型事例を見ることによって韓国農村固有の借地構造が明らかとなる。

2．実態調査による賃貸借把握

筆者は平坦部農村について，1998 年夏に全羅北道の 4 集落で農家の聞き

取り調査を，1999年夏に全羅南道で集落農家すべてという悉皆調査を行った[7]。本章で紹介するのは，このうちの98年の調査結果である。99年の調査結果は第4章に示している。ここでは，①まず全羅北道の地域的特徴を示した上で，②実態調査の結果を提示し，③平野部賃貸借の構造的特質について考察する。

(1) 調査地の概要

韓国の国土構造と農業構造の関わりは，一般に次のように言える。人口は約4,600万人であり，首都ソウルが約1,000万人だが，ソウルの衛星都市や仁川を含む京畿道の首都圏人口は約2,000万人となり，総人口の約半分が首都圏に集中している。第2の人口を有する釜山は約350万人である。両都市圏周辺地域の農業地帯は，都市化の影響を強く受けている。道名では京畿道と慶尚南道に該当する。ソウル周辺の京畿道と釜山周辺の慶尚南道では，恵まれた市場条件を生かして施設園芸など農業の多角化が進んでおり，農業部門の蓄積が大きい。対する全羅北道や忠清南道は比較的に米作へ特化しており，京畿道や慶尚南道に比べると農業部門の蓄積は小さい。さらにこれらの全羅北道や慶尚南道に比べると，忠清北道や江原道は高原畑作地帯であり，農業の条件はさらに異なってくる。特に，江原道は韓国における典型的な中山間地であり，近年，耕作放棄地が急増している。このように見てくると，全羅北道は，韓国の穀倉地帯であるが，同地域の農業は多様な農業地帯構成のなかの一つのタイプにすぎない。最近の都市化の中で全羅北道は，必ずしも韓国農業を代表するものとは言えなくなってきている。

　全羅北道の実態調査結果を示すにあたり，韓国における全羅北道農家経済の特質をまず明らかにしておく。表3-8から1993年のデータを見ると，調査地全羅北道の農家戸当り耕地面積は1.51 haと全国平均1.41 haより高く，水田率は84.2％と韓国では最も高い。畑作・水田作の混作地帯である江原道や忠清北道と好対照を示している。これに連動して，戸当り米作粗収入も8,013ウォンと最も高い。一方，農外所得比率26.2％は全国平均29.8％より幾分低い。農外所得比率は京畿道では40.8％，慶尚南道では39.3％と高い数値が出ている。都市化の平野部への影響は労賃や地価に現れている。坪

表 3-8 農家経済に関する道別統計 (1993年)

	戸当り耕地面積	水田率	賃借地率	戸当り米作粗収入	農外所得比率	坪当り地価	賃借料率	時間当り雇用労賃
単位	ha	%	%	ウォン	%	ウォン	%	ウォン
京畿道	1.51	77.9	43.1	6,358	40.8	59,335	25.5	3,904
江原道	1.62	64.6	35.9	3,178	25.8	14,743	28.5	2,878
忠清北道	1.45	59.5	43.1	3,940	24.4	14,803	22.4	2,610
忠清南道	1.57	78.2	38.6	6,635	22.4	15,789	24.7	3,110
全羅北道	1.41	84.2	36.7	8,013	26.2	14,617	28.8	2,918
全羅南道	1.23	71.3	31.0	4,695	30.6	21,157	23.5	2,441
慶尚北道	1.38	66.1	31.1	3,748	25.1	20,490	26.5	2,740
慶尚南道	1.01	79.3	29.0	3,151	39.3	24,786	25.0	3,025
平均	1.41	73.3	37.0	4,872	29.8	23,979	26.0	2,967

出所：農林水産部『農産物生産費統計』,『農家経済統計』1993年。

当り地価はソウル周辺の京畿道では 59,335 ウォン, 次いで釜山周辺の慶尚南道の 24,786 ウォン, 一番低いのは全羅北道の 14,617 ウォンである。時間当り雇用労賃は, 京畿道が 3,904 ウォンと最も高く, 全羅北道は 2,918 ウォンである。最後に賃借料率をみると, 全羅北道が 28.8 ％と最も高い。

　従来, これらのデータから, 首都圏ソウル周辺の京畿道や釜山周辺の慶尚南道は, 高労賃・低地代・高地価であり, これに対して, 全羅北道は, 低労賃・高地代・低地価であると言われてきた[8]。そして両者の間に様々な中間地帯がある。金聖昊氏によれば, 全羅北道は大都市から離れた農村地帯であり, 兼業機会が相対的に少ない。その結果, 農業雇用労賃の水準も相対的に低い。また, 農家経済の農業所得依存度, 及び農業所得の稲作所得依存度が高い。農外雇用機会が制限されているために, 農業所得を増やそうとすれば, 借地による規模拡大を進めることになり, このことが借地競争を通じて賃借料水準を押し上げる結果となっている[9]。ただし近年は, 中山間地で耕作放棄地が増え, 借地需要の減少から地代の低下傾向が一部で現れており, 必ずしも地代水準の低いところが, 高地価・高労賃の地域とは言えなくなってきている。

(2) 実態調査の結果

　今回の調査地点である全羅北道益山（イクサン）郡及び群山（グンサン）一帯は，日本の佐賀県平坦部に類似した平野部稲作地帯であり，首都ソウルと，第2の都市釜山からはほぼ等距離に位置している。歴史的に見て全羅北道は，日本の植民地期に日本人地主が大農場を経営していた地域であり，当時から米の反当収量が高く地主制が発展した。黄海に面する群山港は木浦（モッポ）港と並び対日移出米の積出港であった。全羅北道の道都「全州（チョンジュ）市」は人口約52万人。この西方に第2の都市「益山」人口35万人，さらに西に第3の都市「群山」人口30万人がある。今回，調査した四つの集落は，益山市近郊2ヵ所，益山と群山の中間地点に2ヵ所である。いずれも平野部農村であるが，相対的に前者が平野部農村，後者は都市近郊農村と言える。

　これらの調査結果の全容は，個票一覧として村落別に表3-9～12に示しており，各表に村落別の土地所有状況を整理している。村落ごとに農家に通し番号をつけており，後で検討を加える際に，この通し番号を用いている。

　賃貸借が問題であるので，農家毎の家族構成及び農地の経営形態について，聞き取り調査の結果を示した。自作地＋借地＝経営地，自作地＋賃貸地＝所有地，となる。土地面積単位には，「筆地（ピルチ）」というこの地域独自の基準をそのまま用いている。99年に調査した全羅南道では「マジキ」という単位が用いられており，地域によって「マジキ」が200坪に相当したり，250坪に相当したりと様々であった。全羅北道のこの地域では，1,200坪に相当する「筆地」という単位が使われている。以前の耕地整理の際の区画単位をそのまま面積を測る基準に用いているようである。農民に何坪かと尋ねても，応えは「筆地」単位で返ってくる。何「筆地」か，と尋ねる方が時間の節約となり，聞き取り調査も容易であることから，「筆地」で記録し個票一覧にもこの単位で記載している。坪換算した数値を掲載することも可能であるが，本章では聞き取り調査の様子をできるだけ正確に伝えるために，坪数に換算せずに「筆地」基準の数値をそのまま載せている[10]。

　「賃貸借相手との関係」は，親族・親戚か，他人か，ということが問題となる。相手次第で，地代が異なるケースが出てくる。従来は，親族・親戚との

賃貸借関係が多かったが,高齢化と労働力不足の深刻化した最近では,相手に関わりなく賃貸借関係を結ばざるをえなくなってきており,他人と回答する農家が増えている。「相手の職業」は,村内賃貸借ならば,農家と回答するケースが多く,兼業に従事する相手であればその職業をあげている。不在地主のケースは,都市在住で農業とは関係のない,公務員や事業経営主などと回答している。「備考」では,以上の項目以外の重要と思われる聞き取りデータを記している。主に,農地価格の動向,農地の売却・購入理由などである。本来ならば,経営内容の細部まで立ち入って分析を行う必要があるが,今回の調査では経営形態ないしは土地所有形態の把握にとどまっている。そういう限界点のあることに留意した上でこれらの個票一覧を見ていく。

　個票一覧を概観してわかるのは,韓国農村の高齢化現象の著しいことである。農家として取り上げた世帯のみに限定してみても60歳ないしは70歳以上の高齢一世代世帯,ないしは独居の高齢世帯がかなりの割合を占めている。これらの農家の中には,所有農地を経営するには労働力に不足するという農家が早くから現れている。そういう労働力不足農家が農地を賃貸や営農委託に出す,という形で村落内の労働力調整が行われるというのが一般的であるが,韓国では従来,不在地主の多さから,この通常のパターンが成立しなかった。しかし最近では高齢化の急進展で,村内賃貸借が増え始めている。大多数の農家が高齢化しており,その他方では,各村落に少数の比較的大規模の農家が生まれて,これら労働力に不足する農家の経営や農作業を一手に引き受けている。一方における高齢農家の労働力不足と,その対極における大規模農家の出現,これが1990年代後半における韓国農村の状況である。

　韓国農村は明確に両極分解の様相を示し始めている。これらは,都市化の対極にある農村の労働力流出と,政府の大農育成事業の産物とも考えられる。政府事業は,農民層分解の後押しを行うものとして位置づけられる。高齢世帯の農地の一部は,大農が農地売買事業や長期賃貸借推進事業を通じて経営として吸収している。各集落で1,2軒の大農が農地の購入・賃借・作業受託を通じて営農規模を拡大しているが,この場合,政府事業の関与は農地取引と個別賃貸借のなかの一部という限定的なものでしかない。大部分の労働力調整過程,ないしは,農民層分解は,個別相対の賃貸借か営農委託を通じ

第3章　農地賃貸借関係と長期賃貸借推進事業の評価　　　*129*

て行われている。

　本章では賃貸借を問題としているために，営農受委託に関する数値は示していないが，賃貸借に代わり営農委託形態が相当増えている。問題の賃貸借について，実態調査からは，政府事業を通じたものよりも，個別相対の契約が多いという結果が現れている。これらの様子について，個票を要約・整理したものが以下の表3-9～12である。

　以下では，集落概況，経営規模別農家数，離農ないし賃貸農家（世帯）の概況，賃借世帯の概況，高齢化の状況，借地農家の状況，農地売買事業への応募状況，長期賃貸借推進事業への応募状況，などの点について，各集落を見ていくこととする。

　a．カンギョン村

　表3-9は，益山市クムガン洞カンギョン村の調査結果を示している。カンギョン村は益山市近郊に位置しているが，農村の性格としては稲作平坦部の様相を呈している。カンギョン村の集落世帯総数は47軒であり，そのうち表3-9には，離農した農地所有者3軒も含めて，14軒の農家を示した。自作地や借地といった農業経営地を有する農家は11軒であった。

　ここではこの11軒の農家について，ha基準で経営規模別に整理した。表3-9に示した経営規模面積は，聴取時当時の筆地換算であるが，ここの説明では，農業センサスや農家経済調査との比較が容易なように，集落ごとに農家の筆地をha換算して，ha基準による経営規模別農家数を示している。整理の結果，カンギョン村の経営規模別戸数は，0.5 ha未満の農家3軒，0.5～1.0 ha規模1軒，1.0～2.0 ha規模3軒，2.0～4.0 ha 1軒，4.0 ha以上3軒となった。1.0 ha未満の4軒3，5，8，14番はすべて兼業農家であり，所有地での自給的な農業経営プラス兼業というパターンである。

　離農した農家は，表3-9の農家番号では6，9，12番である。このうち，6番の農家は，以前8筆地を所有していたが，10年前に6筆地を売却し，2筆地を賃貸して，現在は市内で飲食店を経営している。賃貸先は村内10番の農家であり，10番は自作地1筆地と合わせて3筆地を経営している。9番は，1.5筆地を賃貸に出して，市内のメリヤス工場へ勤務している。12

表3－9　農家個票一覧（全羅北道益山市クムガン洞カンギョン村）（単位：土地面積単位　1筆地（＝1,200坪），1カマ（＝精米80kg））

農家番号	同居家族	家族年齢（歳）	自作地(A)	借地(B)	賃貸地(C)	経営地(A+B)	所有地(A+C)	賃貸借相手との関係	相手の職業	相手の居住地	備考
1	6	男47, 25, 23 女46, 77, 21	20	30	0	50	20	姉2 他人28→	公務員・自営業22 高齢化・労働力不足6	市内 市内 村内	収穫量25カマ，賃借料10カマ他に，営農受託50筆地．元来経営・所有ともに8筆地，89年より1筆地ずつ購入。94年に7筆地購入（うち5筆地振興公社，2筆地自己資金）して20筆地に。借地は90年12筆地，95年20筆地，98年30筆地。地価は現在，農振地域外3万～3万8,000ウォン/坪，地域内2万6,000ウォン，自己資金購入は地域外。当時3万1,000ウォン。
2	1	男35	3	3	0	6	3	他人	食堂経営	ワンジュ都全羅北道	
3	2	男43女40	1	0	0	1	1	—	—	—	村内で自営の服飾業。
4	2	男67女64	0	3	0	3	0	姉	無職	—	市内で建設労働者。
5	1	女55	1	0	0	1	1	—	—	—	
6	3	男42 女40, 72	0	0	2	0	2	他人（農家10番）	農業	村内	以前8筆地所有。10年前6筆地売却，2筆地貸しで市内で飲食店。
7	3	男55, 27 女52	2	8	0	10	2	叔父	不動産業	市内	借地開始は10年前。
8	1	女52	1	0	0	1	1	—	—	—	市内のメリヤス工場勤務。
9	1	女52	0	0	1.5	0	1.5	他人	—	—	市内のメリヤス工場勤務。
10	2	男63女60	1	2	0	3	1	他人（農家6番）	自営業	市内	
11	2	男47女46	4	8	0	12	4	他人	—	—	元来6筆地所有，4年前に2筆地売却し，個人住宅建設。
12	1	女65	0	0	1.5	0	1.5	他人	会社員	村内	5年前に会社員へ1.5筆地売って借地。
13	2	男40女40	1.5	1.5	0	3	1.5	他人	会社員	市内	住宅建設用の木材加工。
14	2	男52女51	2	0	0	2	2	—	—	—	

注：益山市クムガン洞カンギョン村は，市中心まで4.5km，47軒中農家11軒。
上記の表中の6，9，12番には，僅かな畑を持っているが農家ではない。非農家世帯には僅かな畑を持っている農家も含まれている。以下他マウルも同じ。
調査実施時期は，1998年7月。

番も同じく1.5筆地を賃貸している。9番の賃貸理由は，兼業・労働力不足であるが，12番の場合は，家主が65歳の女性であり，高齢化による労働力不足を理由として農地を賃貸に出している。

一方，農地を借地している農家は，1，2，4，7，8，10，13番である。これらの農家はいずれも，非農家との関係を有している。これら非農家は，集落内よりも益山市街地に居住する不在地主が多い。とくに7番の借地は地主が不動産業であることから，投機目的に購入した農地が不動産業を通じて賃貸されている。韓国において特徴的な，不在地主による賃貸のパターンである。同集落では，地主との関係は，近親者と他人で相半ばしているが，近年の賃貸は他人との関係のものが増えている。

同集落の中で，賃貸農地を一手に引き受けているのが1番の農家である。自作地20筆地に加えて，30筆地を借地し，合計50筆地を経営している。営農受委託分の50筆地まで含めると100筆地の大規模経営となる。ただし，借地は不安定であり，同農家の賃貸借関係には毎年変更が見られた。地主は非農家がほとんどである。計30筆地の借地のうち，他人からの28筆地についてみると，高齢化や労働力不足により，農家が賃貸しているものが6筆地，非農家が地主であるものが22筆地であった。地主の職種は公務員，自営業，等である。これら非農家賃貸を多く含むことが借地不安定の一つの要因と思われる。

同集落で，政府の農地規模化事業に応じた農家は，この1番の農家の農地売買事業1件のみであり，94年に5筆地購入している。売買事業対象農地が転用不可能な農業振興地域内（農地保全地域内）に限定されているために，転用可能な振興地域外（国土利用管理法上の準農林地域）に2筆地を同時に購入したものである[11]。これは，「将来の地価上昇と売却を期待して購入した」ものという回答を得た。将来の売却益を狙って農地を購入したものである[12]。他にも，農地売買事業開始後に農地取引が3件行われているが，いずれも売買事業を介さない私的なものであり，売買事業を通じたものは先の1件のみであった。村内の賃借地55.5筆地中，長期賃貸借推進事業を通じたものは存在しない。政府事業への対応は概して消極的といえる。

カンギョン村は，高齢化の進行する集落であり，労働力不足を理由とする

農地の賃貸借が見られた。加えて，都市近郊という立地から，兼業を理由とする賃貸も現れている。これらは，過渡的な形態であり，いずれは，非農家による賃貸へ移行すると思われる。他方で，賃借農家の中には大規模経営も現れており，これら農家は，高齢化・兼業化による賃貸地増加のチャンスをとらえて，借地による規模拡大を進めている。しかし借地による規模拡大に際しては，1年という短期の口頭契約を更新していくのが通例であり，長期の営農計画樹立を妨げている。非農家を地主とする場合には，個々の事情から借り手を頻繁に代えるケースも見られる。政府の長期賃貸借推進事業は，このような不安定な賃貸借関係を安定化させるという狙いがあったが，同集落では全く活用されていない。長期契約の締結が地主側に拒否されている。借地農家の経営は依然として不安定であり，借地購入による自作地拡大で経営の安定化を指向している。政府の農地売買事業は本来，こういう農家を支援するものであるが，同集落でこの事業に応じて農地を購入したのは1軒に過ぎない。カンギョン村の政府事業は低調であることが窺われる。

b．シヌン村

表3-10は，同じく稲作平坦部に位置する益山市シヌン洞シヌン村の調査結果である。この集落は，先のカンギョン村に隣接している。表3-10には，55軒中の12軒を示したが，1軒が離農しており，経営に従事する農家は11軒である。経営規模0.5 ha 未満が2軒，0.5～1.0 ha 規模2軒，1.0～2.0 ha 規模5軒，2.0～4.0 ha 0軒，4.0 ha 以上2軒であった。兼業農家は1軒にすぎない。

離農した農家は，表3-10の農家番号では11番である。この農家は，家主が87歳と高齢の労働力不足世帯であり，4筆地を賃貸せざるをえないような事情を抱えている。賃貸先は村内12番の農家であり，両家は叔父と甥という親戚関係にある。賃借する12番の農家はこの4筆地のみを経営しており，家族の一部が兼業に出ていることから，比較的労働力に余裕のあるものと思われる。他に賃貸地を有するのは，3，5，6，10番である。このうち，3番は7.5筆地を所有するが，経営を縮小させており，所有地のうち3筆地を農家1番に賃貸している。残る5，6，10番のうち5，10番は女

第3章 農地賃貸借関係と長期賃貸借推進事業の評価 133

表3-10 農家個票一覧（全羅北道益山市シスン洞シスン村）

(単位：土地面積単位 1筆地 (=1,200坪)、1カマ (=精米80kg))

農家番号	同居家族	家族年齢（歳）	自作地(A)	借地(B)	賃貸地(C)	経営地(A+B)	所有地(A+C)	賃貸借相手との関係	相手の職業	相手の居住地	備考
1	6	男35,68,7 女32,63,9	3	42	0	45	3	12名他人→ 10名親戚	高齢化8名	村内8名 市内4名	親戚・他人間に借地料の差異なし。自作地は元米1筆地、昨年と今年1筆地ずつ購入。昨年2,500万ウォン、今年3,100万ウォン。3年前に営農委託10筆地を借地に切り替えた。注2）
2	2	男53 女51	9 畑800坪	31	0	40	9	他人13名	高齢化10名 公務員3名	村内 市内	息子は大学生。1人は就職し、全州市内で建築業、1人は大学生。賃借料は9～10カマ（1カマ=80kg）。96年に1.5筆地購入（3,500万ウォン）農協破産。6年前入時は1,900万ウォン。5年前に借地を25筆地から31筆地へ増やした。
3	4	男42,8 女40,67,12	4.5 1.5は畔が畔	0	3	4.5	7.5	農家1番		村内	賃貸地3筆地は3年前から農家1番・父の所代には自耕23筆地だったが、15年前より、村民に売り始めた。
4	3	男57 女55,21	1	0	0	1	1				主人は建設会社勤務。息子1人娘2人中娘1人だけ同居、振興課事務。兼業農家。
5	2	女58,88	2	0	1	2	3	農家1番		村内	
6	5	男56,28 女22,24,8,9	2	0	1	2	3	他人		村外	10年前に振興院に1筆地売却。1,400万ウォン。普通耕地整理料10%の農家負担免除。
7	3	女58 女56	3	0	0	3	3				息子・娘合1名は職場、非同居。
8	2	男84 女80	1	0	0	1	1				
9	2	男56 女57	3	3	0	3	3	母1、弟1 宗土1、注3）		村外	
10	1	女58	3	0	4	3	7	農家1番2 農家人2		村内 村外	息子2人、1人は大学生。もう1人は大学休学中で軍隊。
11	3	男83 女78,57	0	0	4	0	4	農家12番の甥		村外	57歳の娘は自宅療養中。
12	3	男57 女51,84	0	4	0	4	0	農家11番の叔父から		村内	妻51歳は振興院の一般作業。

注：(1) 益山市シスン洞シスン村は、市中心まで6.5kmであり、55軒中農家は12軒。非農家世帯には畑を少しずつ持っている農家も含まれている。
同村では、耕地整理は9割が終了し、終了地は借地料9カマ、未終了地は4～5カマ程度である。
同村から益山市内の工業団地に7、8人通勤している。
同村内の農業振興院では13人（内男3・女10人）が兼業している。
(2) 農家1番が営農委託地を借地に切り替えた理由は、モットーは、二つは、農薬散布が健康に良くないため、という。モットーとは、収入が何回分かに分けて入ってくるのではなく、まとめて1回に入ってくる。農家1番によれば、「営農受託は」まとめて入ってくることに消費してしまう。しかし、まとめて入ってくると有効に使うことができる。
(3) 宗土：この場合、同氏の宗親会に委託され、そのたびごとに貸うもの。1筆地当り6～7カマ。

性のみの世帯であり，しかも家主が58歳と高齢である。いずれも高齢化と労働力不足を理由としている。

一方，農地を借地している農家は，1，2，9，12番である。特に1，2番の借地規模が大きい。地主はほとんどが非農家の他人であり，賃貸理由は高齢化と労働力不足のようである。

農家1番の場合には，借地42筆地は12名の地主から借りているが，そのうち親戚が10名と多い。居住地は村内8名・村外4名であり，在村地主の割合が大きい。高齢化を理由とする者8名はこの村内農民と思われる。1番の農家は高齢化を理由とする親族の農地を一手に引き受けていることになり，高齢化による労働力不足が賃貸借を拡大させるという側面が窺われる。なお，この農家は，3年前に10筆地を営農委託から賃借に切り替えており，高齢化により，軽作業さえ困難となった農家が，それまでの営農委託をやめて，農地経営すべてを，1番に委せることになったものと推測される。

2番の農家は31筆地を賃借しており，1番と同じく，高齢化により労働力に不足する農家の農地を引き受けている。1番と異なるのは，地主の中に親族がいないことであり，すべてが他人の農地の賃借となっている。賃貸する側からは，親族の方が比較的安心感もあり好まれるのであろうが，2番のように他人間の賃貸借関係のみというケースも見られる。高齢化現象が急速なため，親族間賃貸だけでは間に合わず，相手が誰であれ引き受け手があれば委せてしまう，という状況になったものと考えられる。また，この他人13名には公務員3名が含まれる。この公務員は，もともと農民であった者が兼業から離農して労働力不足により賃貸しているケースであろう。

シヌン村では，政府の農地規模化事業に応じた農家は見当らなかった。売買事業開始後の農地取引4件中，売買事業を通じたものは1件もない。村内の賃借地80筆地中，長期賃貸借推進事業を通じたものも存在しない。ここでは政府事業に対しては拒否反応が見られる。シヌン村では農地の賃貸借に，高齢化を理由とするものが多い。高齢化した農民は農地を売却してしまうよりも，営農委託や賃貸により最小限の飯米を確保する道を選択するのではないかと考えられる。

シヌン村では，先のカンギョン村に比べて，高齢化・労働力不足を理由と

する賃貸が多く見られた。これらの賃貸借関係は1番の農家に見られるように，営農委託形態から切り替わったものであり，営農委託が賃貸への過渡的形態となっている。軽作業の行えるうちは刈り取り等の重作業を委託するが，年老いて軽作業さえ困難になれば，飯米確保を目的に賃貸へ移行する。このように営農委託を過渡的なものとしてとらえるならば，先のカンギョン村の1番の農家のように，50筆地もの営農受託を抱えているところは，いずれ大規模借地農家に移行する可能性があると言える。

よって高齢化の進行は構造政策にとっては一つのチャンスであるとも考えられる。従来，賃貸借関係の不安定性が，借地農家の経営安定を妨げてきたので，政府は長期賃貸借推進事業によりこの問題の解決を目指した。しかし，芳しい反応は見られないようである。高齢の農家にとって農地は重要な資産であり，長期賃貸は農地を失うという不安感もあることから，政府事業への抵抗感が強い。非農家の不在地主は飯米確保か資産保全目的の土地所有である場合が多いから，長期の賃貸契約にはいっそう反発するであろう。もし政府事業として，流動化を促進していくならば，これら高齢化農民が農地に依存せずとも将来の生活が安定するような社会システムの構築が求められる。加えて，安定的な食糧供給システムの確立と，地価コントロール機能の制度化で農地投機の防止を検討していく必要があろう。

c．ソギ村

表3-11は，群山市ファヒョン面デチョン里ソギ村の結果を示している。48軒中に農家は14軒である。このうち経営規模0.5 ha未満1軒，0.5～1.0 ha規模2軒，1.0～2.0 ha 4軒，2.0～4.0 ha 4軒，4.0 ha以上3軒であった。兼業農家はここでも1軒にすぎない。

ソギ村の特徴は，農家の高齢化が顕著なことである。14戸の農家のうち，家主が60歳以上という農家が9軒を占める。70歳以上の実質的な高齢一世代世帯6軒がこれに含まれる。

これら高齢化した世帯はいずれ営農委託から賃貸，そして離農へと移行することが予想され，近い将来に農家戸数は減少していくものと思われる。ただし，現在の段階では，高齢農家による賃貸はそれほど多くなく，実際には

表3-11 農家個票一覧（全羅北道群山市ファヒョン面デチョン里ソギ村）

（単位：土地面積単位　1筆地（=1,200坪），1カマ（=精米80kg））

農家番号	同居家族	家族年齢（歳）	自作地(A)	借地(B)	賃貸地(C)	経営地(A+B)	所有地(A+C)	賃借相手との関係	相手の職業	相手の居住地	備考
1	6	男60, 29, 5 女57, 27, 3	4	30	0	34	4	親戚2筆地 他人28筆地	高齢化 労働力不足	ソウル 他村	1997年振興公社の農地売買事業で2筆地購入。坪当り25,000ウォン。賃借料10カマ/25カマ。賃借料は前払い10カマ。後払いなら12カマに相当（利子包含）（名称「ドジ」）。農村振興公社の長期貸借事業には否定的。老人は法律を知らないし、農地改革を恐れて、長期貸貸より財産として売る方を望む。
2	7	男37, 39, 76, 12, 8 女36, 70	18	40	0	58	18	振興公社以外の23筆地、振興公社2筆地借地、10名中4名は高齢4名は食糧確保目的	6名は高齢化 4名は食糧確保目的	村内 群山市内	稲作以外に養豚業、繁牛飼育。95年に振興公社の長期貸借事業で17筆地借地、5年間5％。96年に3筆地購入。坪当り17,500ウォン。現在は22,500ウォン。干拓地域で漁業補償を受けていた人たちが入村・就農。所得税減免。借地料10/24（契約直後支払い）実質12カマ。
3	3	男32 女27, 3	0	5	0	5	0	他人	高齢化59歳	他の村	群山化で失業して今年から就農。
4	3	男50, 19, 10 女47, 83, 16	5	2	0	7	5	他人 6年前から	自営業	群山市内	妻47と母83で小さくなスーパー経営。
5	1	男64	8.3	0	0	8.3	8.3				若いときからソウルに出ていたが5年前に、帰郷し、親戚から貸借していた土地を購入。
6	2	男74女70	1	0	5	1	6	弟	農業	村内	
7	2	男75女71	1.7	0.5	0	2.2	1.7	カン氏の宗土			
8	6	男42, 76, 13, 7 女39, 72	4.2	0	15	4.2	19.2	親戚1名 他人3名	5年前から	群山市内	
9	3	男63 女56, 27	1.5	2	0	3.5	1.5	兄	10年前から	村内	
10	3	男80 女80, 17	2	0	0	2	2				高3の孫と同居。農家12番に経営委託。土日に公務員、孫の息子が手伝いに来る。
11	3	男76 女72, 2	5	0	0	5	5				孫2歳が同居。市内に息子が居住。自分で経営。
12	2	男66女62	4	0	0	4	4				農家10番より経営受託。
13	2	男76女74	2.5	0	0	2.5	2.5				
14	4	男40, 2 女40, 5	5	16	0	21	5	他人	高齢化4名 兼業農家1名	隣接村	4年前に、振興公社の自作地売買事業で購入。

注：群山市内ファヒョン面デチョン里ソギ村は、群山市内から14.5km。

6番が5筆地を出している程度である。一方，農地を借地する農家は多く，借地規模の大きい農家としては，1番農家30筆地，2番40筆地，14番16筆地がある。賃貸地が比較的少ないにもかかわらず借地が多いのがソギ村のもう一つの特徴である。

　賃貸借関係は集落内で完結しておらず，集落外からの借地，不在地主からの借地が多い。そういう不在地主を多く抱えているのも先の3軒の農家である。農家1番の場合，30筆地中，他人が28筆地で，地主はソウルや他の村に居住している。2番は10名の地主中6名が高齢化を理由として村内に，4名は食糧確保目的で群山市内に居住している。14番は高齢化4名，兼業1名であるが，高齢化を理由とする農民は隣村に居住している。隣接集落内からも高齢化理由の賃貸需要があることは，それだけ広範な地域で，高齢化問題による労働力不足が深刻であることを示している。

　ソギ村は干拓地で，新たな入住者が多く古い人間関係にとらわれないためか，慣習の残る他の村とは異なる傾向が見られる。一つは，新規就農者，二つは，兼業であり，三つは，政府事業への積極的な対応である。新規就農については，例えば3，5番の農家が他の産業からの就農者であり，それぞれ農地を賃借・購入している。新規就農には，3番の農家のような若い年齢層のUターン型と，5番のような引退就農型の二つのタイプがある。一方，兼業については，10，11番の農家が，少し変則的な兼業農家と言える。高齢者が，孫と同居している世帯である。孫の親である自分たちの子供は，生活基盤の一部を農村においたまま，近接した都市に居住し農外の産業に従事しており，週末に農業を手伝いに来る。高齢化した親世帯は孫を預かることで，その若い家族世帯の生活を支援するとともに，農業労働についてはその労働力に依存している。二つの世帯は近接した地域で別居しているものの，実質的には，三世代の兼業農家世帯に類似している。

　ソギ村は，干拓による政府補償等で，政府と住民の交渉の経験があることも手伝ってか，政府事業への積極的な対応が見られる。ソギ村は干拓地農村であり，干拓による漁業補償を受けた農民が農地を購入し就農している。干拓事業の補償を受けた人たちは所得税減免などの措置を受けており，これらの経験が政府事業への一定の信頼につながったものと思われる。政府事業に

関与した農家は1，2，14番であり，いずれも経営規模が大きい。これら3軒に共通なことは，一定以上の経営規模を有し，三世代または二世代の家族構成であることだ。

　まず1番は，政府事業のうち農地売買事業のみ利用しており，長期賃貸借推進事業には否定的である。「老人は法律を知らないし，農地改革を恐れて長期賃貸より財産として売る方を望む」という声が聞かれた。高齢の貸し手農民には，かつての農地改革の記憶がある。農地改革の時には地主の農地は有償没収され，政府を介して耕作者農民の手に渡った。同じように，農地を長期契約で貸していれば，政府事業を通じて，そのまま耕作者の所有に帰してしまうという不安がある。それよりも，通常の1年更新の口頭契約で個別に賃貸するか，あるいは売却して資産に代えることを選ぶ。こういう貸し手農民の事情から，借り手が長期賃貸借推進事業を利用しようとしても，地主側が長期の利用契約に応ずることは少ない。14番の農家についても，農地売買事業のみを利用しており，借地については個別相対のままで政府事業には応募していない。

　2番は事情が異なる。売買事業だけではなく長期賃貸借推進事業も利用している。農村振興公社を通じて96年に3筆地購入しており，長期賃貸借推進事業で17筆地を契約した。この17筆地がソギ村のすべての長期賃貸借推進事業である。ではいかなる理由から2番の農家は長期賃貸借推進事業に応募したのであろうか。2番の農家が他の農家と異なる点は，家族労働力が豊富で多角経営であるという点だ。家主の独身の兄弟が同居しており，例外的に労働力に恵まれている。稲作以外にも，養豚業や韓牛の飼育を行っており，農業事業体として，通常の稲作専業農家とは異なる性格を有している。通例，長期賃貸借推進事業の申請に際しては，借り手よりも貸し手の事情が障害となるケースが多いが，この場合に，いかなる交渉で借り手を説得したのかは不明である。2番農家の貸し手10名中のそれぞれの賃貸理由と居住地は，6名が高齢化で村内居住，4名は食糧確保目的で群山市内居住であり，他のケースの貸し手事情と大きく異なるところはない。借り手農家の性格が他と異なり，そのことが貸し手農家の対応を変えた可能性がある。しかし，貸し手農家の対応変化については，原因断定の資料に乏しいことから，ここで明

快な結論を下すことはできない。

　以上に見るように，ソギ村では他の村と同じく，政府事業への対応は概して低調であるが，一部の農家に長期賃貸借推進事業への積極的な対応が見られた。農地売買事業開始後の農地取引5件中に，売買事業を通じたものが3件も存在し，村内の賃借地95.5筆地のうち，長期賃貸借推進事業を通じたものが17筆地であった。先の益山近郊の集落に比べると政府事業への反応が強く見られる。この事例から見る限り，貸し手の事情が他と同じで，長期賃貸借推進事業について消極的であっても，他の何らかの事情で長期賃貸借推進事業が利用されることもありうるようである。しかしながら，こういう事例はこの時点のソギ村では1件に過ぎず，いまだ例外的なものでしかない。

　d．オクセム村
　表3-12は，群山市ファヒョン面クムガン里オクセム村の調査結果である。54軒中農家は23軒と，四つの集落の中では最も農家の割合が大きい。うち経営規模0.5ha未満1軒，0.5～1.0ha規模5軒，1.0～2.0ha5軒，2.0～4.0ha5軒，4.0ha以上7軒であった。当集落の特徴は4.0ha以上という比較的大規模な経営の多いことである。兼業農家は2軒にすぎない。
　オクセム村には，農地を賃貸に出している農家は1件もなく，不在地主の農地を賃借するケースが多い。自作農家は，2，5，7，9，10，12，17，20，21，22番の10軒であり，それらの特徴は世帯主が比較的高齢であることと，経営規模が2～3筆地と比較的小さいことである。これらの農家の中には最近農地を売却したという農家がある。5，17，20，21番がそれであり，1～2筆地を売却して所有と経営の規模を縮小させてきている。一方，農地を借地している農家は，残る13軒であるが，家計補充的に農業所得の積み増しを目指して借地をする農家と，規模を拡大する農家の二つのタイプに分かれている。前者は，借地規模や経営規模の小さい比較的高齢の農家であり，農家番号では，6，11，14，19番がそれに相当する。最高齢は，82歳男子一人の世帯で1筆地を借地するという農家である。後者は，1，3，4，8，13，15，16，18，23番であり，二世代世帯が多い。この8軒すべてが農地購入の経験を持ち，そのうち1，8，16，23番の4軒は農地売買

表 3-12 農家個票一覧（全羅北道群山市ファヒョン面クムガン里オクセム村）

(単位：土地面積単位　1筆地（=1,200坪）、1カマ（=精米80kg））

農家番号	同居家族	家族年齢（歳）	自作地(A)	借地(B)	賃貸地(C)	経営地(A+B)	所有地(A+C)	賃貸借相手との関係	相手の職業	相手の居住地	備考
1	3	男74、女68、30	3	2 2年前から	0	5	3	弟	公務員	隣村	1997年振興公社の農地売買事業で2筆地購入。借地料10カマ/25～27カマ、残りは公務員生活をしながら貯金をして土地を買った。
2	1	女71	2	0	0	2	2				子供がいるが、3年前から正原道で事業を始めて離れて生活している。
3	2	男65/女60	5	6 18年前から	0	11	5	他人4筆地 親戚2筆地	事業 食糧確保		4年前に2筆地購入、洞内の人が子供の結婚でアパートを購入した。
4	3	男51、24 女43	10	15 10年前から	0	25	10	他人（兄弟2人）	会社員 軍属	群山 群山	24歳の息子は職場を休職中。2筆地は5年前に父親から遺産相続。8筆地は隣村の人が投資用の家を建てるための費用確保に農地を売却したものを2,000万ウォンで購入。
5	2	男80/女75	3	0	0	3	3	親戚		群山	25年前に子供が結婚し分家。遺産として1筆地を洞内の人に売却、元来の4筆地のうち、1筆地は分家した長男が、2筆地は次男が耕作している。
6	1	男82	0	1 4年前から	0	1	0				自作地が5筆地あったが、4年前に群山の人に売却。
7	3	男57、71 女52	3.3	0	0	3.3	3.3				
8	3	男57、女52、16	5.8	6.7 8年前から	0	12.5	5.8	親戚2名 他人1名	老齢化・労働力不足	村内 村内	長女30歳はすでに分家。元来2筆地所有、残りは振興公社を通じて購入。（他村居住の親戚から、坪当り17,000ウォン）
9	2	男74/女70	2	0	0	2	2				
10	3	男53、17 女70	3	0	0	3	3				
11	5	男49、18 女43、73、22	2 4年前購入	4	0	6	2	他人3名		2名群山 1名隣村	金堤出身で、ソウルや釜山などを転々とした後、4年前に定住。
12	1	女58	6	0	0	6	6				

第3章　農地賃貸借関係と長期賃貸借推進事業の評価

13	2	男63 女59	2	5 8年前から	0	7	2	他人3名		群山	群山居住の地主は5筆地から10年前、農業に従事しながら農地を購入した。食糧確保目的。
14	3	男58 女55, 20	4	7 10年前から	0	11	4	他人3名→親戚2名		群山2名 他の村1名 ソウル	
15	2	男58女56	6	3	0	9	6	他人	離農後の食糧確保目的		元来2筆地所有したが、3年前に4筆地を新たに購入。振興公社を通じずに個人的に購入。相手は村内の他人(子供の結婚分家による資金の必要から)。
16	3	男53, 25 女45	7.5	14	0	21.5	7.5	親戚4名 他人2名		他の村 他の村	元来農地無く、10年前に1筆地購入。10年前から購入。借地は10年前から1年前に2筆地位ずつ拡大。親戚と他人の賃借料は同じ。機械導入。
17	2	男75女72	2	0	0	2	2				元来4筆地所有していたが、12年前に他村内の人に2筆地売却。
18	3	男58, 57, 23	4	7	0	11	4	他人3名 親戚1名		他の村 他の村	借地は10年前から少しずつ拡大。
19	2	男63女60	1	3 5年前から	0	4	1	親戚2名		ソウル	子供は結婚・分家して家を出た。
20	2	男70女68	2	0	0	2	2				元来4筆地所有したが、7年前に子供が分家した際に、村内の人へ2筆地売却した。
21	2	男60女60	3	0	0	3	3				元来4筆地所有したが、4年前に子供の分家のために1筆地売却。
22	3	男59, 25 女55	2	0	0	2	2				男子55歳は3年前からタンナ(近郊の部落)のセメント工場へ肉体労働兼業通勤。肉体労働臨時雇い。
23	5	男51, 23 女49, 25, 17	11.5	7 5年前から	0	18.5	11.5	他人2名	事業	他の村	借地料10カマ/26ケース。息子23歳は軍隊。娘25歳は群山の会社へ臨時雇い。90年に遺産として3筆地相続、94年に3筆地、95年に1.5筆地(2,000ウォン/筆地当り)。97年に振興公社を通じて4筆地購入。3,000ウォン/筆地当り。農地価格は農業振興公社の売買事業のために上昇した。10年前、1,200坪当り1,500万ウォン(坪当り13,300ウォン)であったが、今は、坪当り27,000ウォンである。

注：群山市ファミョン面クムガン里オクセン村は、群山市より16.5kmに位置する海沿いの干拓地。全戸数54戸。

事業を利用して農地を購入している。自作地購入による経営規模拡大がオクセム村の特徴であり，農地売買事業はそのために活用されている。しかしながら賃貸借は他の村に比べれば低調であり，長期賃貸借推進事業も全く利用されていない。

　各借地農家の地主については，不在地主の多いのが特徴である。借地農家についてみると，地主が村内居住と判明しているのは8番のみで，この場合の地主の賃貸理由は高齢化・労働力不足である。地主の大半は，隣村や群山市内に居住する不在地主であり，判明分のみで10軒に及ぶ。最も遠距離の地主はソウル在住である。

　オクセム村において規模の大きい農家の特徴を見ると次の通りである。4番の農家は25筆地の経営規模で10筆地を自作し15筆地を借地している。自作地10筆地のうち2筆地は遺産相続し，残る8筆地は隣村の農家から購入している。地主2名は群山市内に住む兄弟であり，投資目的か，食糧確保目的に購入した農地を，賃貸している。16番は21.5筆地のうち，自作7.5筆地，借地14筆地である。元来，自作地を持たなかったが，農地売買事業を通じて農地の購入を行った。政府事業によって自作地規模拡大を実現した農家と言える。借地についても毎年少しずつ増やしており，機械化により規模拡大を図っている。23番の農家は，経営地18.5筆地のうち7筆地を借地している。この借地の地主は「事業」を営んでいるが，投機か食糧確保を目的に農地を購入したものと思われる。23番は自作地が11.5筆地あり，私的な購入に加えて，売買事業を通じて自作地を拡大している。農地売買事業は経営規模拡大に寄与しているようであるが，この売買事業については，「農地価格は農村振興公社の売買事業のために上昇した」という批判の声も聞かれた。売買事業により農地価格が上昇していれば，一般の取引にも影響を与えることになる。売買事業による低利融資という恩恵がある一方で，個別相対の農地購入には，購入価格上昇による負担が，付加される。

　オクセム村では，売買事業開始後の農地取引14件中，売買事業を通じたもの4件であった。村内の賃借地80.7筆地中，長期賃貸借推進事業を通じたものはなかった。長期賃貸借推進事業については相変わらず拒否反応が見られるが，売買事業について農民は比較的積極的であり，同事業を活用して

農地の取引が行われている。しかし，農地の購入需要は他方では人為的な地価上昇という現象を生み出しており，農地売買事業すべてが歓迎されているわけではない。

(3) 賃貸借推進事業による個別賃貸借の掌握

表3-13は，先の個票一覧（表3-9〜12）の総括表である。サンプル数の少ないのが難点であるが，4集落合計の数値も合わせて検討することで補っていく。

4集落合計の経営面積は529筆地，約211.6 haである。このうち借地面積は311.7筆地，124.7 haであり，借地比率は58.9％，約6割に及ぶ。ここで注目すべき点は，公式統計の3〜4割に対して，借地の実態は6割という点である。韓国全土の平均的な借地面積比率が，90年農業センサスでは，27.9％，全羅北道の平均的な借地面積比率が32.5％であった（表3-2）。借地比率は年々上昇しており，97年の農家経済調査をみると43.5％に達しているが（表3-5），まだ98年の本調査の数値58.9％との開きが大きい。借地に関してはおそらく，農業センサスや農家経済調査よりも，本調査結果の方が実態に近いと思われる。すなわち韓国の平均的な平野部稲作農村における借地の割合は，公式統計で示されているような3〜4割水準ではなく，実際には6割水準にあるということだ。

もしそうであるとすれば，この調査結果は，公式統計の利用だけでは賃貸借研究に不十分であることを意味している。通常の政策分析や構造分析は，既製の公式統計を前提に，無批判的になされることが多いが，ここでの数値は，そういう手法の限界を示すとともに，通常は軽視されがちな，実態調査（フィールドワーク）の重要性を物語っている。借地比率4割と6割では一国農業の構造把握は天と地ほども違ってくる。正確な状況把握と統計検討には実態調査は不可欠なものである。

しかしながら，このような実態調査から導き出された結果については，特定地域のものであるという限界も抱えている。典型事例であるとはいえ，サンプル数が少なすぎる。これを補うために本研究では後の章で，視点を少しずらしながら，他地域の賃貸借状況についても実態調査の結果を示し，検討

表 3-13 総括表（全羅北道調査各集落の特徴と政府事業への対応）

	単位	カンギョン村	シヌン村	ソギ村	オクセム村	4集落合計
[借地]						
経営地面積（A）	筆地	92.0	108.5	157.7	170.8	529.0
借地面積（B）	筆地	55.5	80.0	95.5	80.7	311.7
借地面積比率（B/A）	%	60.3	73.7	60.6	47.3	58.9
[農家]						
世帯数（C）	戸	47	55	48	54	204
農家戸数(経営規模1筆地以上)(D)	戸	11	11	14	23	59
農家率（D/C）	%	23.4	20	29.2	42.6	28.9
家主が60歳以上の農家戸数	戸	2	1	9	11	23
兼業農家戸数	戸	4	1	1	2	8
[経営規模別農家戸数]						
上層（10筆地，約4 ha以上）（E）	戸	3	2	3	7	15
中層（5〜10筆地，約2〜4 ha）（F）	戸	1	0	4	5	10
下層（5筆地，約2 ha未満）（G）	戸	7	9	7	11	34
[階層別経営面積]						
上層農家群（H）	筆地	72.0	85.0	113.0	110.5	380.5
中層農家群（I）	筆地	6.0	0.0	25.3	33.0	64.3
下層農家群（J）	筆地	14.0	23.5	19.4	27.3	84.2
[階層別面積構成比]						
上層農家群（H/A）	%	78.3	78.3	71.7	64.7	71.9
中層農家群（I/A）	%	6.5	0.0	16.0	19.3	12.2
下層農家群（J/A）	%	15.2	21.7	12.3	16.0	15.9
[階層別戸当り経営面積]						
上層農家群（H/E）	筆地	24.0	42.5	37.7	15.8	25.4
中層農家群（I/F）	筆地	6.0	0.0	6.3	6.6	6.4
下層農家群（J/G）	筆地	2.0	2.6	2.8	2.5	2.5
[階層別借地面積]						
上層農家群（K）	筆地	46.0	73.0	86.0	56.7	261.7
中層農家群（L）	筆地	3.0	0.0	7.0	14.0	24.0
下層農家群（M）	筆地	6.5	7.0	2.5	10.0	26.0
[階層別借地比率]						
上層農家群（K/H）	%	63.9	85.9	90.1	70.3	68.8
中層農家群（L/I）	%	50.0	—	7.3	17.4	37.3
下層農家群（M/J）	%	46.4	8.8	2.6	12.4	30.9
[地主の居住地]						
在村地主件数	件	3	7	3	1	14
不在地主件数	件	5	5	5	10	25
[構造改革事業への応募状況]						
賃貸借事業面積	筆地	0	0	17	0	17
農地取引件数	件	3	4	5	14	26
農地売買事業件数	件	1	0	3	4	8

表3-9〜12の個票一覧より筆者作成．

注：(1) この場合の「上層・中層・下層」の面積基準は，本表にのみ適用するもの．
　　(2)「在村地主件数」は，個表一覧から村内地主をカウントしたもの．「在村地主件数」と「不在地主件数」の合計は，借地農家数とは一致しない．

作業を重ねている。そういう他地域の結果と，後に比較することで，賃貸借の実像はますます明瞭となる。

さて，ここで示された借地比率の数値は，四つの村の平均値であるが，個別の村ごとに見ていくと，借地比率に開きが認められる。最も高いのは，借地比率73.7％のシヌン村であり，低いのはオクセム村の47.3％である。シヌン村は，オクセム村に比べて，中間層の経営が少なく，経営規模の大きい少数の農家が，集落全体農地の約8割の経営を担当している。しかもその少数の大経営についてみると，借地比率のかなり大きいことが窺われる。シヌン村の1番についてみると，経営地全体に占める数値は93.3％であり，2番農家は同じく77.5％である。対するオクセム村は，10筆地以上という上層農家群[13]の経営面積比率はシヌン村に比べて低く，中間層の経営の占める比率が相対的に大きい。加えて，上層農家群の借地比率も比較的低くなっている。例えばオクセム村の4番農家は60％，16番は65.1％，23番は37.8％である。ちなみにオクセム村では借地を持たない自作農が10軒存在している。

以上にみるように，借地面積比率の大きい村については，中核となる上層農家が借地中心の経営で規模を拡大している。そして借地面積比率の小さい村では，自作農家数が多く経営規模が比較的平準化している。加えて，上層農家についても借地比率が小さく，自作地拡大の傾向が見られる。この自作地拡大については，借地を買い入れて自作地を拡大する動きがあり，農地売買事業もそういう中で活用されている。

では，このような村別の借地比率の相違はいかにして生まれてきているのであろうか。シヌン村とオクセム村の地主の所在地を見ると，概況ではあるが，シヌン村は在村地主が多く，オクセム村は不在地主の多いことがわかる。個票一覧で見られたようにシヌン村では，高齢化を理由として多くの農家が，中核農家に農地を賃貸している。村内賃貸借関係の大きいのが特徴である。一定程度に高齢化した世帯であれば，毎年賃貸相手を代えていくよりも，安心できる借地農に任せて，実質的に長期の賃貸借関係を維持した方が有利，という判断によるものと推測される。このような判断に至れば，借地農の経営も安定し，さらにはそのことが借地農の経営拡大をも促して，高齢化と村

内賃貸借増加が併行する。結果的には，大規模借地農中心の，借地比率の高い農村集落を形成することになる。高齢化世帯の多い集落では一つの安定した集落運営のタイプと言えるかもしれない。

対するオクセム村は，村内だけではなく，村の内外で賃貸借関係が取り結ばれている。不在地主が多く，経営は相対的に不安定で，借地の規模拡大には一定の限界がある。3軒の上層農家はいずれも不在地主との間に賃貸借関係を結んでおり，シヌン村のように安定した経営ではないものと思われる。このように，不在地主が多い場合には，今年借地した農地が来年も同じように経営できるとは限らず長期的な営農計画の樹立は困難となる。このことから，大農経営は，借地的拡大の道を諦めて，一定以上の安定的経営拡大には，借地から自作地拡大路線への転換を選ばざるをえなくなる。結果的に集落のタイプとしては，シヌン村とは異なり，自借地型の中規模農中心で，比較的借地比率の小さい農村集落を形成する。

オクセム村はシヌン村に比べて，60歳以上という比較的高齢の家主が多い。これらの高齢農家は完全に離農することなく，財産としての農地経営に従事している。シヌン村より農地の資産価値化が進んでいることがこの背景にはあるようだ。シヌン村では，オクセム村に比べて，農地の農地としての利用がいまだ一般的であり，高齢農家は農業利用目的の賃貸借を行っているが，オクセム村では，資産化した農地について，多くの高齢農家が自作地経営を行っている。都市的な農地利用に近く，不在地主が入り込んで，投機的に農地を売買していることもこのような資産価値化に影響しているものと思われる[14]。

ちなみにここでの資産化や資産価値化という言葉は，農地が生産手段ではなく，資産として，所有者に認識されるようになった，という意味で利用している。このような状況に至れば，農地が生産手段として利用される場合も，資産保全が主目的となり，農業生産による所得確保は副次的なものとなる。青壮年の農家であれば，中途半端に生産を停滞させることは難しいが，経営の発展よりも生活の安定を指向する高齢の農家にとっては，営農が副次的であることはむしろ，高齢者のライフスタイルに適合的なものとなる。よってオクセム村で多くの高齢世帯が自作地所有を継続していることには，高齢者

第3章　農地賃貸借関係と長期賃貸借推進事業の評価　　　*147*

の生活維持と，資産保全という，経済的な理由があるものと考えられる。

　さて，以上のように見てくると，同じ稲作平坦部の農村の中でも，在村地主の多いシヌン村タイプと，不在地主の多いオクセム村タイプに分けることが可能のようである。同じように高齢化が進行しつつある韓国の稲作平坦部の農村において，ある村では村内賃貸借関係が多く，大規模借地農が農村高齢化に併行して規模拡大を進めつつある。その背景には，長期賃貸借推進事業等の政府事業の介入如何にかかわらず，村内賃貸借関係が安定的であれば，いわば自生的に，高齢世帯の所有地の賃貸借契約が自動更新され，結果的に長期賃貸として機能し，大規模借地農の経営安定に結びつくことを意味している。

　上からの政府事業として，長期賃貸借推進事業は高齢化農村における生産基盤の維持を目指した。同事業は個別賃貸借の掌握に成功したとは言えないが，シヌン村にみられる新しいタイプの農村では，結果的に，それは果たされていると言えよう。長期賃貸借推進事業はほとんど活用されていないが，農民相互間の賃貸借は事実上「長期」のものとして機能しており，借地農の経営は比較的安定している。こういう大規模借地農の存在によって，高齢化した集落の農業生産基盤が維持されている。これはまさに長期賃貸借推進事業が目指したものであった。

　そしてこのように，個別賃貸借が「長期」のものとして機能することの背景には，高齢世帯が，農地を安心して貸し付けることができるという経済情勢が存在している。その経済情勢とは，農地がいまだ資産価値化することなく，農地としての利用が保証されているということであろう。さらにまた，そのことには，後の章で見るように，開発による農地転用を規制する農地保全制度の存在，農業振興地域制度の整備による保全地域の確定作業，等が関わっている。

　しかしながら，このような自生的な「長期」賃貸借機能は，あらゆる農村に存在するわけではない。オクセム村のような，もう一つのタイプの農村では，農地の資産価値化が進行し，不在地主が多いことから，平均的に安定した賃貸借関係の締結や，借地経営による規模拡大は困難となっている。

　従来の長期賃貸借推進事業は，これら異なるタイプの農村に向けて画一的

な事業として行われてきたが，もし長期賃貸借推進事業が農村ターゲットをより絞り込んでいれば成果も違っていたものと思われる。現在の長期賃貸借推進事業は，在村地主型賃貸借も不在地主型賃貸借もひっくるめての支援対象となっているが，村内賃貸借については本調査で見る限り，自生的で安定的な賃貸借関係が形成されている。長期賃貸借推進事業受け入れ如何にかかわらず，このような関係が形成されているのであるから，長期賃貸借推進事業の，個別賃貸借の掌握度は，比較的小さいと言わざるを得ない[15]。もしそうであるならば，不安定な賃貸借の安定化に焦点を絞り込んで資源を集中するという道も選択可能であったと思われる。集中した資源でインセンティブを拡大し，不在地主と借地農の長期賃貸借締結のみにエネルギーを投じていれば，賃貸借関係の安定化という点で比較的に，成果が収められたのではないか，と考えられる。

　加えて，農地売買事業についても，農地の資産価値化といういわばマイナスの影響を与えるならば，村内賃貸借関係が自生的に長期安定化した農村では，政策施行を差し控え，農地の資産価値化が進展し，不在地主の多い集落において，農地売買事業による農地の買い戻しと自作地拡大の推進に資源を集中した方が，長期賃貸借推進事業の政策目標との整合性が維持されたのではないだろうか[16]。

　農地売買事業は，既に指摘されているように人為的に農地購入需要を作り出すことで地価上昇を招くだけでなく，農地の資産価値化も推し進めるものであろう。農地の資産価値化は，農地の流動化を停滞させて，賃貸借関係を不安定化させるだけでなく，借地農による農業生産基盤維持をも難しくしていく。高齢化の進む農村において，農業生産基盤を維持していくという点からは，農地売買事業の施行を抑制し，むしろ自生的な賃貸借関係の長期化を狙った方が，長期賃貸借という事業目標との整合性が確保されると思われる。

　また，既に農地の資産価値化の進んだ不在地主の多い地域においては，長期賃貸借推進事業は，不在地主の抵抗で拒否されるケースが多い。この場合にはむしろ，農地売買事業を活用して，借地の自作地化を進めていく方が，長期的には経営安定に結びつくであろう。

　長期賃貸借推進事業は棚上げされることになるが，同事業の目標はそもそ

も，生産基盤維持であり，自作地，借地を問わず，安定的な経営に農地が活用されていくならば，当初の事業目的は達成されることになるであろう。農地売買事業は，地価上昇というマイナス面を持ち合わせているが，この際には，何らかの手段で取引価格のコントロール等を行い，投機的取引防止の工夫を組み込む必要があろう。

以上のように，整合性ある政策事業の遂行には，対象地域の把握と地域的区別が不可避である。このような政策が推進されない理由は，そういう地域類型が政府側に把握されているか否かという問題がある。加えて，もし把握されていたとしても，地域差を伴う政策を施行することへの農民側からの反発に配慮して，政策が差し控えられる可能性もある。

実際に，農地売買事業に，地域的差異を織り込んで実施すれば，低利融資の恩恵を受ける地域と受けられない地域が出てきて，農民は大いに反発するであろう。このような反発に配慮して，従来は，画一的な政策施行が行われてきたものと思われる。

しかしながら現在，こういう「選別」を伴う政策手法は，WTO体制下では残された数少ない農業政策の道となっている。条件不利地域政策や，環境農業政策に絡ませることで，農業生産基盤の維持が考えられることになれば，やはりターゲットの絞り込みは避けられないであろう。また今後，それらは農地保全制度の厳格な運用とともに，検討課題に上って来る可能性がある。

おわりに

以上の賃貸借分析について本章では基本統計の検討から始めた。

まず，韓国における農地賃貸借の基本構造を，『農業センサス』『農家経済調査』という二つの基本統計を用いて分析した。両統計は，それぞれに不十分な点を有するが，両者の利点を活用し相互に補って検討することにより，賃貸借構造の大要が明らかとなった。韓国の賃貸借は，従来言われてきたように，農地全体に占める借地面積比率の大きさが一大特徴であり，さらに不在地主の多さがもう一つの特徴を付与している。これは同分野の研究においては共通見解と言ってもよいであろう。

そして本章の統計分析における新たな着目点は，その借地構造が平野部稲作地帯の賃貸借に一元化されるものではなくて，これに加えて都市型借地経営が存在し，そこでは平野部よりも借地比率と不在地主比率が高いということであった。本章ではこれら二つを韓国借地構造の２大類型と見ている。そして，都市型借地の分析は後の章に譲り，まずここでは，平野部借地という基本型について，統計分析を補完すべく，調査結果の検討作業を進めた。
　その結果として，最初に注目されることは，借地の実態は，既製の統計数値が示す以上に，はるかに広範な面積に及んでいるということだ。借地面積の比率は従来，公式統計上は４割，その実態は６割と言われてきた。そして，本章の調査結果でも風説通り約６割の水準であることが明らかとなった。全体農地面積の約６割という借地については，公式統計には現れずに，４割という数値しか出てこない。このことは，調査を伴わない統計数値のみの分析が，いかに，あてにならないものであるかを示している[17]。
　この６割という借地の比重を前提に，次には，その内容と性格について検討を進めた。その結果，従来からの農地所有に代わる新たな傾向として，農村内の賃貸借関係の拡大が部分的に確認された。これらは，高齢化＋労働力不足型，兼業化＋労働力不足型に分けられる。いずれも近年の急速な高齢化や都市化を反映したものである。そして，このような変動は見られるものの，依然として不在地主構造は韓国の農地所有を特徴づけており，都市在住の地主たちは農地を生産手段ではなく資産として認識し，地価の随時的な変動に応じた土地処分の権利確保を要求している。それが長期賃貸借推進事業の不振となって表れていることは，既に見たとおりである[18]。
　長期賃貸借推進事業の評価については，不振問題の背景を探るべく，稲作平坦部の典型農村の調査結果を検討し，地主を居住地別に類型化した。都市近郊や平野部という広域類型とは別に，稲作平坦部の中において，さらに二つの類型区分を行った。稲作平坦部内の，在村地主型と不在地主型の二つである。このような所有構造の地域的差異は，借地農のあり方にも影響を及ぼし，政府事業への農民対応も異なってきている。従来の政府事業は，こういう所有構造の差異を等閑視した，画一的な政策施行を行っており，政策の整合性という点で問題を抱えている。

第 3 章　農地賃貸借関係と長期賃貸借推進事業の評価　　　*151*

　長期賃貸借推進事業不振の背景には，農地の多様な所有構造に対応した，柔軟なメニューが提供されていないという問題がある。地域的に異なる政策を施行することには困難が少なくないが，WTO体制下での数少ない政策メニューの一つとして，「選別」的政策措置は残されている。そういう手法を採用するか否か，大変難しい問題ではあるが，基盤維持政策がかなりの瀬戸際まで追い詰められているのも事実であろう。

　以上の考察は，典型事例とは言え，全羅北道の4ヵ村という限られた地域の調査を参考にしたものにすぎない。次には，他の個別実態調査との比較を進めて，賃貸借の実像をより明確なものにしていく必要がある。同じ稲作平坦部の他の地域における賃貸借構造，及び，都市近郊賃貸借の分析を進めなければならないが，前者については，第4章の機械化事業で，後者については，後の第6章の開発制限区域，及び第7章の環境農業でそれぞれ検討を加えている。

注

1 ）ところで，この問題に関連して倉持和雄氏は，以下のような考えを示されている。
　「70年代後半以降，農地賃貸借が増加していくが，その背景として農村人口・農家人口の都市への流出がある。そうして増加する農地賃貸借には，いくつかのパターンがあり，それが時期により変化してきた。すなわち地主に注目して類型化すると，
　①家族の一部が都市に流出して自家労働力に不足する農家の在村地主化，②離農離村したもと農家が農地を保有しつづけながら不在地主化，③農家の兼業ないし農外就業による在村地主化，④都市在住者が農地を購入することによる不在地主化（中略）このうち，①と②が当初，主流のパターンであり，その後，③や④が増加していったものである。①について，わたしは農業機械化がまだ進展していない状況を前提とし，規模の大きい農家が，家族労働の減少で既存の規模経営維持が困難となり，一部農地を賃貸して経営縮小することを念頭においていた。その後，農業機械化はそうした困難を解消した。しかし高齢化が同様の困難をもたらした。そうであるから高齢化による賃貸は①のひとつのパターンである。有る意味で，①のパターンの中で高齢化による賃貸という新しい傾向が現れているとはいえよう」（倉持和雄氏の拙著草稿へのコメント）。筆者は90年代の賃貸借の特徴として，高齢化に関連する在村地主の増加現象を指摘している。韓国においては倉持和雄氏の指摘するように，80年代から高齢化と労働力不足による農地の賃貸が見られた。よって高齢化を理由とする農家賃貸はとりたてて新しい傾向とは言えないかもしれない。農家の労働力不足は，農家人口の流出により発生したものであり，その流出は90年代よりも80年代

の方が激しかった。農家人口流出による労働力不足が賃貸を余儀なくしたという点では，農家を地主とする賃貸を新しい傾向と断ずることは難しいであろう。しかし本書で論じた「新しい傾向」としての農家賃貸は，農家人口の流出がダイレクトに招いた労働力の不足ではなく，一定の時間経過後の産物として捉えられる。例えば，若い世代が都市へ流出した後に残された壮年の夫婦二人の世帯は，経営耕地面積を縮小し，所有農地を賃貸に出すという最初の農地賃貸の時期がある。そしてこの夫婦は10年ないし20年後には，高齢化による体力の衰えから，もう一段の経営規模縮小と賃貸地増加という道を選ぶであろう。最初の若年労働力流出時の80年代初頭に，50代半ばであった夫婦世帯は，90年代後半に入り70歳近い高齢となる。このことがもたらすもう一段の賃貸地増加という意味で，本書では，集落内相互の農家賃貸を新しい傾向とみている。

ところで，韓国の都市化は激しい農家人口の都市流出を招いたのだがそういうなかで，高齢世帯のみがなぜ農村に取り残されたのか，疑問がのこる。

倉持和雄氏は，農村人口の都市流出について次のように述べておられる。

「世帯流出が主流を占めたというのは60年代までの特徴であって，70年代以降にはしだいに単身流出の比重が大きくなってきていると推測される」(前掲，倉持和雄，61頁)。「しかし，こうした単身流出の増大が一定のタイムラグを持って世帯流出を引き起こしているということに留意する必要がある」。「すなわち，単身流出した農家の子供が都市での生活基盤をある程度築き，安定すると引き続いてその兄弟やそして両親までもが，この都市の子供を頼って次々と離村してしまう現象が後半に見られるようになっている」(前掲，倉持和雄，63頁)。「韓国の人口移動のパターンの主流は，極端に単純化すると挙家離村型（60年代）→単身離村型（70年代）→単身離村型とチェーンマイグレーション型の併存というように時期的な変遷を遂げてきたのではないかと思う。80年代のチェーンマイグレーション＝なし崩しの世帯流出は，農村からの人口流出が最終局面を迎えていることを示していると言えよう」(前掲，倉持和雄，64頁)。

80年代までの倉持和雄氏の説明に続いて，その後の時期の特徴を述べれば，次のように考えられる。90年代には農村人口がほぼ払底というところまで流出した。一方，都市へ流出せずに農村にとどまった農民世帯が高齢化して新たな局面を迎えた。70年代からの単身流出継続で，後に残された農家世帯は，夫婦二人の基幹労働力のみで営農を継続していたが，80年代から90年代に至り，ほぼリタイアの時期を過ぎているにもかかわらず，農村に取り残されるという状況になった。

例えば70年頃に，夫婦ともに50歳前後であった世帯の場合，後継者と目していた子弟がすべて単身流出した後に，残された夫婦二人で営農を継続したものと考えられる。こういう世帯は，80年頃には60歳前後，90年頃には70歳前後となり，2000年には80歳と，もはやリタイアの時期を過ぎている。そして本書の調査でみられるように，韓国農村には，こういう80歳前後の高齢世帯が，相当の割合で存在している。

高齢の世帯が農村に残留した理由として考えられることの一つは，これらの高齢者は，家族の一部が都市へ流出以後も，営農を継続し，残された農地を守ってきた世代

であり，子弟を頼って挙家離村した世代とは，性格を異にしているのではないかということだ。しかし，更なる疑問は，これらの世代の人々は他の世代と異なり，なぜ都市へ移動せずに，農村にとどまったまま，リタイアの時期を迎えてしまったのかということである。その世代的特徴に関する疑問は未解決のまま残る。

この点については，かつて韓国農村経済研究院に勤務した金聖昊氏の見解が参考になる。

「1960年現在で35歳から44歳の階層は，10年前の農地改革の時に営農を相続して，自作農として出発した階層である。彼らは70年代のセマウル運動はもちろんのこと，食糧事情が困難な時期に米自給を達成し，また一方では，勤倹と節約に努め，子息を都市に送り出し就学させて，今日の韓国を創出した農村『近代化段階』の主人公であると言える。1990年現在，その比率は18.3%であるが，既に65歳以上となり高齢化している」（金聖昊「韓国ノ農業構造ノ現状ト課題」韓国農村経済研究院『農業構造改善ノタメノ韓・日討論会』，1992年，12頁）。

以上のような氏の説明をさらに展開すれば，現在の高齢化世代は他の世代とはやや異なる背景を有し，営農相続時に農地改革を経験した世代であることから，農地への執着が強く，他の世代が流出を続けるなかで，農村にとどまり，そのままリタイアの時期を迎えてしまったものと考えられる。これは農地改革に官僚として携わった金聖昊氏ならではの見解であろう。農地改革時に，生まれて初めて農地が我がものになったといういわば衝撃的な体験は，現時点の我々には想像できないものであるが，当時としては天地開闢の衝撃を農民に与えたのではないだろうか。農地改革の歴史性を考慮して，推論の一つとして，そういう世代の特徴に注目することは可能であると思われる。これは何らかの方法で証明されねばならないであろうが，特定高齢世代の残留という現象についての，一つの参考とはなるであろう。

そして，構造政策や，市場開放との関連では，こういう世代が強固に農村に踏みとどまっていることが90年代の構造政策には一つのブレーキともなったわけであるが，今後の米市場開放拡大に際しては，稲作収入を，よりどころとする彼らの生活の保障を如何にするかという問題が相当に深刻なものとなるだろう。そういう農家のライフサイクル及び政策問題については，本書の各論においても検討している。

2）本書では，「聞き取り調査」は調査の手法を指し，「実態調査」は計画＋聞き取り調査＋結果整理＝実態調査の総体，を意味するものと捉えて使い分けている。よって文章中で調査の手法を含意する場合は「聞き取り調査」と表記している。

3）これは80年代から既に見られた現象でもある。高齢化の進展で労働力不足世帯が現れて，集落内部の賃貸借等で労働力調整が行われていた。

対する90年代の新たな特徴は，WTO体制下の市場開放拡大という状況の下で，そういう経済関係を通じた高齢者の生活支持が困難に直面するということであろう。後の筆者による調査で示されるように，高齢で労働力に不足するという世帯が，集落の一部ではなく，大多数を占めるようになってきている。他方で大型機械を抱える少数の農家が集落全体の農地を賃借や受託により引き受けており，高齢者の生活は大農の受託・賃借引き受けに依存しているのが現状である。そして問題は大農の経営が従

来は比較的好調であったものの，今後の市場開放拡大や農政転換のなかで，苦境に陥る可能性があるということだ。WTO体制下の国内補助削減と市場開放拡大で，米価と稲作収入が下落した場合，稲作大農は大きなダメージを受けるが，その影響は，賃貸料の引き下げや委託料の引き上げを通じて高齢農家に転嫁され，高齢者の生活は困難に直面する可能性が大きい。農地の賃貸借や営農受委託という経済関係を通じて維持されてきた高齢者の生活が脅かされることになり，これは高齢者が多数を占める今日の韓国農村社会の崩壊を意味している。
4）韓国では80年代より，農家人口流出に伴う農地の賃貸が見られたが，ここでは，残された家族の高齢化による労働力不足と農地賃貸を論じている。
5）都市型の借地類型については後の章において実態調査による結果を示し分析を加えている。第6章では開発制限区域における都市型農業が，賃貸借による一定の制約を受けていることを示し，第7章では，都市近郊の有機農業実践の運動を，投機的な土地取引や所有が妨げていることを明らかにしている。
6）韓国では行政区域が頻繁に変更されるので，地域別統計の時系列分析が難しい。変更の理由は基本的に，開発による急速な都市化で比較的短期間に都市形成が進むことによると考えられるが，直轄市指定を目的とした人口規模100万の大都市への再編など，他の政治的な思惑も存在するようである。
7）ソウル大学校の鄭英一氏によれば，このような実態調査は，90年代後半においては，韓国でも，韓国農村経済研究院を除いては行われていない，という（筆者との面談）。
8）黄延秀『韓国米作農業ノ生産力構造分析―生産性及ビ収益性ノ階層差ト地域差ヲ中心トシテ』高麗大学校博士学位論文，1995年，213頁。
9）金聖昊『韓国の農地改革と農地制度に関する研究』京都大学博士学位論文，1989年。
10）序章でも示したが，調査の模様については，その一部を下記のエッセイに公開している。拙稿「韓国農村のフィールドワーク」九州大学『Radix』No.26，九州大学大学教育センター，2000年9月，10-12頁。
11）韓国の農地保全制度，農業振興地域制度については，第5章以下で詳述している。
12）第2章「農地売買事業の問題点」の項を参照されたい。
13）経営耕地規模別の階層分析を行う場合には，上層農・中層農・下層農という用語を使用している。
14）オクセム村で農地の資産価値化が進行した背景についての分析は今後の課題となるが，シヌン村対比の，都市との距離や，農業振興地域の指定如何などが要因として考えられる。
15）ソウル大学校の鄭英一氏は，韓国の農地政策を総括して次のように述べておられる。
　「韓国では農地改革後に，農地政策というものは存在しなかった。農地の所有や利用については政策不在の状態が続き，農地の保全制度についてのみ政策は影響力を有した。今回の政府の賃貸借事業は，賃貸借全体から見るとごく一部に過ぎない。自作農制度崩壊後の，賃貸借を支えるためのものであり，積極的な意味はない」（筆者と

第3章　農地賃貸借関係と長期賃貸借推進事業の評価　　　　　155

の面談)。
16) 農地の資産価値化の進展した村でも農地売買事業による影響は避けられないであろう。投機的購入のような村落外からの農地購買需要に加えて，農地売買事業の購入需要が加わることになり，農地売買事業の投資当り効果が低下するだけではなく，資産価値化をさらに増進するおそれがある。しかし，農地売買事業による投入資金を両タイプの村で同じ規模と仮定すれば，資産価値化未進行の村に比べて，資産価値化の進行した村における事業の攪乱的影響は，相対的には小さいのではないかとも思われる。いずれにせよ，このような政策の遂行には農地価格コントロールの装置が何らかの手法で組み込まれる必要があるが，実効性ある手法を考案することは容易ではないだろう。
17) なぜ，公式統計は賃貸借を正確に把握することができないのか。その理由は，所有名義の操作や，不在地主の様々な操作であるが，詳しくは後の第7章における環境農業地域の賃貸借調査で説明している。
18) 最近の農村には，新しい型の賃貸借が現れており，それらは従来の賃貸借理解に変更を促すものである。旧来の不在地主型賃貸借に加えて，高齢労働力不足型賃貸と兼業離農型賃貸という二つのタイプの賃貸借が現れてきている。高齢化で，高齢世帯の労働力不足による農地賃貸が増加している。また，兼業離農型賃貸は，兼業機会の展開というよりも農業所得の家計費充足度低下のためと考えられる。近年では，同一村落内での賃貸借関係の増加と，農民層の両極分解現象が見られるが，これらの新しいタイプの賃貸借については，いまだ支配的とは言えない。不在地主型賃貸が多く農業生産に否定的な影響を与えている。不在地主型賃貸存続の理由は，96年農地法による不在地主容認，地価高騰による農地の資産価値認識化，土地投機，等が想定される。

　そして，このような構造変化を背景とする長期賃貸借推進事業の実態は，本調査により部分的に把握される。基本的には，不在地主構造が賃貸借事業の長期契約を阻止している。都市の高地価が農村へ波及しており，地主側は土地処分権を確保して長期契約に応じない。その結果として，同事業による賃貸借掌握は限られたものとなる。前章では，長期賃貸借推進事業の不振問題を解決するために，様々な追加的インセンティブ措置がとられたことを紹介した。しかし実態調査から確認されたように，長期賃貸借事業の不振はかなり構造的なものである。

　長期賃貸事業それ自体は所有構造の改革を目指すものであるが，長期賃貸忌避という農地所有者の対応は，事業の技術的問題やインセンティブの不足を理由とするものではなく，農地価格の不安定という状況を背景としている。所有構造の改革推進にはこちらが重要であるが，農地価格不安定という状況は容易に変化するものではなく，それに手をつけようとすれば農業以外の分野への影響も大きい。地価の擾乱は都市資本の農業部門への流入を背景としているが，これを止めることは都市開発の抑制を意味する。韓国では，後の第6章で見るように「開発制限区域」を巡り激論が交わされてきた。開発規制は現在，緩和の方向にあるが，そのなかで地価コントロールを如何に進めていくか定まっていない。日本と異なり，政策として強力な規制が断行される可能性もあり注目されるところである。

第4章

農業機械化事業と賃貸借関係

はじめに

　筆者は，第2章において，構造政策の自作農主義から借地農主義への転換について言及した。そして，同時に，この転換はなかなかスムーズには進展せず，政府の長期賃貸借推進事業（以下では「賃貸借事業」と略す[1]）は，幾つかの問題をはらみつつも拡大傾向にあることを指摘した。本章では，第2章を受けて，この賃貸借不振の問題を農業機械化事業との関係において検討する。

　本研究に際しては主に姜奉淳氏と金正夫氏の研究を参考にした[2]。事業の背景については姜奉淳氏の研究を，機械化と賃貸借の関係については金正夫氏の研究を参考にしている。ソウル大学校の姜奉淳氏は韓国における農業機械化研究の第一人者であり，「農業機械半額供給事業」[3]の問題点を鋭く指摘するとともに，その政治的背景について興味深い分析を行っている。また，韓国農村経済研究院の金正夫氏は構造問題に精通しており，90年代の構造政策立案に関わってきた。ここでは両人の研究を大いに参考にしつつ，それらについて独自の考察を加えた。

　とくに「農業機械半額供給事業」の影響については，賃貸借事業と賃貸借一般を区別するという論点を提示している。賃貸借の不振には「農業機械半額供給事業」の影響が大きい。「農業機械半額供給事業」により農業機械が全農民階層に普及した結果，営農委託が拡大して，オールタナティブとして

の賃貸借は不振に陥っている。「農業機械半額供給事業」は他にも様々な副作用が現れて 99 年から中止されることとなった。しかし事業中止の結果，今後，賃貸借一般に加えて賃貸借事業までもが不振原因を除去し事業量を回復させていくとは思えない。賃貸借事業と私的賃貸借の不振原因は異なるからである。

　本章では，賃貸借事業を私的賃貸借から切り離して，それらの不振原因を別々に考察している。賃貸借事業は，村落内の私的賃貸借の管理掌握を目的として始められたが，いまだ村落内の私的賃貸借の一部を掌握しているに過ぎない。よって「農業機械半額供給事業」の中止により私的賃貸借が増えたとしても，ストレートに賃貸借事業の増加に結びつく可能性は低い。「農業機械半額供給事業」の中止は，私的賃貸借の抑制要因を取り除くことによって，政府による私的賃貸借の掌握という新たな問題を浮上させている。「農業機械半額供給事業」の中止により私的賃貸借が拡充することになれば，政府による私的賃貸借の掌握度は低下して賃貸借事業が後退する恐れさえある。それほど政府介入により私的賃貸借を公的に管理するということは難しい。今のところは，地価の不安定と，将来への地価上昇期待が土地所有者の事業申請を躊躇させている。私的賃貸借が政府事業の範囲に無理なく入ってくるためには，政府による地価コントロールが行われて，農地価格の安定が図られねばならないだろう。

　本章の執筆に際しては，1998 年から 1999 年にかけて数回にわたり実態調査（フィールドワーク）を行った。本章でとりあげた具体的事例はその時の聞き取り調査に基づいている。

1．農業機械半額供給事業の背景

　韓国の「農業機械半額供給事業」は農業機械化事業の一部であり，1993 年以降の農業機械化事業については，その事業内容の特徴から「農業機械半額供給事業」と呼ばれている。農業機械化事業は，1980 年代から続けられていたが，「ガット・ウルグアイ・ラウンド対策」[4]として，1993 年に農業機械購入の際の補助率が 50 ％に引き上げられた。このことから，韓国では一

般に，この時期以降の農業機械化事業を指して「農業機械半額供給事業」と呼んでいる。本章では主に93年以降における農業機械化事業の展開と問題点を吟味しており，80年代からの機械化事業一般を指す場合には農業機械化事業，93年以降の農業機械化事業を指す場合には，「農業機械半額供給事業」という用語法を使っている[5]。

　本来の農業機械化事業は，農業構造政策推進上において，農地規模化事業との間で補完関係を持つものであった[6]。農地規模化事業が農地規模の拡大や交換分合を通じて経営規模の拡大と農地の集団化を促進したのに対して，農業機械化事業は，農業機械の購入に際して農民に購入資金の補助及び融資を行った。そして，自己資金が僅かな場合でも補助金に融資金を加えて，農業機械の購入が可能となった。これにより機械化による省力化が実現され，限られた人力で経営農地規模の拡大が進められることとなった。農地規模化事業による経営規模拡大は，農業機械化事業により技術的かつ経済的な裏づけを与えられた。農地規模化事業により所有規模や経営規模が拡大しても，それを経営していくだけの機械装備がなければ，拡大された規模での経営体存続は難しい。また，狭小な農地では農業機械の活用が困難であり，農業機械化事業は，経営農地規模の拡大を前提に推進されてはじめて，その効果を発揮できるものであった。両者は車の両輪のようでもある。経営農地規模の拡大を進める農地規模化事業と，農業機械の導入を促す農業機械化事業は，相互に関係を有しており，各事業単独では存立が困難であった。しかしながら，農地規模化事業との関係に規定された農業機械化事業は，「農業機械半額供給事業」と呼ばれ始めた1993年頃からその性格を変えていった。「農業機械半額供給事業」は農地規模化事業との補完関係から離れて，独り歩きを始めることになり，さらには農地規模化事業の阻害要因へと転化していく。この変質の契機は，競争力育成策と市場開放対策との間に生じた政策的ジレンマにあった[7]。

　1993年頃には，農地規模化事業が競争力育成策としての限界を露呈させ始めていた。これを補完するために他の有効な政策が模索された。90年代前半までは農地規模化事業の中心は，資金融資を通じて，農地所有の大農への集中を支援することであった。大農による農地の購入を支援する政府事業

は，90年からの農地規模化事業に先だって，農地購入資金支援事業として88年から開始されていた。当初は，申請資格条件抜きで，いずれの階層も農地の購入に融資の申請が可能であった。零細農も大農も申請すれば農地購入時に低利の融資が受けられた。事業の目的が不在地主対策と零細農対策にあったからである。不在地主の農地購入と零細農の規模拡大を目指していたために全農民階層が支援の対象となっていた。しかし，この事業が農地規模化事業として再編された90年頃から申請資格条件が厳しくなっていった。

農地売買事業は二段階の政策転換を経ている。一つは，90年代の中農育成から大農育成への転換，二つは90年代半ば以降における中小零細農の支援対象からの排除と大農への支援集中である。当初の農地売買事業には，資金の融資申請に予想以上の希望者が殺到した。財政負担が重くなり，加えて農地価格の上昇までひきおこした。同事業は重い財政負担の割には十分な成果を収めることができなかった[8]。政策当局は90年代半ば以降，農地購入の融資対象を上層へ絞り込んで，限られた融資資金を特定階層の農家に注入し，規模拡大と競争力向上の実効をあげようとした。90年半ば以降の農地規模化事業は，中農の大農への転化を育成支援するものであり，零細農や小農は政策の対象から段階的に除かれていった。90年代半ば以降には，農地規模化事業の支援対象が，上層へ上層へと毎年絞り込まれた。

支援対象農民の絞り込みは，農業の国際競争力向上を意図した「ガット・ウルグアイ・ラウンド対策」の要であった。競争力向上は農地の流動化による大農の育成を通じるものであるが，その前提条件として大量の離農民の発生を想定していた。離農民の手放した農地を集中した大規模稲作経営が，市場開放以後における農業の担い手となることが期待された。実際に，農村の高齢化問題は深刻であった。高齢化して隠退する農民に後継者がいない場合にはその農地が遊休地化するおそれがあった。その前に大農に売却・賃貸して経営規模拡大につなげることが企図された。こういう農地の流動化に成功すれば，少なくとも韓国農業の生産基盤はある程度維持されるはずであった。

原理的には，大農が小農の農業所得を上回るだけの農業余剰と，その結果としての地代を確保できれば，少なくとも小農が離農しうる条件が整備される。小農はそれまでの農業所得と同等以上の地代がインセンティブとなって，

農地を賃貸に出すことになる[9]。そのためには大農が機械化等を推し進め，小農に対して生産力上の優位を確保することが必要となる。大農と小農の生産力格差が拡大して，大農の農業余剰が小農の農業所得を上回り，経済的には農民層分解の条件が整う。しかしながら，韓国農村にはこの分解を妨げる構造的な要因があり流動化はなかなか進まなかった。韓国では，大農と小農間の生産力上の格差が元来小さかった。その原因は，農村の工業化が遅れ，農村兼業機会が少なく，小農の離農条件が整わない，という韓国農村の構造にあった[10]。零細小農においても，農業以外の就業の道が少ないことから，そのまま営農を続けざるを得なかった。零細小農も大農と同じく農業所得を増やすべく賃借地の拡大を進めた。特に開発の相対的に遅れた全羅道地域においてその傾向が強く現れた。農家の家計費が農家所得を上回って家計の赤字発生が見込まれる際に，農外所得により農業所得を補い，農家所得を増やして農家の家計費増加をカバーすることが難しかった。農村兼業機会が限られているためである。家計費の増加による赤字発生は，農業所得の増加によってカバーするほかなく，農業所得の増加は新たな農地賃借による経営規模拡大を通じて進められた。そして，こういう方法を，小農から大農までのいずれの農民階層もが選択することにより，農地の借り手のみ多く，賃貸される農地は限られたものとなって，借地競争から地代水準は上昇した[11]。その結果，大農が生産力上の優位をある程度確保したとしても，そこから捻出される農業余剰の水準では，容易には，高水準の地代を超えることはできなかった。その事が，大農にとっては賃借による経営規模拡大の阻止要因となり生産力水準を規定することとなった。さらに，こういう韓国に特殊な農村事情に加えて，1980年代から90年代にかけては，農村における担い手農民の高齢化が急速に進行した。農民の高齢化は，農民の離農による農地の流動化に結びつきそうであるが，実際にはそういう流動化はなかなか進まなかった。高齢の農民には農地からの収益は年金代わりのものであり，農地の売却にも賃貸にも消極的であった。彼らは農地に固執して営農委託を選好する傾向が強く，賃貸借や農地購入を通じた大農の規模拡大は容易ではなかった。

　そして，こうした諸々の理由から，市場開放に備えるに充分な生産性を確保すること，及びそういう生産の担い手の成長を待つことは，政策当局側に

は困難なこととみなされた。経済原理に即した農民層分解を待つことなく，政策介入により分解を促進することが計画された。それが先の農地規模化事業であり，大農の農地購入及び賃貸借契約を，融資により集中支援して，農地経営規模の拡大や農地の集団化を進める予定であった。同時に，これは分解促進目的の政策であるから，その目的が明確になるにつれて，下層の農民層は支援の対象から外されていった。90年代前半には，農地規模化事業の支援対象が，上層へ上層へと，毎年絞り込まれていったが，支援対象から除外された小農民はこれに激しく抵抗した。特に青壮年の零細・小規模農家は，大規模農家と同じように一定程度の農業機械保有を望む傾向が強く，大農中心の支援政策には猛反発した。このような農家群は概して大農育成策には否定的であり，「ガット・ウルグアイ・ラウンド対策」として実施された農地規模化事業や農業機械化事業を受け入れなかった。彼らは，一部少数の農民階層を担い手として育成することに反対し，おしなべて農業全般の保護政策を要求した。農産物市場開放受諾のためには国内対策が必要となった。中小農民層の市場開放反対には，それなりの根拠があった。農地規模化事業は大農支援を進めたことから，支援対象から外された中小農民は，市場開放に対して有効な防護策もなく，丸裸にされて放り出されてしまう。こういう農民階層の反発を抑えることなしには，市場開放を受け入れることは困難であった[12]。本来ならば離農促進の対象となるような中小零細規模の農家を温存することでしか，市場開放は受け入れられなくなっていった[13]。

　「ガット・ウルグアイ・ラウンド対策」は，市場開放受け入れの国内対策と，市場開放後の担い手育成策・規模拡大政策を並行して進めたが，この両者の政策がうまくかみ合わなかった。担い手層を育成する前に，市場開放を受け入れなければならなかったが，市場開放にはほとんどすべての農民階層が反対した。農地規模化事業は，限られた農民の規模拡大を資金面で支援することにより，国際競争力を育成して市場開放に備えることに主眼点があったが，市場開放に反対する勢力は規模拡大のポテンシャルを持つ農民階層に限られず，広範な農民層を含み，政策支援にはジレンマが生じた。市場開放の国内受諾に際しては，あらゆる農民階層の支持を得るために，担い手育成という選別支援方式を放棄することになるが，他方で，市場開放に備えた国

第4章　農業機械化事業と賃貸借関係

際競争力の育成には，零細農民層の農地を大農に集中してスケールメリットを追求していくことが避けられない。結果的に零細農を切り捨てることになる。これらは，一方の政策を採用すれば，他方が困難になるという関係にあり，両者ともに並行して進めることには無理があった。そして，このジレンマのなかから，「ガット・ウルグアイ・ラウンド対策」の農業機械化事業が浮かびあがってくる。「ガット・ウルグアイ・ラウンド対策」には，競争力向上を目指す前に，市場開放決定を国民及び，国内の市場開放反対勢力たる農民諸階層に納得させるという道具立てが期待された。全農民を説得して市場開放決定を進めることは難しい，という事情も手伝って，農業機械化事業が見直されることになる。農業競争力向上を目指す「ガット・ウルグアイ・ラウンド対策」と区別して，他に，市場開放決定後の，いわば特別な「ガット・ウルグアイ・ラウンド対策」が政策化される。国内対策という政治的配慮から構造政策は複雑に歪められていった。機械化事業の同じ事業枠の中に，本来ならば異なる目的を有する補助金が混入されることになり，機械化事業の性格は混乱したものとなった。分解促進政策ならば，大農に生産補助金を，中小農民には生活補助金ないしは転業補助金が措置されることになる。農業競争力向上を目指すには大農向け補助金，分解・離農促進目的ならば中小農民向け補助金が要請されることになる。しかし，この場合には全階層に生産補助金が措置された。大農向け補助金は依然として生産補助金の機能を有したが，中小農民向け補助金は純粋の生産補助金とは言い難かった。効率的な機械使用の展望のないままに機械化補助金が措置された。これは市場開放の国内対策補助金とでも呼べる内容のものであった。そして，市場開放問題は一旦決着を見たものの，中小農民向けの補助金措置は，後に多くの問題をひきおこすことになった。

　93年からの「農業機械半額供給事業」では，機械購入に際しての補助率が引き上げられて，莫大な補助金が措置された。本来の農業機械化事業は，規模拡大のポテンシャルを有する大農をターゲットとしており，農地を大農に集中して大型機械の導入を補助する予定であった。しかし支援の対象は一般の中小農家にも拡充され，さらに融資に代えて補助金の比重が増やされた。補助金5割からなる「農業機械半額供給事業」では，大農よりも，それ以外

の一般農家に対してより多くの支援を行った。離農の対象となりうる農家や，零細規模の農家，または農地規模化事業の対象から外された農家も，補助金を通じた農業機械の購入が可能となった。本来ならば農業機械購入の難しい中小農家も争って購入手続を行った。零細規模の農地しか所有せず，農業機械購入後に効率的な稼働の見込みのない農家でさえ農業機械を購入した。農業機械を購入した中小農家は，離農するどころか機械の償却負担を抱えますます農地にしがみつくこととなり，農地規模化事業という政府の分解促進政策は困難に直面した[14]。

以下では，姜奉淳氏と金正夫氏の2人の研究を手掛かりとして，この事業の内容と農民層分解への影響を考察する。

2．農業機械半額供給事業の具体的展開

農業機械化事業は，1993年のウルグアイ・ラウンドによる農産物市場開放決定を受けて事業内容が大幅に変更され，「農業機械半額供給事業」と呼ばれるようになった。

「農業機械半額供給事業」の検討作業は，この93年以降の補助制度内容をみることから始まる。変更内容は，農業機械化事業の，融資から補助へのシフトであり，93年から農家の機械購入に際しては，基本的に補助50％・融資40％・自己負担10％となった。機械購入時の50％という補助率水準は，かなり手厚い支援を意味する。この補助率は，規模拡大を目指す稲作専業農家（大農）だけではなく，非稲作農家や兼業農家等の一般農家にも適用された。農家種別ごとの支援条件は次の通りである。①一般農家については，200万ウォン限度以内の農業機械ならば50％補助であり，残りは支援限度額に応じて融資を行う。200万ウォンを超える農業機械については，100万ウォンを補助し，残りは支援限度額に応じて90％まで融資を行う。②農業会社法人・共同利用組織については，中・大型機械中心の支援を行う。支援対象別事業費（支援限度額）限度内で，50％補助，40％融資。③稲作専業農は，中・大型機械中心の支援を行う。事業費（支援限度額2,350万ウォン）限度内で，50％補助，40％融資。いずれも事業費を超過した場合は，

超過事業費の90％を融資する。④機種別融資条件は耐用年数により異なる。1年据え置きで，農業機械の耐用年数により，5〜7年の均分償還であり，金利5％の融資である。姜奉淳氏は農業機械の購入支援について96年までの予算執行実績を調べているが，それによると，支援資金の60〜70％が一般農家の購入支援であり，8〜9％が会社法人など生産者組織の購入支援，そして20〜30％が稲作専業農の購入支援に使われている。96年までの支援実績は，生産者組織3,548ヵ所，稲作専業農家20,681戸，一般農家約852,000台であった[15]。

稲作専業農家と一般農家は戸数と台数の数値であり，支援実績の正確な比較はできないが，稲作専業農家に比して数十倍の戸数の一般農家が支援を受けたことが示されている。1993〜96年の購入支援金は主に一般農家に向けられており，大農育成事業との連携は薄れている。大農育成ならば，大規模経営に即応した大型の農業機械の購入に支援金が向けられるところであるが，この時期にはむしろ小型の農業機械が多く購入されている。その背景には一般中小農家への支援拡大があった。以下では幾つかの統計データから，同事業の成果と問題点を探る。

表4-1は，農林部の『農林業主要統計』を基にして，筆者が「購入機械の種別と農業機械化事業資金」の推移を整理したものであるが，これを見ていくと93年からの政策変更が明らかとなる。「購入機械の種別」について，92年と93年を比較すると，耕耘機等の小型機械の増加とトラクター・コンバイン等の大型機械の減少が顕著である。両者は絶対数・構成比ともに変動している。小型機械の増加は，上記の「一般農家」への補助拡大と符合する。この時期の補助金のかなりの部分が，「一般農家」の小型機械購入に寄与したことを示している。次に，事業資金の，補助と融資の内訳についてみると，93年からの補助の増加（92年の11.4％→93年の35.2％）と，融資の減少（92年の88.6％→93年の64.8％）が，明らかである。注目すべきは，融資金の規模はそのまま据え置いたまま，補助金が93年から突然に4倍へ増やされている点である。この補助金の措置が特別な政策的意図を有したことを示しており，その狙い通りに一般農家の小型機械購入は急増し，補助金は覿面の効果をあげている。この補助金を92年基準の増加倍率でみていくと，

表4-1 購入機械の種別と農業機械化事業資金

(単位：台、億ウォン)

	1990年	1991年	1992年	1993年	1994年	1995年	1996年	1997年	1998年
					実 数				
耕 耘 機	40,257	42,064	36,437	60,971	81,799	79,750	83,269	79,171	10,077
管 理 機	27,286	35,561	44,580	56,598	44,194	47,617	44,581	41,058	7,190
移 秧 機	37,609	35,813	32,459	32,072	29,913	34,234	38,494	46,108	15,719
トラクター	14,964	15,993	17,754	13,029	14,523	17,282	19,605	22,652	25,377
コンバイン	15,930	14,378	12,887	8,920	8,063	8,047	7,611	8,091	9,275
穀物乾燥機	2,970	2,493	3,021	3,646	4,880	5,313	7,311	7,467	4,144
ベインダー	11,109	8,267	5,153	4,060	4,844	3,597	4,189	3,731	1,058
そ の 他	2,301	2,675	11,968	18,328	34,617	50,062	76,499	70,712	43,879
計	152,426	157,244	164,259	197,624	222,833	245,902	281,559	278,990	116,719
					構 成 比				
耕 耘 機	26.4%	26.8%	22.2%	30.9%	36.7%	32.4%	29.6%	28.4%	8.6%
管 理 機	17.9%	22.6%	27.1%	28.6%	19.8%	19.4%	15.8%	14.7%	6.2%
移 秧 機	24.7%	22.8%	19.8%	16.2%	13.4%	13.9%	13.7%	16.5%	13.5%
トラクター	9.8%	10.2%	10.8%	6.6%	6.5%	7.0%	7.0%	8.1%	21.7%
コンバイン	10.5%	9.1%	7.8%	4.5%	3.6%	3.3%	2.7%	2.9%	7.9%
穀物乾燥機	1.9%	1.6%	1.8%	1.8%	2.2%	2.2%	2.6%	2.7%	3.6%
ベインダー	7.3%	5.3%	3.1%	2.1%	2.2%	1.5%	1.5%	1.3%	0.9%
そ の 他	1.5%	1.7%	7.3%	9.3%	15.5%	20.4%	27.2%	25.3%	37.6%
計	100.0%	100.0%	100.0%	100.0%	100.0%	100.0%	100.0%	100.0%	100.0%
事 業 資 金	4,204.7	4,247.7	4,989.2	6,312.4	6,178.4	6,812.6	7,438.8	8,191.4	7,107.2
うち補助	460.7	520.9	567.6	2,222.9	2,854.7	3,123.2	3,558.5	3,114.3	552.4
うち融資	3,744.0	3,726.8	4,421.6	4,089.6	3,323.7	3,689.3	3,880.2	5,077.1	6,554.8
補 助	11.0%	12.3%	11.4%	35.2%	46.2%	45.8%	47.8%	38.0%	7.8%
融 資	89.0%	87.7%	88.6%	64.8%	53.8%	54.2%	52.2%	62.0%	92.2%

出所：農林部『農林業主要統計』1999年度版。

注：「その他」の機械に含まれるのは、噴霧器・揚水機・脱穀機等。

93年の4倍に増えた後，96年まで増加を続け，同年には92年対比で約6倍超に達している。そして，次の大きな変化は98年であり，補助は再度92年レベルまで急減している。補助の減少で空いた穴は，融資の拡大によって埋められている。しかし，補助金減少の影響は大きく，農業機械購入時の農家側へのインセンティブは縮小して，98年の購入台数合計は前年対比で半分以下に落ち込んでいる。特にこの間，補助金によって支えられていた小型機械の落ち込みが大きく，耕耘機は構成比で28.4％から8.6％へ，実数では約7分の1までに減少している。このような突然の補助金縮小の原因は，政策当局が事業の失敗を認めたためであろう。後述するように，補助金により容易に農業機械が購入できるようになったことから，農家は機械を過剰に装備することとなり，様々な問題をひきおこしている。このことから，補助の割合を減らして融資にかえることによって，農家の自己負担額を増やすという政策変更が行われている[16]。以上に示されるように，補助金増加の年と小型機械購入増加の年は見事に一致しており一般農家の多くが補助金に依存して小型機械を購入している。これは，一般の中小農家の営農継続を奨励して，大農育成とは逆行するような政策的効果を生み出した。

　さらに，留意すべきは，一般農家について，地域均衡への「政治的配慮」から配分が行われているのではないかということである。補助金の必要性を無視した地域均衡重視による補助金の地域配分均等化が行われた可能性がある。韓国に限られたことではないが，補助金計画に際しては，地域間の均衡を重視するあまり，経済の効率性とは，かけ離れた補助金計画が立てられることがある。筆者のインタビューに応じた農林部の政策担当者は，補助金計画に際してその要因の大きいことを示唆した。特に，慶尚南北道と全羅南北道との間に地域感情の確執があり，地域政策の計画が容易ではないことはよく知られている。一方に偏重した補助金散布が他方から強い抵抗を生む可能性があり，政策立案者は常にそのことに配慮している。この場合における補助金の非効率性の原因は，稲作専業農家ではなく，一般農家に資金が均一的に投下されたことにある。韓国の稲作地帯構成では，全羅南北道，京畿道，及び慶尚南道に稲作専業農家が比較的多く分布しており，他の忠清南北道や江原道，及び慶尚北道には，稲作を中心としない農家や兼業農家が多い。こ

のことから，補助金の効率的散布を目指せば，稲作専業農家の多い平野部の全羅南北道，京畿道，及び慶尚南道に資金が集中することになる。畑作地帯からなる中山間地の忠清南北道や江原道及び慶尚北道，兼業農家の多い都市近郊地域には，比較的少ない資金しか配分されない。その結果，後者の地域では政府支援の恩恵を僅かしか受けられないという解釈が成立して，強い反発が出てくることになる。これを避けるために，効率性を無視した地域均衡的な補助金散布が行われたものと考えられる。そして，一般農家の多い地域に，稲作専業農家の多い地域と，均等に補助金を散布した結果，一般農家の過剰装備問題をひきおこしている[17]。

　さて，以上に見たように，一般農家の過剰装備問題は，93年の市場開放決定を農民に受け入れさせるための政治的配慮の産物であり，広範な農民層を政府の補助事業に取り込んで市場開放に反対する国内農民運動の抵抗を骨抜きにすることにその狙いがあった。国際競争力向上を目的とした大農の経営基盤強化のためにではなく，農民全般に市場開放を受け入れさせるために，機械化事業の支援対象に多くの農家・農民を含めようとした。稲作専業農家だけでなく，農家全般を支援対象に組み入れることによって，市場開放問題を乗りきろうとした。そしてもう一つは，上記の地域均衡政策のために，さらに一般農家が大量に支援対象に入ってきており，二重に機械化事業は歪められてきた。このような機械化事業の変質により，農業機械の利用という点について幾つかの問題が生じてきており，構造政策全体にも影響を及ぼしている。特に，賃貸借及び賃貸借事業に深刻な影響を与えており，機械化事業を含む構造政策全体の整合性喪失という問題をひきおこした。

3．農業機械半額供給事業の影響

　「農業機械半額供給事業」の影響は，農業機械の生産企業体の問題と，農業経営の問題の二つに分けられる。ここでは前者については簡単に触れるに留めて，後者を詳述したい。

　まず，前者については，98年秋に筆者が農林部の政策担当者にインタビューしたところ，農業機械製造会社の生産設備過剰問題が深刻化している

とのことであった。農業機械の生産企業体は93年の措置を受けて，こちらも政府補助金の「業体支援金」を導入して生産設備を拡充しており，補助金による機械購入需要の増加に対応する体制をつくりあげていた。この体制は，農家向けの農業補助金が継続する限り万全であったと言える。しかし，農家の機械の過剰装備や農業経営へのマイナスの影響が顕在化し，「農業機械半額供給事業」が問題視されはじめたことから，政府は98年に農業機械購入補助金を大幅に圧縮し，融資による支援に切り替えた。このため農家は農業機械購入時の自己負担割合が増して，農業機械購入台数は前年対比で大幅に減少した（表4-1参照）。生産企業体は先々の購入需要継続を見越して生産設備の先行投資を行っており，これらは一転して過剰設備化した。

次に，後者の農業経営への影響の問題であるが，姜奉淳氏によれば，補助金支給の割合が小型機械ほど高く，耕耘機や歩行型動力移秧機等の小形機種を中心に機械の普及が進み，農家の保有台数も大きく増えて過剰装備の問題をひきおこしている。そして，一般農家の小形農業機械の普及により農業会社法人と一般農家の賃作業引受競争が激化して，農業機械の利用率低下で会社法人の収支が悪化しており，生産性向上という目的に逆行する結果となっている[18]。

大規模に営農受託を行う農業経営法人の不振問題は各所で伝えられており，営農受託料の低迷が，受託料収入に依存する農業経営法人に影響を及ぼしている。筆者の調査の過程でも，90年代に計画された農業法人は全国的に経営が思わしくないという評価を聞いた。また，それゆえに今後の農業の担い手として，家族経営体が見直されており，90年代後半には政策支援の主な対象となってきている。そして，受託料低迷を通じた過剰装備の影響は上層農（大農）にも及んでいる[19]。ここでは上層農の経営内容に細部まで立ち入ることはできないので，農業機械保有や営農受委託の動向から，「農業機械半額供給事業」の影響をみる。以下では，次の図式により説明を加えていく[20]。

［農業機械半額供給事業 → 全階層機械化（表4-2）→ 受託農家増加 → 受託競争 → 受託料低迷 → 委託 ＞ 賃貸 → 委託拡大（表4-3）と賃

表 4-2　経営階層別機械保有比率の変化 (1990 年・1995 年)　　　　(単位：戸，%)

1990 年

保有農家戸数	耕耘機	管理機	移秧機	トラクター	コンバイン	乾燥機	バインダー	農家戸数
耕　種　外	4,747	119	75	314	36	68	37	23,803
0.5 ha 未満	75,404	3,461	5,455	2,153	1,910	2,231	2,109	382,703
0.5 ～ 1.0 ha	209,068	11,589	25,027	6,205	6,390	11,179	12,437	544,457
1.0 ～ 2.0 ha	348,879	24,195	88,186	16,684	19,948	40,142	36,925	543,027
2.0 ～ 3.0 ha	106,489	8,941	49,233	12,593	14,437	16,745	14,565	129,510
3.0 ha 以上	37,906	4,462	22,625	11,142	10,709	7,188	5,402	43,533
計	782,493	52,767	190,601	49,091	53,430	77,553	71,475	1,667,033
保有比率								
耕　種　外	19.9	0.5	0.3	1.3	0.2	0.3	0.2	100.0
0.5 ha 未満	19.7	0.9	1.4	0.6	0.5	0.6	0.6	100.0
0.5 ～ 1.0 ha	38.4	2.1	4.6	1.1	1.2	2.1	2.3	100.0
1.0 ～ 2.0 ha	64.2	4.5	16.2	3.1	3.7	7.4	6.8	100.0
2.0 ～ 3.0 ha	82.2	6.9	38.0	9.7	11.1	12.9	11.2	100.0
3.0 ha 以上	87.1	10.2	52.0	25.6	24.6	16.5	12.4	100.0
計	46.9	3.2	11.4	2.9	3.2	4.7	4.3	100.0

1995 年

保有農家戸数	耕耘機	管理機	移秧機	トラクター	コンバイン	乾燥機	バインダー	農家戸数
耕　種　外	5,484	974	158	1,378	63	121	87	23,918
0.5 ha 未満	94,776	28,599	10,746	3,805	1,639	5,858	3,931	432,982
0.5 ～ 1.0 ha	217,502	68,807	47,540	11,044	6,617	27,051	19,554	432,107
1.0 ～ 2.0 ha	313,257	108,771	128,098	33,032	22,561	57,522	39,305	417,960
2.0 ～ 3.0 ha	108,273	40,343	66,080	27,250	19,664	29,348	13,056	123,333
3.0 ha 以上	63,332	24,710	46,694	34,503	25,218	24,011	6,373	79,445
計	802,624	272,204	299,316	111,012	75,762	143,911	82,306	1,509,745
保有比率								
耕　種　外	22.9	4.1	0.7	5.8	0.3	0.5	0.4	100.0
0.5 ha 未満	21.9	6.6	2.5	0.9	0.4	1.4	0.9	100.0
0.5 ～ 1.0 ha	50.3	15.9	11.0	2.6	1.5	6.3	4.5	100.0
1.0 ～ 2.0 ha	74.9	26.0	30.6	7.9	5.4	13.8	9.4	100.0
2.0 ～ 3.0 ha	87.8	32.7	53.6	22.1	15.9	23.8	10.6	100.0
3.0 ha 以上	79.7	31.1	58.8	43.4	31.7	30.2	8.0	100.0
計	53.2	18.0	19.8	7.4	5.0	9.5	5.5	100.0

1990 ～ 1995 年の増減

保有農家戸数	耕耘機	管理機	移秧機	トラクター	コンバイン	乾燥機	バインダー	農家戸数
耕　種　外	737	855	83	1,064	27	53	50	—
0.5 ha 未満	19,372	25,138	5,291	1,652	−271	3,627	1,822	—
0.5 ～ 1.0 ha	8,434	57,218	22,513	4,839	227	15,872	7,117	—
1.0 ～ 2.0 ha	−35,622	84,576	39,912	16,348	2,613	17,380	2,380	—
2.0 ～ 3.0 ha	1,784	31,402	16,847	14,657	5,227	12,603	−1,509	—
3.0 ha 以上	25,426	20,248	24,069	23,361	14,509	16,823	971	—
計	20,131	219,437	108,715	61,921	22,332	66,358	10,831	—
保有比率								
耕　種　外	3.0	3.6	0.3	4.4	0.1	0.2	0.2	—
0.5 ha 未満	2.2	5.7	1.1	0.3	−0.1	0.8	0.4	—
0.5 ～ 1.0 ha	11.9	13.8	6.4	1.4	0.4	4.2	2.2	—
1.0 ～ 2.0 ha	10.7	21.6	14.4	4.8	1.7	6.4	2.6	—
2.0 ～ 3.0 ha	5.6	25.8	15.6	12.4	4.8	10.9	−0.7	—
3.0 ha 以上	−7.4	20.9	6.8	17.8	7.1	13.7	−4.4	—
計	6.2	14.9	8.4	4.4	1.8	4.9	1.2	—

出所：農林水産部『農業センサス』1990 年及び 1995 年度版より作成。
注：保有農家比率＝保有農家戸数／農家戸数

第4章 農業機械化事業と賃貸借関係

表 4-3 稲作経営規模別・作業別の営農委託農家戸数の変化（1990年・1995年）

(単位：戸, %)

	耕耘・整地	移秧	収穫	防除	脱穀	稲作農家戸数
1990年						
0.5ha未満	312,783	230,927	254,268	176,493	407,765	608,669
0.5～1.0ha	188,238	194,035	223,863	107,329	309,025	511,576
1.0～2.0ha	79,658	109,721	143,839	43,797	169,923	316,608
2.0～3.0ha	10,173	14,742	25,060	4,825	26,650	53,421
3.0ha以上	3,095	3,626	7,449	1,314	7,675	17,652
計	593,947	553,051	654,479	333,758	921,038	1,507,926
構成比						
0.5ha未満	51.4	37.9	41.8	29.0	67.0	100.0
0.5～1.0ha	36.8	37.9	43.8	21.0	60.4	100.0
1.0～2.0ha	25.2	34.7	45.4	13.8	53.7	100.0
2.0～3.0ha	19.0	27.6	46.9	9.0	49.9	100.0
3.0ha以上	17.5	20.5	42.2	7.4	43.5	100.0
計	39.4	36.7	43.4	22.1	61.1	100.0
1995年						
0.5ha未満	260,227	281,559	318,374	136,480	343,786	495,946
0.5～1.0ha	158,721	185,495	242,593	72,657	252,332	378,872
1.0～2.0ha	75,795	79,542	142,965	27,729	145,702	240,544
2.0～3.0ha	12,192	9,924	27,168	3,582	27,477	55,618
3.0ha以上	4,369	3,308	11,083	1,208	11,201	34,069
計	511,304	559,828	742,183	241,656	780,498	1,205,049
構成比						
0.5ha未満	52.5	56.8	64.2	27.5	69.3	100.0
0.5～1.0ha	41.9	49.0	64.0	19.2	66.6	100.0
1.0～2.0ha	31.5	33.1	59.4	11.5	60.6	100.0
2.0～3.0ha	21.9	17.8	48.8	6.4	49.4	100.0
3.0ha以上	12.8	9.7	32.5	3.5	32.9	100.0
計	42.4	46.5	61.6	20.1	64.8	100.0
1990～1995年の増減						
0.5ha未満	-52,556	50,632	64,106	-40,013	-63,979	-112,723
0.5～1.0ha	-29,517	-8,540	18,730	-34,672	-56,693	-132,704
1.0～2.0ha	-3,863	-30,179	-874	-16,068	-24,221	-76,064
2.0～3.0ha	2,019	-4,818	2,108	-1,243	827	2,197
3.0ha以上	1,274	-318	3,634	-106	3,526	16,417
計	-82,643	6,777	87,704	-92,102	-140,540	-302,877
構成比						
0.5ha未満	1.1	18.8	22.4	-1.5	2.3	—
0.5～1.0ha	5.1	11.0	20.3	-1.8	6.2	—
1.0～2.0ha	6.4	-1.6	14.0	-2.3	6.9	—
2.0～3.0ha	2.9	-9.8	1.9	-2.6	-0.5	—
3.0ha以上	-4.7	-10.8	-9.7	-3.9	-10.6	—
計	3.0	9.8	18.2	-2.1	3.7	—

出所：農林水産部『農業センサス』1990年・1995年。
注：営農委託農家戸数は，「全作業委託農家」のみ。部分委託は含まない。

貸減少 → 個別賃貸借不振（ → ）長期賃貸借推進事業の不振]

即ち，農業機械半額供給事業による，機械の購入が，効率的運用が可能な上層農だけでなく，中層農や下層農にも及んだこと（表4-2）。この結果，全階層の機械化が進み，過剰能力を活用し機械の償却を進めるべく，全階層が，営農受託を拡大したこと。これによる各階層及び階層間の受託競争で，受託料が低迷し，賃貸側の地主に，賃貸よりも委託が有利という経済的インセンティブを与えたこと。賃貸と委託の選択オプションにおいて，労働力に不足する農民は，他の条件が同じである限り，委託を選好するものが増え，結果的に委託面積が拡大したこと。そして相対的に賃貸借面積が減少し，長期賃貸借推進事業などの事業対象が減少してしまったこと。これによる，機械化事業と賃貸借事業の整合性が問題として検討を要すること。以上である。

さて表4-2から順番に見ていくと，個人農家の経営耕地規模別の保有農家比率（機械保有農家戸数/各経営耕地規模階層の農家戸数）について，1990年と1995年のセンサスデータを比較している[21]。90年と95年の比較であるから，「農業機械半額供給事業」以前の90年から92年が含まれており，また，96年以降の事業の影響は確認できない。この点で限界があるものの，標本調査によるデータとは異なり，センサスデータであるから精度は高い。僅か5年という短い期間でも明確な変化が確認される。5年という短期のデータ比較が可能なほどに事業のインパクトは大きく現れているともいえる。

95年は機械化事業が始まって間もない時期であるが，機械の保有比率に政策の効果がある程度示されている。5年間の保有比率の変化10％以上の階層を機械種別に見ていくと，耕耘機では，0.5～2.0 ha，管理機では0.5 ha以上の全階層，移秧機では1.0～3.0 ha，トラクターでは2.0 ha以上の階層，乾燥機でも2.0 ha以上の階層，において大きく上昇している。

階層別に見ていくと，階層の区別なく保有比率が急増した機械に「管理機」がある[22]。耕耘から運搬まで可能な汎用機である。平均保有比率の変化では，この機種が90年の3.2％から18.0％へと増えて，補助金の効果を大きく受けている。中層農から下層農についてみると，管理機は耕耘機となら

第4章　農業機械化事業と賃貸借関係

んで機械保有比率が高い。耕耘機の保有比率上昇は各階層でそれほど大きなものではないが，管理機についてはいずれの階層でもかなり大きく伸びている。耕耘機が以前から韓国農村で広く使われていたのに対して，後から投入された管理機は，補助金も手伝って短期間に急速に普及したものと推測される。

　その他の機械については，階層間に特徴が見られる。3.0 ha 以上の上層農について，トラクターと乾燥機が大きく伸びている。中層農部分の特徴は移秧機の伸びが大きいことであろう。この機種は小型機から大型機まで各種類があり，おそらく中型機械を中心に装備が進んだものと思われる。他の機械が階層序列的な伸びを示しているのに対して，移秧機のみは，中間層の伸びが大きく次いで，上層，下層の順となっている。購入資金力の面からいって，上層を下回る中農層部分の装備が進んだことの背景には，機械化事業の補助資金の効果が大であったと考えられる。

　表4-3では，同じセンサスデータから，90年と95年の営農委託の状況を集計している。保有比率同様に，5年間の変化について，全階層共通の特徴のあるもの，階層序列的なもの，を特定した後に，その背景を考察し，次に，イレギュラーな変化を示したものについて検討している。

　まず全階層共通の特徴ある変化を示しているものに，防除がある。緩やかに階層序列的ではあるが，全階層でそれぞれ僅かな減少を示している。他作業の機械化による営農受委託が進むなかで，不思議なことに，防除だけが委託農家比率を低下させている。この点について，調査の過程で複数の農家に確認したところ，防除は，農薬散布作業による健康被害が伴うため，受託農家がこれを嫌う傾向があり，営農受委託は全般的に難しくなっているとのことであった。

　他は，耕耘・整地を除いて，階層序列的な伸び率を示しているが，階層間の格差は収穫が最も大きく，次いで移秧，脱穀の順となる。階層序列的な伸び率には幾つかの意味がある。三つの機種ともに，下層ほど委託が増え，上層ほど減少している。いずれの階層が受託を増やしているのか不明であるが，委託増加により，いずれかの階層が受託を増加させているはずである。受託増加階層の特定には，委託減少，及機械保有増加，という二つの要因を参

考にすることができる。

　10％程度の委託農家比率減少の階層には，3.0 ha 以上層で，移秧・収穫・脱穀があり，2.0～3.0 ha の階層に移秧がある。同時に，10％程度に，機械保有を増加させているものには，同じく 3.0 ha 以上層で，トラクター・乾燥機がある。2.0～3.0 ha の階層には，移秧機・トラクター・乾燥機が入ってきている。

　以上をクロスさせてみていくと，委託減少と機械保有増加の連動する，階層及び作業種類として，3.0 ha 以上層の，脱穀があり，2.0～3.0 ha の階層に移秧作業がある。この両階層については，この間に機械化を進め，階層内の作業完結度を高め，他の階層への委託依存度を減らした可能性が高い。そうであるとすれば，機械保有率の伸びた 3.0 ha 以上の階層は，受託作業量が従来に比べて減少するなどの，影響を免れ得なかったものと考えられる。一方における作業能力の拡大と，他方における委託作業量の減少から，この 3.0 ha 以上という上層農の階層は，限られた作業量をめぐって受託競争を展開し，先に述べたように，受託料の低迷という結果を導いたものと思われる。

　耕耘・整地作業については，1.0～2.0 ha の中間層を頂点に，上下両極が低いというイレギュラーな伸びを示している。耕耘・整地作業を行う耕耘機や管理機が，中間層において相対的に保有率の伸びが大きいことから，中間層内部での営農受委託関係が拡大したのではないかと推測される。

　農民各階層で機械購入が進むことにより，受託作業の潜在能力が拡大する一方で，従来，上層に委託していた階層もその必要がなくなるなどして，委託作業量は縮小していったと考えられる。受託作業を巡るこのような需給関係の変化にもかかわらず，機械の償却負担が追加されて，受託競争を拡大させたことから，受託料が低迷し，償却負担の相対的に大きい上層農家を中心に，受託農家の経営状況困難化と，後の負債問題の社会化を招来した可能性が高い。

　このような受託料の低迷と，下層の高齢化・労働力不足の進展は，下層から上層への委託を増大させた。労働力に不足する農家に，賃貸と委託のオプションがある場合，経済的に有利な営農委託を選択する可能性が増えたと言える。この結果，個別賃貸借の伸びには一定のブレーキがかかったものと思

表 4-4　稲作における農作業機械化率　　　　　　　　（単位：％）

年　度	主　作　業			防　除	乾　燥
	耕耘・整地	移　秧	収　穫		
1992 年	91	89	84	92	18
1993 年	96	92	87	95	21
1994 年	96	93	91	94	26
1995 年	97	97	95	97	32
1996 年	98	97	96	98	34
1997 年	99	98	97	98	36
1998 年	100	97	94	99	39
都市近郊	100	96	96	98	34
平 野 地	100	97	95	99	43
中山間地	100	98	92	99	40
山 間 地	96	93	94	98	24

出所：農林部『農林業主要統計』1997 年度版及び 1999 年度版。

われる。

いずれにせよ，こうした機械購入量の増加で，90 年代には農作業の機械化が急速に進んでいる。表 4-4 は，「稲作における農作業機械化率」の推移を整理したものであるが，92 年から 98 年までのデータを見ると，各作業それぞれ 10 ポイント程度，農作業機械化率が上昇している。

4．賃貸借抑制のメカニズムと貸し手側の論理

90 年代の農地規模化事業は大規模稲作農家の育成を進めてきたが，他の政府事業が，その経営の根幹部分に影響を及ぼしている。具体的には，「農業機械半額供給事業」が農地流動化の阻止要因となって，零細農の離農を抑制し，売却農地の購入や農地の賃借を通じた上層農の規模拡大を妨げている。

政府は賃貸借事業において，融資金を投入して，離農促進による上層農の規模拡大を推進しようとしたが，当初は賃貸借事業の不振問題に直面した。賃貸借事業は 90 年代後半において構造政策 4 事業の中心的位置を占めるに至ったが，これを補完すべき「農業機械半額供給事業」との間で連携がとれ

ていない。

　賃貸借事業は，農地の流動化を促し農民層分解を推進するという性格を有するが，「農業機械半額供給事業」は，下層農の機械購入を促し，下層農の営農意欲を高めることによって離農・分解促進とは逆行する結果をもたらしている。また，機械を購入していない零細農家にとっても，営農受委託料を低迷させて，賃貸借よりも委託が有利という経済条件を作り出している。賃貸借に不利なこういう経済的環境は，政策介入によって生じた人為的なものであり，政策の産物と言える。

　問題は，賃貸借事業と「農業機械半額供給事業」という二つの事業の間に整合性がないと考えられることである。賃貸借事業は分解を促進するものであるが，「農業機械半額供給事業」は分解を抑制している。農業機械化により上層農の生産力的優位が確立されて分解が促進されそうだが，実はその反対である。機械を抱えた農家の離農を抑制し，分解抑制的ないしは賃貸借抑制的に働いている。機械を有しない農家についても，低迷する営農受委託料水準から，営農委託を選好させて，賃貸による離農の道を封じている。

　賃貸借に消極的なのは，貸し手ばかりではない。実は，借り手の上層農の方においても，賃貸借に消極的にならざるをえないような条件が生まれており，そこにも機械の過剰装備問題が関わっている。

　「農業機械半額供給事業」と賃借側の事情との関係については幾つかの説明が可能である。農業機械の過度の普及と機械の過剰装備は，農家に借入金償還負担の圧力を加えることになり，早期償還を目指す農家はいずれも，賃借による経営規模の拡大に走ることになる。あるいは，過剰装備の機械をフル稼働させるために賃借による規模拡大を目指すと表現した方が適切かもしれない。補助金により機械を保有するに至った一般農家は，フル稼働するには狭小な農地しか経営していない。多くの農家が機械を装備するほど，この傾向は強まる。一般農家への補助金支援の拡大は，それだけ多くの農家の機械装備を促すことになり，農家群の規模拡大圧力に拍車をかける。機械を購入した農家群が一斉に規模拡大のために賃借地を求める一方で，賃貸に出される農地は相対的に限られたものとなり，賃借料水準は上昇する。賃借競争による地代水準上昇を背景として，賃借農家の側には長期の地代支払いより

第4章　農業機械化事業と賃貸借関係　　177

も農地購入が有利という判断も生まれてくる。

　こうして，農地の貸し手も，農地の借り手も，賃貸借には消極的な態度をとる。このことを他の側面から見れば，貸し手は賃貸よりも他の方策による営農継続を目指し，借り手は賃借よりも他の方策による営農を行うことを意味する。具体的には，貸し手は賃貸よりも営農委託を選好する傾向が強く，借り手は賃借よりも購入を選好する傾向が強い。そしてこれらの理由のどちらにも，機械の過剰装備と，「農業機械半額供給事業」が関わっている。少なくとも農地の所有者側の，賃貸を回避するという選択は，土地に対する執着や先祖伝来の農地を守るという慣習上の要因ではなく，他方の選択が経営上に有利という経済合理的な判断に基づいている。

(1)　貸し手の営農委託選好

　賃貸の不振には，貸し手が賃貸よりも営農委託を選好する，という事情があり，過剰装備による営農委託料の低迷から，農地所有者の賃貸へのインセンティブが減少している。農地所有者は営農委託料の低迷により営農委託の条件が向上し，オールタナティブとしての賃貸借条件の相対的悪化を招いて，賃貸借不振という問題を発生させている。車洪均氏や朴弘鎮氏によれば，農地の所有者の営農委託後に手元に残る農業所得が粗収入対比で7割なのに対して，賃貸した場合に支払われる賃貸料水準は粗収入対比で5割である[23]。すなわち，営農委託の場合は，農業粗収入から営農委託料などの農業経営費を差し引いた残りの農業所得として，粗収入の7割を確保できるのに対して，賃貸収入はこの農業粗収入の5割しか確保できない。営農委託後の収入が相対的に高いのは，営農委託料の水準が低いためである。営農委託農家には，経営規模の零細な高齢の農家が多い。そういう農家は，零細な農地所有や経営からできるだけ多くの所得を稼ぎ出して自己の生活を支えようとする。機械を購入する余裕はなく，また零細経営でその必要もない。そこで年齢的に負担が大きい，移秧や収穫という重労働は営農委託に出して，その前後の比較的軽い農作業は自ら行う。営農計画や農薬散布，除草，収穫後の農作物の処分・販売等である。そういう選択を採らずに賃貸に出してしまえば，比較的軽い作業も農地所有者の手を離れて，賃借者農民が行うことになる。そう

なると，農地の所有者にはなんら自己労働実現の機会はなく，地代収入のみ受け取ることとなる。借地人は農地の経営権まで借りているのであるから，賃借期間の経営に所有者は関与できない。借地人は営農計画から，軽作業を含めたすべての農作業を担当し，農作物販売後の収入から地代を支払う。一方，営農委託の場合は，軽作業の代価分，賃貸に比べて所得が増えることになる。高齢の農民であっても，軽作業担当可能な間は営農委託を選好し，農業経営へ参与を望み，自己労働による所得の上乗せを目指す。営農委託料水準の低迷は，委託後の農業所得を増やし，ますますこういう選択を魅力的なものにしていく。

　機械化事業による過剰装備問題は各農家の償還負担軽減圧力を強め，営農受託農家の受託引受競争により受託料を低迷させている。そして同時に，賃借側の賃借競争から賃借料水準も粗収入の5割という高い水準にある。しかしこの高い賃貸料水準も営農委託後の自己労働実現分を含めた所得の7割には及ばない。営農委託に出して委託の前後の作業を自ら行えば粗収入の7割の農業所得を確保できる。ここから賃貸よりも委託を選好するという判断が生まれてくる。

　再論すれば，機械の過剰装備は，一方で経営受託需要の拡大という行動を通じて受託料を低迷させ，他方では，賃借競争を通じて賃借料水準を引き上げている。受託料の低迷は，委託後の農業所得を引き上げ，賃借競争は地代水準を引き上げる。両者の関係は複雑である。しかし，今のところ，受託料が上昇して委託後の所得が減少する，あるいは，更なる賃借競争から，地代水準が，委託後の農業所得水準を超える，という見込みはないようである。委託後の農業所得水準は賃貸よりも委託を有利とする程度の水準にあり，地代水準は委託後の農業所得水準ほどではないが，後述するように，賃借よりも購入を選好させるほどの高い水準にある。そういう関係が営農委託を増やし，農地の賃貸を相対的に減少させている。ここで，貸し手の営農委託選好を整理すると次のようになる。

［貸し手の営農委託選好］
　農業機械半額供給事業 → 機械の過剰装備 → 受託競争 → 受託料低迷 →

(委託後に残る農業所得7割 ＞ 賃貸後に得られる地代5割）→ 営農委託の増加と農地賃貸の減少 → 賃貸借の不振（賃貸借事業の不振）

こういうメカニズムを通じて，「農業機械半額供給事業」が，賃貸借，または賃貸借事業に抑制的に作用する可能性がある。

(2) 耕作者の売買事業選好

「農業機械半額供給事業」は，営農受託競争だけではなく賃借競争も生み出している。営農委託に出される農地が増える結果として賃貸に出される農地が限られてくる。優等な農地であるほどにその傾向は強い。「農業機械半額供給事業」により農業機械が普及し，農業機械の償却負担から多くの農家に賃借地拡大の圧力がかかる[24]。多くの農家が争って賃貸地を求めるという賃借競争により賃借料は高い水準にある。これにより賃借農家の地代支払負担は増していく。結果的に耕作農家は，賃借よりも他の方法を通じて農地経営を進めようとする。他の方法とは，農地の賃借ではなく農地の購入である。通常ならば，農地の購入による所有規模拡大は，農家にとって重い負担となる。通常の貸出金利14％では年々の返済負担が重く経営存続は困難であり，高水準の地代の下でも賃借が選択される。しかし90年代の事情は異なった。農地規模化事業の一環として農地売買事業が実施されて，最初はすべての農家を対象に，そして後半には，稲作専業農家を対象に，農地購入のために低利長期の資金が供給された。この農地売買事業は3％・20年償還という好条件であった（第2章参照）。こういう事業が継続する限りにおいて，農家は，賃借よりも購入が有利と判断する。賃借競争により地代水準が上昇するほどに，そして，この事業により低利長期の購入資金が安定的に投与されるほどに，賃借よりも購入が選好されることになる。その結果，賃貸借事業の魅力は低下し，耕作農家は賃貸借を敬遠することになる。年々の賃借料水準は高く，農地売買事業による年々の償還金が長期低利のため相対的に低く，耕作者は借りるよりも購入する方を選好する。

金正夫氏によれば，通常の賃貸料水準は通常坪当り700ウォンから800ウォンであるが，全羅道の益山（イクサン）・金堤（キムジェ）・羅州（ナ

ジュ),等の営農条件が良い地域(優等地)では900ウォンを超えている。この地域では,3%・20年償還という低利長期の償還金がちょうどこの900ウォンという水準にある。農地売買事業の20年償還という条件を考慮すると,単位面積当り売買事業費よりも単位面積当り賃借料が高い場合もありうる。即ち20年間長期賃借して支払う前払いの一括賃借料よりも,20年間分離償還する買入れ資金の方が小さいことになる。益山地域のある農民によれば,農地賃借料を8年間納めれば農地が買えるほどだと言う[25]。それほどにこの地域の地代水準は高い。これらを整理すると次のようになる。

[耕作者の売買事業選好]
農業機械半額供給事業 → 農業機械普及 → 償還負担 → 賃借競争 → 賃借料上昇 → (賃借料 > 低利長期の融資金償還額) → 耕作者の売買事業選好 → 賃貸借の不振 (→ 賃貸借事業の不振)

もちろん,このような賃貸料と購入資金償還負担の比較には地域差がある。例えば,都市近郊で農地の実勢価格が高い地域では,農地の購入資金も大きくなり,その償還金負担が賃借料を大きく上回り,農地購入が有利とは必ずしも言えない[26]。しかし,賃貸借事業や農地売買事業は,転用規制の敷かれた農業振興地域の農地を対象としている。そこは,主に平野部の条件の良い地域からなり,転用地価の影響も相対的に受けにくくなっている。よって実質的には,賃借料>償還負担,という関係が生じており,農民の賃貸借事業回避と売買事業選好という現象を生み出している。

また,この図式は,農地売買事業の継続を前提としている。90年代後半に農地売買事業は,上層へ上層へと支援対象が絞り込まれて,同時に,事業規模が縮小する傾向にあり,その理由は前章で詳述した通りである。上記の図式については,売買事業申請資格を有する稲作専業農家に限定,という付帯条件をつけねばならないかもしれない。

(3) 農民のライフサイクル

農業機械の償還負担が,営農委託と賃貸借に与える影響については,上記

第4章 農業機械化事業と賃貸借関係

の図式的説明だけでは不足する。ここでは，筆者の農村調査から農村の実情を紹介して上記の説明を補足していく。

農地の購入理由は基本的には，償還負担による借地経営への規模拡大圧力ということであるが，これに加えて，農地売買事業資金を利用して，この際に土地資産を購入しようという，農民の資産獲得意欲も強い。間接的にではあるが，同事業の資金が，農業生産ではなく農家の資産増殖に影響を及ぼしたケースもある[27]。経営規模の大きい農家は概して，家族構成人員も多い。彼らは，子供たちの将来を考えて，銀行預金を行う代わりに，農地を購入するケースがある。そして将来，子供たちの分家（結婚）の際にそれを処分するという計画をたてる。そうなるともはや，先の経営条件の図式から離れて，他の要因が，賃借と購入の選択条件に加わることになる。家族構成や農業の将来展望といった要因は複雑で多岐にわたっており，先の図式をそのまま適用することには限界がある。

また，農村高齢化が進展しているという状況の下においては，高齢者農民は，労働力に余裕のある限り，少々営農委託料の水準が上昇しても賃貸よりは委託を選好するであろうし，地代水準が少々低下し，あるいは，購入資金融資の条件が少々厳しくなったとしても，耕作者は依然として農地購入を選択するであろう。土地は生活を支える手段であるからだ。高齢の農民は，作業できる体力がある限り，土地を年金代わりとして，土地を耕しながらの生活を望む。賃貸に出してしまえば，かつての農地改革時の地主が経験したように，借地人に土地をそのまま奪われてしまうのではないか，という恐怖感もある。高齢者であるほどにそういう体験が身に染みており農地賃貸への抵抗は強い。また，年金制度未整備の韓国農村においては，土地からの収益が年金代わりであり，土地に依存して老後の生活を支えていくことになる。

今後，資産として農地を購入しようとする壮年の経営者も基本的には同じ姿勢を有する。例えば，現在40歳で借金をして土地を購入し，20年の間に，少しずつ融資金を返済していくならば，60歳くらいの通常の退職の年齢に達した時にすべて返済を終え土地は自分の所有物となる。そして今度は，その土地で自ら軽い農作業を行いながら営農委託に出すことによって，いわば土地からの年金を，一定の農業所得の形で確保し，老後の安定した生活を送

る，というパターンである。そうなると，壮年時に借金をして土地を購入するということは，老後の生活保障の手段を自分で準備しておくことを意味する。社会保障制度が充分に整備されていないという状況下では，これは農民たちの生活防衛策と考えられる。

　政府の分解促進政策が頓挫した背景には，実はこういう農民のライフサイクルを背景とした農地流動化への強い抵抗がある。どれだけ多くのインセンティブを離農補助金として注ぎ込まれたとしても，老後の生活保障が制度として整備されない限り，高齢の農民たちは農地を手放さないし，農地の流動化は頑として進まないだろう[28]。農地の流動化政策は，農村福祉政策とワンセットとなって推進される必要がある。この問題についてこれ以上議論を展開することは，本章の主旨と異なってくるので，別の機会に言及することとしたい。留意すべきは，高齢化の急速な韓国農村では，農地は単なる生産手段以上の機能を期待されているということである。そういう状況を背景とした「農業機械半額供給事業」は，営農委託料を引き下げ，営農委託側に有利な条件をつくって，結果的に，高齢者の農地の営農委託後の農業所得を増やしている。しかし，農地の流動化という点で見ると，農民をますます農地に執着させて，大規模経営の存立を危うくしている。農村の実情からみた機械化の進展は，賃貸借にますます不利な状況をつくりだしている。

　そして，こういう農村実情を背景とした機械化と賃貸借について，一定の結論を出すとすれば，やはり先の図式に立ち返ることになろう。少し機械的すぎるかもしれないが，基本的には，農地の賃貸借は，貸し手と借り手の双方から敬遠されており，その背景には農民の経済的な条件に関する合理的な判断があるということだろう。再論すれば，貸し手の賃貸条件は営農委託に比べて劣り，借り手の賃借条件は，購入に比べて劣る。貸し手は，農地を賃貸するよりも委託に出した方が有利であり，借り手は，賃借で高水準の賃借料を納めるよりも，長期低利の融資を受けて農地を購入する方が有利と判断する。こうして，貸し手は営農委託を，借り手は購入を選択し，賃貸借を回避する。農業機械化の全般的促進は，この傾向を強め，賃貸借は低調となる。単調ではあるが，これが農業機械化と賃貸借の基本的なメカニズムである。

5．賃貸借の不振と賃貸借事業の不振

　このようにみていくと,「農業機械半額供給事業」は，賃貸借に関わる貸し手にも借り手にも抑制的に作用しており，賃貸借事業に不利に働いているようである。「農業機械半額供給事業」は賃貸借事業と整合性を持たず，前者は後者を阻害しているように見える。そのことから，構造政策内部で整合性の欠如という問題が持ち上がってくる。論理的な整合性の欠如と実際上の影響とは異なってくるが，少なくとも，99年に「農業機械半額供給事業」が中止されていることから見て，政策当局はこの不整合性が構造政策推進上にマイナスであると判断したようである。その判断の背景には既存の政策の整合性欠落という認識のあるものと思われる。

　90年代末には，賃貸借事業が，構造政策事業の中心となっている。90年代半ばまでは，農地売買事業が中心であったが，90年代末頃には賃貸借事業へ構造政策の中心が移ってきている。政府も賃貸借事業を強力に推し進める計画のようである。今後は，構造政策＝賃貸借事業となり，賃貸借事業の成否が構造政策全体を左右することになる。そうなると賃貸借事業の不振原因はなんとしても解消しておかねばならない。上記メカニズムの出発点には「農業機械半額供給事業」があり，一定の関係付けの認識の基に，賃貸借の阻害要因として「農業機械半額供給事業」が改革の対象とされたものと思われる。

　では，次の問題は今後,「農業機械半額供給事業」の中止によって実際に，賃貸借事業が活性化されるか否かということである。換言すれば，上記の両事業の関係付けは妥当なものであろうか。「農業機械半額供給事業」の中止により，賃貸借への抑制的な作用は幾分減少するであろう。そして，営農委託料が低迷状態を脱して上昇傾向に入れば，所有者は委託よりも賃貸を選好する可能性が出てくる。また，農家の償却負担軽減により賃借地拡大圧力が減少し，賃貸借農地の需給と賃借競争が緩和して地代が低下すれば，借り手は購入よりも賃借を選好するようになるかもしれない。しかしその事がストレートに賃貸借事業の活性化に結びつくであろうか。

この点に関しての筆者の結論は否である。「農業機械半額供給事業」の結果として，賃貸借が不振であることは確かに説明できるが，これをそのまま賃貸借事業の不振理由とすることには無理がある。「農業機械半額供給事業」の中止は賃貸借に影響を与えるが，賃貸借事業まで変えるのは難しい。賃貸借不振の原因がなくなったとしても，事業量が急に増える可能性は低い。その理由は，賃貸借事業が賃貸借全体の一部しか掌握していないからである。一般の賃貸借は，「農業機械半額供給事業」によって抑制されているものの，賃貸借事業下の賃貸借に比べれば広く行われている。実際に行われている賃貸借は，事業を通じて管理されたものではなく，ほとんどが私的な，個別農家間の相対によるものである。政府事業により個別賃貸借に介入し，全般的に管理することには成功していない。筆者の農村調査によれば，通常の農家の賃貸借は，個別相対の1年口頭契約のものがほとんどであり，賃貸借事業のように5年ないし10年の文書契約といった形態は少数にすぎない。農漁村振興公社の賃貸借事業は近年，農地規模化事業の中心的位置を占めて事業規模を拡大させている。しかしそれは依然として，実際に行われている賃貸借のごく一部を掌握しているにすぎない。

　ではなぜ，農民たちが政府事業に応じないかというと，それは，高齢者の土地への執着に加えて，農地の貸し手がその処分権を留保する傾向が強いからである。農地の貸し手には，都市在住の不在地主が大勢含まれている。これは韓国に特徴的な土地所有構造である。韓国農業は，高齢化問題だけではなく，不在地主という不安定な要素を抱えている。同じく農地の流動化を阻止する要因であるが，両者は別々に論じられるべきである。高齢者の土地執着は生計維持が目的であり，加齢とともに農地は賃貸に出されていく。営農委託は暫定的なものであり，賃貸借による農地流動化への過渡的なものと考えられる。これに対して，不在地主の場合，既に賃貸借関係が生じているが，それが極めて不安定であるということに問題がある。賃貸借関係が不安定である限り，農業生産性の向上は見込まれない。いつ，地主に農地を引き揚げられるか，わからないという状況下では，賃借者農民は農地への長期投資を行わないだろう。

　実は，賃貸借事業は，この問題の解消を目的としていた。不在地主を管理

してこの不安定性を除去することにより，長期安定的な農業の発展を企図していたが，いまだ成功していない。不在地主の場合，その主要な関心は農業生産にはない。それは土地売却によるキャピタル・ゲインの取得にある。土地をいつでも売却できるような状態におくことを望む。一旦事業に申請して，5年や10年という長期賃貸契約を行ってしまえば，その期間中に，農地価格の変動に応じて随時売却することはできない。特に，土地価格の変動が大きければ大きいほどに，将来への価格上昇の期待が高まり，農地の処分権は留保される。そして，農地の随時的な処分権を留保するために，貸し手は長期賃貸借契約の申請に躊躇し，結果的に賃貸借事業の拡大を制限している。よって，賃貸借事業の不振理由は，貸し手の土地処分権留保にあり，上記メカニズムによる賃貸借の不振理由とは異なっている。「農業機械半額供給事業」の中止により，上記メカニズムの流れを変えることによって，賃貸借成立へのインセンティブを高めることはできるだろう。しかし，土地価格の変動が不安定な限りは，1年更新の私的賃貸借が増えるのみで，長期契約を要件とする賃貸借事業への申請は増えないであろう。もし，賃貸借事業への申請を増加させようとするならば，それは，土地価格コントロールのような別の方策との連携が求められてくる[29]。

　ここでは，90年代における「農業機械半額供給事業」とその影響について検討するとともに，「農業機械半額供給事業」が一定のメカニズムを通じて賃貸借に否定的な影響を及ぼしていることを示した。政策当局により同事業の問題が認識されて「農業機械半額供給事業」は99年に中止されたが，賃貸借事業を拡充するためには，私的賃貸借への政府介入という新たな問題がクローズアップされてきている。従来は，事業による賃貸と私的賃貸借との区別が不十分で，「農業機械半額供給事業」さえ取り除けば両者ともに進展すると考えられていた節がある。しかし，「農業機械半額供給事業」の除去は，私的賃貸借の抑制要因を取り除くことによって，政府による私的賃貸借の掌握という新たな問題を浮上させた。「農業機械半額供給事業」の中止により私的賃貸借が拡充することになれば，政府による私的賃貸借の掌握度は低下する恐れさえある。それほど政府介入により私的賃貸借を公的に管理するということは難しい。私的賃貸借が政府事業の範囲に無理なく入ってく

るためには，政府による地価コントロールが行われて，農地価格の安定が図られねばならないだろう。今のところは，地価の不安定と，将来への地価上昇期待が土地所有者の事業申請を躊躇させている。

次の問題は，政府当局による私的賃貸借の掌握度，換言すれば賃貸借事業の実態を分析することである。このためには，農村においてとり結ばれている賃貸借関係を明らかにして，私的賃貸借の実態を把握することが必要である。次には，筆者の農家聞き取り調査から，実際に行われている賃貸借の実情と，政府事業のそれらへの介入の様相をみていく。

6．全羅南道海南郡玉泉面ホンサン里の経営調査

農業の現場には，仮説通りの明確なジレンマ現象が出てくるわけではないが，政策を反映した混乱の様子は窺うことができる。筆者は1999年夏に，韓国全羅南道海南（ヘナム）郡玉泉（オクチョン）面ホンサン里において，農家聞き取り調査を行った。同地域は韓国の典型的な平野部稲作地帯であり，調査結果には，上記の機械化事業や農地規模化事業の影響が現れている。とくに中下層農の農業機械保有や営農受委託への影響が大きい。

調査の対象農家は全20軒。1番から20番までの農家番号を付した。以下ではこの番号により各農家を示している。表4-5は各農家の概況である。農家の家族構成は上層農家と下層農家で対照的である。経営主年齢は，最高で13番の76歳，最低で15番の28歳。平均は56.9歳であり経営主の高齢化が進んでいる。年齢階層別に見ると，20代が1名，30代がゼロ，40代が3名，50代が8名，60代が6名，70代が2名となる。家族構成との関連で見ると，三世代家族は6番と15番の2軒だけで，二世代家族が10軒を占める。他はほとんどが高齢一世代世帯である。家族の労働力の点から見ると，村内の農家は，家族数が多く労働力に恵まれた1番から6番までのような農家と，子供たちが非同居で離れて住み，労働力に不足する高齢の世帯に分かれている。後に見るように，これらの二極分化した農家の間では，営農受委託を通じて，労働力の調整が行われている。

家族構成の二極分化は経営面積にも反映されている（表4-6）。表4-6

第4章　農業機械化事業と賃貸借関係　　187

表4－5　農家の家族構成（全羅南道海南郡玉泉面ホンサン里）

(単位：人、日)

農家番号	経営主		家族数	農業従事者数	後継者の有無	同居家族		別居家族			
	年齢	農業従事日数				続柄及び年齢	農業従事日数	続柄及び年齢	農業従事日数	住居地	
1	59	180	3	2	無	妻59, 母82	妻180	長男26, 長女24, 次男22			
2	49	120	4	2	無	妻42, 長男17, 次女19		長女22		木浦	
3	55	120	4	4	無	妻48, 三男18, 四男18	長男30, 次男30	次男28, 次男25		ソウル	
4	45	120	6	5	無	妻41,長女18,次女16,三女15,長男12	全員各30				
5	61	60	4	4	次男	妻55, 長男31, 次男29	妻150, 長男20, 次男90				
6	51	150	4	4	長男予定	妻46, 母82, 三男18	妻150, 三男30	長男22, 長女20		軍人隊	
7	60	240	3	3	無	妻55, 長男24	妻240, 長男120	長女21		大学生	
8	54	180	2	2	無	妻50	妻210	長男26, 次男32	長女25, 次男29	光州, 大学生	
9	59	150	2	2	無	妻56	妻180	長男43, 次男31	次女23, 三男26		
10	66	180	2	2	無	妻62				ソウル	
11	52	120	2	2	無	長男29	長男120	長男, 次男			
12	65	120	2	2	息子予定	妻63	妻120	長男, 次男			
13	76	―	1	1	無			長男37, 三男30			
14	61	120	3	3	次男	妻60, 次男33	妻120, 次男150				
15	28	180	4	2	無	妻24, 母56, 子2	妻180				
16	70	180	2	2	無	妻66	妻180	長男39, 次男36		ソウル, 海南	
17	56	180	2	2	次男予定	次男32	次男180	長男33, 三男28			
18	57	150	2	2	無	妻59	妻240	長男41			
19	68	180	1	1	―	―	―				
20	45	―	2	1	次男予定	次男23	―	長男48, 次男42, 三男40			
計			55	48							
平均	56.9	136.5	2.8	2.4							

出所：全羅南道海南郡玉泉面ホンサン里の農家調査 (1999年8月)。

表 4-6　経営面積（全羅南道海南郡玉泉面ホンサン里）　（単位：ha）

農家番号	水田			畑			計
	自作地	借入地	計	自作地	借入地	計	
1	3.0	10.0	13.0	0.1	0.0	0.1	13.1
2	3.0	3.0	6.0	0.3	0.0	0.3	6.3
3	2.7	2.5	5.2	0.1	0.0	0.1	5.3
4	1.8	2.1	3.9	0.0	0.2	0.2	4.1
5	2.0	1.0	3.0	0.0	0.0	0.0	3.0
6	1.5	1.5	3.0	0.0	0.5	0.5	3.5
7	1.0	1.2	2.2	0.0	0.3	0.3	2.5
8	2.2	0.0	2.2	0.0	0.0	0.0	2.2
9	2.0	0.0	2.0	0.2	0.0	0.2	2.2
10	0.2	1.5	1.7	0.0	0.2	0.2	1.9
11	0.6	0.9	1.5	0.1	0.0	0.1	1.6
12	0.8	0.6	1.4	0.1	0.0	0.1	1.5
13	1.2	0.1	1.3	0.2	0.0	0.2	1.5
14	0.9	0.3	1.2	0.3	0.0	0.3	1.5
15	1.2	0.0	1.2	0.1	0.0	0.1	1.3
16	0.9	0.0	0.9	0.1	0.0	0.1	1.0
17	0.7	0.0	0.7	0.8	0.8	1.6	2.3
18	0.6	0.0	0.6	0.1	0.0	0.1	0.7
19	0.3	0.0	0.3	0.3	0.0	0.3	0.6
20	0.3	0.0	0.3	0.0	0.0	0.0	0.3
計	26.9	24.6	51.6	2.8	2.0	4.8	56.4
平均	1.4	1.2	2.6	0.2	0.1	0.3	2.8

出所：全羅南道海南郡玉泉面ホンサン里の農家調査（1999 年 8 月）。

　は，水田経営面積の大きさに従い上から順番に農家が並んでいる。農家番号は水田面積の序列で付しているので，水田経営面積 13 ha の 1 番の農家から，0.3 ha の 20 番の農家までが，面積順となる。

　家族数が多く労働力に恵まれた農家番号 1 番から 6 番までの農家は，経営面積 3 ha 以上で比較的多くの自作地を持ち賃借地も増やしている。これに対して，16 番以降は自作地・借地ともに少なく水田経営面積も 1 ha 以下であ

第4章　農業機械化事業と賃貸借関係

る。10番から15番はその中間に位置している。

　異なる経営規模の諸階層は，家族労働力だけではなくて，農業機械化により支えられている（表4-7）。農業機械の保有状況を見ると，農家番号1番から8番の農家は，トラクターやコンバインといった大型機械を90年代の半ばに購入している。高齢化した経営面積の小さい農家が，耕耘機などの小型機械の購入に集中しているのとは対照的である。特に3番と4番の農家は，90年代の半ばに，耕耘機から乾燥機までをフルセットで購入装備しており，この村落の中心的な機械保有農家であることが窺われる。これらの農業機械化は後に見るように，政府の機械化事業により後押しされており，構造政策事業は，分解促進・大農育成という点では，一定の成果を収めているようである。これらの機械の装備は，賃貸借による経営面積拡大だけではなく，営農受委託による経営面積拡大を推進して，集落内の二極分化を押し進めている。

　以上の点に留意して実態調査の結果を吟味してみる。表4-8は，賃借地を有する農家について，その賃貸借関係の詳細を示している。

　まずこの中に，経営面積の大きな2番から6番までの農家が入っており，それらは借地面積も比較的大きい。地主の居住地は村内にとどまらず，隣村や近郊の都市まで広がっている。地主の賃貸理由は高齢化や不在地主である。ここで注意すべきは，村内の賃貸借関係が比較的少ないということであろう。経営規模の大きい農家の場合は，同じ村落内よりも，隣村や他から農地を賃借しているものが多く，また，地主が農民である場合よりも他の職業であることの方が多い。韓国独特の不在地主構造がここにも現れている。

　契約期間はほとんどが1年，支払いは現物，という点は他の韓国農村と同じである。支払い方法は稲作の場合は現物，畑作の場合は現金というのが一般的のようである。地代の分量は大体3割から4割という水準にある。

　不在地主構造のもとでは，長期的な賃貸契約を地主が嫌う。随時的な農地の処分権を確保したいがためである。このことは農業経営の安定化を妨げる要因になっており，賃借地を耕作者が買い取るための資金を低利融資する農地売買事業や，長期契約を条件に地代を長期融資する長期賃貸借推進事業により改善が試みられている。そういうなかで，農民層の両極分解が進んでい

表 4-7　農業機械保有状況（全羅南道海南郡玉泉面ホンサン里）

（単位：万ウォン）

農家番号	耕運機 購入年	耕運機 価格	トラクター 購入年	トラクター 価格	移秧機 購入年	移秧機 価格	コンバイン 購入年	コンバイン 価格	乾燥機 購入年	乾燥機 価格
	年	万ウォン	年	万ウォン	年	万ウォン	年	万ウォン	年	万ウォン
1	—	—	94	3,400	—	—	95	2,700	93	—
2	—	—	94	2,500	—	—	94	2,200	—	—
3	94	180	90, 96	1300, 3300	96	300	94	1,000	94	210
4	92	200	94	3,200	93	1,000	94	2,600	94	350
5	94	225	92	2,700	—	—	—	—	97	420
6	96	180	—	—	98	450	—	—	95	450
7	85	200	—	—	89	140	—	—	93	400
8	83	100	91	1,400	91	50	—	—	90	235
9	92	190	—	—	—	—	—	—	94	560
10	92	50	—	—	—	—	—	—	—	—
11	89	—	—	—	—	—	—	—	—	—
12	92	180	—	—	—	—	—	—	99	680
13	—	—	—	—	—	—	—	—	—	—
14	98	80	—	—	—	—	—	—	96	—
15	—	—	—	—	—	—	—	—	93	—
16	89	100	—	—	—	—	—	—	—	—
17	86	160	89	2,300	—	—	—	—	—	—
18	98	150	—	—	—	—	—	—	—	—
19	—	—	—	—	—	—	—	—	—	—
20	—	—	—	—	—	—	—	—	—	—

出所：全羅南道海南郡玉泉面ホンサン里の農家調査（1999年8月）。

第4章 農業機械化事業と賃貸借関係　　　　　　　　*191*

表4−8　農地の賃貸借（全羅南道海南郡玉泉面ホンサン里）
　　　　　（借地内容について回答した農家のみ掲載）

農家番号	借地面積（坪）	地主との関係	地主の居住地	地主の職業または賃貸理由	契約期間	支払方法	地代の分量
2	(筆地別) 2,700 1,800 1,800 1,800	親戚 親戚 他人 親戚	隣村 隣村 外地人 隣村	高齢化 労働力不足 知らない 高齢化	1年 1年 1年 1年	現物 現金 現金 現金	(1カマ=110kg) 619.5kg
3	1,350 2,700 2,700	叔父 兄 弟	村内 光州 玉泉	無職 公務員退職 公務員	1年 1年 1年	現物 現物 現物	6カマ/900坪 収穫後
4	2,700 1,800 1,800	親戚 里長 親戚	木浦 隣村 隣村	無職 事業 事業	1年 1年 1年	現物 現物 現物	6カマ/900坪 収穫後 〃
5	900 1,800	 宗親会	隣村 宗土	公務員退職 宗土	1年 1年	現物 現物	6カマ/900坪 〃
6	1,800 900 900 900	他人 他人 親戚 他人	隣村 隣村 隣村 光州	僧 農業 建築業 不動産仲介	6年 無期限 1年 1年	現物 現物 現物 現物	6カマ/900坪 30％相当 〃 〃
7	900 100	他人 他人	村内 村内	高齢化 門中	1年 1年	現物 現物	
9	3,600 900	他人 親戚	— 	— 農業	20年 1年	現金 現金	8％ 0.20％
10	900	親戚	ソウル		1年	現物	6カマ/900坪
12	1,350 1,350 900 900	宗親会 他人 他人 娘	 村内 隣村 光州	 農民 高齢化 	1年 1年 1年 1年	現物 現物 現物 現物	6カマ/900坪 収穫後 〃 〃
13	800 2,100	他人 宗親会	隣村 		1年 1年	現物 現金	6カマ/900坪
14	400	宗親会			無期限	現物	8カマ/900坪
17	2,500	他人	村内	無職	無期限	現金	年80万ウォン

出所：全羅南道海南郡玉泉面ホンサン里の農家調査（1999年8月）。
注：(1)　借地内容について未回答の農家は本表に含まれない。
　　　　例えば，1番の農家は3万坪の借地を有するが借地内容について不回答のため本表には含まれていない。
　　(2)　表4−3の経営面積一覧の数値と一致しない。借地内容について回答のあったものだけを本表に掲載しているためである。

るのであるが，それらは，集落内の農地賃貸借よりも，後に見るように，営農委託を通じる方が主となってきている。

　ところでこのような不在地主構造は，最近でも経済的困難や分化に伴う農地売却により，農地が外地人（不在地主）[30]の手に渡ることで，いわば，作られてきたという側面が見られる。表4-9は80年代以降の村内における農地売却の事例を尋ねたものである。負債を抱える等の農地売却は，1番と16番の事例に見られる。いずれも10年ほど以前のことである。また分家により子息が結婚して住居購入費用の必要が生じたことなどから，農地が売却されることも多い。ここでは8番と15番の事例である。これらの経済的理由による売却に対して，高齢化や労働力不足による理由から売却されることもある。19番の事例がそれであり，農地は村落内外の人に分散して売却されている。農地が人手に渡る過程で，不在地主がそれを購入し，不在地主構造が強化されていく事例が見られる。この表では，9番や16番，19番の事例がそれにあたる。

　このようにして作られていく不在地主構造に対して，様々な対策が取られてきた。構造政策への農民の対応と成果は，表4-10の「構造改善事業への農家の参加状況」に整理しているが，各事業の中では特に，農地売買事業への積極的な参加が見られる。集落のアンケートによれば，経営規模の大きい農家だけではなく，いわゆる中間の経営規模の階層にも，農地売買事業への積極的な対応が見られる。1番から6番という比較的経営規模の大きい農家は90年代前半に農地売買事業に応募して，自作地面積を拡大している。そして，7番から10番といういわゆる中間階層の農家も，上層農家並みに売買事業を活用して自作地を増やしている。このことから農地売買事業は，中間層を含む広範な農家を対象としたことがわかる[31]。その結果，賃借地が自作地化して，従来の賃貸借構造政策に一定程度寄与したことは評価されるべきであろう。こういう事業がなければ，そのまま不在地主構造が固定していた可能性が強い。

　農地売買事業による農地購入の他に，個人で農地を購入した農家，すなわち事業資金に頼らずに，個別に農地を購入した農家もある。これらは農家番号では，7，8，15，16番である。この中で，例えば16番の農家は，個別

表4-9 農地の売却（全羅南道海南郡玉泉面ホンサン里）
（売却経験のある農家のみ掲載）

農家番号	売却相手	相手の居住地	売却年度	坪当地価（ウォン）	面積（坪）	売却理由
1	兄弟	村内	10年前	10,000	800	経済的困難
8	他人	―	98年	24,000	4,500 村内1,800	子息分家の際の住居購入（光州）
9	他人	玉泉面	85年	1,288	900	教育・農機具購入
15	―	村内	83年	―	―	住居をソウルに購入 現在は売却
16	―	村内外	92年	―	4,500	経済的困難
17	―	村内	85年	―	1,800	事業（酪農）資金 両親が売却
19	―	村内外	―	12,000	3,600	高齢化，分家

出所：全羅南道海南郡玉泉面ホンサン里の農家調査（1999年8月）。

に商人の不在地主から賃借中の農地を買い戻しており，事業資金に依存せずに借地の自作地化を進めている。

ところで農地売買事業については，既に述べたように問題点も少なくない。

まず，農地売買事業で地価が上昇した。4，5，7，8，9，11番の農家がそれを指摘している。売買事業は農地購入需要を人為的に作り出すことによって，農地価格を押し上げた。このことから個別に農家が農地を購入する際に，より多くの購入費用負担を農家に強いることになった。

また，農業機械化事業との組みあわせがうまくいっていない。同事業は，農業機械購入資金の最大50％を補助して，少ない自己資金で農家の機械購入を可能にするものである。このことにより，中上層農において機械の購入がすすみ，農民層分解に寄与した側面も少なくない。しかし一方では，過剰な機械保有を押し進め，機械を購入した農家の離農を妨げるとともに，補助に連動した融資金の償却負担から農家を営農受託拡大に走らせている。過剰な受託需要が発生し，受託料が低迷して，受託農家の採算割れと，大規模農

表4-10 構造改善事業への農家の参加状況（全羅南道海南郡玉泉面ホンサン里）

(単位：坪，ウォン，％)

農家番号	農地売買事業 年度	面積(坪)	坪当り(ウォン)	年度	機械名	購入価格(万ウォン)	化事業 補助・融資・自己負担の比率(％)	農地売買事業の評価等
1	93 94	1,800 2,700	20,000 21,000	94 95 93	トラクター コンバイン 乾燥機	3,400 2,700	3・58・39 52・11・37 農家15番と共同で購入，50％補助。	
2	95	1,400	9,300	94 94	トラクター コンバイン	2,500 2,200	40・50・10 45・45・10	
3	92	900	13,000	96 96	トラクター コンバイン	3,300 1,000	50・30・20 50・30・20	コンバインの寿命は3年で尽きた。
4	92 93	1,800 3,600	16,000	94 94 94	トラクター コンバイン 乾燥機	3,200 2,600 350	40・50・10 50・40・10	個人で96年に2団地1,800坪購入。農地売買事業のため農地価格は上昇した。
5	92 99	900 1,000	14,000 20,000	92 97	トラクター 乾燥機	— 420	自己負担20％の専業農補助で購入	92年購入分は以前の賃借地。99年購入分は10％自己負担。個人的に97年に2,000万ウォンと1,400万ウォンのために土地を購入。95年に農地売買事業のために農地価格が上昇した。賃貸借事業は手続が複雑で，資金が少ない。また地主が賃貸借事業を拒否している。
6	94	800	11,000	98 95 95	田植機 耕耘機 乾燥機	450 180 450	0・0・100 50・0・50 22・67・11	農地の交換分合事業で，450万ウォンの差額を受けた。この事業では，相手が800坪でこちらが400坪，450万ウォンの事業補助で400坪の農地を入手。賃貸借事業については，まだ専業農の指定をうけていないために無理。今年の秋に申請して，専業農としての資格を得た後に，賃貸借事業に申請予定。周辺の村にもそういう農家は多い。

第4章　農業機械化事業と賃貸借関係

7	95	600	22,000	92 93	耕耘機 乾燥機	200 400	50・40・10	光州の不在地主から賃借していた農地を購入。農地売買事業で農地価格が上昇した。
8	92 93	1,300 4,500	13,000 13,000	93	コンバイン	3,940	17・41・42	個人的に83年に2,900坪、90年に4,600坪購入。 農地売買事業で地価が上昇したため。 93年購入分は賃貸者移住のため。
9	94	3,600	14,000	94	乾燥機	560	25・75・0	農地売買事業で地価が上昇した。
10	96	1,800		96	乾燥機		0・50・50	農地を貸していた弟が他へ移住したため買い取った。
11	93	900	14,000	94	乾燥機		20・0・80	農地売買事業で地価が上昇した。
12					乾燥機	680		個人的に94年に650坪を700万ウォンで購入。
13				99	乾燥機			個人的に1,070坪を購入。
15	98	900	24,000	93	乾燥機		農家1とともに購入。補助50%	
16								個人的に、96年900坪を900万ウォン、97年に1,800坪を1,100万ウォンで購入。前者は玉泉の農民、後者は海南の商人から。海南の商人は不在地主で、その地主から賃借していた農地を購入した。
17	94 94	1,500 2,500	10,000 10,000	89 86 94	トラクター 耕運機 乾燥機	2,300 160 1,400	0・70・30 21・14・65	売却者は高齢化で営農困難。
18				98	耕運機	150	33・0・67	89年に個人で1,800坪購入、坪単価7,800ウォン。うち900坪は光州在住の地主から、残り900坪は玉泉在住の人から。

出所：全羅南道海南郡玉泉面ホンサン里の農家調査（1999年8月）。
注：表4-7の数値と数カ所で一致しないところがある。

家の経営悪化という事態をもたらした。受託料低迷は，賃貸に対する委託の経済的優位を高めて，委託作業の供給量も増加させたであろうが，急速な機械化による償却負担の増加に追いつくものではなかった，ということであろう。

これらのことは基本的に，農村内部における，農民層分解の手法を，賃貸借より営農受委託に移すことになり，長期賃貸借推進事業についての対応を消極的なものにしている。同事業については，対象農家のなかに事業参加者はいなかった。理由は二つ聞かれた。一つは長期賃貸借に関して，不在地主側の理解がないこと。もう一つは，事業参加の資格が厳しいことである。

機械化事業が，中層以下の機械購入を促進して，離農を妨げた，という点については明解な根拠はあるのだろうか。10番から15番の中層農家，及び16番以降の零細農においても機械の購入実績がみられる。例えば，18番の農家は，経営面積0.7 haの比較的に零細規模の農家であるが，93年に50万ウォンの補助金で耕耘機を購入しており，経営する農地は，全面委託に出している。機械化事業で，機械を購入したにもかかわらず農地を営農委託に出している農家は他にも多く，6・7・9・10・11・15・17番がそれに当たる。このうちのほとんどの農家が，機械化事業の補助金が急増した93年頃に機械を購入している。機械化事業による資金供給は，もしそれがなければ離農したであろう農民階層に営農継続を促し，委託作業の拡大へと走らせた可能性がある。

硬直的な賃貸借構造の下で，営農委託が増えたことは注目される（表4-11）。営農委託は賃貸借と異なり，集落内での完結性を有している。委託農家は受託農家を，受託農家は委託農家を，それぞれ同じ村落内に抱えている。集落内における機械の普及と，高齢化の進展が，このような営農受委託を拡大させている。これは，特に機械化事業によって推進された側面が小さくない。再三述べたように，機械化事業による，機械購入増加 → 償却負担 → 受託拡大 → 受託料低迷 → 委託後所得 ＞ 賃貸後の所得 → 地主の委託選好，という流れで，営農受委託を拡大させて，委託の経済的インセンティブを大きくしている。調査した委託農家のなかでは，5・14・15・17・18番農家が，「賃貸よりも委託が経済的に有利」という主旨の回答をしている。こ

第4章　農業機械化事業と賃貸借関係

表 4-11　営農受委託（全羅南道海南郡玉泉面ホンサン里）（回答農家のみ掲載）

農家番号	受委託方式	開始年度	受委託農家	備考（受委託料及び委託と賃貸との所得比較）
1	部分受託	87年頃	村内，7，9，11，13	
2	全面受託	87年頃	村内5	
3	部分受託	10〜20年前	村外	受託面積は20団地（18,000坪）。
4	全面受託	5〜10年前	村内，5，6，10，16，18及び村外	受託面積は50団地（約45,000坪），補助金活用。最初から田植えまで13万ウォン。田植えのみ，6万ウォン/950坪。労働力不足。
5	全面受委託	79年から，90年に自作地委託	委託（村内2，4）受託（村内10，20）	賃貸なら3分の1。賃貸より30％程度良い。
6	全面委託		村内4	
7	部分委託		村内1	
9	部分委託	89年	村内1	賃貸経験なし。
10	全面委託	80年	村内4，5	収穫9万ウォン，田植え5万ウォン。耕起10万ウォン/900坪。
11	部分委託	75年	村内1	理由：機械を購入できないため。
12	委託	86年		委託は，バランスを取って複数に任せている。
13	部分委託	86年	村内1	
14	部分委託	86年	村内1	営農委託は賃貸より所得が多い。
15	委託	80年	村内	賃貸より委託が所得の上で有利。
16	全面委託	96年	村内4	
17	部分委託	85年	機械を所有し余裕のある人（村内）	89年からコンバイン普及。委託が賃貸より有利。受託はトラクター作業。
	部分受託	89年		
18	全面委託	89年	村内4，作業の速い人に頼む。	所得上，賃貸より委託が有利。
19	委託	機械導入後	いろいろな人に任せる。	
20	委託	92年	村内5	

出所：全羅南道海南郡玉泉面ホンサン里の農家調査（1999年8月）。
注：「全面委託」とは，経営地すべてを「委託」するという意味ではなくて，経営地の一部について，作業のすべてを委託するという意味である。

のことから，委託農家は，賃貸との比較で委託を選択していることがわかる。またこの委託については，委託側に例えば，「作業の速い人に任せる」(18番農家) や，「いろいろな人に任せる」(19番農家)，といった回答も見られ，受委託関係が頻繁に変わることから，受託側にとっては必ずしも安定した経営手法とは言えない。

これらのことから，今後も営農受委託は，集落内の労働力調整の機軸にはなるものの，作業を引き受ける側の農家にとっては，賃貸借ほどには，安定的なものではないということが言えよう。

おわりに

以上に見たように，農業機械購入補助事業は，農民各階層における農業機械の過剰装備という現象を産み出した。このことは構造政策に必ずしも良い影響を与えていない。集落内では賃貸借よりも営農受委託による，労働調整が選好されており，営農受委託の当事者が互いに年々代わることから，上層受託農家の経営を賃貸借方式に比べて相対的に不安定なものにしている。こうして，営農受委託関係を拡大して賃貸借を委縮させる農民層分解は，大規模農家の育成を目指す構造政策には必ずしも有利に作用していない。

農業機械半額供給事業の政策的背景と意図を図式化すれば，農業構造政策 → 大農支援→ 中農以下層からの不満 → 不満解消としての農業機械購入半額補助 → 中農以下層の機械の過剰装備，ということであった。また，その副産物としての影響は，機械の過剰装備 → 償却負担の増加 → 営農受託による償却の必要 → 営農受託需要の拡大 → 営農受託競争 → 営農受託料低迷 → 受託農家の所得低迷と委託農家における（委託後所得 ＞ 賃貸後所得）関係の持続 → 分解手法への影響（委託の選好） → 営農受委託中心の分解 → 受託拡大農家の経営不安定 → 構造政策の不振，と整理できる。本章では，政策手法と農業構造におけるこういうメカニズムを整理して，調査農村の個票分析から，上記メカニズムの存在に関連するデータを確認した。

90年代における構造政策は問題に直面して，政府は機械化事業の縮小と賃貸借事業の見直しを進めている。このような改革がすすむことによって，

第 4 章　農業機械化事業と賃貸借関係　　　　　　　　　　　　　*199*

　上記メカニズムが変化して，大農借地経営の育成とそれを基軸とする国際競争力向上が実現するか否か，韓国農業は岐路に立たされていると言えよう。

注

1) 第 2 章及び第 3 章では「長期賃貸借推進事業」が議論の中心になり，事業が「長期」であることや，政府が事業を「推進」することが，問題となるために，省略せずにそのまま用いた。しかし，この第 4 章以降の議論では，これまでに比べると同事業は副次的な位置に置かれ，また個別相対の私的賃貸借との対比が必要となることから，「賃貸借事業」と略している。
2) 姜奉淳「農業機械化」韓国農村経済研究院，農林事業評価委員会『農林事業評価』1997 年，及び，金正夫ほか『農地規模化事業ノ評価ト発展方向ニ関スル研究』韓国農村経済研究院，1995 年。
3) 農業機械半額供給事業は，正式な事業の名称ではなく，事業の問題点を含意するものとして，一般に使われるようになった通称名であるため，ここでは「　」を付して，「農業機械半額供給事業」と表記している。正式名称は「小型農業機械半額供給事業」で，200 万ウォン以下の機械購入に限定して半額を補助するというものであった。
4) ガット・ウルグアイ・ラウンド対策とは，総じて市場開放対策のことであるが，本章では，市場開放妥結時の国内対策という側面を吟味しており，一般の市場開放対策とは区別する意味で「　」付けの，「ガット・ウルグアイ・ラウンド対策」と表記している。
5) 金正鎬氏によれば，機械化事業はそもそも 81 年から開始されていたが，その普及事業は，「半額」を支援するものではなかった。補助率は機械ごとに異なり，補助は大型機械に限定され，小型機械については融資を行っていた。しかし，93 年のガット対策で政策は転換した。農民運動団体による自作農の所得増大要求があり，労働力に不足する農家や零細農家に対して支援が実施された。その内容は補助により農家の小型機械化を促進するものであった。本来ならば，中型・大型の機械を中心に補助すべきところを，小型機械中心の補助が行われた結果，小型機械の普及が進み中型・大型の機械の利用率が低下した。機械化事業は元来，耕耘機や田植機の購入で，零細農家の専業農家への委託を増やすものであったが，小型農業機械の普及で，専業農の受託規模が縮小した。専業農のなかには零細農に賃貸していた農地を引き上げて，自作するものも現れた。

　　ちなみに，こういう機械化事業は，担い手育成事業と連動している。担い手育成事業は，後継者育成事業が 81 年から始まり，92 年から専業農育成事業，さらに 95 年からは米専業農育成事業に引き継がれた。92 年以降の担い手育成事業は，81 年からの後継者育成事業の，いわばアフターサービス的な意味合いを有していた。81 年からの後継者育成事業で，就農基盤を固めた後継者が，だんだんと育ってきて，92 年からは専業農として育成事業の対象となり，95 年からは米専業農として更なる支援を受けた。92 年からの専業農育成事業に際しては 2,000 万ウォン，95 年からの米専

業農育成事業に際しては5,000万ウォンを上限に支援が行われている。

このような支援は，機械化事業との連携を有するものであったが，その手法については大きく変化している。元来，韓国では個人を対象とする補助は存在しなかったが，90年代に入って予算当局の抵抗を制して，個人向けの補助が行われるようになった。92年以降の担い手育成事業や機械化事業においては個人補助が適用された。

それまでの機械化事業における補助は組織を対象とするものに限定されていた。1981年から農業機械化事業が始まり，当初の補助はセマウル機械化営農団を対象としていた。個人には補助ができず，81年から90年までの10年間は，共同利用の形で補助が行われた。その後，委託営農会社が設立され，機械化事業における営農団や共同利用の問題が発生した。共同利用で補助金を申請した場合でも，実際には特定の個人が機械を保有管理し，共同名義の他の農家の営農を請け負っていた。共同所有・共同利用といっても，その実態は個人所有・個人利用であった。制度と実態は段々と乖離することになり，補助金利用の合法性に関する問題が大きくなっていった。

こうして1993年からの一般農支援で初めて個人補助が行われることとなった。それまでの補助は組織補助に限定されており，個人を対象とする補助は初めてであった。予算当局は当初，これに反対したが，結局，個人向け補助が実施されることとなり，一般農を経て，95年の米専業農への支援に発展していった。

機械化事業についても，既に個人補助が認められていたために，個人の機械購入に際して補助を受けることが可能であった。94年までは一般農が個人として支援を受けられたが，実際に補助を受けた農家では稲作農家が多数を占めた。95年から支援対象は米専業農に限定され，担い手育成事業において米専業農に選定されないと，農業機械化事業の事業資金は受けられない，というしくみのなかで支援が行われた。この点で機械化事業は，米専業農育成事業と連動していた。

また，個人に対する補助が可能となったことの影響も大きい。それまでは組織補助に限定されていたが，米専業農という個人に補助可能となった。財政当局が，それまでの組織補助という制約を捨てて個人補助に踏み切らなければ，機械化事業は実施困難だったといえる。こういう点で，機械化，担い手，補助手法の3点は密接に関連しており，この三つが連携することで，パッケージとしての政策が成立しえたと言える。

このようなパッケージとしての，構造政策事業は一定の成果を収めているが，本章で検討した「農業機械半額供給事業」は，これと異なる性格を有している。「農業機械半額供給事業」（＝小型農業機械半額供給事業）の方は，農村視察後の金泳三（キム・ヨンサム）大統領の公約であり，公約実現に官僚が困惑し，政策として問題を抱えていたという経緯がある。パッケージとしての，（機械化・担い手・補助手法）とは，別レベルのものである。この「農業機械半額供給事業」は，小型機械のみを対象としたもので，米専業農家を対象に大型機械を購入支援するものではなかった。90年代の構造政策すべてが，機械化事業による農業機械の過剰供給で破綻したのではなく，機械化事業と担い手育成事業を連携させ，個人補助の手法を導入することで，専業農及び米専業農の育成に一定の成果を収めた点にも，留意すべきであろう。

（以上は，2002年4月に金正鎬氏と面談した際の，インタビュー内容をもとに，筆

者が政策の変遷として，まとめたものである。これらの内容に関する誤謬は筆者の責任に帰する。)
6)「農地規模化事業」とは，耕地経営規模を拡大させる事業のことである。正式名称は「農家経営規模適正化事業」。韓国ではこれを一般に「農地規模化事業」と呼んでいる。「農地規模化事業」には，第2章で説明した農地売買事業，長期賃貸借推進事業，農地の交換分業事業，農地購入資金支援事業という四つの構造改善事業が含まれる。
7) 農業機械半額事業の制度変遷について，金正鎬氏は以下の表に整理している。

農業機械半額供給事業の支援内訳

	一 般 農 家	米 専 業 農	共 同 利 用 組 織	
			農業会社法人	共同利用組織
施行時期	1993〜97年	1995〜2004年	1991年〜	1995年〜
事業目標	100万台	6万戸	2,000ヵ所	5,400ヵ所
支援対象	一般農家	55歳以下の経営主 経営規模5ha以上	農業会社法人 経営規模50ha以上	作目グループ 経営規模10〜30ha
支援基準	支援規模： 200万ウォン以下は，50％補助 200万ウォン以上は，100万ウォンを補助	支援規模： 23.5百万ウォン 支援率： 補助50% 融資40%	支援規模： 1億ウォン 支援率： 補助50% 融資40%	支援規模： 6千万ウォン 支援率： 補助50% 融資40%

出所：金正鎬編『農漁村構造改善白書』韓国農村経済研究院，2002年2月，129頁。

　「農業機械購入資金支援は，補助支援対象の農業機械と，融資支援対象の農業機械に区分されるが，この場合には補助支援対象に限定して施行された。施行要領は200万ウォン以下の農業機械は，50％の補助を支援して，200万ウォン以上の農業機械に関しては，100万ウォンまでを支援するというのがその骨子であった」（金正鎬編『農漁村構造改善白書』韓国農村経済研究院，2002年2月，128頁）。
　この制度は幾つかの改編を経た。「農業機械半額供給事業は農家の農業機械購入負担を大きく軽減して，農家の生産費節減に寄与したことは間違いないが，小型農業機械の所有が大きく増加した反面，財政支援資金の限界から，半額供給を受けられない農家が発生した。同事業を受けられない農家群を中心に，従来と同じく融資による購入を求める意見が増えた。これに対処して施行されたのが融資支援制度の改善事業である。この制度は94年から97年まで施行された。農業機械購入融資の事業は，半額供給から漏れた農家や共同利用組織を対象として，融資事業だけで購入を支援して，機械化を促進するものであった」（同上，金正鎬編，129頁）。

8）巨額の事業費は，構造改善事業計画を前倒し実行することで，確保された。前掲の『白書』によれば，政府は91年に「農漁村構造改善対策」を発表して，農漁業の競争力強化と農漁村の活力増大を目指し，構造改善事業を推進することとした。当時この事業は，92年から2001年までの10年間で，42兆7,021億ウォンの事業費を投資することとしたために，これを「42兆ウォン構造改善事業」と呼んだ。しかし，93年に金泳三大統領が「新農政5ヵ年計画」をうちだして，一部計画が修正補完され，ウルグアイ・ラウンド妥結を背景に，当初の計画が前倒しされることとなり，98年までに42兆ウォン投資，と修正された。1993年12月にウルグアイ・ラウンドが妥結すると，政府では94年2月に大統領直属の農漁村発展委員会が構成され，この委員会の建議を基に，当初10年（92～01年）の42兆ウォン計画は，7年（92～98年）へと前倒し実施されることとなった（同上，金正鎬編，27頁）。

　このような巨額の投資が行われたにもかかわらず，その成果は十分とは言えなかった。加えて97年末からの経済危機で，農業不況が深刻化し，農業投資に対する批判が起こってきた。それに対して，金正鎬氏は反論を行った。

　金氏は構造改善投資に対する批判が相次いでいるが，という前置きをした後，同事業について次のように指摘している。まず氏は，42兆ウォンの投資と，15兆ウォンの農業特別税について，前者は既存の恒常的事業費に1兆ウォンを追加したものに過ぎず，15兆ウォンも他の事業費が組み入れられている。実際に過去10年間に，農林水産事業費は国家予算よりも平均2％程度増えたに過ぎない，と述べる。

　加えて，この事業費には，融資金に自己負担資金までを含めて，事業費として計算されている。特に事業中途から自己負担割合が増えていることに留意すべきである。

　「事業費の多くは，生産流通施設や農漁村整備等の社会間接資本に投資されており，農漁民支援は13兆4千億ウォンのうち，補助金の2兆5千億ウォンにすぎない。補助金が目立つようであるが，資金力の脆弱な農漁民には政策投資が不可避である。

　また政策効果も重視すべきである。投資の効率性ばかりでは測りきれない農業部門においては，環境保全，国土保全などの効果も無視できない。

　構造改善投資について批判が出ているが，農漁民の改革への意志が委縮しないように留意すべきである」（「農漁村構造改善事業に関する幾つかの誤解」内外新聞 社説，1998年10月2日，再掲）。

　金正鎬氏の解説にあるように，構造改善事業費すべてが，ムダに使われたのではない。「農業機械半額供給事業」のような，問題点は抱えつつも，この間の施設整備や営農支援，さらには構造改善事業全般について一定の成果をあげており，筆者もその点は認めなければならないと考えている。特に，米専業農家への支援については効果が現れており，90年代に韓国農村に登場した大規模農家は，まさにこれらの政策の産物であると言える。

9）もちろん，地代以外の要因も少なくない。ここでは経済原則の範囲内での説明を行っており，その他の要因については，言及してはいないが，無視しているわけではない。

10）農村兼業機会の少ないことは，離農困難と農業継続の要因でもあるが，同時にこれ

第4章　農業機械化事業と賃貸借関係

は，農村以外に職を求めて離村することの条件ともなった。農村兼業機会が豊富であれば，営農規模を縮小しつつ，一部を賃貸に回すなどして，漸進的に離農していくことが可能である。しかしながら兼業機会が少ないという状況の下では，農業にしがみつくか，離村するかの二者の選択を迫られる。農業に執着する場合は，増えていく家計費を充足させるべく農業所得を増やすために経営規模を拡充させるがそれには農地の賃借という方法をとらざるをえない。離村する場合には挙家離村であれば，農地をまるごと賃貸に出し，賃貸地の供給量は増加する。しかし，60年代に比べてみれば，70年代以降は，挙家離村形態は減少して，単身流出が増えている。以上の問題に関連する倉持和雄氏の見解や筆者の考えについては，第3章注1に示している。

11) このような仕組みで地代水準が高くなったことについては，複数の研究者が言及している。例えば，加藤光一氏は，小作料水準は単なる需給関係で決まるのではないし，近年は低下傾向も認められるとしながら，「小農間地代競争」が「高率小作料」を生み出した時期のあったことを否定してはいない（加藤光一『韓国経済発展と小農の位相』日本経済評論社，1998年，180頁）。また，益山大学校の趙佳鈺氏は，1990年代初頭に全羅北道の平野部稲作地帯で詳細な農家経済調査を実施し，その実証研究を踏まえた上で，次のように述べている。「借地をめぐって零細小農と中大規模農家，中規模農家と大規模農家との間に激しい競争がなされて，借地供給が増大したにもかかわらず，需要も増加し，その結果，高借地料はそのまま維持されたとみることができる」（趙佳鈺『韓国における稲作生産力構造に関する研究』九州大学博士学位論文，1994年，148頁）。地代料水準の変動については，離村者の増加から借地供給が増加し，地代水準低下の方向に作用したということも考えられうるが，ここで趙佳鈺氏は，需要も増加し地代水準が高く維持されたと見ている。

12) 農産物市場の開放に動揺する「農民心理の沈静化」ということについて，ソウル大学校の姜奉淳氏は，次のように述べている。「1993年からの農業機械半額供給政策は農業機械の普及だけではなく，ガット・ウルグアイ・ラウンド交渉妥結以後の農民の不安感を沈静するのに寄与した」。「一定の民心収拾次元で推進された『農業機械半額供給』制度は農業構造改善に寄与するというより，農民の厚生及び福祉を増進させるという性格が強かった」（前掲，姜奉淳，258頁及び267頁）。

13) 農業機械半額供給事業の背景について，『韓国農政50年史』では，次のように説明されている。

「1992年11月金泳三大統領候補が，忠南の温陽に選挙遊説に出向いたとき，大統領として当選した場合には，『国家支援で農業機械を半額で供給』するという公約を行った。同氏が大統領に当選するや，1993年1月中旬に農業団体の責任者が青瓦台を訪問し，大統領の選挙公約である『農業機械の半額供給』を履行するよう建議した」（韓国農林部，韓国農村経済研究院編纂『韓国農政50年史』第1巻，395頁）。

「同事業は大統領の選挙公約事業として，金大統領が就任した93年から97年までの任期期間に履行された。しかし同事業は肯定的側面だけでなく否定的な側面も多かった。一つには，補助金額が同事業実施以前に比べて約3倍へと急増し，一部では小型機を購入したにもかかわらず大型機械を購入したように偽装するという，補助金

の不正使用問題が発生した。二つ目は一般農家への半額供給が200万ウォン以下の機械に限定されたため，使える機械があるにもかかわらず新規に機械を購入したり，様々な小型機械が購入されたりという，非効率的な補助金の使用が行われた。三つめに，構造改革には大型機械の購入が望ましいが，半額供給が200万ウォン以下の小型農業機械に限定されたために，小型農業機械の保有が増えて，構造政策に逆行する結果となった」(同上，韓国農林部，韓国農村経済研究院編纂，396頁)。

このように，同事業は，政治家個人の責任として現在は評価されているが，そういう公約が政策化されたことの背景には，政策当局の何らかの意図があったのではないかと筆者は考えている。政治家の公約履行の責任を取らされた官僚は大変に困ったことであろう。しかしそれを拒絶せずに政策化したことの背景には，単なる公約履行以上の意味があったのではないだろうか。その意味とは，国内向けの独自のウルグアイ・ラウンド対策である。背景が何であれ，効果として，市場開放以降の「農民の不安感を沈静するのに寄与」(前掲，姜奉淳) しており，韓国の優秀な官僚たちがそういう効果を予測できなかったとは到底考えられない。

14) 先の金正鎬編の『白書』によれば，投融資額の90％が機械購入資金支援に回されており，経済的効率性よりも政治的配慮が強く働いた。小型農業機械中心の分散支援で農業規模化に逆行した。競争力強化ならば，会社法人・共同利用組織・米専業農，などの大規模営農に大型機械を供給支援すべきだが，実際には，200万ウォン以下の小型機械を一般農家へ供給支援する「半額供給」補助の方がやりやすいという仕組みが生まれた。このことは，ウルグアイ・ラウンド妥結以後の農村の不安を沈静化する上では貢献したが，農業構造改善には逆行する結果をもたらした。

一般農家への小型機械普及により，農業会社法人と専業農との間での，賃作業引受競争が過熱し，機械の稼働率が低下するとともに会社法人の経営収支悪化の要因となった。農業会社法人の1ヵ所あたり作業面積や純収益は毎年縮小・低下の傾向にある。また，農業会社法人の場合，完全委託は10％水準に過ぎず，大部分が部分委託であり，小型機械普及により一般農家の，脱農遅延という現象がもたらされている。

小型機械の補助率が高いために，効率の良い大型機械よりも小型機械の普及が促進されている。動力耕耘機や歩行型田植機の利用率低下が指摘されているが，過剰という言葉は適切ではなく，乗用型田植機の普及は遅れており，機械全体の過剰供給ということはできない (前掲，金正鎬編，160-161頁)。

15) 前掲，姜奉淳，245-246頁。ここで姜奉淳氏が使っている「支援」という用語には，「補助」と「融資」が含まれている。

16) 姜奉淳氏によれば，現在，この事業は政府部内でも，政策の失敗として認識されている。政府は1999年から一般農家への農業機械購入に対する支援をなくして，融資に変更する予定であり，米専業農や営農会社法人及び共同利用組織に対しても小型機種は対象から外している (同上，姜奉淳，248頁)。また，同氏によれば，「専業農や農業会社法人の機械保有率が高まるに従い，地域によっては過剰保有の問題がひきおこされている。農業機械1台当りの作業面積は90年以降継続して縮小して，作業受託を巡る競争が生じており，専業農の経営規模拡大に逆行する現象も現れている」

(同上，姜奉淳，252頁)。ところで，農業機械化事業の資金は，購入支援資金と補修等の事後管理支援資金に分かれるが，機械の補修等に要する事後管理支援ではなく，購入支援に資金が集中的に利用されており，補助及び融資の約9割が農業機械購入支援に使われている。これは，機械化事業の目的が，機械作業の安定性よりも新規の機械購入にあったことをうかがわせる。この問題については，姜昌容（カン・チャンヨン）氏が詳細に論じている（「農業機械事後管理支援ノ改善策」韓国農村経済研究院『農村経済』第22巻第2号，1999年，76-78頁）。

17) さらに，注目すべきは，一般農家について，上述の「政治的配慮」以上の資金が供与されたとみられる点である。姜奉淳氏の集計では，購入支援金全体の60～70％が一般農家に，20～30％が稲作専業農家（大農）に配分されている。これは，市場開放問題の決着に備えた一般農家への「政治的配慮」ということからだけでは，なかなか説明が困難である。資金配分の一般農家への傾斜は上述の国内対策以上の意味を持つものと考えられる。同事業の購入支援対象には，膨大な数の中小零細農家が含まれてきている。再度，一般農家と稲作専業農家の補助比率を確認すると，「一般農家は200万ウォン限度以内の農業機械ならば50％補助であり，残りは支援限度額に応じて融資を行う。200万ウォンを超える農業機械については，100万ウォンを補助し，残りは支援限度額に応じて90％まで融資を行う」。「米専農は，中・大型機械中心の支援を行う。事業費（支援限度額2,350万ウォン）限度内で，50％補助，40％融資。いずれも事業費を超過した場合は，超過事業費の90％を融資する」とある。一般農家の補助金額は，200万ウォンまでは50％，200万を超える機械ならば100万ウォンである。これに対して稲作専業農家の場合には，支援限度額2,350万ウォン以内で50％補助であるから，大型機械を購入すれば，最高1,175万ウォンまでの補助金を手にすることができる。一般農家と稲作専業農家の間において，獲得可能な補助金の格差は10倍を超えている。一般農家が稲作専業農家に比して数の上で上回るとはいえ，単純に計算しても，一般農家にこれほど購入支援金が傾斜するのは異常である。一般農家には購入支援金全体の60～70％，稲作専業農家には20～30％が配分されているのであるから，総額で見れば，一般農家は稲作専業農家の2～3倍の購入支援金を獲得していることになる。ここで，購入支援金を補助金のみに限定して，各農家が制度上で最高限度額の一般農家100万ウォン・稲作専業農家約1,175万ウォンの補助金を獲得したと仮定とすれば，一般農家を約12件あわせると稲作専業農家1件分の補助金消化額に匹敵する。補助金配分の実績上は，一般農家は稲作専業農家の2～3倍であるから，一般農家は稲作専業農家の約24～36倍の件数でこの補助金による支援を受けていることになる。これはあまりにも大きい数値ではないだろうか。通常，一般の中小農家は融資金返済に限界があることから，実際には，平均的な補助金獲得額は100万ウォンを大きく下回り，稲作専業農家は逆に大型の機械を数回にわたり補助金を利用して購入している。よって，実際に支援を受けた一般農家の数はこの倍率をはるかに上回るものと思われる。また，補助金に融資金を加えた，支援金基準で見ても，融資金を40％加算するだけであるから上記の倍率と同じである。これらのことから大雑把ではあるが，この「24～36倍」，あるいはそれ以上の倍率で，多くの一

般農家が補助金（購入支援金）を受けているものと推測される。
18) 前掲，姜奉淳，259頁。
19) 経営耕地規模別の階層分析を行う場合にのみ，下層農・中層農・上層農という用語を使用している。本章では経営耕地規模の1.0 ha未満を下層農，1.0～3.0 haを中層農，3.0 ha以上上層農という基準を適用している。
20) 機械化による賃貸借低迷のメカニズムについては，倉持和雄氏より，以下のコメントを受けている。

「ここで，『委託料低迷 → 委託 ＞ 賃貸 → 委託拡大』とある。ここでは委託料が低迷すれば委託が賃貸よりも多くなると表現されている。実際にはそうであったのだろうが，理論的な図式として，必ずしも正確ではない。実は機械化の進展は受託可能農家の増加同様，賃借可能農家をも増加させる。賃借可能農家の借地を巡る競争で借地料は上昇する。そうなると委託料の低下と借地料の上昇が農地所有農家にとって委託をした方が有利か農地を賃貸した方が有利かによって委託か賃貸は決まることになる。必ず委託の方が有利だとは必ずしもいえない。これについてもう少し詰めた議論が必要だと思う。

この点についてわたしは次のように考える。基本的に賃貸借は相当以前からおこなわれており，このためもあって借地料はかなり慣行的に決まっている。それ故，需給の変化に柔軟に対応できない面がある。一方，受委託は借地に比べ新しい慣行である。借地料では現物定率制がいまだにあるのに対し，委託料は作業量に対する現金定額制がほとんどである。これは需給に反応しやすい。それ故，委託料の方が，借地料よりも敏感に変化すると考えられるのではないか。

また農地所有者が，①委託，②賃貸，③売却のどれを選択するのかについては，委託料，借地料，地価などの経済的条件以外に，農地所有者の労働力の量と質の問題（労働力的条件），また生き甲斐といった問題，あるいは農地所有者が農家なのか非農家なのか，さらに政策の影響などを勘案して議論を詰める必要があるように思う」（筆者の草稿に寄せられた倉持氏のコメント）。

確かに，機械化の進展に伴い農家の借地拡大という流れが生じ，また慣行的に決まる賃貸借が経済原則だけで説明しきれるものではないであろう。よってここでは，以上のメカニズムについて，経済原則に基づき考えられうるひとつの説明という留保条件をつけておきたい。加えて，高齢化など他の要因も含めて考察すべきという意見には筆者も賛成である。

また，これに関連して，賃貸借条件が借地農家の経営不安定をもたらすという筆者の仮説についても，倉持和雄氏からコメントが寄せられている。その主旨は，賃貸借とは慣習的なものであり，短期1年の更新であれ，次々と替わることはあり得ないのではないか，というものであった。倉持和雄氏は，筆者の仮説について，「生産性向上を妨げる一番の要因は賃貸地を含め農地の集積が困難で大規模経営ができないことにあるのではないだろうか。不在地主・非農家自体が問題とは思えない。あるいは仮に集積されたとしても借地関係が不安定で長期投資ができないことなどがポイントとなる」。そして，「不在地主・非農家による賃貸が，どのようにして生産性向上を妨げ

第4章　農業機械化事業と賃貸借関係

ているのかをもう少し説明する必要があるのではなかろうか」と述べられている（倉持和雄氏の拙著草稿へのコメント）。

　生産性と借地の関係については，借地による規模拡大は生産性向上につながるものであり，借地関係だけではなく規模の零細性が，生産性に影響を及ぼすと考えられる。分散錯圃制で農地が集団化せずに，しかも経営規模が零細であることは，倉持和雄氏の指摘通り生産性上昇を阻む要因であろう。また，在村地主であれば，契約が短期1年の口頭契約と不安定なものであれ，長年続けられていれば，その借地関係は慣習化して相対的に安定的なものになると考えられる。しかし，不在地主の非農家による農地賃貸の場合には，経営への影響が少なくないとも考えられる。

　後の第7章の調査結果に示されるように，都市近郊の不在地主の場合であれば，賃貸農地の管理を在村の不動産業者に委ね，その不動産業者は，農地の引き揚げや，貸し手変更を行うということも実際に行われている。慣習的な賃貸借関係が，都市化の進展や，農地の資産価値化により，その性質を変容させる場合もありうる。そういう都市化が90年代に急進展して農地を巡る諸関係を変えたのではないかと推察される。

　賃貸借が借地農家の経営不安定化をもたらすという筆者の見解に対しては，朴珍道氏からもコメントをいただいた。朴珍道氏によれば，土地投資は政府補助を受けており，賃貸借の如何は土地投資に影響を与えない。また小作農は契約期間を考慮して機械を購入するので，農業機械投資にも影響は出ないという。また，朴珍道氏によれば，「小作期間は1年で，毎年更新しなければなりませんが，特別なことがない限り更新されて，小作農が農業投資をしながら，小作期間の短期であることを考慮するケースというのは多くありません」（朴珍道氏の筆者草稿へのコメント）。

　稲作平坦部における借地農家の借地契約に関する調査では，1年更新であるが20年前から同じ地主より賃借という回答があった。また，無期限と回答する農家もあった。契約という概念がないところへ，契約期間を尋ねられて仕方なく1年と回答したケースもあったようだ。明文化されない賃貸借は，倉持和雄氏の指摘されたように慣習化し，朴珍道氏の言葉では，「特別なことがない限り更新され」るものであろう。よって賃貸借＝経営不安定という図式は必ずしも成立しないかもしれない。

　ところで，筆者は，都市近郊の借地比率の高い地域での実態調査では稲作平坦部とは異なる印象を受けた。稲作平坦部の借地比率が6割であるのに対して，都市近郊では稲作平坦部よりも借地比率が高く，7割から8割が借地で占められているが，そういう地域では，賃貸借の経営への影響も異なる。第6章及び第7章で詳述しているが，とくに都市化の著しい第7章の都市近郊地域については，非農家の不在地主による借地経営への重圧が感じられた。一定期間の経営安定を条件に新たな農法の導入などを検討する場合に急遽，農地所有が経営の制約要因として浮上している。

　新たな農法の導入などを考慮せずに，一般農法を継続する場合には，こういうことは問題にならない。そういう意味では，第7章の実態調査の地点がやや特殊と言える。第7章の調査地点では，環境農業・有機農法を積極的に取り入れており，韓国のなかでは新しい試みを行っている。このことから，一般化することには問題が残るという見方もありえよう。しかしながら今後，農政の比重が価格支持から直接支払いへと移

行し，環境農政が重視されるようになると，それらが特殊な事例ではなくなる可能性も出てくる。農地所有と経営との対立関係は鮮明となる可能性がある。しかし現時点ではあくまで，これは可能性に過ぎず，一般化することは避けておいた方が良いのかもしれない。

一般化という点では，第3章で論じていることであるが，稲作平坦部についても，筆者の仮説を裏付けるような結果が現れている。実態調査から，稲作平坦部における借地面積の大きい村と，比較的小さい村を比較すると，概況ではあるが，借地面積比率の大きい村では在村地主が多く，借地面積比率の小さい村は不在地主が多い。

前者の村では，高齢化を理由として多くの農家が，中核農家に農地を賃貸しており，村内賃貸借関係の大きいのが特徴である。一定程度に高齢化した世帯であれば，毎年賃貸相手を代えていくよりも，安心できる借地農に任せて，実質的に長期の賃貸借関係を維持した方が有利，という判断によるものと推測される。このような判断に至れば，借地農の経営も安定し，さらにはそのことが借地農の経営拡大をも促して，高齢化と村内賃貸借関係増加が併行する。結果的には，大規模借地農中心の，借地比率の高い農村集落を形成することになる。高齢化世帯の多い集落では一つの安定した集落運営のタイプと言えるかもしれない。

対する後者の借地面積が小さい村では，村内ではなく村の内外で賃貸借関係が取り結ばれている。不在地主が多く，経営は相対的に不安定で，借地の規模拡大には一定の限界がある。大農はいずれも不在地主との間に賃貸借関係を結んでおり，前者の村のように安定した経営ではないものと思われる。このように，不在地主が多い場合には，今年借地した農地が来年も同じように経営できるとは限らず長期的な営農計画の樹立は困難となる。このことから，大農経営は，借地の拡大の道を諦めて，一定以上の安定的経営拡大には，借地から自作地拡大路線への転換を選ばざるをえなくなる。結果的に集落のタイプとしては，前者の村とは異なり，自借地型の中規模農中心で，比較的借地比率の小さい農村集落を形成する。

以上のように，個々のケースを見ていくと，筆者の仮説が全般的に当てはまるわけでもないが，全く否定されることもないということになる。多様な賃貸借が存在している。

21) 農家の機械化の状況をここでは「保有」で把握することには限界がある。これらの数値はあくまで「保有」であって，「稼働」とは異なる。購入したものの数年で故障し放置されている農業機械も見受けられる。実際の稼働状況は他のデータによって確認されねばならない。

22) 農業機械機種ごとの作業内容は次の通り。

［耕耘機・管理機］　耕耘機は主に畑や水田の耕耘に用いる。管理機はトラクターや耕耘機で耕耘した圃場にうねを立てたり，溝を掘ったりする作業に使う。野菜栽培農家でも用いられる。

［移秧機（田植機）］　移秧機は，稲の苗を水田に移植する専用機である。2条植から10条植まで様々な大きさの機種がある。

［トラクター］　トラクターは年間を通じて使用される汎用性の高い機械である。稲作

ではロータリーを装着して耕耘にも使われる。また，ハローを使用しての代かき作業等にも用いられる。さらに，他の種々の作業機を装着することにより，畑地での管理作業や牧草収穫作業などに使用されることもある。

［コンバイン（刈取機）・バインダー（刈取結束機）］ コンバインは稲を刈り取り，籾の脱穀，わらの処理（裁断など）を行う機械である。稲の収穫には主に自脱型コンバイン，大豆やそばには汎用（普通型）コンバインが用いられる。コンバインが入ることの出来ない山間地などではバインダー（刈取結束機）で刈り取り，ハーベスター（移動式脱穀機）で脱穀して収穫される。

［乾燥機（乾燥調整機）］ 収穫した籾は，乾燥機で乾燥される。

（以上は，井関農業機械のホームページを参考に作成した。）

23) 車洪均「農作業受託組織ノ動向トソノ構造」農業政策学会『農業政策研究』第16巻1号，1989年，及び，朴弘鎮「中型機械所有農家ノ経営変化トソノ含意」ソウル大学校経済研究所『経済論集』第36集，1995年。
24) 金正夫氏によれば，今は経営規模5 haくらいだが，機械の過剰装備から10～15 haを経営可能という農家が多く，新たな耕作農地を求めて賃借競争が生じている（前掲，金正夫ほか，78頁）。また，政府は農地規模化事業に際して米専業農家の採算規模を8 haと算定したが，姜昌容氏は稲作機械化一貫体系の下での採算規模は20 haである，と批判している。（前掲，姜昌容）。
25) 前掲，金正夫ほか，117頁。
26) 同上，金正夫ほか，118頁。
27) 第2章「農地売買事業の問題点」の項参照。
28) 金正鎬「農業構造政策ノ成果ト課題」韓国農村経済研究院『農村経済』第20巻第4号，1997年，104頁。
29) 農地保全制度や都市開発の規制制度は，限界を有しながらも，農業保護と地価コントロールに一定の効果をあげてきた。しかし，都市開発と転用地価は，こういう制度の壁を突き崩している。土地価格の変動は農村地帯の奥深くまで波及し，農地価格の撹乱を通じて農業経営に破壊的な影響を及ぼしている。大都市近郊の大規模都市開発は，数十万坪という規模で農地の都市用途への転用を行う。高水準の転用地価による農地売却資金を手にした農民は，農地保全地域の奥深くまで入りこんで，営農継続のために代替え地の購入を行う。この結果，都市の高地価が農村の奥深くに波及して，農地保全制度の地価安定作用は機能不全に陥る。転用規制による地価コントロールは限界を呈している（日本においてこのような論理展開を行ったのは，田代洋一氏である。例えば，『農業問題入門』大月書店，1995年，141頁）。韓国でも近年の急速な都市化により同様の現象が現れている。こういう都市化の影響のなかで取り結ばれる賃貸借は，転用地価という撹乱要因の影響を強く受ける。農地の所有者は純粋に農業生産のみを考慮するのではなく，むしろこういう地価の変動要因に振り回されながら，農地の処分を決めざるをえない。その事が安定的な賃貸借関係の成立，さらには政府事業による賃貸借管理を阻む大きな原因となっている。
30) 外地人とは，不在地主一般の意味であるが，主に都市居住者及び企業を指して使わ

れる場合が多い。借地農民の間で不在地主が議論になる際には，この用語が頻繁に使われるので，賃貸借問題理解のキーワードとして，その意味を把握しておく必要がある。

31) 本集落では，第3章の全羅北道農村と異なり，農地売買事業への積極的な対応が見られる。このような差異の背景について，明快な回答を示すことは難しい。但し，全羅北道の四つの集落のなかでも，不在地主の多い集落ほど農地売買事業が活用されていた点，及びホンサン里が同じように不在地主の多い集落であるということを重ね合わせると，何らかの回答が出るかもしれない。即ち，不在地主は食糧確保か資産維持目的に農地を所有する場合が多く，農地転売のチャンスを常時うかがっているものと思われる。農地売買事業により政府資金が農村に流入したことで，農地所有者はその機会を活用して農地売却を進めた可能性がある。農地の売買は，売り手と買い手の合意が必要であるが，この場合は，売り手要因で，売買が成立し，農地売買事業が比較的多く利用されたのではないかと考えられる。

第5章

構造政策の制度的枠組み
―農業振興地域制度の導入を巡って―

はじめに

　ここでは，WTO等の国際農業調整を背景とした農地制度改革と，改革を巡る論争を検討する。

　1990年代の農地制度改革で導入された農業振興地域制度は，WTO改革へ向けて保全農地を面として確定する制度であったが，同時に，大規模経営体の育成へ向けて，従来の農地所有制度を大幅に緩和するものでもあった。

　韓国では工業化・都市化による離農民の増大と農業人口の減少で，1950年代の農地改革以後より80年代まで続いた自作小農体制が崩れかけており，構造変動に対応した農地所有制度の改革が必要という議論が現れていた。しかし他方で，当時の韓国農村では不在地主の所有する農地が投機の対象となるなど，制度改革前から都市資本の影響がすでに現れており，規制緩和は農業にマイナスの効果が大きいという批判も出た。これらの議論は，一般世論をも巻き込んで社会的な論争の様相を示しており，各種メディアを通じて，双方の側に立つ研究者がそれぞれ，規制緩和の賛成論と反対論の論陣を張り，互いに一歩も譲らぬ構えであった。

　結局この議論については決着のつかないままに，ウルグアイ・ラウンドによる市場開放不可避という情勢のなかで，最終的には政府によって規制緩和が断行された。1994年制定の農地法は，この規制緩和を盛り込んでおり，96年に施行された。農地法の施行により農地改革法以来の自作農体制は制

度上は終焉し，韓国農業は大きな転換点を迎えた。規制緩和の制度的枠組み変更を受けて，農地法施行と前後する時期には，膨大な政策資金が，構造政策推進目的で農業分野に投下された。

これらの政策資金投下は，市場開放に備えるべく行われたものであり，農業構造の改革スピードは加速されたが，他方では既に見たように，様々な問題をひきおこした。1990年代初頭の農地制度改革を巡る議論の時期より，10年を経た現時点から振り返ってみると，その時の議論で憂慮されたような出来事が，この10年の間に実際に起こっている。WTO対策の評価に際しては，農地制度を巡る当時の議論内容は貴重な記録であり，その内容を改めて問い直すことは，今日の農地問題を検討する上でも重要と思われる。

1990年代初頭の韓国では，ウルグアイ・ラウンド農業交渉による農産物市場開放の要求に対応して，農業の国際競争力を向上させるべく，保全農地の確定作業が進められた。特定の農業地域に限定して転用規制を敷き，優良な農地を他用途への転用から守ると同時に，その地域において生産性の高い農業を育成することで，市場開放以後における海外からの農産物輸入に対抗しようとした。農地を保全する地域が指定され，指定された地域には重点的に農業投資が行われることになった。

保全地域は同時に，農業を振興する地域でもあった。保全地域への農業投資の効果を上げるために，保全地域内では農家の経営規模拡大が推進されることとなり，そのためには，農地制度の整備が必要となった。従来の農地制度には3haの所有上限規制があり，所有規模の拡大と経営規模の拡大を並行して進めようとすれば，この3haの上限規制が政策推進の障害となった。しかし，3ha上限の規制を外すことは容易ではなかった。

韓国では1950年代に農地改革が実施されたが，農地改革以降に，改革の成果を維持するための農地法が成立せず，農地改革事業終了以後も農地改革法における配分原則の3ha上限が農地制度として有効視されてきた。

通常は農地改革事業とともに機能を失う農地改革法が，3ha配分原則に限りその後も有効と見なされて来たのである。実際には，3ha上限という法律が存在するわけではなく，農地改革の配分原則を尊重し，3haを上限視することが，農地法不在のもとでは，農地改革の成果を維持するものとみ

なされた。反対に，この3ha上限の変更は，農地改革の理念を否定するものであり，農地改革以前の地主制さえも復活させるとして批判された[1]。

農地改革以後，農地法制定には困難が多く，数十年にわたって論争が続けられてきたが，長らく農地法は制定されないままであり，ついに国際情勢の変化を背景として，90年代の制度改革に至った。当面の改革は，表面的には，農地保全制度の改革を目的とする農業振興地域制度であったが，改革の核心部分は，修正困難とされた農地所有制度の改革にあった。社会情勢を背景に，保全地域では所有規制の3ha上限は一挙に20haにまで引き上げられたが，それまでの歴史的経緯からして，これは驚天動地の事態であった。政府は，小作を奨励し資本の農業支配を容認しようとしている，という厳しい批判を浴びた[2]。

ここで国際農業交渉が農地制度改革の推進役として登場する。ウルグアイ・ラウンド農業交渉による農産物市場開放に対応して，国内の農業を守るべく国際競争力を向上させるという提案は，国内で一定の説得力を持った。自国農業を守るという響きは，愛国心に訴えることで制度施行には効果大であったと思われる。農業保護には国際競争力向上と経営規模の拡大，そのための所有上限規制の緩和が必要という論理が持ち出された。

1．韓国の農業振興地域制度

(1) 農業振興地域制度の構想

韓国では，ウルグアイ・ラウンド農業交渉の合意による農産物市場の開放に備えて，農業の国際競争力向上が企図され，農業振興地域制度は，その有力な手段として期待された。農業振興地域制度は，農業を振興する地域を特定して集中的な農業投資を行い，生産性の高い農業を育成して海外農業に対抗するというものである。同制度は1990年に制定された農漁村発展特別措置法に基づいており，線引き作業など約3年の準備期間を経て1992年12月の地域指定告示により実施されるようになった[3]。

農業振興地域制度では，農地を大きく2種類に分けて農地の線引きを行い，二つの農業地域を作り出す。農地は，農業振興を目的として集中的な農業投

資を行う地域と，農業投資を軽量化して農地の転用を促進する地域に二分される。農業振興地域では，農産物市場の開放に備えて農業生産性の向上が企図され，農業振興地域の外では，農地の転用により他業種を誘致して，兼業機会創出と兼業収入確保で農家経済の自立を促す。

韓国農林水産部[4]の農業構造政策局は，『農業振興地域関連資料』において農業振興地域制度の導入理由を次のように述べている。

「①ウルグアイ・ラウンドによる農産物市場開放に備えた稲作農業の競争力向上。②1973年に策定された農地保全制度は筆地別保全方式であり，圏域別保全方式ではない。筆地別保全方式では優良農地と非優良農地が混在しており集中投資が困難である。優良農地と見なされない農地も絶対農地に囲まれて，農家に不便を与えている。③農地は農家の所得施設として利用するなど農外所得増大の目的で活用していく」[5]。

これを解説すれば次の通りである。

①のウルグアイ・ラウンドによる農産物市場の開放に備えて，稲作農業の生産性を向上させるためには，特に農地の集団化による規模拡大が必要であるが，現行の農地制度はその条件を満たしているとは言えない。②の現行の農地保全制度では保全農地と非保全農地が混在しており，農地の集団的な利用が難しい状態にある[6]。農地が筆地ごとに保全と非保全を決められており，既に転用された農地に保全農地が囲まれて，スプロール現象による農業環境の悪化もみられる[7]。

こういう状況が改革され，保全農地が圏域として確定されて，まとまった保全農地への集中的な投資が可能となり，大規模な稲作専業農が育成されてくれば，農産物市場の開放に備えることができる。

では保全地域の外に取り残される農家はどうするのか。非保全地域の農業を対象とする農業投資は保全農地よりも軽量化され，この地域の営農は相対的に不利となる。農地の保全は難しくなり，結果的に農業を放棄する農家が現れるかもしれない。

そこで新たな農業振興地域制度では，振興地域外の農業を対象とする政策

を別に立てる。

　前記の『農業振興地域関連資料』には，振興地域外の農家対策として，兼業所得の増加による農業所得の補完と農家所得の向上がうたわれている。振興地域の外では，農地転用の促進で農外所得源を開発して，農家の兼業機会を創出し兼業収入の増加を目指す。兼業収入で農業所得を補填し，農家経済の安定と存続を可能にする，という兼業農家育成の方策を別途に考える。これが③の農地を農家の所得施設とする，ということの意味する内容である。

　農業振興地域制度では，農業振興地域内において，②の改革のための政策を，農業振興地域外では③の政策をとる。農業振興地域内で保全農地を面として集団的に確保しつつ，農業振興地域外では転用規制を相対的に緩和して農地の他用途転用を促進し，兼業機会の確保に努める。これらが農業振興地域制度の基本的な構想である。

(2) 保全農地の確定方式と国際競争力の向上

　この農業振興地域制度の構想は大胆な考え方である。

　一方で農業の国際競争力向上をうたいながら，他方では大胆に農業を切り捨てている。農業振興地域では大規模稲作専業農を育成するが，農業振興地域外では兼業農を増やして農家の経済的な自立を促す。兼業機会の増加は農地の転用を前提としており，農業振興地域外では農業生産基盤の崩壊が容認されることになる。

　農業振興地域外の農地転用推進では，農業よりも農家の存続を重視している。

　農業振興地域の外に残され，農業政策の主対象から外された農家は，不利な農業条件の下におかれて農業所得は減少し，農家経済に影響が現れて農政に不満を持つだろう。よってその対策として，農業所得を補うべく兼業機会を保証するが，それは農家それぞれの資産である農地の処分転用を伴う。もちろん，兼業機会を作り出すために，すべての農地が転用されるわけではなく，転用農地は山間地を除く限られた地域となる。兼業機会や農外就業の機会を提供しうる企業の求める立地条件は，一般に労働力が豊富で交通の便のよい地域であり，すべての農地がそういう条件を満たすことは難しい。それ

でも都市近郊地域の農地には，都市化の急進展により，一定の転用需要が存在しており，農業振興地域制度による振興地域外の保全規制緩和は，都市の資本にとっては好機とみなされるだろう。

こうして新制度は，保全制度改革による高生産性農業の育成を目標として掲げ，大胆な線引きと転用規制変更をうたっており，既存の生産基盤に与える影響が極めて大きい。とくに振興地域外における転用促進政策は，農地の保全という基準に照らしてみると，農業振興政策の推進方向に逆行する流れである。振興地域外での農地の転用推進にもかかわらず，農業振興地域制度は農地の保全制度として構想されている。

このような保全農地の確定方式によって，高生産性農業を育成し，また農業の国際競争力の向上をはかることが可能であるのか。

これが第1の問題である。

(3) 農地の所有規制緩和

第2の問題は農地の所有規制の緩和に関連している。

農業振興地域内の農家の規模拡大は保全農地の確定だけによって実現するものではなく，所有規制の緩和が必要とされて，今回の制度改革に組み込まれている。

農業振興地域制度は，農地の保全地域を確定して農地の転用を規制するという農地保全制度である。そこには都市化による農地の転用から優良農地を守るという政策的な意図があるが，同時に優良農地の生産性を向上させるために，限定された地域に重点的な投資を行い，国際競争の中で生き残ることのできる農業を育成するという目的を持つ。そういう農業とは一般に大規模で生産性の高い農業であると理解されており[8]，農業振興地域における所有規制の緩和により農地所有規模の大きい農家を育成するという狙いがある。

ところが韓国には農地改革以来の3 ha上限の所有規制があり，従来の経営耕地規模の拡大には，所有規模の変更ではなく，農地の賃借や営農受託といった方法がとられていた。経営農地が既に3 haの所有農地から構成される場合には，それを超える規模拡大については，農地の買い入れではなく賃借等によらざるをえない。3 ha所有上限を遵守する限りは，賃借地の拡大

によってしかそれ以上の経営規模拡大はできないことになる。3 ha 上限という解釈のなかではそのように考えられてきた。しかし 3 ha を超える経営規模の拡大を賃借により進める場合には，経営条件の不安定化という問題が随伴した。先の章で見たように，韓国農業の特徴は賃借地の多いことに加えて，賃貸借料が高水準で，契約条件も 1 年更新と短期であり，賃借側には長期的な投資を妨げるような条件がそろっていた。保全農地で農業投資を行い，経営規模を拡大していく農家にとって，これらは安定的な農業経営条件といえるものではなかった[9]。経営条件が安定しない限り保全地域の農業振興は難しい。このことから，農家の経営規模拡大には，賃借や営農受託によらない方法が必要であり，そのために所有上限を緩和すること，すなわち従来の 3 ha 上限という障壁を除去することが避けられなくなった。従来この 3 ha 規制については様々な議論が交わされていたが，保全地域特定ということとの組み合わせのなかで，改めて，所有上限問題が議論されることとなった。

ではなぜ，保全地域を確定する場合に，所有上限問題が重要となるのか。保全地域を確定して，規模拡大を条件に農業投資を行っても，賃貸借の終了とともに土地が地主によって引き上げられることになれば，投資の成果は失われることになる。次年度も継続して経営できるという保証がなければ，それぞれの農家は農業投資を行って生産性向上に取り組もうとは思わないだろう。結果的に，農地の保全地域でさえ，農業投資は差し控えられて，保全地域における農業振興という目標の達成は難しくなってしまう。

農業地域振興制度では農業投資縮小はありえない。この制度では農業振興地域内における農業投資拡大を先にうたっており，それを条件に保全地域を確定する。政策資金を用いた農業投資の拡大がなければ保全地域にとどまりえない農家が現れたかもしれず，所有制度の改革抜きには農業振興地域制度が成立しえないという構造になっている。すなわち，政策資金投下と上限拡大，さらに保全地域確定は，稲作専業農家育成という目標について，一つの農政パッケージを構成しており，そのうちのいずれかが欠けても，目標達成が難しいという仕組みになっている[10]。

安定的な規模拡大には農業投資が必要であり，農業投資を支えるのは，投資の受け皿が確定しており，将来においても変化がないという条件である。

[資料] 農業振興地域の「優待支援方針」

① 生産基盤施設の優待支援：耕地整理は振興地域中心に実施して，現行の農民負担10％を全額国庫負担とする。農道整備は振興地域に限って実施する。
② 農地流動化優先支援：振興地域内の農地は所有上限を現行の3haから20haにまで拡大する。機械化専業農事業も振興地域の耕作農家からのみ選定して，農家の機械購入補助を現行の10％から20％に拡大する。
③ 秋穀収買量の優待配定。
④ 流通加工施設の優待支援：産地流通施設，産地農水産物加工産業の育成，果樹低温貯蔵庫，米穀総合処理場等の施設を振興地域の比率が高い地域から優先的に設置する。
⑤ その他：農漁民後継者の優先選定，農漁村生活環境改善事業等を振興地域面積の比率の高い地域に優先的に支援する。

出所：韓国農林水産部，農業構造政策局『農業振興地域関連資料』，1992年7月，9頁。
注：下線部は筆者。

　農業投資の対象を限定するために経営規模の確定が必要であり，農業投資と所有規制の緩和を連動させない限り，大規模農家の育成は難しいことになる。ところが所有規制の緩和には従来，国内で強い反対があり，約30年にもわたり論争が展開され，規制緩和に踏み切るのは難しいとされてきた[11]。所有規制の緩和が，都市の資本の，農業と農地売買への参入を招き，資本による農業支配を許すのではないか，という批判が根強かった。

　そこで農業振興地域制度では，農産物の市場開放という外圧のもとに国際競争力の向上を最優先の課題と見なして，農業振興地域内に限定し所有上限を従来の3haから一挙に20haへ拡大することとした（資料の農業振興地域の「優待支援方針」参照）。

　この結果，所有規制の緩和について，韓国内では激しい論争が巻き起こった。

　これが第2の問題である。

　農地の保全方式と国際競争力向上の仕組みを問う第1の問題，農地の所有

規制の緩和に関する第2の問題。この二つの問題について，以下では構想を巡る賛成及び反対の議論を検討していく。

2．農地の保全に関する問題

保全農地の確定方式と国際競争力の向上，という第1の問題は，農地を保全地域と非保全地域に分けるという方式が，国際競争力向上のための農業発展の仕組みとして機能するか否かという問題である。ここではその問題に入る前にまず，当時の農業振興地域制度の構想における農地の保全水準を，振興地域内外の農地面積の割合からみておく。

(1) 農地保全構想に関する農林水産部の説明

農業振興地域制度における保全農地の構想面積は，当時の全体農地面積 2,109千haのうち1,097千haであり，全体農地面積対比で52.0％となる。この比率を同様の制度施行で韓国に先行した日本や台湾と比較すると，69年制定当時の日本は86％，74年制定の台湾は89％であり，これに比べ韓国の52.0％はかなり低い水準であった[12]。

こういう低い保全水準について，政府は弁明を行った。農林水産部の1992年当時の農業構造政策局長，李相茂氏は，市場開放を前提にした備えが必要として次のような新制度擁護論を展開した。

> 「わが国には現在210万町歩の農耕地がある。しかしこの農耕地全体を整備して，競争力を持つようにするには，まず整備が不可能な農耕地が多いだけでなく，投資財源も限られており，輸入開放を目前に残された時間も多くない。
> よってこの210万町歩の農地の内，競争力のある農業と判断され，集団化された優良農地だけを選定して，今後約10年間に投資して，先進諸外国並みの競争力のある農業を育てようとするものである」[13]。

すなわち210万町歩の農耕地全般ではなく，限定した農地に集中的に投資

して国際競争力を強化させる。その理由は「整備が不可能な農耕地が多いだけでなく，投資財源も限られており，輸入開放を目前に残された時間も多くない」という事情である。

このような理由が述べられているが，全体農地の約半分52％を保全農地とする根拠としては不十分に思える。

「整備が不可能な農耕地」とは山間部の傾斜地等が想定されるが，そういう山間部は農地面積の半分にも及ばないであろうから，農地の半分を保全対象から外す根拠としては十分とは言えない。この場合は，農地の半分が整備不可能というのではなくて，その半分のうちに「整備が不可能な農耕地が多い」という程度である。どの程度多いのかは不明であり，農業振興地域の外にも整備可能な農耕地がないわけではない。「整備が不可能な農耕地」が，非保全農地すべてという根拠はなく，保全農地確定の説明理由としては説得力に欠ける。

説明文面の検討だけから，あれこれと考えてもみても限界があるが，どうにもこの52％という保全農地水準の根拠が不明確である。投資財源以外にも，農地所有者の保全地域編入への反発などの要因があって，保全地域の構想面積が減少したのではないかとも考えられる。韓国の国内では農業振興地域制度による農地保全についてどのような議論が展開されたのだろうか。

(2) 農地の保全方式に関する疑問

農林水産部案に対する批判をみると，やはり，農業振興地域制度による農地保全方式を問題としているが，それは投資対象限定の根拠を問うというよりも，農業振興地域制度の施行に随伴する農業振興策を批判しており，その上で農地の保全方式を問題としている。農業振興策次第では農業振興地域制度の大幅見直しも可能である，という。

韓国カトリック教農民会事務局長のチェ・ビョンサン氏は，なぜ保全地域を限定するのか，と農業振興地域制度の構想を批判して，全農地を農業振興地域に指定せよと主張した。チェ・ビョンサン氏は農業振興地域制度の構想を全面否定するのではなく，この制度に伴う農業振興は認めており，政府の一部指定構想を否定し全面指定を求めた。併せて，指定地域への農業振興策

を全農地へ拡大すべきと主張した。指定に伴う農業振興策を全農地に広げるために，保全農地の限定という手法を拒否し，全農地の指定を要求した。

しかし，こういうチェ・ビョンサン氏の農地全面保全の主張は，農地の資産価値の喪失を恐れて農業振興地域の指定に反対する農民等の利害と対立する。指定に伴い農地が転用不可となって，転用価格による農地資産売却の可能性がなくなることを，一部農民等は恐れた。ここで筆者の言う「一部農民等」とは，農地を投機目的に売買し所有する不在地主や，都市近郊に農地を所有し将来の売却を計画する農民であり，農民以外の，農業に従事しない不在地主を含んでいる。特に，都市在住の不在地主の利害が関係したことが韓国の場合の特徴と思われる。彼らにとって，所有農地が保全地域に指定されることは，資産価値下落に伴う所有財産への被害を生じ，財産被害に伴う補償要求さえも想定される。こういう立場から，一部農民等（一部農民及び不在地主）は，農林水産部の指定構想に反対し，所有農地が指定地域の外へ残されることを希望した。

一部農民等は指定地域の縮小を要求し，チェ・ビョンサン氏は全面指定を主張した。指定をめぐる両者の考えは対立しており，妥協点はないかに思える。チェ・ビョンサン氏の全面指定構想は，指定拒否の一部農民等と，保全地域限定の農林水産部との，双方に挟まれた格好となった。

チェ・ビョンサン氏は，政府構想拒否という点で農民側と共通し，農業振興という点で政府構想を受け入れている。そこで氏は，農業振興という対政府要求を出すことで，農業条件の改善を想定しつつ，一部農民（不在地主を除く）との対立解消を狙ったようである。政府構想拒否という一点において，農民側と僅かな共通点を持つチェ・ビョンサン氏は，農民と農地の状況を説明して，農地保全には，農民の指定同意を取りつけるだけの農業条件の改善が必要と説いた。これは，農地の全面指定に連動し，全農地地域の農業振興により農業収益性を引き上げて，農民側の指定拒否の経済的背景を，なんとかして変えようと試みるものであったと考えられる。政府から追加的な農業振興策を引き出し，それによって農民から保全農地指定の同意を取り付けるという，ダイナミックな戦略に思える。しかし，なかなかに農業条件の改善が難しいと見るや，同氏の批判の矛先は農地所有の構造へ向けられることに

なる。

　「なぜ農民は（農業振興地域制度に）反対するのか。それは振興地域に編入されれば農地価格が下落する半面，除外された農地の価格は何倍にも上昇する可能性があるからだ。農業の収支がとれないのであれば，農地の価格上昇に期待をかけるほかにないではないか」（　）内筆者。
　「食糧自給率が37％に落ち込んでいるという状況下で，既存の絶対農地より25万町歩も少ない109万7,000町歩（全体農地の52％）[14]しか農業振興地域に指定しないというのは，本質的な解決策ではなく，海外農業に依存しようとするものに違いない」。
　「政府はいまでもすべての農地を農業振興地域に指定して，大々的に投資しなければならない。そして食糧自給を通じて主体的民族基盤を構築しなければならない。もちろん，農民の同意なしにはそれは不可能である。しかし同意を得るのは簡単だ。土地の転売を通じた富の蓄積に終止符を打ち，非農民の農地の所有を禁止し，農産物の価格を保証（輸入を根絶）すればよい」[15]。

　ここでは農業条件の改善さえ行えば，全農地の指定に「農民の同意」を得て，「食糧自給率」回復可能と考えられているようである。農地の資産価値化がなくなり，市場開放が阻止されて，農業所得による農家経済存続が可能になれば，いずれの農民も農業振興地域に入ることを望む，という。
　チェ・ビョンサン氏の主張には，「大々的に投資しなければならない」という点で，農林水産部の指定地域振興政策に通ずるものがあるが，氏はさらに，「食糧自給」を目指しており，そのためには「すべての農地を農業振興地域に指定」する必要がある。全面指定には，「農民の同意」を得る必要があり，このための政策構想は，「土地の転売を通じた富の蓄積に終止符を打ち，非農民の農地の所有を禁止し，農産物の価格を保証（輸入を根絶）」することである。
　こういう同氏の農業振興・全農地保全論は，農林水産部の農業振興案とは異なる展望に立っている。農地保全には農業条件の改善が必要とする点では，

農林水産部とチェ・ビョンサン氏は共通しているのだが，その方法と内容が異なる。チェ・ビョンサン氏が独自の農業条件改善を保全制度の前提とするのに対して，農林水産部は新制度によって改善を実現しようとしている。チェ・ビョンサン氏が市場開放を拒否するのに対して，農林水産部は市場開放を前提とした制度改革を求める。チェ・ビョンサン氏が農地価格の開差を是正可能としているのに対して，農林水産部は農地価格の開差と新構想の関わりについては明言していない。このような考え方の違いは，農業構造改革について異なる展望を背景としており，その点は，不在地主構造への改革姿勢によく現れている。

チェ・ビョンサン氏の農業収益向上論は，所有者が農民であることを前提しており，不在地主を排除し，耕作農民のみを対象に農業振興を行うことが明言されている。しかし，政府構想の農業振興策には，不在地主問題への対処があまり具体化されないまま，既存の構造には多く手を触れずに，農業振興策を実施することとされている。

チェ・ビョンサン氏は，「土地の転売を通じた富の蓄積に終止符を打ち，非農民の農地の所有を禁止」すると明言しており，不在地主構造の解消も併せて構想されている。政府構想は，既存の不在地主による農地所有や投機目的の農地所有を一部容認しつつ，可能な範囲での，保全地域指定を目指している。

チェ・ビョンサン氏は，保全農地の全面指定による不在地主構造の解消まで企図しており，両者の農地保全構想は，構造改革への異なる展望を背景に，かなり異なった形で現れて来ている。基本的なところで両者の構想は対立しており，政府の新制度構想は，氏にとっては受け入れ難いものに思える[16]。

3．農地の所有に関する問題

チェ・ビョンサン氏は，農林水産部の構想批判に際して，土地転売と農地所有の禁止を掲げたが，これはそれらが農業振興の阻害要因であることを意味するものであった。

こういう農地の所有に関する問題は放置されてきたわけではなく，実は長

年にわたって批判され問題視されてきた。それまでの農地の所有には，所有上限の規制と所有資格の制限があり，3 ha を超える農地所有や非農民による農地の所有と転売は違法と考えられてきた。

この所有規制は1949年の農地改革法に基づくとされている。そもそもこの所有規制は，1950年代の農地改革の事業期間を通じて，農地改革以前の地主制を封じ込めるという意図を持つものであったが，農地改革以後に農地法の成立しなかった韓国では，農地改革後も数十年間にわたり農地改革法が所有規制に効力を持つと見なされてきた。所有規制に反対するものは地主制擁護論者であり，所有規制を緩和しようとすれば，農地改革の成果を損ない，地主制復活の意図を持つ，として批判された。また，これらの制限を撤廃しようとすれば，チェ・ビョンサン氏の主張するように，非農民による無制限な農地買入や転売が合法化される，と批判された。

農業振興地域制度はこういう従来の規制を部分的に緩和するものであり，農地改革法による所有体制を変えるものであった。

(1) 農地所有上限の拡大を巡る論争

韓国農村経済研究院の研究委員である金沄根（キム・ウングン）氏は，農地所有上限拡大に賛成し，それは大規模営農が生き残る道であるとした。

「過去40余年間に，農地法制定を巡って提起されてきた最大の論争点は，農地の所有資格と農地の所有上限の問題であった。このうち農地の所有上限規制の存廃如何は，賛成と反対の世論が激しく対立して，今日まで解決されることがなかった。所有上限を緩和ないし廃止しようとする政府の案にたいして，上限固守論者達はまるで農地改革以前の寄生地主制が復活して，非農民の土地投機が蔓延するかのような反対の主張を展開した」。

「農地所有上限の緩和が，農村人口の都市集中をより加速化させて不在地主の投機による大規模寡占買入や農地の転用画策等の農業発展を遅らせる副作用を生む，という憂慮にも一理はある。しかしこういう副作用は所有上限制の漸進的緩和とともに，耕者有田の原則を守り，土地買入を選別規制する等の補完策を併用することによって防止できる」[17]。

金氾根氏によれば，農地法論争により農地所有上限と農地の所有資格を巡る議論が展開された数十年の間に，韓国農業の産業としての位置は大きく後退し，現在では大規模農業の育成による国際競争力向上という課題を背負わされている。また，所有上限規制の緩和は「農村人口の都市集中」や「不在地主の投機による大規模寡占買入」「農地の転用画策」等の問題を抱えているが，耕者有田の原則，すなわち厳格な所有資格制限を堅持する限り問題はない。

金氾根氏は，それまでの論争の経過を踏まえた上で，規制緩和後の農地の非農業的利用さえ防止できるしくみを政策化すればよい，と述べる。所有資格制限を曖昧にしたままで所有上限規制を緩和すれば，非農民による農地の買入と，農地の非農業的用途への転用という事態を招き，就業機会をなくした農民が農村という定住の場を失って都市へ流入することになりかねない。これを防止するためには，所有上限規制緩和後の農地利用を農民による農業的利用に限定すればよい。そうすれば，相対的に農業就業機会も確保され，規制緩和が副産物を生むこともなくなる。要は，所有上限規制の緩和には厳格な所有資格制限を併用せよということであり，資格制限なき上限規制緩和は，農業発展には逆効果となる。

換言すれば，金氾根氏の場合には，所有資格制限さえ併用すれば，所有上限規制の緩和は，なかば自動的に農業発展をもたらす。ないしは，所有資格制限を前提にすれば，所有上限規制の緩和による農業発展には問題がない，という結論に達する。

この点を批判したのが次の朴珍道氏である。忠南大学校の朴珍道氏は，農地の所有上限拡大に反対して以下のように述べた。

「今日営農規模の拡大と農業構造の改善が進まない第1の原因は，農業の収益性が保証されずに，農民たちが積極的な営農意欲を失っていることにある。89年現在，全農地の36.5％が小作地であり，全農民の3分の2が小作農である。彼等小作農の大部分が1町歩の農地を持つにすぎない零細農である。こういう現実を考慮すると，急ぐのは一部大農の所有地拡大ではなく，小作農を小作料負担から解放するための農地制度の改革である。

農業収益性を改善しないままで,所有制限を緩和すれば,小作制と土地投機を招くことになる」[18]。

ここで朴珍道氏は二つのことを述べている。

一つは,農地制度改革の対象の問題であり,農民の多くは零細小作農であるという認識に基づいて,「一部大農の所有地拡大ではなく,小作農を小作料負担から解放するための農地制度の改革」が先であると主張する。換言すれば,所有上限規制の緩和ではなくて,小作料規制や自作農体制堅持のための法制度整備を急ぐべき,とする[19]。

二つは,農業収益性を改善することである。そもそも大農が規模拡大しようとしても,農業収益性が低ければその経済的基盤に欠ける。農業収益性の低い農地から多くの富を獲得しようとすれば,農地を小作に出して小作料率を引き上げるか,農業以外の用途に転用し農地を資産として利用するしかないだろう。そうなれば本来の農業の発展とはほど遠いものとなってしまう。

すなわち,規模拡大や農地保全の経済的な条件が整っていないのだから,規制を緩和しても営農目的で所有規模を拡大するものは少ないだろう。それよりも将来の転用を期待して,法の網の目を潜り非農業目的で農地を購入して,しばらくのあいだ小作に出すという形で農地への投機を進める者が現れるに違いない。

これら二つの批判の共通点は,90年代初頭からの農地制度改革が農業の現状を踏まえていないということ,換言すれば,農業の発展段階に即応した制度改革ではないということにある。

では,農業の発展段階に即応した制度改革とは何か。政府側がその制度改革を所有上限規制の緩和による大農育成と考えているのに対して,朴珍道氏はそういう制度改革は時期尚早であり,現段階では小作解放の農地改革が必要と見なしているようである。時期尚早であることと,制度改革を成功させうる農業発展や農業構造の背景を氏はここで明言していないが,恐らくは,第1に潜在的な規模拡大のポテンシャルが存在しないのに,規模拡大の制度的準備だけを進めても実現は難しい,ということ。第2に,土地投機を促すような社会経済的背景が改善されていないのに,資格規制だけ厳格にしても,

第5章　構造政策の制度的枠組み　　227

投機は起こりうる，という意見ではないかと思われる。

さて，このように見てくると，先の金泓根氏との違いは明らかである。

金泓根氏の主張では，制度改編は，「農村人口の都市集中」や「不在地主の投機による大規模寡占買入」「農地の転用画策等」という問題を生む可能性があるからその防止策を必要としていた。防止策さえ組み込めば制度改編は農業発展を可能にする，というのが金泓根氏の主張であった。その防止策についてはやはり制度による装置が想定されているようである。ただ，金泓根氏はどこまで制度改革が必要なのか，制度改革を行うまでに農業構造が成熟しているのかどうか，という点については触れていない。

金泓根氏は，「副産物」防止策さえ準備すれば制度改革は成功して規模拡大による農業発展はうまくいくだろうと考えている。これに対して，朴珍道氏は，制度を準備してもそれを用いる方向に農業は進まないとする。朴珍道氏は，資格制限という制度面よりも，潜在的な規模拡大のポテンシャルの存在の有無や，農業成長を促す社会経済的背景，あるいは農業成長を阻害する社会経済的背景を，重視しているように思える。

両者の意見はそれぞれに一定の説得力を持つものと考えられるが，2002年の現時点から1990年代の政策の経過を振り返ってみると，とくに，潜在的な規模拡大のポテンシャルに関する朴珍道氏の指摘は，正鵠を射たものであったと言える。他の章で紹介したように，1990年代の市場開放対策の問題点は，投資の受け皿が整わないままに大量の資金が農業に投じられたことにあったが，その制度的枠組みを準備したのが，本章で見たような制度改革であったからである[20]。

(2) 規模拡大のポテンシャル

このうち規模拡大のポテンシャルという点について，朴珍道氏と異なる視点から一定の現実認識を示したのが，韓国農村経済研究院の金正鎬氏である。同氏は農家経済のポテンシャルという朴珍道氏と同じ視点から，規模拡大の潜在力について，朴珍道氏より積極的な見方を示している（ここでは，こういう考えを仮に「ポテンシャル論」と呼ぶ）。

金正鎬氏は，農地所有上限廃止に賛成して，次のように述べた。

「小作農復活を憂慮して，所有上限を固守する議論がある。(中略) しかし，実際には家族別に3町歩ずつを分散所有して，3町歩の所有制限を超えている農家も多数ある。また，離農，相続，贈与等で合法的に不在地主が発生しつつある。さらに高地価で営農規模拡大の問題は歪曲されている。
　以上の現状の下では，所有上限と所有資格の問題は切り離して議論しなければならない。規模拡大はあくまで農民の生活をいかにして保証するか，ということであり，上限緩和を，不在地主の土地集中や小作地の増加，都市資本の投機にまで関連させて論ずるのは，あまりに甚だしい発想である」。「農家の規模拡大の可能性は制度以前の問題であるが，3町歩以上を所有する農家を『合法者』とした現在では，上限規制は意味がないといっても過言ではない」[21]。

　ここで金正鎬氏は，「上限緩和を，不在地主の土地集中や小作地の増加，都市資本の投機にまで関連させて論ずるのは，あまりに甚だしい発想である」と述べて，朴珍道氏とは真っ向から対立している。そういう場合の金正鎬氏の根拠は，「所有上限と所有資格の問題は切り離して議論しなければならない」ということにある。規制緩和は上限緩和であり所有資格の変更ではない。「あまりに甚だしい発想」の背景には，所有上限と所有資格を両者ともに変更させるとみる誤解がある。
　このような誤解の生まれる原因は制度の実効性についての評価にある。所有上限については，「3町歩の所有制限を超えている農家も多数」あり，所有資格については，「離農，相続，贈与等で合法的に不在地主が発生しつつある」。90年代初頭の争点となったのは農地の制度改革であるが，今後変えられるかもしれない制度がすでに実効性を失っているところがあり，農地改革法の耕者有田の基本理念はすでに揺らいでいる[22]。
　制度の実効性に関する，両者の認識の相違をやや極論すれば次のようである。
　朴珍道氏は，この段階での上限規制の緩和は農業発展に結びつかない，と述べ，その場合の根拠として，当時の規制も規制緩和も一定の実効性を持つ，と見ているようである[23]。これに対して，金正鎬氏の場合には，そういう実

第5章　構造政策の制度的枠組み　　　229

効性は実際にはなくなってきているのだから，規制緩和如何にかかわらずある程度は，所有規模や所有者は変わるものであり，重視すべきは制度よりも農業構造，と考えているようだ。制度への考え方の違いが両者にあるように思える。

　金正鎬氏の主張では「3町歩以上を所有する農家が『合法化』した現在では，上限規制は意味がない」と，制度の効力を認めつつ，その効力喪失という現実認識を示している。これに対して，朴珍道氏は「農業収益性を改善しないままで，所有制限を緩和すれば，小作制と土地投機を招く」と，制度変更の影響を重視している。

　両者は，制度をとりまく情勢の評価が異なり，その主張は対立するように思えるが，共通点も有している。

　金正鎬氏は，「農家の規模拡大の可能性は制度以前の問題である」と述べて，「農家の規模拡大の可能性」が制度以後の問題ではないこと，言い換えれば，制度により規模拡大が推進されるものでないこと，を指摘している。この主張は，一部農家の規模拡大により実際には規制の効力が喪失しているという先の主張から一貫している。

　実は，この点は先の朴珍道氏の農家経済のポテンシャル論と対応している。朴珍道氏は，いまだ規模拡大を行うまでに農家経済が成熟していないと見ており，金正鎬氏とは異なる立場をとるのだが，制度改革を農業構造変動の延長線上にとらえるという点で，両者は共通の視点に立っている。

　そしてこういう農家経済のポテンシャルに関する評価は，両者ともに慎重である。

　朴珍道氏は，上限規制緩和を農業構造から見て時期尚早と考えているが，金正鎬氏は，その点を明言していない。金正鎬氏の論説には，上限規制を緩和する経済的な条件が整いつつある，とは述べられていない。また制度改革を行うに十分なポテンシャルが農業の中に生まれているとも述べられていない。ただ，現実にふさわしいものに制度を合わせてはどうかという提案であり，ここでは農業構造の変動を示唆するにとどまっている。制度改革以後の農業構造の変動について，当時として正確な予測を行うことはなかなか難しかったと思われる。

制度改革は，制度改革以後における農業構造変化によって評価されることになる。90年代の上限規制緩和によって，経営農家の規模拡大と，農業生産性の向上，国際競争力の育成，という方向に進むことを政府は期待していた。しかし，90年代の構造政策は，その方向に舵を切ったものの，十分な成果をあげることなく様々な問題を噴出させている。

4．農業振興地域制度の導入過程

(1) 都市地域における指定への抵抗

農業振興地域制度は，構想段階だけではなく，その導入過程において，困難に直面した。とくに都市地域における指定は，当初から住民の抵抗が予想された。農業振興地域の内外を区切る線引きに際しては，農地所有者側からの強い抵抗が予想されており，十分な政策準備を行う必要があった。その抵抗とは一般に次のことが考えられた。

イ．営農継続に意欲を示す農家が農業振興地域外に置かれた場合に，農業政策の主対象から外され農業振興地域内の農家に比べて不利な生産条件に置かれると判断して，線引きに反対する。
ロ．農業振興地域内の農地の転用規制を強化した場合に，農地の資産価値への影響を恐れて農民がこれに反対する。都市近郊の農民の多くは，農業生産の手段としてだけではなく，資産価値の保全手段として農地を所有しており，転用規制の強化が資産価値の相対的な下落を招くことに不安を抱いている[24]。

特に，都市化の進む韓国では後者の問題が難しく，できるだけ都市農業に従事する農民の抵抗が生じないように，しかしながらできるだけ多くの優良な農地を振興地域に含めるように線引きを行う必要があった。政策はいずれの農民にも公平であらねばならず，農業振興地域の指定条件には説得力が求められた。

指定対象は，農漁村発展特別措置法により次のように定められた。

「振興地域に指定できる対象地域は，国土利用管理法第6条の規定による耕地地域と都市計画法第17条第1号第4項の規定による緑地地域とする。しかし，ソウル特別市と直轄市の地域の緑地地域は除外する（農漁村発展特別措置法第41条）」[25]。

これには若干の説明が必要である。1992年当時の韓国の国土利用管理法は，全国を10の用途地域に区分しており，農地は耕地地域や都市地域という用途地域に分散管理されていた。各用途地域のなかに農地が横断的に存在し，緑地地域には都市計画区域内の農地が含まれた[26]。農業振興地域制度は，耕地地域内の農地と都市計画区域内の農地の両者を対象とすることを明示していた。ただし1,000万規模の人口を持つ「ソウル特別市」と人口100万人以上の大都市である五つの「直轄市」は除外され，それ以外の一般の都市や郡部における都市計画区域内の緑地地域における農地のみが指定の対象となった[27]。

これによって農業振興地域制度は農村部のみならず，都市部の農地も指定対象に含めることができるようになったが，この場合の都市部とは地方の中小都市であり，人口100万人以上の大都市における農地は原則的に指定対象外に置かれた[28]。こうして，大都市の資産価値の高い農地は，指定から除外されることとなった。

次に指定基準を見ると，平野部については，農地の集団化と生産性向上を目的に，区域指定が行われているが，都市部については指定対象の基準と同じく，例外規定を置いて，資産価値のある農地を，指定対象から除外している。

まず，農業振興地域では，一般的な指定基準として，用途地域を農業振興区域と農業保護区域に区分した。農業振興区域とは，「相当の規模で農地の集団化された地域であり，農業目的に利用することが必要な地域」，また，農業保護区域とは，「農業振興区域の農業環境を保護するために必要な地域」である[29]。

農業振興区域の指定対象地域は，農漁村発展特別措置法の施行令第46条第1項の規定により，効率的な営農機械化が可能な次の地域とされた。①農

業用に利用している土地が相当の規模で集団化されている地域。②農地造成事業または農業基盤事業が施行されているかまたは施行中の地域であり，農業用に利用するか，利用できる土地が相当の規模で集団化されている地域[30]。また，農業保護区域の指定対象地域は，①農業振興区域の用水確保および水質保全のために必要な地域，及び②農業振興区域に隣接して農業生産の環境を保護すべき地域，とした[31]。

以上の一般的な指定基準の他に，除外対象基準と追加編入基準が定められた。これは農業振興地域の一般的な指定基準に関わりなく，農業振興地域の指定から除外され，また追加的に編入指定されるという基準である。

農業振興地域の除外対象基準は次の通りとされた。

①開発計画や都市再整備計画が現在，具体的に推進中である地域（基本計画等の長期計画は該当しない）。②住宅，工場等に囲まれており，生産基盤造成のための広域投資が難しい地域。③廃水の流入が著しく農地としての保全価値がないと判断される地域。④<u>開発制限区域の農地の中で振興地域への編入を希望しない地域</u>（下線部筆者)[32]。⑤干害や水害の常襲地で，市・道知事の判断から農業基盤の整備が望ましくないとされる地域。⑥地目が宅地や工場の用地である場合は除外されるが，雑種地は編入を希望しない場合には除外[33]。

以上の除外対象地域は，一般的な指定基準を満たしていても指定対象から外された。

さらに，これらの地域とは逆に指定の条件を満たさなくとも，農業振興地域に含めることのできる地域が，農業振興地域の追加編入基準によって次の通りに定められた。それは，①指定基準に達しなくとも，地域農業の発展のために必要であり農業基盤投資の効果があると判断される地域。②稲作農家だけでなく果樹・花卉・畜産等の施設営農団地として育成する価値のある地域[34]，である。

結局，農業振興地域制度の指定基準は，農業振興区域や農業保護区域という一般的な指定基準，除外対象基準，および追加編入基準，これら三つの基

準より構成された。人口100万人以上の大都市の農地以外は，原則的にこれらの三つの指定基準のいずれかで，線引きが行われることになった。

これらの指定基準を適用する際の組み合わせには幾つかの場合が想定された。

農地の集団的な利用の進んだ，農業振興区域に適当な地域であっても，都市化の進展により，今後，生産環境が悪化し，また，農地の転用が増える地域は，農業振興地域から除外される。そこには除外対象基準④に見られるように住民の意思も働くことになる。また逆に，農地の集団的な利用の進んでいない地域でも，農業発展の観点から保全の必要の認められる農地については農業振興地域に含めることとされる。

この場合に問題となるのは，後者よりも前者の場合の組み合わせであった。

農業振興地域の面積確定は，当該農地の所有者の意向に左右される。除外対象基準の開発制限区域（グリーンベルト）の農地におけるように，一般的な指定基準を満たすと判断されても，農地所有者の同意が得られなければ農業振興地域の指定は難しくなる。除外対象基準の優位性が指定の前提となっているのである。

なかでも難しいのは，農地の資産価値化の進む都市近郊の場合である。この地域の農地所有者の多くは資産価値の下落を恐れて指定を拒む事が予想される。農業振興地域制度は農地の保全制度であるから当然に農地の転用規制を伴う。しかし農業振興地域の指定は転用規制から農地価格の相対的下落という現象を招き，農地の資産価値の保全に影響を及ぼす場合がある。農地保全の重視が農地の資産価値保全を難しくする。転用規制が厳しいほどにその傾向は強い。

では，以上の政策構想に基づく指定作業後，都市近郊農地は予定通り振興地域に入ったのか，それとも農業振興地域の指定は当初の構想とは異なる方向に向かったのか，農業振興地域の線引きの経過を示す構想面積と指定面積について比較してみよう。

(2) 指定面積の減少と開発制限区域

農業振興地域制度の導入過程において，指定面積は構想面積から大きく減

少した。減少の中心は，指定に住民の意見を求めた開発制限区域内の農地であった。構想面積の減少幅に関する詳細な検討作業については，拙稿「農家経済の自立と農地の保全―韓国の農業振興地域制度―」及び第6章を参照していただくこととして，ここでは，その減少面積のなかで，開発制限区域などの都市化関連地域が大きな割合を占めた点を確認しておく[35]。

農業振興地域の構想面積は1,097千haであったが，指定作業後の実際の指定面積は減少していた。構想面積に対して，減少面積は104,671.2 ha，増加面積16,164.9 ha，純減少面積88,506.3 haであった。構想面積に対して約1割近く減少し，当初の構想は後退したことになる。この減少面積104,671.2 haの内訳を見ると，第1位が開発制限区域で23,765.9 ha，ついで干・水害常襲地19,116.2 ha，開発計画・都市計画18,054.0 ha，住宅工場隣接地域12,587.0 haとなり，都市化の影響と見られるものが多い[36]。

この原因は，将来都市化の予想される地域における住民の指定反対にある。なかでもとくに反対の強かったのが開発制限区域である。開発制限区域は，文字通り開発の制限された地域であるから，都市化の保証はない。それにもかかわらず指定反対の主要地域となったのは，そこに農地を所有する住民が将来の規制撤廃を期待して指定拒否行動に出たからである。筆者の推計では，開発制限区域については，構想面積の9割が減少しており，指定面積は構想面積対比で1割に過ぎない[37]。他にも都市化の影響で面積減少に寄与した地域はあるが，構想面積と指定面積がこのように異なる地域は開発制限区域のみであり，構想に対する農地所有者の抵抗が極めて強かったことが窺われる。

実は，農林水産部においてもこのような指定拒否行動は予測しており，「開発制限区域を農業振興地域に指定するのは二重規制ではないか」[38]と考えられていた。二重規制と知りながらも指定実現に期待をかけた理由を農林水産部は次のように述べている。

「農業振興地域は開発制限区域のように各種の開発を制限するために指定するものではなく，各種の農業投資を支援しようとするもの。開発制限区域内の農地を振興地域に指定しようとする理由も，この地域の農地が開発制限区域から解除される時まで，各種の農業支援の恵沢を行おうとする

ものである」[39]。

　70年代に指定された韓国の開発制限区域は，規制の厳しいことで知られており，高度成長と都市化の過程において環境保全に一定の役割を果たしてきた。各都市圏においては，中心市街地からはなれた都市周囲をドーナツ状に緑地帯が取り巻いており，開発規制の実効性を証明している。この地域の主産業は農業であり，都市近郊で農地を投機的に売買する不在地主のなかには，将来の規制緩和を期待して開発制限区域のなかに農地を購入したものも少なくない。開発制限区域では都市化が規制されているために農地転用が困難であり，転用価格がなかなか成立しないことから，後述するように農地価格は開発制限区域外に比べて15分の1程度である。このことが，将来の規制緩和の展望と絡めて投機をひきおこす原因となった。この地域に農地を所有する農民や，都市在住の不在地主は，その多くが規制緩和を希望しており，そこにさらに，転用規制の網をかけるという，農業振興地域制度の指定には，強い拒否反応が起きたものと推測される（第6章参照）。

　このような社会的背景を原因に，指定面積は大幅に減少したが，開発制限区域内農地の指定を巡る動きは，一国レベルの農地保全面積の縮小という問題だけにとどまらなかった。開発制限区域では，農地の転用規制が厳格であり，産業は農業が主体であるが，都市近郊であることから，施設型の成長農業が比較的多い。これらはほとんどが不在地主からの借地により経営を行っている。成長農業は高収益農業であると同時に高コスト農業であり，その維持には施設補助などの支援を要するケースが多い。しかしこの時に，経営者の意志に反して開発制限区域内農地の多くが指定区域外へ出たことにより，農業振興地域制度に随伴する支援まで返上することになった可能性が高い。そうであるとすれば，開発制限区域内において借地営農を行う農民は，支援を望みつつも農業振興支援の対象から外されたことになり，開発制限区域内の農地は，転用も不可，農業補助も相対的に少ないという厳しい状況下に置かれたことになる[40]。指定構想に関する本章の研究では，都市農業の問題解明はここまでが限界であり，その一層の解明には，開発制限区域における都市農業問題に焦点を絞り，韓国のもうひとつの賃借農業類型について検討す

る必要があろう。

おわりに

　ここでは，国際農業調整を背景とした韓国の農地制度改革と改革に関する論争を検討した。この農地制度改革は，農地保全制度の改革として現れたが，その内実は，1950年代の農地改革以後数十年にわたって続けられてきた農地法論争に決着を迫るものであった。この背景にはウルグアイ・ラウンド農業交渉による農産物市場開放の要求があり，国内政策に変更を迫る国外からの圧力として働いていた。政府は，ウルグアイ・ラウンド農業交渉という国際農業調整への対応を国内にアピールすることで農地制度の改革を推進した。この外圧が存在しなければ，長く論争の対象とされてきた問題だけに，農地制度の改革は難しかったのではないかと考えられる。

　農産物の市場開放に備えて，指定した保全地域で農業の生産性を向上させて国際競争力を育成しようとする政府側の意図は，規模拡大の制度的基盤としての所有上限規制の改革として現れた。対する改革反対論者からの批判は，上限規制緩和に十分な農業構造の成熟があるのかということであった。この点について，少なくとも政策構想段階では政策立案者の側には十分な回答が用意されていなかったように思える。

　しかしこの制度改革は，構想発表の時点から韓国の国内で論議を呼ぶこととなり，当時の議論のなかには将来の政策破綻を予見するような見解も現れている。とくに潜在的な規模拡大のポテンシャルに関する議論については，2002年の現時点から振り返ってみると，現在の諸問題を予測するような議論が展開されていることに気付く。1990年代の市場開放対策の問題点は，投資の受け皿が整わないままに大量の資金が農業に投じられたことにあったが，その制度的枠組みを準備する段階で問題顕在化を予見するような議論が存在したことは，まことに驚くべきことである。

　このような卓見の基底には農業ポテンシャル論とでも呼ぶべき，農家経済の潜在力に関する洞察がある。そういう見方に立てば，制度改革以降の農業構造変動を，この制度改革のみの産物と見るのも誤りということになる。そ

第5章　構造政策の制度的枠組み

れは制度改革以前からの構造変動の連続性のなかでとらえられるものであり，当時の農地法論争の論者たちはそのことを強く意識しているように思える。

　構想をめぐる論争とは別に保全農地指定の作業は着々と進められた。

　農林水産部は都市近郊地域における指定への抵抗を予想して，大都市の農地においては指定を免除されるような例外規定を設けた。しかし，実際の指定結果の蓋を開けてみると，構想面積に対して1割が指定拒否に遭遇し，大幅に保全農地を減少させることになった。この減少分の面積のなかで，大きな割合を占めたのはやはり，都市化の影響を受けると思われる地域であった。特に都市近郊農地を大量に含む開発制限区域の住民は，指定受入に際しては自由意思を尊重されたが，結果的に，その約9割の面積が指定対象外に逃れることとなった。これは，都市近郊における農地の保全問題がそれほど難しいことを示している。開発制限区域は当時，将来の規制緩和が議論されており，規制緩和を見越して農地を買い入れた住民が，保全農地指定による転用規制を嫌ったものと思われる。都市近郊では，農民以外による農地所有が多く見られ，平野部とは異なる賃貸借類型を示していることは前の章で示したとおりである。不在地主の存在は都市近郊農地の保全を不安定なものにしており，開発制限区域の動向とともに社会的注目を集めている。この開発制限区域に関する韓国特有の問題については次章で検討する。

注

1）韓国は，植民地期の歴史を抱えるゆえに，農地改革の意味が，日本とは全く異なる次元で議論されることがある。農地改革は地主制の解体と自作農体制の創出という日本と同様の観点だけではなく，植民地統治機構としての地主制の放逐という重要な意味を有しており，改革の実施も，農地法の制定も決して容易なものではなかった。農地改革以後すぐに農地法の制定された日本とは，歴史的背景も農業事情も異なっており，同一の視点で語ることには無理がある。

　韓国における農地改革以前の地主制への反発，あるいは農地改革以前の植民地・農業体制への反発は強烈であった。植民地期においては，地主制が支配機構に組み込まれて，植民地支配を支えていたために，地主制への反発と植民地統治権力への反発は，同一のレベルで語られることとなり，歴史的視点から，農地改革体制否定 → 地主制復活容認 → 植民地体制容認，という連鎖的発想が存在したものと考えられる。こうした植民地期の論考に次の拙稿がある。「植民地政策とインフラストラクチュア―朝鮮半島の経験―」九州大学教養部『社会科学論集』第32集，1991年。

また，Mick Moore は，韓国の農地改革が韓国社会に与えた意味と，その後の社会構成における農業・農民の位置について，次のように述べている。
　　韓国では，地主制消滅の結果，個々の農民は（地主を介在せずに）直接的に国家と関係を持つことになった（Mick Moore (1988), "Economic Growth and Rise of Civil Society : Agriculture in Taiwan and South Korea," in G. White and Robert Wade (eds.), *Developmental State in East Asia,* A Research Report to the Gatsby Charitable Foundation, 1988, p. 136.）。韓国では農地改革後，ほとんどすべての土地が公に，そして違法に貸し出された。法律は無視されて，公的な調査でも違法な賃貸借が認められた（*Ibid.,* p.140.）。韓国の農業は，国家の農業への関わりや，都市と農業の関係において，その特徴は国家主義的農業といえる。韓国は，台湾より国家機関が強力であり，非社会主義諸国の中で最も中央集権的で，参加型でない政治体制である。この理由には，日本の植民地統治と戦後政治が関係している。北との対抗下の農地改革に際して，低い農地価格が設定されることにより農村エリートは一掃された（*Ibid.,* p. 170.）。また，韓国戦争後の農地改革で韓国政府は農民の忠誠心を勝ち取ることができた（*Ibid.,* p.172.）。
　　Moore は植民地期の日本による支配と，その後の農地改革により，中央集権的ないしは国家主義的な機構が根付いたとみている。このような機構が，農地改革後これまでに再生産されてきたのか，それとも経済発展の過程で変容をとげたのか，検討を要するところであるが，本書の主旨とは異なるので，これ以上の考察は他の機会に行いたい。

2）鄭英一氏は，現時点から振り返って，当時の制度改革は，現実の追認という側面を有していたと評価されている。例えば，農地法では賃貸借を認めたが，当時既に農地の4割が借地であった。そういう実態を農地法の借地容認で後追いしたという点をもって，現実の追認である，と言われている（2002年4月の，筆者との面談メモから）。

3）農業振興地域制度の実施過程に関する詳細は，拙稿「農家経済の自立と農地の保全—韓国の農業振興地域制度—」（1994年，九州大学経済学会『経済学研究』第60巻，第3・4号）でも紹介している。

4）1996年以前は「農林水産部」，その後は「農林部」。96年に「農林水産部」下の「水産庁」が，「海洋水産部」に改編され，「農林水産部」は「農林部」となった。本書の用語法においても，96年を境として，それ以前は「農林水産部」，その後は「農林部」と，使い分けている。

5）韓国農林水産部，農業構造政策局『農業振興地域関連資料』，1992年7月，7頁。

6）韓国の筆別保全方式と圏域別保全方式については，韓国農村経済研究院の金正鎬氏が次の論文において定式化している（金正鎬，「農地保全ノ理論ト方法—農地保全方式ノ転換ノタメノ接近—」韓国農村経済研究院，『農村経済』第12巻1号，1993年3月）。
　　地籍上の農地と現況農地は異なっており，地籍上は非農地でも農地として利用されているケースや，あるいはその反対がありうる。地籍上農地であるにもかかわらず，

非農地として利用されている場合には，圏域として保全することで，農業生産環境保全を図っていく必要があるという。この圏域的農地保全方法の意義について，関連研究のなかで，金正鎬氏は次のように述べている。

「優良農地の確保は現況農地のみに限定しているのではない。農地保全の核心的問題は農地のスプロール化による生産環境の破壊であるためだ。よって，この研究では，圏域的農地保全の方法として提示した農業振興地域の指定，特に農業振興区域はその現況が農地の土地区域ではなく，『農業目的に利用すべき土地区域』としての性格規定を明確に行う必要がある。こういう観点から現況農地といえども，農業外の目的を与えられることがあり，農地ではない土地でも，農業振興地域に含めることができる」（金正鎬ほか『農地保全ト農村地域ノ土地利用体系定立ニ関スル研究』韓国農村経済研究院，1989年12月，245頁）。

7）80年代末の韓国では，都市化の進展にともない都市圏域が拡張して農地の転用が急速に進んだ。大都市の周辺部では，農地が宅地や産業用地に転用され，土地価格の上昇も顕著であった。

都市圏域の拡大は無秩序な農地の転用を加速させて，農業生産基盤の存続を困難にする可能性があるため，韓国ではそれまで比較的に厳しい保全制度が運用されてきた。これは70年代前半の食糧不足の時代に，農地の絶対面積の確保を目指して作られた「農地の利用と保全に関する法律」である。この法律は韓国で，農地保全法ないしは絶対農地制度と呼ばれていた。農地は絶対農地と相対農地に分けられ，絶対農地の転用は農地保全法の枠内において原則的に禁止された。けれども，経済発展と都市化の過程において，農地保全法の枠外での転用が急増した。農地保全法の規制の及ばないところで，なし崩し的に農地の転用が進んだ。

こういう農地の転用が増えた背景には，韓国の国土利用管理体系に問題があった。国土利用管理体系は農地だけではなく，都市地域や他の産業地域の土地利用を管理・規制しており，農地保全法の運用全般も規制している。このことにより農地保全法の適用排除地域が生まれるだけでなく，都市化の進展に従い排除地域が拡張して，農地保全法の適用地域を縮小させるという問題が発生した。それまでの保全制度である絶対農地制度とその問題点についての詳細は，拙稿「韓国の農地保全制度—国土利用管理体系における農地保全法の運用実態—」（1993年，九州大学経済学会『経済学研究』第58巻第6号）を参照されたい。また，この分野の優れた研究に次の二つがある。金聖昊ほか『農地ノ保全オヨビ利用合理化方案ノ研究』韓国農村経済研究院，1988年。金正鎬ほか『農地保全ト農村地域ノ土地利用体系定立ニ関スル研究』韓国農村経済研究院，1989年。これらはいずれも80年代末に刊行されており，現時点では古い資料となっているが，当時の政策背景を探る上で価値がある。

8）韓国では当時，大規模営農はまだ実験的な段階にあり，所有規制の緩和で生産性の高い稲作農業が実現されるのかどうか未知数の部分も少なくなかったと考えられる。

9）韓国における農地の賃貸借とその問題点については，拙稿「韓国における農地の賃貸借について—農地価格の上昇と賃貸借の拡大—」（1992年，九州大学経済学会『経済学研究』第58巻第3号）を参照されたい。

10) 賃貸借が借地農家の経営条件の不安定化をもたらすという筆者の見解に対しては，朴珍道氏及び倉持和雄氏よりコメントが寄せられている。(両氏のコメントについては第4章の注20を参照されたい。)

朴珍道氏は，筆者の，賃貸借による経営不安定論には，「小作農が農業投資をしながら，小作期間の短期であることを考慮するケースというのは多くありません」(同氏のコメント）と，疑問を示されつつも，賃借料水準については経営への一定の影響のあることを言及されている。

「深川先生の指摘された経営条件のなかで，賃貸料の高水準というのは，実際に賃借地拡大の阻害要因と言えます。こういう賃借料負担から抜け出して，規模拡大を進めようとすれば，所有規模を拡大しなければならないでしょう。そのなかでは所有上限制限という壁にぶつかります。ところで問題は当時の地価水準と農業収益性を考慮すると，農地所有規模を20 haまで拡大する条件があったのかということです。そこで窮余の施策として政府が考えたのが，農地購入資金支援なのですが，その場合にも所有上限を20 haまで拡大する条件はないでしょう。むしろ賃借料水準を規制して，賃貸借方式による規模拡大を目指したほうが現実的ではなかったでしょうか。結論を先取りすれば，政策資金投下と所有上限拡大，保全地域指定，稲作専業農育成という目標が，ひとつの農政パッケージを構成したと見ることは難しいようです。いずれにせよ，経営条件の不安定化が農業投資を阻害したという深川先生の指摘は妥当であり，もうすこし敷衍し説明していただければよいようです」(朴珍道氏の筆者草稿へのコメント)。

筆者の農政パッケージ論に関しても再吟味の必要ありとのコメントが朴珍道氏より寄せられている。とりわけ所有上限拡大の妥当性について疑問を呈されたものと考えられる。所有上限拡大の妥当性については，当時から議論のあったところであり，その限りにおいてパッケージの構成要素すべてに，合理性があったとは言えない。この点で同氏のコメントは正鵠を射ていると思われる。しかしながら，個々の政策の評価とは別に，政策側の意図としては，個別の政策によるパッケージ構成が意識されていたのではないかと考えられる。即ち，それまで育成してきた稲作専業農家に資金を集中し，農地購入支援や機械化支援を通じて，規模拡大を促すことで生産性向上を目指すが，並行して，保全制度や所有制度の整備を行う。それら個々の政策には問題があったかもしれないが，それは，個々の政策の評価として吟味可能であろう。また，農政パッケージについて組み合わせに問題が生じた可能性があるが，それは政策間の不整合性の問題として，論じることが可能であろう。後者について，本書では，機械化事業の問題等として論じている。

次の論点は，規制緩和の経済的位置づけにかかわる問題である。朴珍道氏の見解は説得力がある。当時の地価水準と農業収益性から推察して，所有上限緩和には無理があり，そのために農地売買事業による後押しをしたと，農地売買事業の経済的意味づけまで，なされている。また，農地購入負担を抱え込むよりは，賃料水準規制と連動させて，賃貸借による規模拡大を推進した方が，現実的であったという見解についても，納得できるものである。実際には賃貸借料の規制は行われていないが，その後

第5章　構造政策の制度的枠組み

の構造政策が長期賃貸借推進事業を中心に展開していった点をみても，規模拡大の軸が所有規模から借地規模の拡大に移っていくという政策の動きを先取りした説明をなされている。これに関わって，筆者の農政パッケージ論に言及されているが，20 haへの所有上限引き上げの経済的根拠欠落をもって，当時の制度変更と政策の連携欠如を指摘されている。その後の経過を見ると実際に，経営規模拡大は，所有規模拡大よりも，賃貸借や営農受委託によるものが中心となってきており，上限規制緩和が他の政策との間で，有効な連携を持ち得たかどうか，確かに疑わしいところであろう。よって，上限水準の経済的根拠から，パッケージの構成要素としての有効性に疑問を呈するという朴珍道氏の見解には同意せざるをえない。しかしながら，他でも指摘されているように，当時の段階で，3 ha上限規制が一部形骸化しており，現実の動きを追認し，新たな政策として組み上げていく上で，現実に対応した何らかの制度の整備が必要とされていたのも，また事実であろう。その中で，20 haという緩和水準を当時の経済条件から検討し，制度と政策の間の整合性不足をあらためて問い直すことは，筆者も必要と考えている。

11) 韓国農地法論争の経過については，第3次論争までを次の拙稿で紹介している。「韓国農地法論争の経過と争点―第3次農地法論争を中心として―」(1992年，九州大学経済学会『経済学研究』第58巻第4・5合併号)。

12) 前掲，韓国農林水産部，農業構造政策局『農業振興地域関連資料』，112頁。

　　農業振興地域の指定過程において，実際の指定面積はさらに減少した。1992年末時点で，農地現況は，全体農地2,069,933 ha，そのうち既存の絶対農地が1,341,768 ha，新たな農業振興地域の指定面積が1,008,385 haであった（農業構造政策局農地管理課）。この場合，全体農地面積対比で，振興地域の指定面積は，48.7％となり，絶対農地にたいする振興地域の比率は75.2％に過ぎなかった。

　　このように指定面積が相対的に小さい点について，実際に政策立案に関与した韓国農村経済研究院の金正鎬氏は次のように述べている。「最初の農林水産部の考えでは，少なくとも以前の絶対農地面積程度を確保する予定であり，そのような努力を行った。しかし実際の線引きの結果，52％という水準にとどまることとなった。そして縮小指定の批判を避けるために，いわゆる投資集中論が出てきたのである。

　　この制度を提案した私たちの研究（1989年）において，農業振興地域制度の線引きを，日本の農振地域（森林を含む）までにはできなくとも，それに近い制度とすることを提案していた」（筆者草稿へのコメント。2002年4月）。ここで金正鎬氏の「私たちの研究」とは，前掲の，金正鎬ほか『農地保全ト農村地域ノ土地利用体系定立ニ関スル研究』（韓国農村経済研究院，1989年12月）を指している。

13) 李相茂，論説「農業振興地域指定―賛成論：国際競争力等ノ向上―」（ハンギョレ新聞，1992年5月22日の評論）韓国農林水産部『農地関連社説・評論集』〈論争編〉1993年5月，211-212頁。

14) 既存の絶対農地は全農地の64％であるから，新制度の構想面積の農地面積比率52％では，保全水準を低下させたことになる。面積と構成比の詳細については，前掲の拙稿「農家経済の自立と保全」を参照されたい。

15) チェ・ビョンサン，論説「農業振興地域指定—反対論：食糧自給ノ放棄政策—」（ハンギョレ新聞，1992 年 5 月 22 日の評論）。前掲，韓国農林水産部『農地関連社説・評論集』〈論争編〉，213-214 頁。
16) ところで，チェ・ビョンサン氏は「政府はいまでもすべての農地を農業振興地域に指定して，大々的に投資しなければならない」（前掲，チェ・ビョンサン）と述べていた。これは線引きを行うという農業振興地域制度の仕組みを否定し，また同じことであるが農業振興地域の外に，別地域の制度的存在を作り出すことの意味を否定するものでもあった。

チェ・ビョンサン氏は「食糧自給率が 37％まで落ち込んでいるという状況」を深刻に受け止め，「食糧自給を通じて主体的民族基盤を構築しなければならない」（前掲，チェ・ビョンサン）と述べている。

では，食糧自給率や国際競争力の向上を目標として掲げた場合に，政府の農業振興地域制度による保全方式はどこに問題があるのだろうか。この点をチェ・ビョンサン氏は明確にしていないが，食糧自給率の回復を念頭に置いた農地保全方式については次のようなことが言える。

食糧自給には，限られた農家人口で国内需要を満たすだけの高生産性農業の育成が必要となり，高生産性であれば，結果的に，諸外国との競争に生き残ることも可能であろう。換言すれば，食糧自給率を回復させるためには，国際的な生産性の競争を前提としなくとも，国内の農業生産量の増加が求められる。帰農者が増えることなく，それを 15.3％まで減少した農家人口で行うとしたら，かなりの高い労働生産性を実現しなければならない。そもそも農業の場合，生産量を急に増やすということ自体が難しく，また食糧消費構造の高度化した現在では，完全自給は相当に難しいのだが，当面の目標を，限られた労働力での生産量の増加による自給率向上とすれば，省力化のために農業機械化を押し進めるという方法が考えられる。少ない労働力でより多くの収量をあげるのである。

そして農業機械化等による労働生産性の向上には経営規模の拡大が不可欠，と前提すれば，そのための経営耕地の移動は避けられないだろう。もしも，食糧自給のために大規模稲作専業農の育成を目指すことになれば，結果的に農産物市場の開放に備える農業振興地域制度の構想とその目標は似てくることになる。チェ・ビョンサン氏も「すべての農地を農業振興地域に指定して，大々的に投資」するとして，線引き以外については農業振興地域制度による農業政策を認めているようである。そこで「大々的に投資」するならば，農業振興地域制度と同じく経営規模の拡大は，所有規模の拡大をともなうものとなろう。

ところがこの経営規模や所有規模の拡大というのは容易ではない。

まず，すべての農家の生産性向上というのは難しく，それは規模拡大のポテンシャルを持つ一部の農家に限られてくる。所有規制の緩和により集団的な農地利用への道が開かれたとしても，農地の全体面積がある日突然に増えるというのでない限り，全農家の規模拡大が進むことはない。

一方に規模を縮小していく農家が存在しなければ，経営放棄地の集中による大規模

第5章　構造政策の制度的枠組み　　243

経営の育成は不可能である。規模拡大には，農地の購入による所有規模の拡大，賃貸借，営農委託の形態による経営規模の拡大が想定されるが，いずれも農地の経営を一部ないしはすべて放棄する農家の存在を前提としている。

　農地の経営を一部ないしはすべて放棄する農家は，規模拡大のポテンシャルを持たない農家であるが，ポテンシャルがなければ農家の規模縮小が自動的に進むというものではない。規模縮小に向かう農家は，兼業機会を求める可能性があるし，何らかの補償や就業機会の提供を要求するかもしれない。なぜなら農地の売却により一時的な所得が確保できたとしても，所有や経営を放棄・縮小するからには，それによって農業所得の縮小分だけ農家所得は減少する。農業所得の減少分を他で補って農家所得を均衡させるには，遊休化した労働力の就業機会が必要となり，就業機会の存在を前提に恒常的な所得確保の見込みがあってこそ，所有や経営の放棄・縮小に向かう場合もある。

　よって，これらの要求に応えることなくしては，経営規模や所有規模の縮小を円滑に進めることは難しくなる。国際競争力を向上させるべく従来よりも急テンポで規模拡大を進めようとすれば，なおさらこれらの農家を放置することはできない。放置すれば規模拡大を促進することは難しくなるであろう。また同じことであるが，何らかの離農民対策なくしては，経営耕地の集中による大規模農家の育成は進まないであろう。

　ところで，このような農家間での経営耕地のやり取りをともなう規模拡大と規模縮小は，農業振興地域制度で農地を振興地域の内外に区切ると，ますます難しくなる可能性がある。農業振興地域制度の場合には，経営規模を拡大させる農家が，保全地域のなかにあり，縮小させる農家が地域の外にある。先のように兼業機会を規模縮小および規模拡大の条件とすれば，農業振興地域内には兼業機会と規模縮小および規模拡大農家は現れず，それらは農業振興地域の外に限定されることになる。転用促進による兼業機会の創出が農業振興地域の外で行われるからである。ところが農業振興地域制度は農家の規模拡大を地域の内側で進めようとしている。

　農業振興地域制度において，大規模稲作専業農を一定の囲いの中だけで実現しようとしても，規模縮小農家が存在しなければそれは困難となる。すすんで農地を放出して規模拡大に貢献しようとする農家が現れたとしても，農地を放出した農家の生活はどのようになるのか。そういう問題がここでは明らかではないし，農地が振興地域の内外に区切られている限り規模拡大は容易ではない。

　以上の問題を防止するには，地域を限定せずに農外就業機会を確保する必要があるだろうし，またチェ・ビョンサン氏の批判にあるように，農業振興地域の内外を区切るという発想を捨てて，すべての農地を農業振興地域に含めることが求められる。だが，そういう制度に地域という名前を当てる必要はなく，単なる農業振興制度で十分であろう。特定の地域を対象に行う政策ではないからである。しかし，農業振興制度であれば，保全農地確保という本来の理念とは全く異なる制度になってしまう。

　こうしてみてくると，農地保全方式と農業発展の仕組み，という第1の問題については，農業振興地域制度の構想に対して否定的な答えが出てくる。チェ・ビョンサン

氏は，食糧自給という目標を掲げた場合における，農業振興地域制度の農地保全効果を否定しており，全面指定ならば食糧自給目標への接近が可能であると述べている。その根拠については明確にされてはいないが，上記のような推論も可能であろう。

農業振興地域制度を構想した農林水産部は，食糧自給ではなく国際競争力の育成を目標として掲げているが，農業の発展を同じく指向していることに違いはない。違いは，農林水産部が，農業振興地域制度という農地保全方式により農業発展が可能としたのに対して，チェ・ビョンサン氏はそういう農地の保全方式では農業発展が難しい，とみた点である。

これに関連する食糧自給問題については，朴珍道氏から以下のようなコメントを受けている。

「韓国における食糧自給はいくつかの意味で使われるが，狭い意味では主穀自給，特に米の自給をさすが，広義には穀物自給またはカロリーベースの食糧自給をさしている。チェ・ビョンサン氏の場合，明確にしてはいないが，農民運動の陣営では，実現可能性としては問題があるものの，大体において，穀物自給を主張している。あるいは現実性を考慮して100％の穀物自給を主張しない場合でも，現在の30％の自給水準を少なくとも50％以上の水準に引き上げることを主張している。これに対して，韓国政府の国際競争力育成策は，米の場合には，可能な限り自給を主張するが，他の作目の場合には，その競争力の範囲内で育成するものであり，ほとんどすべての作目において，現在より輸入を拡大する（食糧自給の後退）ことが，前提とされている点に，大きな差異があると考えられる」（朴珍道氏の筆者草稿へのコメント）。

朴珍道氏のコメントによって，チェ・ビョンサン氏と政府構想の差異が明確になり，農地保全制度の水準をめぐる両者の見解も，ある程度説明可能となった。チェ・ビョンサン氏がすべての農地を保全農地にせよと主張し，部分指定の立場にある政府と大きな違いのあるのも，このような食糧自給構想と考え合わせると，それぞれの立場が首尾一貫していることが理解される。チェ・ビョンサン氏は，全農地の保全により穀物自給の水準をできる限り引き上げるという立場であるのに対して，政府構想は，いわば選択的拡大とでも称すべきもので，米の自給を維持しつつ，競争力のある分野だけを保持し，他は輸入を拡大させていくことから，農地保全の必要水準も自ずと異なってくる。

また，ここでは，政府の保全制度構想について，競争力向上という視点からその内的問題点を指摘しているが，これは，チェ・ビョンサン氏の見解を代弁するものではない。おそらくはチェ・ビョンサン氏の意図に反する手法を用いて，全農地保全に至る推論を行っている。ここではチェ・ビョンサン氏の構想を手がかりに，政府構想の問題点を検討したにすぎない。チェ・ビョンサン氏は，政府の指定構想を批判する場合には，朴珍道氏の指摘にあるように，農業の発展＝競争力向上，という政府構想とは異なる立場を堅持している。

17) 金泩根，論説「農地所有上限拡大―賛成論：大規模営農ガ生キ残ル道―」（ハンギョレ新聞，1991年2月1日の評論）。前掲，韓国農林水産部『農地関連社説・評論

第5章　構造政策の制度的枠組み　　　　　　　　　　　　*245*

集』〈論争編〉，199-200頁。
18) 朴珍道, 論説「農地所有上限拡大―反対論：農地投機・小作奨励ノ様相―」(ハンギョレ新聞, 1991年2月1日の評論)。前掲, 韓国農林水産部『農地関連社説・評論集』〈論争編〉，201-202頁。
19) 農地所有上限を取り巻く論争については，当初筆者は，朴珍道氏が「小作禁止」まで当時，考えておられたのではないかと思っていたが，それは筆者の誤解であった。朴珍道氏から頂いたコメントによれば，「当時の私は小作を抑制して，自作を中心にすべきという考えでしたが，現実的には相当部分存在する小作を禁止するのは難しいと見ており，むしろ小作料の規制，すなわち小作料の上限を法で定めて，小作農の権利を拡大する等，小作農を保護することが現実的ではないかと考えました。そして零細小作農を自作農に転換するための方策は何かと苦悩したようです」(朴珍道氏の筆者草稿へのコメント)。
20) ここで言う「投資の受け皿が整わないままに」というのは，農業投資の効果を発揮しうる担い手としての農民が育っていない，という意味である。
21) 金正鎬, 論説「農地所有上限拡大―賛成論：農地ヲ農民ニ還元―」(ハンギョレ新聞, 1991年7月24日の評論)。前掲, 韓国農林水産部『農地関連社説・評論集』〈論争編〉，207-208頁。
22) 農地法論争の決着に関して，1992年当時，以下のような論争が展開された。いずれも東亜日報上の社説である。韓国農村経済研究院の金聖昊氏と建国大学校の金炳台氏が，所有規制の緩和を巡り論戦を展開しており，当時の様子を窺い知ることができる。
　「農地の「耕者有田」原則，廃止か維持か」
　〈「耕者有田原則」廃止〉『人力不足―自作農の時代は過ぎた―』
　　　　　　　　　　　　　　　　　　　　(韓国農村経済研究院　金聖昊)
　現在，国内で完全な意味での自作農は全農家の30％に過ぎない。また農地の40％近くが賃貸地に転落した。こういう水準で農業が活力を持とうとすれば少なくとも毎年5・6万の若い農家が新しく創出されなければならない。しかし，新規創出農家は毎年1万戸を超える程度にすぎない。一つの村に普通に農事を行う農家はせいぜい5・6戸未満である。土地はあっても人がいない。農地相続と営農後継者を前提とした自作農体制はすでに，とりかえしのつかないところまできており，崩壊している。
　また，農村の深刻な労働力不足で農業の機械化および規模拡大が不可避である。規模拡大のためには高い利子を支払って，自作地を購入するよりも賃貸地を借りるほうがかなり有利である。このために，自作農原則は今後の農業発展の必須条件とはならない。今，農地を保有しようというのは「土地価格が上がるのを待つ」という意味を有し，自作農地を確保するという意図は持たない。自作農原則を規定した憲法条項は現実にはすでに虚構化されたのである。今は仮面を外して現実に対応する時期にきている。
　なぜならば，全農家の20％くらいは60歳以上の老夫婦か，どちらか一方だけが

残された単身世帯である。この比率は今後10年間で50％に近づくであろう。彼らは僅かの農地を処分するほかない。しかし，借りようとする人は別になく，まして買おうとする人はさらにいない（都市近郊は例外であるが）。そのうえに都市近郊でない一般農村では賃貸料の下落で資産価値しか得るところがない。値段が高かろうが低かろうが売らなければならないというのはいかがなものか。耕者有田の原則は今日の農村を流配地にしている。

　農林水産部の農業振興地域の推進にも困難が多い。当初の構想は日本のように農地と村落，そして野山（非保存林地）を一つの農村圏域として包括・管理しながら都市化と工業化に必要な土地は農地の転用を通じて円滑に供給するというものであった。

　しかし，土地利用に関する上位法は建設部の国土利用管理法である。この法律は農地，村落，林野等を地目別に分けて別々に管理する。この原則のために振興地域が「優良農地」として限定されてしまうやいなや，ここから除外された林野と劣等農地が投機の対象となり，さらには優良農地より数倍も高くなってしまう。こうして先祖伝来の門前沃地が安値となり，使いようのない土地が高値となる。

　現段階において土地政策の第一の課題は土地価格体系の正常化である。転倒した価格体系を改めることだ。このためには国土利用管理方式の転換が不可避である。圏域別管理概念が導入されねばならない。国土利用管理法はそのまま放置しておいて，農民の農地取引だけを人質にとるというやり方は正しくない。

　とはいっても農地に対する一切の規制を撤廃する「用者有田」を主張するのではない。所有保全租税制度が一つに総合されて，土地政策における農地の所有開放は正当性を持つようになる。

　自作農原則は農地が不足するときの農地所有原則であった。いまこの「神話」から脱却する段階にきている。

　万一，農地保全制度と土地制度が正しく改善されれば，農地の所有を相当の幅で開放しても副作用は今よりも大きくはならないだろう（東亜日報，1992年6月24日）（前掲，韓国農林水産部『農地関連社説・評論集』〈論争編〉，219-220頁）。

〈「耕者有田原則」維持論〉
『都市独占資本の農村支配を憂慮―集団営農で活路を模索すると―』

(建国大学校　金炳台)

　金聖昊先生の新しい主張に接して三つの点で驚きを禁じ得ない。第一に，金先生がこれまで主張してきた耕者有田の原則を果敢に放棄した点，第二に，賃借農の不可避性および，合理性を主張している点であり，第三には，韓国農業が今日の現実に直面した原因の究明とその対策を放置して今までの駄目な方の諸般の要因を挙げているが，さらに激化するということを前提として論理を展開しているという点である。

　事実，1950年代に農地改革当時の農地政策を今そのまま適用しようとすれば現実的に障壁が多い。政府もこれを補完するために「農地利用および保全に関する法

第5章　構造政策の制度的枠組み

律」等，各種の法令を準備して，小作問題に対処しようとしてきたが，問題の解決には別段役に立たなかった。

このような現実を直感した金先生が問題解決のための新しい農地制度が必要と判断したものと見られ，こういう論議を最初に公開し提起したその勇気に一旦賛辞を送りたい。

もちろん，韓国の農業問題を発生させた内的な要因は金先生の指摘の通り「自作農主義」に立脚した小農経済自体にある。

しかし，今日の農業が，廃業直前にある小作農が年ごとに拡大している根本には，この小農経済体制を支配する外的要因たる独占資本があることを見逃すわけにはいかない。

金先生の論理展開はこういう点を考慮していないものと見られ，もしその主張通りに耕者有田の原則を放棄してしまえば，独占資本の農業および農民に対する支配は一層加速化されるだろう。その責任はだれが取るのか。

農村で農民が続けて生活でき，都市へ出た農民達も帰ることのできるというのが，我々の課題であり，農地制度を含めたすべての農政は，このための対策こそしなければならないというのが私の考えである。

このために小農経済を脱皮しなければならないというのは，間違いないが，しかし，これが耕者有田の原則を放棄するというのは困難である。

耕者有田の原則の下でこのような課題を解決しなければならないというのが，農村問題の焦点であり，ここに問題解決の困難がある。

もし，耕者有田原則の放棄が必要であれば，我々が動員できるすべての力を尽くした後に「それでも失敗」と判明したときに放棄すればよいのであり，これも国民的な合意を形成した後にできる選択である。あたりまえに努力を傾けることもなく，「耕者有田放棄」から論議すれば，これは事物の前後が逆転したことになる。

韓国の農地問題解決は，実に，小農経済と小作問題を同時に解決することにある。そのためには小経営農民の各自の農地をそのまま所有して，経営だけを大型化できるような生産組織を育成して，この組織に在村地主も不在地主も参加できるような道を開かねばならない。いわば集団営農である。

農地政策の方向をここに置けば，今年末までに確定するという農村振興地域の設定も不必要となり，相対農地・絶対農地の区分等も不必要である。営農を行うという農業生産組織には相対農地も絶対農地もすべて必要であり，時には相対農地が絶対農地よりも営農上重視されているからだ。

金先生の主張の中で「所有保存租税制度が一つに総合された土地政策」の提唱は部分的には筆者と論旨を同じくするものと理解される（東亜日報，1992年6月24日）（前掲，韓国農林水産部『農地関連社説・評論集』〈論争編〉，221-222頁）。

23）規制緩和の実効性に関して，朴珍道氏より以下のコメントを受けた。

「深川先生は，私が当時の規制や規制緩和のすべてに，一定の実効性を有している，とみられているようですが，もちろんそのように見ることは可能でしょう。ところで，私は当時の3ha所有上限のために，農民達が所有地を拡大しなかったと

は考えていませんでした。金正鎬氏の主張どおり，必要な農民達は，3 ha を超えて所有しているというのが，当時の現実でした。むしろ 3 ha の所有上限のために，都市資本の，農地所有が規制されていたと考えられます。当時の条件について言えば，所有地を拡大する農業条件が存在しないという状況でした。所有上限を拡大すれば，都市資本の農地所有のみ増大させるのではないか，というのが私の考えでした。所有資格を制限すれば，農地投機の抑制に，ある程度，寄与しますが，都市近郊をはじめとする開発予想地では，所有資格のない都市人たちが，いろいろな便法を用いて，農地を所有しているというのが，当時の状況でした」（朴珍道氏の筆者草稿へのコメント）。

24) 前掲，韓国農林水産部，農業構造政策局『農業振興地域関連資料』，8頁。
25) 同上，韓国農林水産部，42頁。
26) 拙稿「韓国の農地保全制度―国土利用管理体系における農地保全法の運用実態―」28頁，表2参照。また国土利用管理体系の変更については，鄭亨謨「農地制度ニ関スル検討」（『農協調査月報』，1993年12月，6頁）に詳しい。
27) 結果的には，「ソウル特別市と直轄市」だけでなく一般の市の緑地地域もほとんどが除外されることになり，緑地地域のうち振興地域に含まれたのは，郡部の緑地地域だけとなった。
28) 当時，人口100万人以上の「直轄市」は釜山（プサン），仁川（インチョン），大田（テジョン），大邱（テグ），光州（クアンジュ）の5都市であった。
29) 前掲，韓国農林水産部，農業構造政策局『農業振興地域関連資料』，21頁。
30) 同上。
31) 同上。
32) 開発制限区域とは，都市外郭部における行為制限の極めて厳しい環境保全区域である。韓国建設部の資料によれば，面積約54万ha（国土面積の5.5％），人口約96万人，世帯数約28万である。うち農地は約13万haで全体農地面積の約7％を占めるにすぎないが，都市農業問題を考える上で開発制限区域は重要な位置にある（建設部『開発制限区域制度改善ノタメノ公聴会』，1993年8月，21頁）。
33) 前掲，韓国農林水産部，農業構造政策局『農業振興地域関連資料』，8頁。
34) 同上。
35) 前掲，拙稿「農家経済の自立と農地の保全―韓国の農業振興地域制度―」，273-278頁。
36) 同上，拙稿，279頁。
37) 同上，拙稿，280頁。
38) 「農業振興地域関連問答」，前掲，韓国農林水産部，農業構造政策局『農業振興地域関連資料』，115頁。
39) 同上。
40) ただし開発制限区域内の住民はすべてが農民というわけでもないし，またすべての土地所有者が農民というのでもない。都市近郊に位置することから大都市への通勤者の借家が多くあり，非居住者の所有する土地も多い。詳しくは次章参照。

第 6 章

開発制限区域制度と農業経営

はじめに

　韓国の都市計画における土地利用は厳しい用途規制に特徴づけられており，その代表的なものが開発制限区域（グリーンベルト）制度である。開発制限区域の指定は，都市の無秩序な拡散の防止と，都市周辺の自然・生活環境の確保を目的としている。同区域は都市周辺地域にドーナツ状に指定されており，都市開発を遮断して未開発のオープンスペースとして環状帯を形成している。そこには林野以外にも農地や集落が含まれ，農地の転用規制や建築規制により住民生活に影響を与えている。開発制限区域には90年代末現在，約100万人が居住し，人口規模としては指定当時の1970年代とほとんど変わっていない。韓国の総人口が約4,600万人であるから居住人口は総人口対比で約2.7％となる。同じく指定区域面積は国土面積対比で約5.5％となる。指定区域内の土地利用は，林野約60％，農地約25％，住宅・軍用地等その他約15％であり，土地利用においても最近までほとんど変化がなかったが，近年における都市への人口集中から都市の外延的拡大が進み，開発制限区域の厳しい土地利用規制にも改革を求める声が高まっている。

　とくに都市化の進展が急速な昨今では，開発制限区域の外側にまで都市が拡大して，指定区域は開発から取り残された格好になっている。そういう都市外郭地域は，開発制限区域の規制が撤廃されれば都市的用途に転用される可能性が高い。特に農地は林野地に比べて形質として転用が容易なため規制

解除後の影響が大きいと見込まれる。開発制限区域に隣接する農地は既にかなり転用されてきており，転用可能な農地と転用不可能な指定区域内農地との間で土地価格が大きく開いている。それは開発制限区域内外の農地資産の格差拡大現象として現れる。開発制限区域に隣接する地域の都市開発と農地転用により，その地域の農地の評価額が高まると，開発制限区域内の転用規制下にある農地の評価額は相対的に低下する。開発制限区域に農地を所有する人にとって自己の資産価値が低下する事になり，隣接地域開発以前の，格差の小さい時に比べて転用規制が重い負担となる。こうして指定地域内の農地所有者達は開発制限区域の規制に強い不満を抱くことになる。

70年代の指定当初に比べて，指定区域の規制の厳しさは以前と変わらないものの，80年代後半以降における都市開発の急展開が区域内外の資産格差を拡大させて，規制の負担感を一段と重くしている。区域内に土地を所有する人々は，資産格差拡大により，開発制限区域の規制を一層負担に感じるようになった。規制緩和論議は，開発制限区域制度固有の欠陥よりも，制度を取り巻く経済構造の変化を背景としている。本章では，筆者の収集資料や現地調査に基づき，開発制限区域制度の意義と限界について考察するが，以下ではまず，開発制限区域の制度内容・沿革・現状・運用について概観し，その後に開発制限区域における土地経済の問題について考察を加える[1]。

1. 開発制限区域の制度内容

韓国の都市計画法第21条は開発制限区域を次のように規定している。「開発制限区域は都市の無秩序な拡散を防止して都市周辺の自然環境を保全し，都市民の健全な生活環境を確保するために，または保安上に都市の開発を制限する必要のある時に，建設部長官が都市計画として決定するものである」(1972年12月30日)[2]。

こういう区域指定の目的を達成するために，開発制限区域は都市周辺地域に指定されており，都市開発を遮断して環状帯を形成している。そこは一般的に理解されているような鬱蒼とした樹林帯とは異なり林野以外の農地や集落が含まれている[3]。

第6章　開発制限区域制度と農業経営

開発制限区域の特徴はその行為制限に示されている。都市計画法第21条第2項によれば，開発制限区域のなかでは指定目的にそぐわない建築物の建築・工作物の設置・土地の形質変更・土地面積の分割・都市計画事業の施行ができない（1972年12月30日）[4]。

以下は行為制限の具体的な事例を略記したものである。

① 開発が許容される行為
a．農林水産業の関連施設である草地の造成。開墾・開拓等，地力増進のための土地利用行為。管理舎・堆肥舎・倉庫・畜舎・ビニールハウス等の農畜産用の建築行為。
b．住宅関連施設の60坪以内の増築・改築。付属建物・飲食店・薬局・洗濯所等の近隣生活施設としての用途変更行為。集落構造改善事業・公益事業に基づく移築行為。
c．購販場・荷置場・農業機械修理所・村落道路・農業道路・堤防・会館・倉庫等の共同施設の開発行為。
d．邑・面・洞事務所・派出所・学校（小・中・高）等の共同施設の開発行為。道路・鉄道・電気・上下水道等と関連した公益施設の開発行為。
e．輸出工場の増築・勤労者福祉施設・業種変更施設（環境保全上有利な施設）・危険物貯蔵施設・公害防止施設・地下資源開発等の鉱工業施設の開発行為。
f．その他・孤児院・養老院等の社会福祉施設の増築。同一規模・同一用途の既存建築物の改築行為。

② 開発が許容されない行為
a．人口誘発施設の新築。住宅・工場・市場等の新築。
b．管理舎・倉庫・畜舎等を住宅・工場へ用途変更する行為。
c．多量の土石採取・土地形質変更等の自然環境破壊行為[5]。

また，同法第90条によれば，行為制限に違反する建築物の建築・工作物の設置・土地の形質変更を行った者は，1年以下の懲役又は1,000万ウォン以

下の罰金に処せられる（1991年12月14日改定)[6]。

　この行為制限は，建築と土地形質変更に大別される。建築に関する制限はさらに民間の個人住宅や事業用建物と公共施設等に分かれる。開発制限区域では原則として民間の個人住宅は増改築だけを認めて新築は禁止している。また，公共施設等の建設は認めているが，民間の事業用建物は農業用施設を除いて原則として建築を禁止している。土地の形質変更は，民間事業として農業目的の開墾や酪農目的の草地の造成は認めているが，農業以外の都市的利用への転用は原則的に認めていない。

　ここには建築制限と土地形質変更が混在しているが，これを整理すると次の通り。民間の建築で認められているのは，「管理舎・堆肥舎・倉庫・畜舎・ビニールハウス等の農畜産用の建築行為」「住宅関連施設の60坪以内の増築・改築」「付属建物・飲食店・薬局・洗濯所等の近隣生活施設としての用途変更行為」である。公共の建築では，「集落構造改善事業・公益事業に基づく移築行為」が認められている。一方，土地の形質変更についてみると，民間では，「農林水産業の関連施設である草地の造成」「開墾・開拓等，地力増進のための土地利用行為」が認められている。公共で認められているのは「道路・鉄道・電気・上下水道等と関連した公益施設の開発行為」であり，これが従来の開発制限区域内における大規模転用の中心を成している。

　建築と土地形質変更の制限からなる開発行為の規制により，開発制限区域は都市近郊地域における都市化を防止して環境保全に一定の成果を収めてきた。その成果の中心は，指定地域内における人口増加抑制である。民間部門を主な対象とする行為制限の大半は指定地域内における人口増加の抑制をねらったものであり，人口増加の抑制を通じて環境を保全することを目指している。上記の具体的事例から見ると，人口増加に結びつく民間の個人住宅建設は増改築のみ可能で新築は認められていない。既存の住宅を購入するか借りるかして開発制限区域内へ移り住むことは可能だが，新築して移り住むことは許可されない。これらを人口増加に対する一定の抑制装置としている[7]。人口増加の抑制を通じて環境保全に成功したか否かは検討を要するが，人口増加の抑制自体に成功したのは事実である。過去20年間の都市化のなかで，都市近郊地域において区域内人口規模約100万を維持している。この背景に

第6章 開発制限区域制度と農業経営　　253

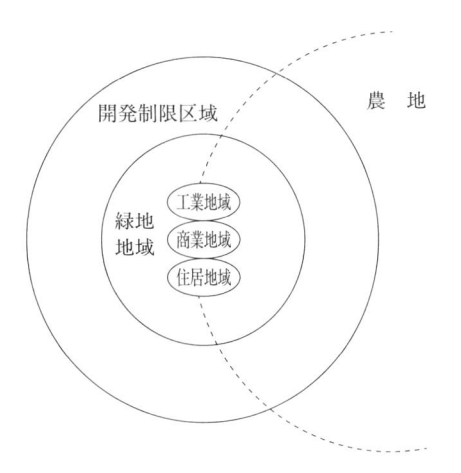

図 6-1　開発制限区域と緑地地域の区別

は後述するような開発制限区域の厳しい制度運用があった。

　ところで，このような開発制限区域の理解のためには「緑地地域」との比較が有効である。開発制限区域は都市計画法上の用途地域である「緑地地域」としばしば混同される。両者は指定地域が重複することもあるが制度としては全く異なる。「緑地地域」が主に市街地外郭地域にひろがるのに対して，開発制限区域はそのさらに外側の都市外郭地域に都市をとりまくように環状帯を形成している。「緑地地域」は開発の留保地で多様な開発行為を許容しており，「緑地地域」の転用規制は開発制限区域に比べてはるかに緩やかである。このために「緑地地域」内の農地は，都市化とともに次々に転用されて蚕食されることになり，実質的に都市用地の供給源と化してきた。対する開発制限区域は都市外郭部にあって「緑地地域」とは転用規制の内容が全く異なっている。同区域内の農地は半永久的な保全緑地であり，新しい開発行為を厳しく制限している。開発制限区域では，農業以外の商工業の新規立地やそのための農地の転用を許可していない。転用の防止によって指定地域の都市化抑制と環境保全を目指している。図6-1はそのことを説明している。緑地地域の工業地域への用途変更に伴い，点線からなる農地は侵食されて，工業用途に転用されているが，開発制限区域内の農地は保全されてい

る。ここは管轄区域としては，建設交通部という省庁の管理下にある。開発制限区域の外側における農地は農林水産部が，農業振興地域指定で転用を規制しているが，開発制限区域内農地は，農林水産部ではなく建設交通部が強力な制度で保全している。

2. 開発制限区域制度の沿革

戦後の韓国における開発制限区域制度の成立は1960年代にさかのぼる。1960年代以後，政府の経済開発政策により産業構造が変化し，人口と産業の都市への集中が進むと，大都市を中心に各種の都市問題が現れ始めた[8]。特に首都ソウルや釜山（プサン）等の大都市に人口と産業が大きく集中し，都市用地の相対的な不足で都市の外延的な拡散が進行した。この対策の一環として，英国の開発制限区域等を参考としながら，1964年から開発制限区域の導入に関する論議が進められ，1971年1月に都市計画法を改正し，開発制限区域が都市計画制度の一つとして導入された[9]。これによって開発制限区域指定の法的根拠が整備されることになり，最初に首都ソウルの近郊が指定され，以後は都市化の進展にしたがい地方の都市圏が指定地域に加えられていった。首都圏一円の指定は1971年であり，その後1977年まで前後7回にわたり全国14の圏域が追加指定された[10]。

元建設部都市局長の金儀遠（キム・ウィオン）氏によれば，当時の開発制限区域制度導入は緊急性を帯びていた。ソウル・釜山・大邱（テグ）の急激な人口増加現象が起きるや否や，政府はこれに対する対応策を模索し始めた。特にソウル市は解放以後の人口増加が年平均10.8％の水準にあり，解放当時に約100万の人口が1963年末には325万人に達して事態は緊迫感を帯びてきた。建設部は「大都市人口抑制ニ関スル基本方向」を作成して，1964年9月22日に緊急招集された夜間国務会議でこれが審議，議決された。韓国において「過大都市」が政策対象として登場したのはこの時が初めてであった。そしてこの「基本方向」に基づき，1964年から70年まで首都圏ないし大都市の人口分散化施策が進められたが，充分な効果を上げることができなかった[11]。ソウルは1960年代になっても人口増加率が年平均8.5％と

いう高水準にあり,市街地の無秩序な拡散が進行中であった。特に,ソウル～仁川(インチョン)間,ソウル～議政府(ウィジョンブ)間,ソウル～安養(アニャン)間は連坦化現象が進行しており,市街地内の公園用地や緑地が無断占拠されて乱開発が進んでいた。1971年には炭川(タンチョン)上流の私有地を無断開発するという「モラン団地」事件が発生した。1972年に,第1次国土総合開発計画が発表されるや,U産業による首都周辺の乱開発が進行した。加えてソウル周辺の山林破壊と自然破壊が進んだ。また当時の開発ブームに便乗して,ソウル周辺では企業・法人をはじめとする富裕層の土地投機がひろがった。政府は対策として「不動産投機抑制ニ関スル特別措置法」を制定したが,効果をあげることができなかった。以上のような社会状況から開発制限区域の必要が論議されるに至り,同区域制度は都市の連坦化に終止符を打つための有効な方策として期待された[12]。それでも,導入された開発制限区域制度の運用には常に土地所有者の抵抗が伴い,制度として定着するまでには10年の紆余曲折の期間が必要であった[13]。

3. 開発制限区域制度の現状把握

開発制限区域は1996年現在,首都ソウル特別市,および五つの直轄市を含み,42の市と21の郡に5,349.7㎢の面積規模で広がり,全国土の約5.5％を占めている(図6-2)[14]。開発制限区域の中には3,447個の集落が含まれ,常住人口は,約27.8万世帯に,94.9万人の住民が居住し,その中に位置する住宅等の建築物は約52万棟にのぼる。開発制限区域は,市や郡という行政区域とは一致せず,市や郡にまたがって指定されている。なかでも,首都圏開発制限区域は18市5郡を横断しており,首都ソウル市を取り巻いて広大な緑地地帯を形成している。建設交通部の『建設交通統計年報』1996年版によれば,開発制限区域に関係する市・郡は42市21郡であるが,市・郡地域の一部でも開発制限区域に含まれれば「関係市・郡」に含めている。通常の開発制限区域は,人口の集中した都市の外郭部分であり,一定規模以上の都市は大抵,開発制限区域に囲まれているが,当該開発制限区域が都市と隣接する郡部にまでひろがっていることが多く,その場合には,中心

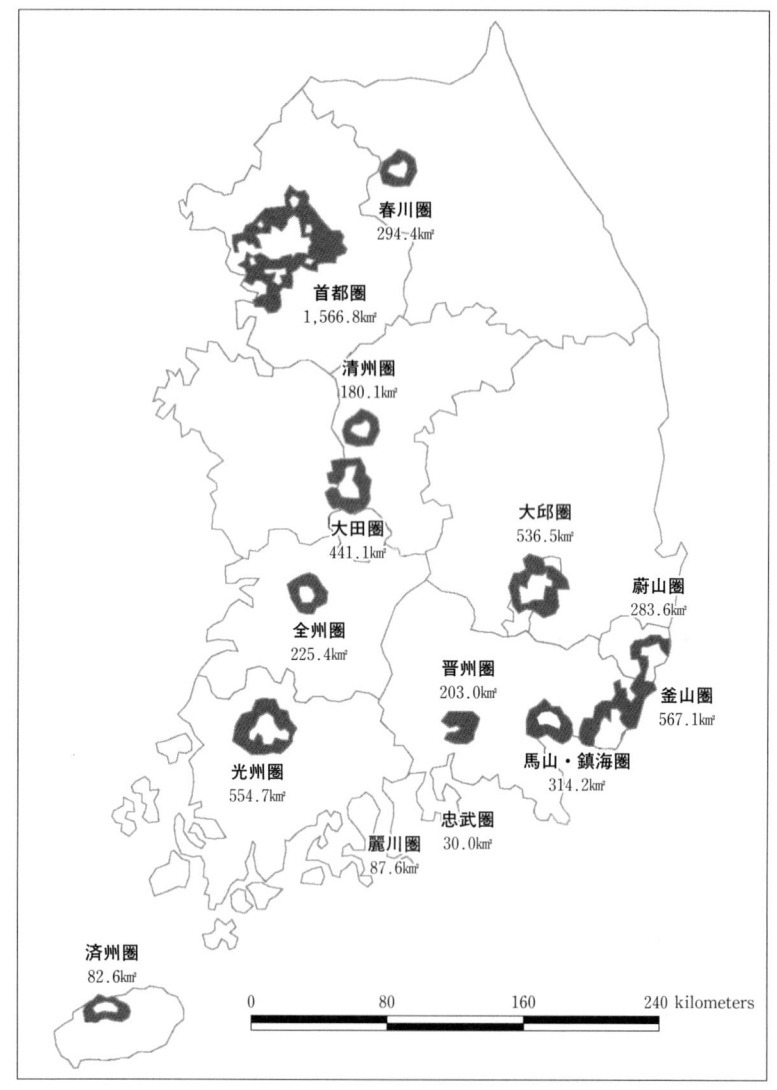

図 6 - 2　韓国の開発制限区域

出所：国土研究院提供の資料。
注：(1) 開発制限区域は，現在，地域によって，部分規制緩和ないし撤廃の作業が進められており，この図にも，それが説明されている。規制緩和方針では，地方の開発制限区域は撤廃，大都市については部分緩和が見込まれている。
(2) 麗川圏及び忠武圏については，国土研究院提供の原図が不明瞭なため，区域が明瞭に表われていない。290頁の図6 - 4 も同じ。

都市とその外側の郡部が開発制限区域に関係する市や郡を構成する。近年，都市化の進展とともに郡の市への昇格や，郡の市への吸収合併などが相次ぎ，郡が減り市の数が増えているが，開発制限区域の面積はほとんど変わっていない。その結果，各開発制限区域を構成する関係市・郡の数も 10 年前に比較するとかなり変動している。例えば，内務部『都市年鑑』によれば，1985 年の全国開発制限区域 24 市 40 郡は，1997 年には 42 市 21 郡へと変化している。都市化の著しい首都圏開発制限区域だけをとると，この間に 8 市 9 郡から 18 市 5 郡へ変わり，首都から周辺郡部への高速道路・高速鉄道網の延伸と周辺郡部のベッドタウン化により首都周辺に都市が次々と生まれている。

開発制限区域の規模は，首都圏に次いで釜山など大都市圏の開発制限区域が大きく，地方圏の開発制限区域がそれに続く。人口・世帯数・面積は，地方圏よりも大都市圏，大都市圏よりも首都圏へと偏っている。全国の開発制限区域の人口と世帯数の約半分が，ソウル・仁川・京畿道の一部からなる首都圏開発制限区域に集中している。これは開発制限区域の首都圏偏重を示している。それに次ぐ釜山圏の開発制限区域は人口・世帯数において首都圏開発制限区域の約 3 分の 1 の大きさである。土地利用に明確な特徴は見られないが，宅地は大都市圏や首都圏の比率が比較的大きい。

表 6-1 から開発制限区域の 1996 年の地域圏別面積をみると，全体面積 5,349.7 km² のうち，ソウル・仁川・京畿などの首都圏が，1,544.9 km² で 28.9 ％を占める。首都圏を含む五つの大都市圏合計では，3,713.7 km² と全体の 69.4 ％に達する。土地利用状況をみると，全体面積 5,349.7 km² のうち林野が 3,209.9 km² で 60.0 ％を占め，次いで，農地 1,311.2 km² の 24.5 ％，宅地 133.3 km² の 2.5 ％となる。人口約 94 万 9,000 人のほとんどは 2.5 ％の宅地部分に集中している。開発制限区域全体から宅地 2.5 ％とその他 13.0 ％を差し引いた残りの 84.5 ％は，用途上は都市化されていない緑地部分となり，都市近郊に緑地比率 84.5 ％のエリアが保全されていることになる。この 84.5 ％は林野 60 ％と農地 24.5 ％に分けられる。林野は水源涵養機能を保全し，都市近郊にあって都市部への水供給安定に寄与している。近年，韓国では上水道の水質悪化が伝えられており，これに開発制限区域問題がリンクされて論議される傾向にある。都市近郊の汚染源が開発制限区域内にある

表6-1 開発制限区域の人口と土地利用

圏域名	関係市郡数	居住人口	世帯数	合計	構成比	林野	構成比
首都圏	18市5郡	455,240	138,797	1,544.9	100.0%	877.8	56.8%
釜山圏	3市1郡	143,783	41,734	612.9	100.0%	316.8	51.7%
大邱圏	2市3郡	49,257	14,060	547.8	100.0%	384.7	70.2%
光州圏	2市3郡	73,869	21,674	572.2	100.0%	262.8	45.9%
大田圏	3市3郡	40,955	11,840	435.9	100.0%	295.2	67.7%
春川圏	1市1郡	18,025	4,966	294.4	100.0%	194.8	66.2%
清州圏	1市1郡	29,187	7,760	173.8	100.0%	76.5	44.0%
全州圏	2市1郡	34,947	8,857	225.4	100.0%	118.6	52.6%
麗川圏	2市1郡	5,284	1,301	87.6	100.0%	62.7	71.6%
蔚山圏	1市1郡	20,641	5,927	283.6	100.0%	207.3	73.1%
馬・鎮圏	3市1郡	33,627	8,979	314.2	100.0%	250.0	79.6%
晋州圏	2市	22,510	5,784	203.0	100.0%	121.0	59.6%
忠武圏	1市	5,232	1,278	30.0	100.0%	18.0	60.0%
済州圏	1市1郡	15,962	4,566	84.2	100.0%	23.7	28.1%
計	42市21郡	948,519	277,523	5,349.7	100.0%	3,209.9	60.0%

出所:建設交通部『建設交通統計年報』1996年。
注:「馬・鎮圏」は「馬山・鎮海圏」の略。

表6-2 開発制限区域の土地所有状況

圏域名	合計面積		国公有地		私有地小計	構成比
	実数(A)	構成比	実数(B)	構成比(B/A)	(C)	(C/A)
首都圏	1,544.9	100.0%	355.9	23.0%	1,188.9	77.0%
釜山圏	612.9	100.0%	119.4	19.5%	493.5	80.5%
大邱圏	547.8	100.0%	75.9	13.9%	471.9	86.1%
光州圏	572.2	100.0%	99.0	17.3%	473.2	82.7%
大田圏	435.9	100.0%	99.6	22.8%	336.3	77.2%
春川圏	294.4	100.0%	99.0	33.6%	195.4	66.4%
清州圏	173.8	100.0%	39.1	22.5%	134.7	77.5%
全州圏	225.4	100.0%	25.8	11.4%	199.6	88.6%
麗川圏	87.6	100.0%	10.3	11.8%	77.3	88.2%
蔚山圏	283.6	100.0%	46.1	16.3%	237.5	83.7%
馬・鎮圏	314.2	100.0%	75.9	24.2%	238.3	75.8%
晋州圏	203.0	100.0%	30.2	14.9%	172.8	85.1%
忠武圏	30.0	100.0%	3.1	10.3%	26.9	89.7%
済州圏	84.2	100.0%	10.9	12.9%	73.3	87.1%
計	5,349.7	100.0%	1,090.1	20.4%	4,259.6	79.6%

出所:建設交通部『建設交通統計年報』1996年。
注:「馬・鎮圏」は「馬山・鎮海圏」の略。

第6章　開発制限区域制度と農業経営　　　　　　　　　　　259

(単位：人，戸，km²)

土 地 面 積（土地利用状況）									
農　　　　地						宅　地	構成比	その他	構成比
計	構成比	田	構成比	畑	構成比				
388.4	25.1%	242.5	15.7%	145.9	9.4%	54.2	3.5%	224.5	14.5%
166.2	27.1%	140.3	22.9%	25.9	4.2%	12.8	2.1%	117.2	19.1%
98.9	18.1%	60.6	11.1%	38.3	7.0%	6.3	1.2%	57.8	10.6%
182.3	31.9%	122.3	21.4%	60.0	10.5%	23.4	4.1%	43.6	7.6%
78.6	18.0%	46.2	10.6%	32.4	7.4%	10.1	2.3%	52.1	12.0%
48.9	16.6%	19.1	6.5%	29.8	10.1%	3.1	1.1%	47.7	16.2%
67.0	38.6%	44.5	25.6%	22.5	12.9%	3.7	2.1%	26.6	15.3%
77.1	34.2%	53.0	23.5%	24.1	10.7%	4.6	2.0%	25.1	11.1%
17.1	19.5%	10.4	11.9%	6.7	7.6%	0.6	0.7%	7.1	8.1%
43.1	15.2%	31.2	11.0%	11.9	4.2%	3.3	1.2%	29.9	10.5%
43.1	13.7%	29.9	9.5%	13.3	4.2%	7.0	2.2%	14.1	4.5%
51.5	25.4%	32.6	16.1%	18.8	9.3%	2.5	1.2%	28.1	13.8%
8.0	26.7%	2.2	7.3%	5.9	19.7%	0.4	1.3%	3.6	12.0%
41.1	48.8%	0.1	0.1%	41.0	48.7%	1.5	1.8%	17.9	21.3%
1,311.2	24.5%	834.9	15.6%	476.4	8.9%	133.3	2.5%	695.3	13.0%

(単位：km²)

私　　有　　地			
		うち指定後に取得された面積	
実　数 (D)	構成比 (D/C)	ＧＢ外居住者取得面積	
		実数（E）	構成比(E/D)
887.4	74.6%	484.1	54.6%
371.3	75.2%	191.6	51.6%
223.2	47.3%	120.8	54.1%
296.2	62.6%	103.4	34.9%
227.2	67.6%	77.6	34.2%
130.4	66.7%	61.9	47.5%
112.0	83.1%	29.2	26.1%
117.0	58.6%	28.9	24.7%
48.3	62.5%	21.2	43.9%
128.8	54.2%	67.4	52.3%
153.7	64.5%	75.7	49.3%
93.2	53.9%	24.2	26.0%
12.2	45.4%	4.4	36.1%
42.2	57.6%	26.2	62.1%
2,842.8	66.7%	1,316.6	46.3%

ことから一層の規制が必要という議論である。開発制限区域内では建築規制と転用規制は厳しいものの,例えば,農業部門における化学肥料や化学農薬の投入までは規制していない。農地面積24.5％は,水田15.6％と畑8.9％からなるが,近年,ソウル市場の需要に対応して花卉類など園芸作物の栽培が盛んになり,水田の畑への転換が進んでいる。田畑転換に伴いグラスハウスやビニールハウスを用いた高収益栽培が急増している。開発制限区域内においても,低投入・低収益農業から,多投入・高多収益農業への転換を食い止めるのは難しい。大量の化学物質の投入は水源としての開発制限区域の機能を低下させている[15]。

　開発制限区域の土地所有を整理したものが表6-2である。表6-2の下の方に全国の合計値がある。1996年現在,国公有地は20.4％,私有地は79.6％である。地域別には,軍事基地のある春川,軍港の鎮海,空港の多い首都圏の国公有地比率が高くなっている。これらは「保安上」という開発制限区域指定のもう一つの目的の存在を示している。国公有地全体を私有地との対比でみると,私有地対国公有地は4対1の比率である。私有地の比率が国公有地の約4倍と高いことなどを背景として,開発制限区域による緑地保全が,土地の所有権を制限し個人の財産に被害を与える,という批判を生み出している。開発制限区域内の土地については原則的に土地の売買は制限されておらず,その限りでは所有への影響はない。しかし「土地の形質変更」が,実質的に禁止されていることから,都市的な土地利用を期待した地価は形成されず,土地を所有することによって生じる利益,すなわち地代は低水準にある。都市における地価が,例えば農地を転用して娯楽施設を造るといった,土地の都市的利用により生じる利益を資本還元することにより形成されるとみれば,転用が禁止されて農林業以外に用途のない開発制限区域内の地価は低水準にとどまらざるをえない。一方,開発制限区域廃止は土地の都市的利用による高収益確保を通じて,地価上昇の可能性をもたらす。このような選択の可能性から,開発制限区域の規制が土地所有者である個人の財産に影響を与える事になり,開発制限区域の転用規制は所有者の不満と財産被害補償の訴えを増やしている。

　私有地に占める「指定後に取得された土地面積」の比率は66.7％である。

地域別には,清州圏を除いて首都圏や釜山圏が高い。「指定後取得面積」に占める「開発制限区域外居住者取得面積」は 46.3 ％である。地域別に見て各項目に明確な傾向は示されていないが,首都圏や釜山圏では「指定後取得面積」と「開発制限区域外居住者取得面積」の双方ともに高い。首都圏や釜山圏という都市化の著しい地域では,区域指定後に多くの土地が区域外居住者により取得されたことを示している。都市が外延的に拡張した 80 年代の高度成長期には,将来の開発制限区域撤廃と都市用途への転用を期待して,同区域内に多くの都市民が投機目的で小区画の土地を購入した。しかし,開発制限区域の転用規制がなかなか外れないことから地価は低迷し,そういう土地所有者は継続して財産権に「被害」を受けている。それらは,不動産業者の仲介で 1 人 100 坪から 200 坪という小区画を 10 人や 20 人というグループで購入したケースが多い。彼らは,将来的に開発制限区域の規制が廃止されると目論んで土地を購入しており,開発制限区域の環境保全効果にかかわりのないところで,開発制限区域の存廃に強い関心を持っている。

4. 開発制限区域制度の運用

(1) 行為許可の実績

　表 6-3 より 1971 年から 96 年まで開発制限区域の行為許可を,建築物と土地形質変更に分けてみていく。建築物は面積・件数共に指定の始まった 70 年代に増え始め,80 年代はほぼ一定水準を維持していたが,90 年代に入り再び増加している。70 年代の増加は指定面積の拡張に伴う増加,すなわち開発制限区域の指定面積に比例した増加であり,指定がほぼ終了した 70 年代末以降ほぼ同じ水準にある。これは建築物の行為許可に大きな変更のなかったことを示している。換言すれば,この時期は都市の外延的拡大も一定のスピードで進み建築規制も概ね守られていた。これに対して,90 年代以降の変化は異なっており,面積・件数共に増加して,面積全体の伸びがより大きい結果として 1 件当り面積が増えている。都市の外延的拡大が 90 年代にスピードアップして,公共事業として高層アパート群などが開発制限区域に建設されたことによる。1 件当りの面積が大きいのは,これらの高層ア

表 6 - 3　開発制限区域の制度運用　　　　　　　　　　　　　　　　（単位：件, ㎡）

年次	行為許可						取り締まり件数
	建築物			土地形質変更			
	面積	件数	1件当面積	面積	件数	1件当面積	
1971	2,721	10	272.1	—	—	—	—
1972	67,419	353	191.0	—	—	—	523
1973	155,267	774	200.6	70,722	10	7,072.2	841
1974	136,174	1,341	101.5	175,540	11	15,958.2	443
1975	210,263	1,677	125.4	351,565	20	17,578.3	1,107
1976	565,527	5,056	111.9	7,798,649	50	155,973.0	19,554
1977	476,953	3,917	121.8	211,694	54	3,920.3	2,732
1978	705,391	5,617	125.6	1,036,612	49	21,155.3	784
1979	1,961,270	7,332	267.5	2,142,837	111	19,304.8	2,911
1980	648,236	5,950	108.9	3,021,848	117	25,827.8	1,935
1981	548,658	5,505	99.7	2,903,744	109	26,639.9	2,382
1982	500,819	6,363	78.7	2,722,236	118	23,069.8	2,436
1983	760,279	6,058	125.5	4,291,795	133	32,269.1	2,028
1984	613,936	4,970	123.5	4,397,921	213	20,647.5	3,192
1985	689,842	5,140	134.2	3,713,943	221	16,805.2	1,307
1986	710,904	6,052	117.5	6,658,446	303	21,975.1	1,036
1987	711,262	6,873	103.5	4,179,735	276	15,144.0	1,237
1988	607,855	5,969	101.8	5,258,237	195	26,965.3	3,622
1989	961,270	6,285	152.9	11,058,506	194	57,002.6	4,919
1990	837,409	6,112	137.0	7,229,117	286	25,276.6	3,525
1991	1,262,982	5,696	221.7	12,704,026	358	35,486.1	2,344
1992	982,613	4,901	200.5	9,227,075	328	28,131.3	1,307
1993	1,230,869	5,253	234.3	15,575,017	544	28,630.5	1,425
1994	2,466,769	10,578	233.2	25,227,330	3,164	7,973.2	1,883
1995	2,768,517	8,714	317.7	24,303,382	2,709	8,971.3	2,106
1996	4,647,362	8,337	557.4	25,644,698	2,334	10,987.4	3,623
1971~96年	25,230,567	134,833	187.1	179,904,675	11,907	15,109.2	68,679

出所：建設交通部　都市管理課

表6-4　行為許可現況（1988～1991年）　　　　（単位：件，m²）

許可区分	許可件数	許可面積	1件当面積
建築物 {民間施設}			
・農林水産業施設	4,937	462,717	93.7
・住居用施設	16,026	1,185,215	74.0
・集落共同利用施設	468	61,787	132.0
・鉱工業関連施設	511	86,922	170.1
・宗教関連施設 {公共・公益施設}	1,413	398,996	282.4
・建築施設 　土地形質変更 {民間事業目的}	1,109	1,492,756	1,346.0
・開墾等土地形質変更 {公共・公益事業目的}	479	5,265,835	10,993.4
・道路等土地形質変更	556	30,984,051	55,726.7

出所：建設交通部『建設行政白書』
注：88～91年の許可面積合計には，表6-3と表6-4で僅かの誤差がある。

パート群の場合，1戸当り分譲面積50坪（165 m²）前後が多いこと，また，新しい都市コミュニティを支える公共施設などが建設されたためである[16]。

次に，土地の形質変更を見ていくと，同期間の土地形質変更は，合計179.9 km²に及び，全開発制限区域面積5,349.7 km²との対比では3.4％となる。少なくとも80年代までこれら転用の大半は制度で認められた公共目的のものが多く，制度の枠内における転用であった。開発制限区域制度のもとでも公共事業としての大規模開発が進められているが，これらは制度に違背するものではない。公共目的の転用は制度の特例としても認められており，道路建設や大規模開発が公共事業として実施される場合には大胆に農地の転用が行われている。それらは「施行規則」の中では，事業ごとに例外事項として明記されている。例えば「都市計画法施行規則」の第8条「土地形質変更の範囲」第3項には次のように記されている。「公益事業の施行またはこれによる土石採取と市街地区開発事業および富川（プチョン）中東地区住宅

開発事業の施行のための隣接開発制限区域での土石採取」(富川地区:ソウル市南部の都市名)[17]。一方,民間転用についてはこういう特例はなく制度は厳格に適用される。そもそも制度自体が民間の開発行為を抑制するためにつくられており,公共転用の拡大は運用の厳格性を損ねるものではなかった。

表6‒4は,行為許可の公共中心から民間中心への転換期に当たる1988〜91年という4年間の開発行為許可の実績である。建築物についてみると,民間は許可件数・面積ともに住居用施設が中心的位置にあるが,1件当り面積は74.0㎡である。これに対して,公共・公益施設は1,346.0㎡と約18倍の大きさである。土地形質の変更においては,「開墾等」に比べて「道路等」がその約6倍の面積である。また,1件当りでは「開墾等」の10,993.4㎡に対して「道路等」は55,726.7㎡という大きさを示している。これらのことから推察されるように,この時期までは,建築物に関しては住居の増改築を中心に許可されており,公共の建築物に匹敵するほどの面積で民間施設の建築が認められていた。これに対して,土地の形質変更は,かなり公共・公益事業に傾斜しており,建築物に比べると民間への行為許可は相対的に小さかった。

しかし,80年代後半からの土地価格の高騰や,都市近郊における都市用地の供給拡大の期待感が高まるなかで,このような「公共優先」的につくられた制度への批判が増すことになり,制度運用の側面においても,「公共優先」は改めるべきとの声が高まった。

80年代後半からの地価高騰の影響で転用規制緩和の要求が激しくなってくると,政府は92年に制度改正を行い民間の土地形質変更に関する規則を改めた。その政策変更の内容は,都市的利用への転換ではなく,「耕作営農のための土地形質変更」を認めるというものであった[18]。民間部門の都市的利用目的の転用は依然として厳しく規制されており,開発抑制による環境保全を目指した開発制限区域の基本原則に変更はなかった。けれども,従来不許可とされていた水田の畑への形質変更を認可したことの影響は大きく,94年以降に田畑転換が急増した。農産物交渉妥結による成長作物への転換も94年以降に増えている。WTO体制の影響を受けて,都市近郊の畑作・成長作物は急速に伸びた。この間の転用面積の数値を表6‒3からみると,指定

の相次いだ70年代の数値は不安定であるが，80年代には比較的安定し，面積は増加傾向を維持している。そして90年代に入ると形質変更が急増し特に94年以降が大幅に増えている。その中心は農業部門内の土地形質変更であった。従来の公共転用に田畑転換を中心とする民間転用が加わり転用面積全体を増やしている。

80年代までは開発制限区域の本来の規制が正常に機能しており，転用は公共目的におおむね限定されていた。1件当りの転用面積は2万㎡（約6,000坪）以上の年がほとんどであり，道路建設等が多くを占めた。94年以降の土地形質変更は，公共事業に代わり田畑転換等の民間事業が主流を占めるようになる。これに伴い土地形質変更の1件当り面積も減少し，93年から96年には7,000～1万1,000㎡（2,000～3,300坪）で推移した。

(2) 取り締まり

表6-3には，行為制限の取り締まり件数を示している。ここでいう取り締まりとは，違法行為を摘発し様々な処置を施すことである。その時々の政権の方針も違い，違法行為がすべて摘発されるわけではないものの，取り締まり件数は違法行為の件数におおむね比例しており，違法行為件数は各時期の社会情勢をある程度反映していると考えられる。

71年から見ていくと四つくらいの件数増加の山がある。指定開始後の70年代には制度への理解不足による違法行為が増大している。80年代前半はソウル江南（カンナム）地区の都心部再開発が進展した時期であり，都市周辺の開発制限区域への住民再定着による摩擦の生じたことが推察される[19]。それまでソウル市東南部の江南地区は，地方農村出身の人々の多く住む無許可定着地であり，板子村（パンジャチョン）と呼ばれていた。そこが70年代後半から80年代にかけての都市再開発事業で，移住促進の対象地区となり，もともと地方農村出身者の多い板子村住民のなかには，郊外の開発制限区域に移り住み就農したものが少なくない。そういう開発制限区域再定着に際しては，住居建築が厳しく規制されているために，ビニールハウスの一部を利用してそのなかに居住する人々も少なくない[20]。次いで，80年代後半は韓国版バブルによる地価高騰の時期であり，都市の外延的拡大により開発制限

区域を囲繞する地域の開発が進められている。公共事業による開発制限区域の開発増大は，公共に比べて民間の不公平な扱いという不満を生み出し，そのことが違反の増大につながった。民間向けの規制緩和という規則改定の背景には違反の頻発という現象があった。公共優先・民間冷遇という図式から制度の不公平感が強まったことに加えて，80年代後半以降に地価が高騰し都市近郊の開発需要が増加した。そしてこの時期から開発制限区域見直しの作業も始まっている。90年代に入りバブル経済の鎮静により，取り締まりと違法行為は，一旦は減少したものの，90年代も半ばに入り再び，取り締まり件数は増加の傾向にある。

民間冷遇に対する不満は制度運用に関して強く現れている。先の『公聴会』で指摘された「区域管理ノ実態」によれば，開発制限区域の管理政策が住民の生活水準向上や不平解消よりも，保全を主にして施行されているために，許容される行為といえどもできるだけ抑制するように規制されて，実質的に許可を受けられないようになっている。また，住民が設置する施設は，事前に建設部長官か道知事の承認をうけるようになっており，実際には，許可を受けるのに長い時間がかかり，経済的・時間的な損失を与えている。些少な違法行為でも例外なく撤去または原状回復させられており，司法当局に告発して罰金を科す等，反復される厳格な取り締まりで住民の日常生活にまで影響を与えている。この取り締まりは厳しく，建築物管理台帳を作成して照合し，毎年航空写真を撮影して新しい毀損行為がないか判別している。また，境界線の100mごとに標識を設置して境界線を明確にし，10kmごとに哨所を設置し監視員を以って毎日巡察・点検している。さらに，市長・郡守・区長は，みずから取り締まり班を編成して毎月1回以上巡察点検しており，道知事も特別取り締まり班を編成して分期ごとに1回以上巡察点検している。加えて検察部では，違反が蔓延した場合には合同取り締まり計画を立てて取り締まりを実施している[21]。

こういう厳しい取り締まりにもかかわらず，違反は頻発しており，開発制限区域毀損による摘発や取り締まりを怠ったとして引責辞任した公務員や免職者もこれまで相当数にのぼる[22]。特に80年代後半以降に違反は頻発しており，開発制限区域に利害関係を有する人々と，管理当局との間に摩擦が生

第6章　開発制限区域制度と農業経営

じている。開発の著しい首都ソウル市の近郊では問題が深刻化しており，一時は住民が反対組織を結成し政府庁舎前で示威活動を行う事態となったこともある。

次頁の韓国語資料は，そういう土地所有者たちが規制緩和を訴えているパンフレットである。中段の太字の部分には「住民たちの望む合理的な制度改善案，林野中心の保全」と書かれている。換言すれば，林野以外の地域は規制を解除せよということである。林野以外の地域で最も大きい面積を占めるのは農地である。農地は林野に比して形質上都市用途への転用が容易なことから，規制緩和のターゲットとなっている。パンフレットの一部抜粋日本語訳は以下の通り。

　　「不合理なグリーンベルトの実情を全国民に報告する

万人が平等であるべき民主主義の国家において一部の住民にだけ犠牲を強いているのがグリーンベルトである。非緑地地域をグリーンベルトにとどめておいて，全グリーンベルトが自然緑地であるかのごとく国民を欺く制度がグリーンベルトである。自然環境を守るためにつくった制度が自然環境を損ねているというのがグリーンベルトである（区域内の非緑地地域の41.5％に相当する2,240 km²は保存して，他の山林が鬱蒼とした地域は破壊する）。軍事統治権者の一言でつくられた規則で，憲法を無視して20余年間も存続してきた制度がグリーンベルトである。お金持ちで力のある人へは柔軟に適用して，お金もなく力のない我々住民に厳しく適用されるのが，グリーンベルトである。我々が生み育てた息子娘たちを，我々と共に生活できないようにして，都会へ押しやる非倫理的な制度が，グリーンベルトである。我々住民の創意力と意欲を奪っていくのが，グリーンベルトである（私有財産権行使の制限からくる挫折感）。不条理の温床となってきた制度が，グリーンベルトである。［以下略］

　　1993年4月7日　全国開発制限区域住民連合会員一同」[23]（［資料］の一部抜粋，筆者による日本語訳であり，（　）内は本文そのままの訳文である。）

さて，このようなパンフレットから判断しても，制度運用や取り締まりは厳しいものであることが推測される。そして，そのために開発制限区域に対

[資料] 開発制限区域反対団体による掲示「不合理ナグリーンベルトノ実情ヲ国民諸氏ニ訴エル」

○불합리한 그린벨트제도의 실상을 온국민에게 보고드립니다.

- ○ 첫 째 : 만인이 평등하여야 할 민주주의 국가에서 일부주민에게만 희생을 강요하고 있는 제도가 그린벨트제도입니다.
- ○ 둘 째 : 비녹지지역을 그린벨트로 묶어놓고 전그린벨트지역이 자연녹지인 것처럼 국민을 속이는 제도가 그린벨트제도입니다.
- ○ 셋 째 : 자연환경을 보전하기 위해서 만들어진 제도가 자연환경을 훼손하고 있는 것이 그린벨트제도입니다.
  (구역내 비녹지지역 41.5%인 2,240㎢는 보존하고 타의 산림이 울창한 지역은 훼손)
- ○ 넷 째 : 군사통치권자의 말한마디에 만들어진 법도 아닌 규칙이 헌법을 무시하고 20여년간 존속되어 온 제도가 그린벨트제도입니다.
- ○ 다 섯 째 : 돈있고 힘있는 자에게는 약하게 적용되고 돈 없고 힘없는 우리주민에게 만 강하게 적용되는 제도가 그린벨트제도입니다.
- ○ 여 섯 째 : 우리주민들이 낳다 기른 아들딸들을 같이 살지 못하게 도시로 이산시키는 비윤리적인 제도가 그린벨트제도입니다.
- ○ 일 곱 째 : 우리주민의 창의력과 의욕을 빼앗아간 제도가 그린벨트제도입니다.
  (사유재산권 행사의 제한에서오는 좌절감)
- ○ 여 덟 째 : 부조리의 온상이 되어온 제도가 그린벨트제도입니다.
- ○ 아 홉 째 : 안되는 일도 없고 되는 일도 없는 관권 위주의 제도가 그린벨트제도입니다.
- ○ 열 번 째 : 일부관계관의 권한 수호를 위하여 개선되지 않은 제도가 그린벨트제도입니다.
- ○ 열한번째 : 우리주민들을 범법자로 만드는 제도가 그린벨트제도입니다.
- ○ 열두번째 : 국민의 효과적인 관리에 장애요인이 되고 있는 제도가 그린벨트제도입니다.

○주민들이 원하는 합리적인 제도개선안
・임야를 위주로 보전

하되 임야로서 보전가치가 없는 지역해제

- ・첫째 : 기존마을 해제
- ・둘째 : 기택지조성허가 지역해제
- ・셋째 : 기공장 설립운영중인 지역해제
- ・넷째 : 농경지 나대지 구릉지 해제

현재 우리나라의 임야는 70% 그린벨트내의 임야는 58.5%입니다. 주민이 해제를 원하는 지역의 일부가 임야에 포함되어 있어도 전 그린벨트면적의 1% 내외입니다.

※ 현재 임야도 보전하지 못하고 훼손하여 개발하고 있는 현실에서 비녹지지역을 보전할 가치가 있습니까?

1993. 4. 7
전국개발제한구역 주민의 생활상보고 대회 과천종합청사앞대회장에서
전국개발제한구역주민연합회원일동

出所 : 筆者が直接入手。

する様々な不満が持ち上がってくることになり，規制強化や緩和を巡る論争は国民的な関心を集めている。1997年から98年の大統領選挙キャンペーンの際には選挙の争点の一つとなり，重要な政策論争の一つとして激しい議論が交わされた。

5．開発制限区域制度の評価

　70年代の指定以後現在までの開発制限区域は，開発行為の制限によって都市周辺の環境保全に寄与しており，開発制限区域がなければ都市周辺の開発はより無秩序なものになったと思われる。指定地域では公共目的の住宅団地開発等を除いて民間部門による開発は抑制されており，開発制限区域では緑の景観が維持されている。元国土開発研究院院長の許在栄（ホ・ジェヨン）氏は，開発制限区域の肯定的側面は近郊緑地と自然環境保全にあり，都市開発は民間に依存して大都市の緑地は不足していることから，開発制限区域がなければソウルや釜山は広範囲に拡張し，今のような都市部の緑地確保は難しかったと述べている[24]。先の『公聴会』でも，大都市周辺に緑地を含む未開発の空間を確保して都市の環境改善に大きく寄与した点は肯定的に評価されるという[25]。しかし，問題点も多く指摘されている。

　[開発制限区域の規制と都市問題の関連]
　釜山のシンクタンク東南開発研究院の金興官氏は，開発制限区域の規制と都市問題の関連について，開発制限区域が都市問題の原因であると述べている。同氏によれば，釜山では開発制限区域の規制により，開発可能な土地の供給が不足して，都市問題をひきおこしている。都心部の土地が高騰し，開発制限区域の外側に住宅地が展開して，外側に居住する人々が開発制限区域を通過して都心部へ通勤しているが，交通網未整備や長時間の通勤時間など，インフラ未整備による問題がひきおこされている[26]。釜山圏開発制限区域は他の地域に比べて農地の占める割合が大きく，このことが他の地域に比べて転用への要求を強める原因になっている。特に，釜山圏開発制限区域の55.4％を占める釜山市江西（カンソ）区の開発制限区域は，農地の占める割

合が 63.9 ％に及ぶ。この点について先の金興官氏は,「江西区の場合は大部分が平坦な農耕地からなり開発制限区域としての必要性よりも都市用地としての活用度が大変に高い地域である」[27] と述べている。同氏は, 開発制限区域が農耕地を囲い込んで都市用地としての活用を妨げており, 開発制限区域規制の緩和ないし撤廃による農地の転用が必要であることを強調している。そして, その事によって, 先のような住宅・交通問題も緩和されると, 見ている。また, 先の許在栄氏も,「開発可能な土地の減少によって土地と住宅価格が上昇し, 不動産投機, 賃貸料の引き上げ等, 国民経済に及ぼす否定的な影響が大きい」[28]と, 土地の供給不足の観点から規制問題に言及している。

[開発制限区域制度運用面の問題]

これに関連して, 転用許可に際しての公共優先・民間冷遇という制度の運用状況が注目される。韓国の開発制限区域制度は民間の開発を中心に規制するという制度であって, 開発の制限された区域内でも公共の手による開発は進められてきており, 開発を全く否定するというものではなかった。そのことが一方では開発規制の首尾一貫性の欠如という批判を生んだ。民間の開発行為を厳しく制限しながら公共目的の大規模転用は認めており, こういう制度上の首尾一貫性の欠如については従来から多くの批判が行われてきた。許在栄氏によれば, 公共施設用地の形質変更は, 学校, 公用の庁舎等公共施設の建設が大きな割合を占めており, 民間建築の厳格な規制と対照をなし, 住民達の不満を引き起こす原因となっている。また, この区域指定が一般国民に対しては非常に厳しい反面, 政府の公共施設設置においては相対的に伸縮性を見せており, 当該区域内の住民から強い反発を招いている[29]。民間事業の農地転用は禁止されているが, 道路建設や大規模な開発が公共事業として実施される場合には農地の転用が認められている。それらは開発制限区域の「施行規則」の中では, 事業ごとに例外事項として明記されている。例えば「都市計画法施行規則」の第 8 条に「土地形質変更の範囲」があり, その第 3 項には「公益事業の施行またはこれによる土石採取と市街地区開発事業」は認める, と記載されている[30]。

第6章　開発制限区域制度と農業経営　　　　　271

表6-5　農地価格　　　　　　　　　　　　　　　　　　　（単位：坪当りウォン）

年次	山間	中間	平野	都市近郊	山間	中間	平野	都市近郊
	実数				指数（1984年山間＝100）			
1984	5,857	6,485	7,520	13,064	100	111	128	223
1985	6,743	6,657	8,067	15,202	115	114	138	260
1986	7,394	6,920	8,586	15,960	126	118	147	272
1987	7,446	7,391	9,563	18,091	127	126	163	309
1988	9,430	10,543	12,048	16,347	161	180	206	279
1989	11,126	14,473	16,020	25,789	189	247	274	440
1990	14,677	18,266	21,111	42,321	250	312	360	723
1991	19,769	22,371	22,872	56,040	337	382	391	957
1992	19,322	24,441	24,299	65,252	329	417	415	1,114
1993	18,325	23,606	21,869	74,682	312	403	373	1,275
1994	18,318	23,971	21,742	76,071	313	409	371	1,299
1995	18,607	24,751	22,551	78,917	318	423	385	1,347
1996	19,872	27,024	24,882	74,206	339	461	425	1,267

出所：農林水産部，『農家経済調査』各年版。
注：(1) 農地価格は自作地水田価格。
　　(2) 山間：地域内の75％以上が山地。
　　　　中間：地域内の山地と平野が約50％，山間，平野に入らない地域。
　　　　平野：地域内の平野が約75％以上。
　　　　都市近郊：市・郡庁所在地または都市に隣接した地域。

［地価上昇と規制緩和の関連］

　3番目の問題は，地価上昇と規制緩和の関連である。開発制限区域の内側は転用が禁止されており，転用の可能性を見越した土地価格の上昇は基本的にありえない。しかし，開発制限区域の外側では土地価格が上昇している。特に80年代後半から90年代にかけての上昇テンポが速い。これは，開発制限区域の内外で，土地価格の格差を生むことになり，開発制限区域内に土地を所有する人々からの不満を増大させた。表6-5は，地域別の農地価格の動向を指数化したものである。都市近郊の農地価格が著しく上昇しているのがわかる。1984年には山間100に対して都市近郊は223であるが，農地価格が全般的に上昇して，1996年には山間339に対して，都市近郊は1,267となっている。開発制限区域は都市近郊地域にあって，こういう地価上昇の

影響圏外におかれることから,地価上昇の見込めない土地の所有者からは資産価値にダメージを受けたとの不満が出る。そして,こうした不満が開発制限区域の規制緩和圧力に転化している。すなわち,区域外の地価上昇→内外価格差拡大→資産価値格差拡大→資産価値への損失→規制緩和圧力,という図式である。

［先行研究の検討］

さてこれらの先行研究は,どのように評価すべきであろうか。本章では,すべてについて十分な検討を加える余裕がないために,1番目の「開発制限区域の規制と都市問題の関連」及び2番目の「開発制限区域制度運用面の問題」を簡単に吟味した後に,3番目の問題である「地価上昇と規制緩和の関連」を中心に検討する。まず1番目の問題において,金興官氏は,住宅・交通等の都市問題を開発可能な土地の供給不足によりひきおこされるものと捉えて,開発制限区域の規制を問題視し,規制撤廃を促している。土地の供給不足→地価上昇・都市の混雑化,という図式であるが,こういう都市問題が土地の供給不足要因のみで説明されうるか否か。また,事例とされた釜山地域は,他都市に比べて市街地が狭隘で開発可能な地域が限られていることは確かであるが,そういう地域の都市問題を全国の開発制限区域一般の撤廃ないし規制緩和の根拠にできるか否か,検討を要する。また,第2の開発制限区域の制度運用については,民間より批判のあることは事実である。それは開発制限区域制度の運営が,民間事業の申請審査に長期の期間をかける等で,極力抑制的であるのに対して,公共部門の道路敷設・住宅建設等は大規模で計画的であり,優先的に認可される,というものである。但し,こういう批判が出てきたのは最近のことである。経済成長が成熟期に入り,都市開発の担い手が,従来の政府公共部門から民間の事業者へ移り始めて,民間業者が開発に多く参入するようになった。そのため民間の事業申請も80年代末頃から急増している。よって民間転用の需要増加により申請も相対的に抑制せざるをえず民間冷遇問題がひきおこされたものと考えられる。ここでは「民間冷遇」ということが,開発制限区域の制度運営に固有のものか否か検討を要する。

第6章　開発制限区域制度と農業経営　　　　　　　　　　273

　第3番目の問題は「地価上昇と規制緩和の関連」である。80年代後半からの土地価格の全般的上昇により，開発制限区域外の土地所有者は資産価値が大きく増えたが，開発制限区域内は転用規制があるためその恩恵を受けることなく，自己の資産価値に損害を受けたという不満が開発制限区域内の土地所有者から出ている。資産価値に格差の開いたことは事実であるが，しかしながら，土地所有者すべてが規制緩和を訴えているのではない。開発制限区域内には多様な土地所有形態がある。投機目的で開発制限区域内に小区画の農地を購入した都市居住者から，開発制限区域内で農耕を営む自作農まで，土地所有形態は様々である。前者は規制緩和に賛成だが，後者は必ずしもそうではない。安定した農地価格等の下に営農継続を希望する農家も存在する。よって，地価上昇→資産価値問題→規制緩和圧力，というとらえ方だけでは開発制限区域の社会経済的背景の分析としては不足するのではないか，という疑問が残る。そこで，以下ではこの問題を中心に考察を加えることとする。

6．都市化と土地問題 ─京畿道果川市の事例─

(1) 隣接地域の都市化と開発制限区域の開発遅延
［区域内土地所有者］
　こういう問題の背景には都市化と土地に関する経済的問題があり，特に開発制限区域外側の新都市建設が影響している。大規模な開発制限区域が展開する首都ソウルの周辺についてみると，80年代から90年代にかけて忽然としていくつかの巨大都市が出現した。これらソウル周辺の新都市建設は，開発制限区域を挟んでその外側で進められており，開発制限区域は1,000万都市ソウルと周辺の新都市に挟まれた格好になっている。ソウル市の中心部から郊外へ向かうと，のどかな田園地帯に入り，しばらく行くと再び市街化された地域に入り込むが，そこは近代的な高層アパート群地域であることが多い。典型的な事例は，ソウル市南方，盆唐（ブンダン）市の巨大高層アパート群である。盧泰愚（ノ・テウ）政権の公約として掲げられたこの都市開発では，公約通りに5年という短期間で人口30万の都市が建設された。この都市は首都圏開発制限区域の外側に位置しており，他にソウル西方漢江北岸

の一山(イルサン)など似たような都市がソウル市周辺に現れている。計画的に設計されたこれらの都市の居住環境は比較的良好であり，ソウル市のベッドタウンと化している。一方これら衛星都市群からソウル市側にひろがる開発制限区域は生産緑地ないしは自然緑地として保全されている。産業としては農業が中心であり農業以外の産業は少ない。これは転用規制を通じた開発抑制策のためである。開発制限区域制度における土地の形質変更は，民間事業として農業目的の開墾や酪農目的の草地の造成は認めているが，都市的利用は原則的に認めていない。農業以外の商工業の新規立地やそのための農地の転用は不許可とされる。転用の防止によって指定地域の都市化抑制と環境保全を目指している。こういう規制は厳格に運用されたために効果を上げており，指定地域内の環境は相対的に維持されている。しかし，他方では，産業の停滞や開発の遅れについて不満も出てきている。とくに首都圏開発が開発制限区域を残したまま外側に拡がったことから，指定地域は開発から地理的に取り残されたと一部には受け止められており，開発制限区域に利害関係を持つ多くの人々が開発規制に強く反発している。

　規制に対する批判に苦慮した政府は，先に述べたように1992年末，田畑転換(水田の畑への転換)を認可して政策の微調整を行った。これは，規制が開発を抑制し他地域との経済格差を拡大させたとの批判に応えて，指定地域内の産業振興で問題を解決しようとしたものである。その際にすべての産業立地を認めれば環境急変の可能性が高いことから，指定地域内の主要産業である農業に着目し，農業関連の規制緩和と農業振興を進めた。従来，禁止されていた農地の地目転換を田畑転換に限り認めて，土地面積当り収益額の大きい成長作物の栽培を奨励することとした。また，稲作から畑作への転換に併行して，ビニールハウス栽培などへの投資を促進するために施設資金補助が行われた(この補助には，農業振興地域制度関連資金ではなく，市場開放対策として実施された施設現代化資金が含まれる)[31]。その結果，93年以降に水田から畑に転換された農地で施設栽培が急増した。現在，開発制限区域内では畑作農地が増えて，蔬菜類栽培から，ビニールハウス，グラスハウス栽培まで様々な経営方式がとられている。通常，単位土地面積当りの農業収益は，ビニールハウス栽培で稲作の5倍から6倍，グラスハウスでは9倍

から10倍と言われている。92年改革の結果，施設栽培が拡大して単位土地面積当りで稲作より高い収益が得られることになり，収益の資本還元により収益から土地の価値を評価すれば以前より高い評価額となった。しかしながら指定区域外に比べればまだまだ格差があり，さらに施設現代化資金を使って借地に投資を行ったために，借地農民のなかには賃貸契約解除の際に離作料を要求するケースも出てきて，賃貸側地主の不満を呼び起こすこととなった。開発制限区域内に農地を所有する不在地主の多くが投機目的で，農地を購入しているからである。

　［区域外の不在地主］
　開発制限区域内の土地所有者のなかには，100坪から200坪という小規模な土地を所有し，地価上昇を期待して開発制限区域の規制緩和を望むというような不在地主が多数いる。かつての大地主と多数の零細小作農という関係ではなくて，零細規模の多数の不在地主が存在している。これらの小資産家の出現は開発制限区域に限られたことではないが，少なくとも90年代には，韓国の都市居住者のなかでは無視できないほど多数になってきている。これは，開発制限区域制度の存続にとって脅威である。彼らは開発制限区域の規制解除問題に強い関心を抱いている。こういう人々は社会的影響力も強く，97年の大統領選挙においても開発制限区域は政策上の争点となった。当選した新しい金大中（キム・デジュン）大統領は開発制限区域の規制緩和を選挙公約に掲げており，その内容は区域指定地域内の20戸以上の集落地域については規制を解除するというものである。指定区域面積の10％に相当する当該地域の周辺では，規制解除を睨んですでに土地取引が活発になっている。また，今後は地方都市の開発制限区域の全面解除が確定しており，これは全体面積の約30％に相当すると見込まれている。
　では，なぜこのような規制緩和政策が社会的支持を得たのだろうか。この背景には80年代から90年代にかけての一般的な地価の上昇と開発制限区域内の地価の相対的低迷という現象がある。80年代後半以降における土地価格の全般的上昇のなかで，厳しい開発規制の敷かれた開発制限区域の地価は相対的に低迷し，周辺部地価との格差が開いていった。例えば，ソウル南部

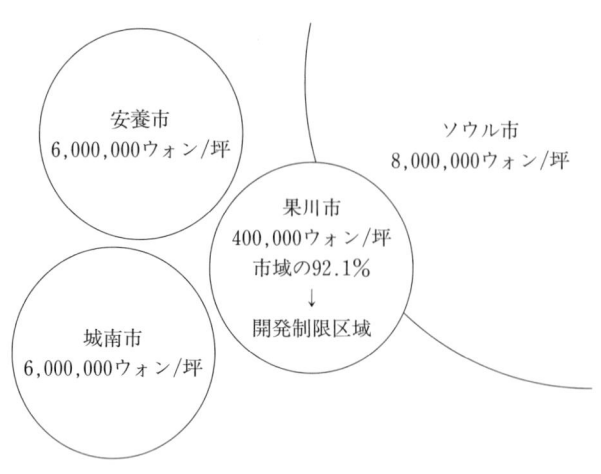

```
        安養市                ソウル市
    6,000,000ウォン/坪      8,000,000ウォン/坪
                    果川市
              400,000ウォン/坪
              市域の92.1%
                    ↓
              開発制限区域
        城南市
    6,000,000ウォン/坪
```

図 6-3　開発制限区域内外の農地価格
出所：筆者の聞き取り調査等による。

地域の土地価格は開発制限区域の境界の内側と外側では12倍から16倍という格差を示している。筆者の調査（1998年7月）では，開発制限区域内の農地の坪単価は40万ウォン，開発制限区域内のソウル市側に隣接する農地は同800万ウォン，開発制限区域外側の安養市や城南（ソンナム）市に隣接する農地は同600万ウォンであった（1998年現在，図6-3参照）。区域内外の地価には大きな開きがある。この開発制限区域内農地価格40万ウォンの根拠としては，開発制限区域内における公共事業の際の転用価格水準が挙げられる。開発制限区域内部であるから原則として民間転用は禁止されており，民間転用の実績がない。そこで農家に，「貴方の土地の価格はいくらだ」と筆者が尋ねると，果川（クッチョン）市等による公共事業の際の農地買取り補償価格をあげてくる。それがこの40万ウォンである。そして，実際に農地が民間相互に売買されるときも，この40万ウォンを基準に売買されている。規制解除を睨んで投機的な土地の売買も行われており，多くの都市民が資産として開発制限区域内に小区画の土地を購入している。一旦土地持ち資産家となった彼らは自己の資産価値拡大を目指すが，それはまさに開発制限区域の規制緩和ないし撤廃を押し進めることに他ならない。環境を破壊する

意図は毛頭無いのだが,自己の資産価値拡大のために規制緩和を要請することによって,結果的に環境破壊の可能性を大きくしてしまう。ナショナル・トラスト運動のように,環境保護のために土地を購入するということも考えられないわけではない。しかし筆者のみる限りでは,今のところ,これらの土地購入の多くは環境保全への関心に根差すものではなく,環境保全とはほとんど関わりのないものである。

(2) **京畿道果川市の事例**

これ以上の詳細な分析のためには開発制限区域内部の実態を把握する必要があるが,現在は開発制限区域独自の統計が未整備のために,その統計的把握には限界がある。そこで本章では,以下のような手法を用いて,いわば側面から開発制限区域の実態に迫ることにしたい。その手法とは,開発制限区域と行政区域の重なる地域を特定し,既存の行政区域別統計から開発制限区域の実態を推定する,というやり方である。そしてこの方法には不確実性が伴うため実態調査を行い,統計把握を補足することとする。

現在のところ開発制限区域の統計として利用可能なものには,建設交通部の『建設交通統計年報』と内務部の『都市年鑑』がある。しかし,両統計書における開発制限区域の項目部分は各3・4頁と僅かでしかない。掲載事項は本章に紹介した数値の他に,住宅数や工場数,管理予算,管理要員数などが圏域別に示されている。開発制限区域の概要を知るにはこれで十分であるがその実態を知ることは難しい。そこで,開発制限区域以外の統計から,開発制限区域の実態を示すものを探していくと,センサスなどいくつかの統計に突き当たる。人口・住宅センサスや農業センサスである。ただ,先に述べたように,通常は行政区域と開発制限区域の指定境界が大きく異なっているために,通常の行政区域統計から開発制限区域の様子は把握できない。そこで行政統計と開発制限区域統計を突き合わせて,行政区域と開発制限区域が重なっている自治体を探していく。重なっているかどうかは両者の面積を比較すれば明らかである。特に広い領域が開発制限区域に指定された首都圏にそのような地域が見いだされる。ソウル首都圏はリング状の開発制限区域を超えて外側に拡大したが,一部では70年代に指定された開発制限区域と重

なるところに80年代の都市指定が行われたために，行政区域のかなりの部分を開発制限区域が占めるという都市が幾つかある。ここではそういう都市の中から開発制限区域の指定比率約9割という京畿道の果川市についてみることにする。京畿道果川市は市域のほとんどが開発制限区域に指定されており，果川市行政区域の土地統計をほぼ利用できることから，開発制限区域の実態把握に都合が良い。「果川市の特徴＝開発制限区域の特徴」と即断できるわけではないが，果川市の統計から開発制限区域の状況をかなりの程度把握することができる。

　a）果川市の開発制限区域

　この果川市は1986年に市に昇格して，現在は人口約8万，ソウル市南方の衛星都市である。同市には政府第2庁舎が位置し，市中心部のアパート群には公務員が多く居住している。この大半が10階建て以上の住宅公団の高層アパート居住世帯である。市の人口はこの住宅公団アパート群地域に集中しており，ここに人口の8割が住む。残りの2割の人口居住地は純農村地帯の様相を呈しており，その農村部を中心に市域の92.1％が開発制限区域に指定されている。指定率の高い理由は，もともと開発制限区域であったところに政府が計画的に街づくりを行ったためである。果川市には純農村と高層アパート群の同居という奇妙な光景が見られる[32]。97年現在，果川市の開発制限区域には同市人口の約2割に当たる15,325人が住むが，この開発制限区域に限定した職業別分類統計は存在しない。開発制限区域の産業分析を行うためには果川市のなかから指定区域だけを抽出して検討する必要があるが，それは不可能である。そこで，やや乱暴ではあるが，果川市の農業統計＝開発制限区域の主要産業統計と，とらえて，果川市の農業分析をもって開発制限区域の産業分析に代える。まず，開発制限区域産業（農業）と指定区域外産業（農業）の比較から，開発制限区域指定による産業（農業）への影響を見ていく。

　開発制限区域9割からなる果川市と，開発制限区域地域の少ない京畿道や全国との数値と比較して，開発制限区域の特徴を検討することからはじめる。『農業センサス』から果川市農業の概要をみると，この地域の農業は花

卉類栽培を中心としていることがわかる。ここはもともと稲作地帯であり，畑作よりも稲作面積の方が多かったが，近年急速に田畑転換が進んで様相が一変した。86年には畑作186 haに対して稲作297 haであったが，92年には水田201 ha・畑226 haとなり，規制の緩和された93年以降に急速に田畑転換が進み，96年には水田98 ha・畑329 haとなって園芸作物中心の農業地域へと変貌した。とくに花卉栽培の増加が著しい。果川市はソウル市良才洞（ヤンジェドン）の花卉市場に近接し市場の条件に恵まれている。80年代後半からソウル市の花卉市場の拡大などを受けて花卉栽培農家が増えた。最近では，果川市内にも田園の中に大きな花卉専門市場が造られており，良才洞の花卉市場より好条件で取引されることから専門業者でにぎわっている。この地域は，別名「花の村（コッ・マウル）」とも呼ばれている（これらの成長作物栽培の発展とWTO体制下の農産物貿易の関連については第1章参照）。

b）果川市の農業経営

ではこの地域ではどのような農業経営が行われているのであろうか。ここでは果川市農業の特徴を描き出すために，90年及び95年の農業センサスを用いて，全国及び京畿道の数値と比較してみる（表6-6・6-7）。全国の平均値には都市近郊の京畿道とは異なる山間地農業や平野部農業が含まれ，全国と京畿道の比較により都市近郊農業の特徴が出てくる。また京畿道と果川市はともに都市近郊農業地帯であるが，非指定区域を多く含む京畿道と，9割指定区域の果川市を比較することで，開発制限区域農業の特徴が明らかとなる。

まず95年の全国と京畿道を比較していく。稲作農家比率は，全国54.9％，京畿道59.4％に対して果川市は16.7％である。果川市は大都市ソウルに近いという市場条件をいかしてアザレアなどの栽培が広く行われている。花卉栽培農家が51.8％を占め，稲作農家は16.7％に過ぎない。花卉栽培農家比率は全国・京畿道それぞれ0.7％・2.4％にすぎず，果川市の花卉栽培農家51.8％という数値がいかに大きいか理解されよう。90年の数値との比較から各5年間の動きを見ても，稲作減・花卉栽培増加という傾向の続いていることがわかる。もちろん開発制限区域すべてで花卉栽培が多いというのでは

表6-6 果川市農業の特徴 I

(単位：戸, %)

		農家戸数		うち稲作		うち花卉類		経営規模 0.5ha未満		第2種兼業農家		家族数4人以上世帯		経営主 50歳未満		経営主 50～59歳		年齢 60歳以上	
全　国	90年	1,767,033	100.0%	1,231,839	69.7%	6,404	0.4%	482,703	27.3%	325,621	18.4%	930,288	52.7%	630,404	35.7%	583,964	33.1%	552,665	31.3%
	95年	1,500,745	100.0%	823,458	54.9%	10,062	0.7%	432,982	28.9%	374,478	25.0%	582,578	38.8%	419,006	27.9%	447,256	29.8%	634,483	42.3%
京畿道	90年	202,595	100.0%	147,305	72.7%	2,444	1.2%	48,125	23.8%	50,530	24.9%	125,757	62.0%	83,975	41.5%	64,067	31.6%	54,553	26.9%
	95年	160,581	100.0%	95,331	59.4%	3,800	2.4%	46,679	29.1%	64,107	39.9%	86,533	53.9%	58,060	36.2%	46,457	28.9%	56,064	34.9%
果川市	90年	506	100.0%	148	29.3%	233	46.1%	325	64.2%	69	13.6%	344	68.0%	294	58.1%	127	25.1%	85	16.8%
	95年	442	100.0%	74	16.7%	229	51.8%	270	61.1%	127	28.7%	284	64.3%	206	46.6%	126	28.5%	110	24.9%

出所：農林水産部『農業センサス』各年版。

注：(1) 経営規模0.5ha未満農家は、耕種外農家を除く。
(2) 果川市は、行政区域35.86km²中、開発制限区域33.03km²であり、92.1%が開発制限区域に指定されている。開発制限区域についての詳細な統計が存在しないため、果川市統計を全国等の統計と比較することによって、開発制限区域農業の特徴を把握する。

表6-7 果川市農業の特徴 II

(単位：戸, ha)

	農地所有別農家戸数			所有形態別農地面積			地主の性格別借地面積			施設園芸		農家戸数		農地面積	
	全自作地	全借地	全自借地	自作地	借地	その他	農家	非農家	その他	農家戸数		計		計	
全　国	987,765 55.9%	171,065 9.7%		1,303,523 72.1%	503,533 27.9%		177,881 35.3%	262,991 52.2%	62,660 12.4%	25,318 1.4%		1,767,033 100.00%		1,807,056 100.00%	
京畿道	109,561 54.1%	29,000 14.3%		163,763 70.2%	69,664 29.8%		22,992 33.0%	39,377 56.5%	7,296 10.5%	6,693 3.3%		202,595 100.00%		233,427 100.00%	
果川市	72 14.2%	382 75.5%		75 27.2%	201 72.8%		31 15.4%	170 84.6%	1 0.5%	244 48.2%		506 100.00%		276 100.00%	

出所：農林水産部『農業センサス』1990年。

なく，果川市以外の開発制限区域では，稲作以外の高収益農業が広く行われている。こういう園芸栽培の経営規模は土地集約型であることからは一般に経営面積規模は小さい。0.5 ha 未満の経営規模農家は全国・京畿道それぞれ 28.9％・29.1％であるが，果川市の場合，61.1％が 0.5 ha 未満の経営で占められている。

　全国の平野部に広く見られる稲作型の家族経営においては，家族数にもよるが，農業だけで家計を支えるには通常 1 ha から 2 ha の経営規模が必要である。しかし，それだけの土地を経営可能な農家は限られてくることから，土地狭小のため農業所得で家計を支えられない農家は，農業所得による家計費充足度が低下して，離農するか兼業に出ることになる。近年は，農産物価格の相対的下落と家計支出の増加により，必要な経営土地面積が増える傾向にある。稲作の場合，以前は 1 ha から得られる農業所得で家計をカバーできたが，最近では穀物の交易条件の悪化から 2 ha ないしはそれ以上の経営土地面積が必要となってきた。このように稲作経営の場合には，低水準の農産物価格から広い土地を必要とするが，花卉栽培などの園芸作物の場合，高収益農業であるために土地面積の制約から解放されている。すなわち，稲作に比べて単位面積当りの収益が大きく狭小な面積でも充分に経営可能である。また初期投資は大きいものの，兼業に依存することなく農業所得のみで農家の家計を支えることができる。換言すれば，稲作と異なり，農業所得による家計費充足度が比較的高いということになる。表 6-6 の第 2 種兼業農家（農家所得に占める農外所得比率が 50％以上の農家）比率をみると，京畿道が高く，全国と果川市はほぼ同じ水準にある。全国の数値には地方の平野部が多く含まれるが，そこは兼業機会が少ないためにこの比率は低く現れている。一方，典型的な都市近郊農業地帯の京畿道は，都市に隣接し兼業機会の多いことからこの数値が比較的高い。そして，同じ都市近郊にあって，果川市の第 2 種兼業農家比率が全国平野部並みに低い理由は，他の地域に比べて農業所得の家計費充足度が高く，農業だけで経済的に自立しうるためと考えられる。加えて指定区域内の高収益農業が，労働集約型ないしは労働多投入型のため兼業の余裕のないことなども関係しているとみられる。

　このような経営条件は，農家の世帯構成にも反映されている。全国平均で

は一般に，高齢者の少数家族からなる高齢一世代世帯が多いが，果川市の経営者は比較的若く2世代世帯が多い。家族数は4人以上の世帯の割合が，全国の38.8％，京畿道の53.9％に対して，果川市は農家の64.3％である。経営主年齢は，農業全般で高齢化が進み，60歳以上が全国で42.2％を占めるなかで，果川市の場合は60歳以上の比率が24.9％にとどまっている。反対に，50歳未満の比率は全国で低く，果川市で高く現れている。これも農業の将来展望や，労働多投入という高収益農業の性格に関係していると思われる。

次に土地所有構造を見ると，全国では自作農が過半を占め，自作地比率72.1％，地主の52.2％が非農家である。これに対して果川市は，全借地農家が75.5％を占め，借地面積が72.8％。地主の84.6％が非農家である。賃貸借地の多い果川市の土地所有構造は特殊である。賃貸主はソウル市などに居住する不在地主のケースが多く，農民は毎年一定の賃借料を地主に支払いながら借地経営を行っている。これらの地主のなかで特に土地価格に敏感なのは投資対象として土地を購入した人々である。地主のなかには，規制解除を見込んで投機資産として開発制限区域内に小区画で土地を購入した者が多く，環境保全の効果とは関わりなく，資産保全の目的から開発制限区域の規制解除を訴えている。投機対象には自然緑地も含まれるが，その多くは形質的に転用の容易な農地である場合が多い。規制解除を睨んで当面は，開発制限区域に居住する農民に貸し出されており，規制解除時に随時転売できるように短期1年の賃貸契約を更新している。農地所有者の目的が地代の取得だけではなく，転売によるキャピタルゲインの取得であるために，土地転売のフリーハンドを確保している。指定地域内に占める農地の割合は面積全体の約4分の1で，林野面積に及ばないが，農地が投機の対象となっていることから，規制撤廃後には最も大きな影響を被ると見込まれる。

大都市に居住する地主は，農業ではなく資産価値としての土地に関心があり，地価の動向次第で転売可能な短期の賃貸契約を望む。しかし，上記のように借地農民がビニールハウスやグラスハウスなどに，多額の長期投資を行っていれば，実質的には農地を短期間で契約解除するのは難しい。これを無理に回収しようとすれば長期投資の損害代金として離作料を要求されるこ

とになる。しかも92年改革以降，政府の補助を受けて施設投資は急速に広がってきており，地主たちの間では焦燥感から規制への批判が再燃している。92年改革以前に比べれば農地転用はさらに難しくなったと言わざるをえない。田畑転換を認めるという規制緩和策により，農業という産業の振興には成功したものの，農外への転用規制に対する地主の不満は強まっている。

一方，短期の契約期間とは言え，相対的に低地代で借地可能な農民たちは，現在の状況を歓迎して区域規制の継続を望んでいる。京畿道果川市は花卉栽培などの都市近郊農業に従事する農家が多く，大都市隣接という恵まれた市場条件のもとに高収益の農業を営んでいる。ただし，所有形態は，借地農，自借地農，自作農と様々であり，所有に関わる状況如何で規制への態度は微妙に異なっている。これは農地の所有者と利用者の相反する利害を反映している。指定地域外に居住する農地所有者たちは，地価を押し上げる規制解除を望んでおり，農地を賃借する農民たちは，相対的に低地代で営農可能なため現状維持を希望している。この中間項として農地を所有する農民たちは複雑である。筆者の調査では，経営する農地に占める賃借農地と所有農地の割合に応じて，また，営農意欲の高さや家族構成（後継者の有無）等に応じて，開発制限区域への対応が異なっている。

以下では，1998年7月の筆者の調査から，こういう土地所有構造について，開発制限区域内における，典型的な農家の事例を紹介する。以下の事例からは，同地域の所有構造が極めて複雑であることが示されている。サンプルは僅かであり，これらから一般的な結論を下すことはできないが，開発制限区域農家の実情をうかがい知るには十分であろう。

［農家A］
経営形態：借地農：園芸
家族年齢：本人50歳，妻42歳，長男20歳・次男18歳
労働日数：花卉栽培で年間300日
日雇延べ雇用人数：男50人，女250人
日雇賃金：男50,000ウォン，女25,000ウォン
経営土地面積：1,500坪，全借地，ビニールハウス

地主数：10人×150坪（全員他人［親族関係なし］・全員ソウル市内居住）
地代：1,400ウォン/坪
契約期間：1年更新（既に過去10年同じ地主と借地契約更新中）

　説明：農家Aについては，今回の調査で把握できなかった地主の状況について，借地農家を通じて間接的に知ることができる。農家Aの主人によれば，1,500坪の借地は，10人の地主から150坪ずつ借りており，地主全員がソウル市内に居住している。坪当り1,400ウォンという地代は，相場より低く，地主との関係は良好とのこと。契約期間は1年更新だが，既に過去10年の間に同じ地主と借地契約を更新してきており，一定の信頼関係から地代が低く抑えられている事を主人は強調した。ただし，政府の補助を受けて，花卉栽培用のビニールハウス施設を増やしてきており，それに関連する地主の対応については具体的なコメントを得られなかった。
　この農家と同じような経営形態の隣接農家の主人にインタビューした際には，契約は1年更新であるが，「施設投資を行っているために簡単に契約解除はできない」，という回答が出てきた。

［農家B］
経営形態：自借地農：園芸と稲作の混合
家族年齢：本人39歳，妻37歳，長女11歳，長男5歳
労働日数：稲作とトマト栽培で年間300日
日雇延べ雇用人数：男50人，女100人
日雇賃金：男60,000ウォン，女35,000ウォン
経営土地面積：3,680坪，うち自作地1,280坪（ビニールハウス），借地2,400
　　　　　　　坪（水田）
地主数：3人：うち1名は弟1,000坪，弟が相続したものを借地して耕作
　　　　　　　2名他人（800坪と600坪）ソウル市内居住
地代：弟1,000坪：地代：現物（精米）弟家族及び母親へ，家庭での食用に
　　　：他人：800坪の地主：精米180 kg（収穫量対比18.8％）
　　　　　　　：600坪の地主：精米160 kg（収穫量対比22.2％）

：現金換算では，478〜567ウォン/坪（米価：精米170,000ウォン/80 kgとした場合）
　　：弟家族と母親への現物（食糧）地代の算定
　　：筆地当り収穫量18カマ→1,440 kg/1,200坪→1,200 kg/1,000坪
　　　｛韓国の年間1人当り平均米消費量90 kg基準で13人分｝
契約期間：1年更新

　説明：農家Bは，自借地農であるが借地した農地の地主には親族が含まれている。3ヵ所に分かれる水田借地のうち，親族である弟の所有する農地は大きな遊園地に隣接し，地価の評価も高いとのことであった。この水田は一族の食糧米確保のために耕作しており，1,000坪の水田からの収穫量を換算すれば大人11人分の年間米消費量に相当する。これで本人及び弟家族及び母親の年間の飯米をまかなっており，現在の規制下で弟家族がこの農地を他へ売却する可能性はないとのことである。一方，他2名の地主の地代はこの地域では平均的な相場水準より低く，地主は地代獲得が主要目的ではないという典型的な事例のように見受けられた。一方，自作地ではかなりの投資をしてトマトの水耕栽培を行っており，日本から種子を購入するなど意欲的な農家であることが窺われる。開発制限区域の規制については，なかなか明快な回答が得られなかったが，指定地域といえども指定外地域の地価の影響を受けていると，この主人は考えており，規制については肯定と否定の考えが相半ばしているように見受けられた。

［農家C］
経営形態：自借地農：稲作
家族年齢：本人40歳，妻33歳，長女8・次女6歳，長男4歳，父・母74歳
経営土地面積：3,500坪（全水田），うち自作地1,800坪，借地1,700坪，梨園
　　　　　　：10年前に自分が結婚した際に父親が水田1,700坪を売却した。現在その土地を借地している。
地主数：1人：他人，ソウル市内居住
地代：現物で精米680 kg，現金換算850ウォン/坪，収穫量対比33.3％

契約期間：1年更新

　説明：農家Cの場合，全水田であり，以前分家した際に売却した農地を賃借している。地代水準は農家Bに比べて高い水準にある。精米 680 kgは，韓国では大人約6人分の消費量に相当する。現物で支払い，地主家族の1年分の消費をまかなっていると思われる。農家Cの経営者は開発制限区域の規制について，存続を希望している。水田を畑へ転換する予定はなく，現在の経営形態を維持するとのことである。

　これらの農業経営分析はいくつかのことを示している。まず，開発制限区域の産業は全般的に沈滞しているのではなく，農業を見る限りにおいては活況を呈している。農業は全国的に後退して高齢化が著しいが開発制限区域の農業だけは例外である。区域制度が開発を抑制して停滞を招いているという見方とは反対に，農業開発は促進される方向にある。従来の，開発制限区域＝産業沈滞という一面的な図式では，指定区域の性格を把握するのには限界があろう。
　こういう開発制限区域農業は，地代や地価の安定という条件の下に成立している。その安定を支えているのは，制度としての開発制限区域であるが，政府の補助事業が側面からこれを支えている。農林水産部は農業振興策として農業施設現代化資金（50％補助）の補助事業を行っている。こうした補助事業は，開発制限区域に限定したものではないが，開発制限区域を管理する建設部が自己の管理地域に同事業を認めたということの意味が大きい。つまり，補助付きで一定の農業投資を行えば，その農地には施設建設に大量の財政資金が注ぎ込まれる。国民の富が一旦注ぎ込まれてしまえば，そういう施設のある農地を他用途へ転用して補助事業の成果を壊すことは難しくなる。規制が解除されたとしても転用は同様に困難である。こうして，開発制限区域に補助事業がミックスされることにより，農地転用に対する強力な歯止めとなっている。指定区域への農業補助金の投下承認から，建設部の区域政策は農地保全に寄与することとなっている。

おわりに

　以上をまとめると次の通り。

　一つは，指定地域外に居住する農地所有者たちは一般に，地価を押し上げる規制解除を望んでおり，農地を賃借する農民たちは，相対的に低地代で営農可能なため，現状の規制存続を希望している。この中間項として農地を所有する農民たちは複雑である。経営する農地に占める所有農地の割合や地価評価に応じて，また，営農意欲の高さや家族構成（後継者の有無）等に応じて，開発制限区域への対応が異なっている。

　二つには，今回インタビューに応じたのは，比較的若い世代の意欲的な農家ばかりであるが，開発制限区域で施設園芸に従事する農家には，このような若手の担い手農民が多く，高齢化した農民が多数を占める平野部農村とは極めて対照的である。花卉栽培などの施設園芸自体が中腰のまま働くといった過酷な労働を強いられることや，長期的な投資を要することが原因と思われる。こうした若手農民の営農を一方で支えているのが，開発制限区域による転用規制と農業施設への投資補助である。ここで，建設部の田畑転換容認と，農林水産部の施設現代化資金補助を一括して開発制限区域政策と呼ぶならば，この政策には都市近郊農業を振興する上で効果が認められる。

　三番目の問題は環境対策である。果川市では以上の政策に加えて，水田保全対策（面積当り一定額補助：1,800ウォン/坪）という独自の自治体補助事業を進めている。建設部は開発制限区域への批判の強いことから92年に田畑転換を認めたが，この結果，急速に田畑転換が進み高収益農業が増えて，水田の減少に伴う新たな問題を生みだした。それは例えば，水田の減少により，地域一帯の湿度が低下したとか生態系への影響が出ているといった環境への負荷を憂慮するものである。特に，花卉類の高収益農業が，化学肥料や化学農薬の大量投下を伴うことから水質汚染が深刻化している。農業振興が環境破壊を招いており，開発制限区域による環境保全政策に限界が現れている。農地の転用防止と都市化抑制だけで環境を保全していくことは難しい。

　従来の政策過程においては，土地所有者による地価抑制への抵抗を，農業

振興による内外収益格差の是正で解消するという傾向が認められた。田畑転換を認めて畑で施設栽培等を行えば土地の有効利用が可能になり，一定の土地面積から都市並みの収益を確保する展望が開けてくる。93年の規制緩和以降，土地からの収益は区域内外において以前より均衡化しており，指定区域内でも産業振興の可能なことが示された。しかしながら同時に，高収益農業は環境への負荷も大きく，本来は環境を保護すべき開発制限区域が環境を破壊するという転倒した現象を生み出している。

このような現象は，開発制限区域内の土地所有が不在地主所有に傾斜していることも関係している。都市居住の不在地主は，開発制限区域の環境保全ではなく，当面の間は農地からの地代に関心があり，その地代は高水準の収益から支払われる。短期間に高水準の収益を確保するためには，大量の化学肥料と化学農薬投入が避けられない。そういう仕組みの中において開発制限区域の環境破壊が進行している[33]。

開発制限区域の山林は大都市の水源として位置づけられるが，そういう地域に取り囲まれたソウル市上水道は，水質悪化が伝えられて久しい。不在地主という土地所有構造を背景とした高収益農業が，一定の経済的メカニズムを通じて，都市の水環境を悪化させている。筆者は今後，開発制限区域内で有機農業の普及活動が活発化すると見ているが，この有機農業の成功如何は今後の土地政策にかかっている。土地所有と環境農業の関係については次章で検討したい。

注

1) 本章における開発制限区域の分析は1998年頃までの資料に基づいており，その後の規制緩和の動向まではカバーしていない。ここでは，都市近郊の農業経営に対して，開発制限区域制度がいかなる影響を与えてきたのかという問題関心から，開発制限区域の基本的な性格を探ることが一つの目的であるので，1998年頃までの分析で十分と考えられる。
2) 建設部『開発制限区域関係法規』1994年度版，12頁。
3) 建設部『開発制限区域制度改善ノタメノ公聴会』(以下では『公聴会』と略す)，1993年，5頁。この『公聴会』の討論者メンバーは，建設部官僚2名，開発制限区域住民2名・学会2名・言論界2名・農林水産部官僚1名・環境庁官僚1名・一般市民2名，の計12名で構成されている。

第 6 章　開発制限区域制度と農業経営　　　　　　　　　　　289

4 ）前掲，建設部『開発制限区域関係法規』1994 年度版，12 頁。
5 ）建設部『開発制限区域関係法規』1996 年度版，13 頁。
6 ）前掲，建設部『開発制限区域関係法規』1994 年度版，12-13 頁。
7 ）ただし抜け道があり，既存の居住者名義で増改築を行い購入するという方法がある。
8 ）許在栄『土地政策論』，1993 年，法文社，200 頁。
9 ）前掲，建設部『公聴会』，25 頁。
10）ここで「圏」という場合には，中心都市以外に周辺都市や郡の一部を含んでいる。首都圏の場合のみソウル市以外に 16 市 7 郡と多いが，釜山圏は釜山市以外に 1 市 2 郡，大邱（テグ）圏は大邱市以外に 1 市 4 郡，大田（テジョン）圏は 6 郡，光州（クヮンジュ）圏は 4 郡を含み，その他の地方都市も一つないし二つの郡をその圏域に含んでいる。
11）金儀遠『韓国国土開発史研究』，1983 年，大学図書，852-853 頁。
12）同上，854 頁。以上の社会経済的背景に加えた韓国特有の政治的背景について，田代・丙は，指定経緯に保安問題の関わったことを指摘している。首都ソウルの人口急増は国の保安の上でも深刻な問題となり開発制限区域案が提案された。1970 年の朴正煕（パク・チョンヒ）大統領の年頭巡視時，漢川北側には人口をこれ以上増やさないため，開発制限区域案実行が指示され，これが構想実現のきっかけとなった（田代順孝・丙京禄「韓国における土地利用規制型開発制限区域である開発制限区域の適用過程について」千葉大学『園芸学報』第 47 号，1993 年，88 頁）。朝鮮戦争の経験から，戦争勃発時には即，戦場と化す可能性の高い漢江北側の都市開発を抑制するために制限区域に指定した。区域制度導入には，都市問題一般の解決だけではなく，韓国に独自の政治的背景のあることに留意しておくべきであろう。
13）金儀遠，前掲書，857 頁。ここでいう「連担化」とは，複数の都市の間において無秩序に市街地が形成されることと考えられる。
　　開発制限区域制度は，韓国の開発過程における新しい都市制度の一つであり戦後の産物であると一般に理解されているが，光吉健次氏らの研究によれば，実は植民地期朝鮮において，日本の政策当局が整備した都市制度の遺産の一つであるという（光吉健次『用途地域制度から見た韓国諸都市と日本との比較』（1987 年度科学研究費補助金（一般 B）研究成果報告書，50-55 頁。）。
　　当時の都市制度の中でこれは，「緑地地域」と呼ばれており，開発を規制する都市制度の一つと位置づけられていた。日本の朝鮮総督府は，いまだ日本国内でも実施していなかったような，強力な都市制度を，植民地において実施している。それは植民地であったからこそ，半ば強権的に押しつけることができたものであろう。
　　具体的には，日本の朝鮮総督府は，1934 年に朝鮮市街地計画令を制定公布している。これは日本国内で 1919 年（大正 8 年）に制定された旧都市計画法と市街地建築物法を統合したものであり，強力な行政権が盛り込まれ，日本国内での法制度より強い内容となっている。こういう植民地期の法令は，韓国独立後数度の改正が行われたが，これら数度の改正にもかかわらず，都市計画制度のなかには，総督府や大統領等の強い行政権力が残されている，という。

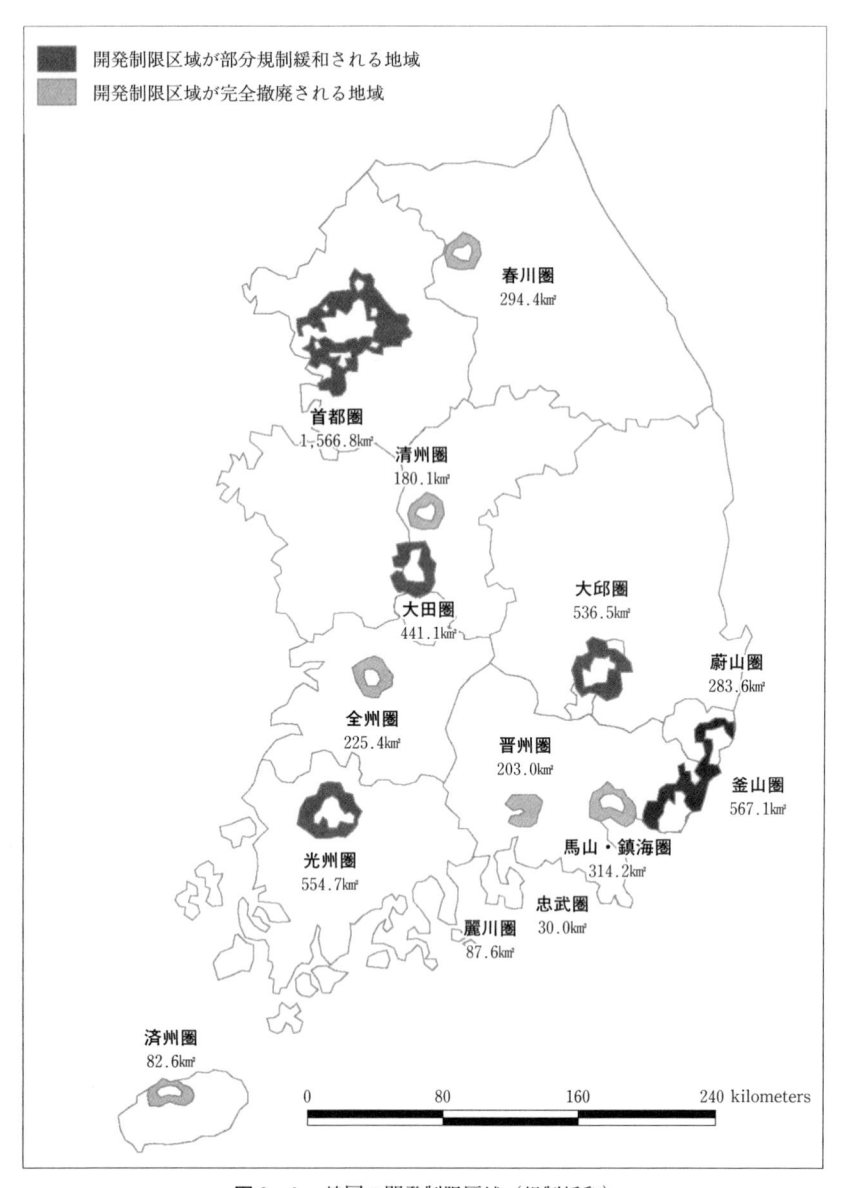

■ 開発制限区域が部分規制緩和される地域
■ 開発制限区域が完全撤廃される地域

春川圏
294.4km²

首都圏
1,566.8km²

清州圏
180.1km²

大田圏
441.1km²

大邱圏
536.5km²

蔚山圏
283.6km²

全州圏
225.4km²

晋州圏
203.0km²

釜山圏
567.1km²

光州圏
554.7km²

馬山・鎮海圏
314.2km²

忠武圏
30.0km²

麗川圏
87.6km²

済州圏
82.6km²

図6-4　韓国の開発制限区域（規制緩和）

出所：国土研究院提供の資料。

第6章　開発制限区域制度と農業経営

光吉健次氏らの研究によれば,「1910年後の日韓併合後,1913年に朝鮮総督府により市街地建築物取り締まり規則が制定された。これは都市計画の法令とは言えないが,今日の建築法に該当するもので,建築の規制を行う区域を指定するという内容を含んでいる。しかも,日本ではまだこのような全国的な制度がなかった時点での制定であり,朝鮮総督府の制定であるがその意義は大きい。その後,1934年に朝鮮市街地計画令が制定公布されるが,これは日本で1919年(大正8年)に制定された旧都市計画法と市街地建築物法を統合したもので,強力な行政権が盛り込まれ,日本での法より強い内容となっている」(光吉健次,前掲書,50頁)。こういう植民地期の法令は,独立後数度の改正が行われた。しかし「これら数度の改正にもかかわらず都市計画制度のなかに残されてきたのは,総督府や大統領等の行政権力の強さである」(光吉健次,前掲書,51頁)。では,朝鮮市街地計画令におけるこの「強力な行政権」とは,具体的にいかなるものであったのか。同研究によれば,「この計画令で韓国法が日本法よりも厳しいと考えられるものを挙げると,13条の立入検査,41条の他地域への準用,45条の認可の取り消しまたは事業の停止,47条の換地予定地への移転命令である。次に,日本法にあって,韓国法にないものとして,21条の処分に不服な場合の請願,22条の違法処分に対する出訴等がある。つまり,韓国法では,処分に対する手続権が与えられていない」(光吉健次,前掲書,52頁)。

1940年には,この朝鮮市街地計画令の改正が行われた。この時,緑地地域と混合地域という2地域が加えられた。とくに,「緑地地域は当時まだ日本にはない地域であって,今日まで引き継がれる画期的制度となった」。現在の韓国の都市計画法の特徴は,「自然環境の整備を進めるものが多い」(光吉健次,前掲書,53頁)。「これらの区域の制度は韓国独自の制度で,特に戦前の緑地地域のながれをうけついだ開発制限区域は,計画的市街地形成に寄与している」(光吉健次,前掲書,55頁)という。

問題は,植民地期の朝鮮総督府の都市計画制度として,その強権性が現代に受け継がれていることであろう。政治経済史研究の分野では,植民地期の社会体制が独立以後も再生産されてきたという議論がある。Mick MooreやBruce Cumingsによって,それらは問題提起されてきた。前者は韓国の政治を国家主義として,後者はその歴史的原型を植民地期の社会システムにみている (Mick Moore "Mobilization and Disillusion in Rural Korea, The Saemaul Movement in Retrospect," *Pacific Affairs,* Vol. 57, No. 4, 1985 ; Cumings, B., "The Origins and Development of the Northeast Asian Political Economy : Industrial Sectors, Product Cycles, and Political Consequences," Frederic C. Deyo (eds.), *The Political Economy of the New Asian Industrialism,* Cornell University Press, Ithaca and London, 1987)。

このような事柄は,韓国社会を検討する上で重要な問題と考えられるが,これ以上の検討は本書の主旨とは異なってくるので,他の機会に考えることとしたい。

14) 開発制限区域については,2002年現在の動向として規制緩和及び撤廃が見込まれている。最新の動向は290頁の図6‐4に示されている。ソウル等大都市圏は規制緩和され,地方の開発制限区域は撤廃されることになる。

15) 第7章参照。

16) このような大規模住宅が建設されたにもかかわらず，開発制限区域内の人口に変化がないのは，大規模住宅の建設と転用に伴い，当該地域が開発制限区域から一旦外されたためである。
17) 前掲，建設部『開発制限区域関係法規』1996年度版，21頁。
18) 土地計画法施行規則第8条第21項，1992年12月31日，建設部令第541号による改正。
19) 首都圏の場合，都市再開発により江南区などから開発制限区域に移住し定着した住民の多いことが知られている。
20) キム・カンジュン『ソウル市住宅改良再開発ノ沿革研究』ソウル市政開発研究院，1996年，23頁。
21) 「区域管理の実態」前掲，建設部『公聴会』，8頁。
22) ハンギョレ新聞「開発制限区域ハコウイウ時ニ開発可能」1990年8月11日。
23) 「不合理ナグリーンベルトノ実情ヲ全国民ニ報告スル」全国開発制限区域住民連合会，1993年4月7日。
24) 前掲，許在栄『土地政策論』，200頁。
25) 前掲，建設部『公聴会』，8頁。
26) 金興官「開発規制ノ緩和ト撤廃」東南開発研究院『東南開発研究』第4号，1993年，31頁
27) 同上。
28) 前掲，許在栄『土地政策論』，209頁。
29) 同上，許在栄，210頁。
30) 前掲，建設部『開発制限区域関係法規』1996年度版，21頁。
31) 1992年の田畑転換容認は，規制緩和要求に対する単なる回答ではなくて，ウルグアイ・ラウンド妥結後の脱稲作政策という農業戦略として位置づけることができる。それまでの韓国農業は，農業の稲作依存度が高く，米市場開放下では農業へのダメージの大きいことから長期戦略として，脱稲作と施設農業育成を狙って，都市近郊地域の田畑転換を禁止した開発制限区域制度を改め，田畑転換を解禁することで，施設農業の発展を促したものと推察される。この政策は成功し，1990年代半ばにかけて，都市近郊農業は相当に発展している。
　　開発制限区域の規制緩和とWTO体制の関連付けについては，政府も公式に言及している。
　　1995年には農林水産業用の施設面積について，申請者の許可申請面積の上限が引き上げられた。この件について，「建設交通部はこの改正は，『GATT（関税及び貿易に対する一般協定）に対応するため，農漁業の競争力を強化し，営農及び漁業活動の不便の解消することを目的にし，農漁業関連施設の設置に関する規制を緩和する』と発表した」（李尚遠，佐藤洋平，星野達夫「韓国におけるグリーンベルトの開発行為制限制度の変遷に関する考察」『農村計画論文集』日本農村計画学会，第1集（農村計画学会誌，第18巻別冊）1999年11月，11頁）。以上は，農地利用ではなくて，農業施設の開発規制緩和に関連付けた言及であるが，WTO体制下では，開発制限区

域制度の規制緩和が，政府部内でも，産業競争力の強化に結びつくと認識されたことを示している．

32) 筆者は1998年及び1999年に，果川市開発制限区域の調査を行った．この果川市はソウル中心部から南へ地下鉄で約40分のところに位置する郊外都市であり，ソウルへの通勤圏内にある．地下鉄に乗らずにバスを利用して，ソウル中心部から郊外へ向かうと開発制限区域が立体的につかめる．ソウルから漢江を渡り市街地をぬけてしばらく行くとのどかな田園地帯が東側に広がる．そこは果川市のソウル側の開発制限区域である．そして西側には冠岳山をはさんで安養市が位置する．しばらくすると果川市の賑やかな市街地に入る．そのままバスに乗って郊外へ向かうと，再び開発制限区域を出て別の郊外都市の市街地に入る．

33) 不在地主との直接的関係で環境破壊を論ずるのは難しいが，こういう環境破壊現象の背景として，開発制限区域内の土地所有構造が関係していると思われる．この地域の地主は，地代に加えて地価に関心があり，農業形態のいかんにかかわらず，土地所有からの利益大を望むとすれば，環境破壊をもたらす高取益確保は，地主側ではなく農業経営側の問題と考えることもできる．しかしながら，不在地主構造による経営の不安定と，施設投資の短期回収促迫は，経営側をして高取益確保に走らせている可能性があり，不在地主構造と環境問題については，間接的にではあるが一定の関係を有すると考えられる．

第7章

土地所有と環境農業の対抗
―八堂ダム周辺の上水源保護区域を事例として―

はじめに

　最初に本研究の背景について触れておきたい。

　韓国では，開発規制と環境保全を目的として，開発制限区域という用途規制が敷かれており，農地や林地の都市用途への転用を厳しく制限している[1]。同制度は，1960年代の急速な都市化と都市問題の深刻化から70年代はじめに制定されて後，厳しい運用が行われてきた。特に区域内の土地は都市的な利用が禁止されて主に林地や農地として利用されており，環境保全に寄与する一方で，土地所有者からは土地財産に損害を与えるという不満が出ていた。実際に，開発制限区域内の土地価格を調べてみると，首都圏ソウル近郊では，開発制限区域の外側に比して1/10から1/15という低い水準にあり，区域内の土地所有者から規制緩和の声が高まった。1990年代前後の地価高騰期にはとくに規制反対運動が激化した。これを受けて政府は制度見直しの作業を開始し，1992年末には一定の規制緩和策を打ち出した[2]。その内容は，農地の都市用途への転用規制はそのままにして，水田の畑への転換のみ認めるという限定的なものであった。それまでは田畑転換さえ制限されており，新政策は農業に限定して，規制緩和を進めるものである。政府の狙いは，この規制緩和により，低投入・低収益の稲作栽培から，多投入・高収益の施設栽培への転換を促進して，単位面積当りの高収益を確保することにより，開発停滞という批判に応えるものであったと思われる。政策転換には，区域の管理

省庁である建設部に加えて，農林水産部からの施設現代化資金という応援も加わった。政策転換は成功し，93年以降に区域内では急速に田畑転換が進み，グラスハウスやビニールハウスという施設栽培が急増した。例えば，ソウル市南方の果川市ではこの時期に，都市近郊の市場条件を生かして花卉栽培が広まり，「花の村（コッ・マウル）」と言われるまでに成長した。高収益農業は，農地の貸し手である不在地主に対しても一定水準以上の地代を保証するものであり，一応は，開発抑制・低水準の地価という区域制度への批判に応えた[3]。しかしながら，急速な田畑転換と，高収益農業の普及は，同地域の環境への負荷を重くしていった。多投入・高収益であるために大量の化学肥料や農薬が投入された。本来ならば環境を保全すべき開発制限区域が，その反対に環境に重い負荷をかけることになった。高収益農業は広範囲に土壌・水質汚染を深刻化させたが，この種類の問題が表面化するには時間がかかった[4]。それでも最近では，首都圏上水道の水質問題が顕在化して，大都市周辺地域の農薬使用を規制する方策が打ち出されている。もはや，開発制限区域による用途規制だけでは，環境保全が難しいという事は明らかであり，他の政策を併用することによって水質保全が図られている[5]。

そういう動きのなかから，本章では，上水源保護区域における有機農業を巡る諸問題をとりあげている。上水源保護区域は開発制限区域のなかにあって，更に規制の厳しい指定区域である。韓国の有機農業は80年代より各地の住民により自主的・散発的に行われてきたが，90年代に入り環境問題が注目されるや，政府がこれを支援する姿勢を打ち出した。韓国の環境農業支援の政策は，「親環境農業」という独自の用語が用いられており，そのなかには，排出とともに投入財の規制も謳われている[6]。「親環境農業」政策はいまだ緒についたばかりであり，各研究機関も実態を充分に把握していない。この方面の研究成果を出しているのは，京畿開発研究院の環境問題研究チーム，及び韓国農村経済研究院の研究チームであり，両者ともに「親環境農業」に関する調査を行っている[7]。これに対して筆者は，彼らの研究を参考としつつ，少し異なる視点からこの問題へアプローチしている。

結論からいえば，それは土地所有構造との関わりであり，「親環境農業」政策の推進には，土地所有問題の解決が課題と見ている。有機農業は土壌改

第7章　土地所有と環境農業の対抗　　　297

善に3年から5年という期間を要する。その間に，農薬や化学肥料の使用を制限して，土壌の性質を徐々に変えていくわけであるが，一時的に収益はかなり低下する。問題はこの収益低下に経営が耐えられるかということである。韓国においては統計上に確認されるだけでも農地の約40％平均が賃貸借地であり，1年ごとの契約更新が通例であるため，長期安定的な営農が難しい。3年から5年という土壌改善の期間中に，農業に関心を持たない不在地主が借り手を変える可能性が出てくる。本研究で調査対象とした首都圏近郊のダムサイトは，風光明媚な別荘地として人気があり，都市資本が入り込んで大規模に土地の買い占めを行っている。この八堂（パルダン）ダムは，ソウル東方における南漢江と北漢江の合流地点に位置し，巨大な湖水に，首都圏上水道の約8割が依存すると言われている。本章では，先行研究検討の後，同地域の環境農業に関する実態調査の結果を示している。

1．上水源地域の土地所有

(1)　土地所有と環境農業の対抗

　近年の韓国では，一方における都市圏の膨張と上水源需要の拡大，他方における開発行為と上水源の環境汚染が深刻となっており，これを受けて上水源地域の開発規制や環境規制が検討されている。上水源地域は既に「上水源保護区域」という用途規制が敷かれて，産業立地や土地の利用については規制の網がかけられており，開発行為と土地利用が規制の対象となっている。このうちの開発行為については建築規制など厳しく監視されているが，土地については，その「利用」は規制されても「所有」は規制の対象から外されている。規制区域における土地利用は厳しく監視されているが，所有権の移動や土地の取引はほぼ自由に行われており，規制区域内であれ，将来の規制緩和ないしは規制撤廃を見越して盛んに投機的取引が行われている。

　こうした取引は地価を上昇させ規制緩和への圧力を強める。投機的取引は開発が目的ではなくて，取引による利益獲得を狙うものであるから，利益獲得の見込みさえ立てば，明確な利用目的なしにでも土地の買取が進められる。またこの買取における資本投下は，開発の必要に応じてではなく，資本の必

要に応じて行われる。通常,資本は高利潤獲得可能な分野へ投下されるが,土地取引にその見込みがあれば,次々に資本が投下されて,土地の購入需要が膨らみ地価が上昇する。さらに,これを担保に資金を調達し,再度資本投下して土地取引を行うことによりスパイラルに地価が上昇する。こうした地価上昇は,土地の資産価値化と周辺所有者の資産価値への関心を高めて,規制緩和への圧力を強める。開発可能地域の地価が上昇し,開発不可能地域の地価が停滞すれば,開発不可能地域について規制緩和の声が高まることになる。

規制緩和への期待と連動して,規制区域内の所有権移動は活発化する。通常は,山地よりも平地の開発が容易であり,しかもそれら平地の大部分は農地である。これらは農地として利用されながら所有権が都市へ移っていくパターンを描く。開発可能性の高い都市近郊の平坦農地は,ソウル首都圏近郊で不在地主の所有面積比率が高い。地域によっては,農地の8割程度が都市住民ないしは都市資本の所有に帰している。それらを一括して,「都市資本」と称すれば,都市資本は当面,投機的取引による利益獲得に関心があり,所有に執着し利用への関心は薄い。農地の場合,そこでいかなる土地利用が行われようとも積極的な関わりは持とうとはしない。関心があるのは,常に土地処分のフリーハンドを維持することであり,長期・安定的な土地利用は重視しない。

よって,農業側がそういう長期・安定的な土地利用を求めれば,当然に両者の間に,対立が生まれることになる。これは利用期間等,利用の安定をめぐるものであるが,ソウル近郊の都市農業地域では,都市資本と農業側において,まさにそういう対立の関係が生じている。所有者の方では,地価の変動に応じて,常時,土地を処分できるという態勢を維持しようとする。これに対して,農地の利用者の方は,平野部稲作地帯であれば,土壌や水路の整備等長期的な投資を進めつつ,生産性の長期的向上を目指す。都市近郊の成長作物栽培であれば,ビニールハウスやグラスハウスなど施設投資を進めることになるが,それらの投資は通常1年で回収できるものではなく数年の償却期間を要する。平野部稲作地帯であれ,都市近郊地域であれ,長期的な展望がなければなかなか経営は難しく,投資を差し控えさせるような土地所有

要因が，生産性の向上を妨げる可能性が出てくる。さらに，長期安定的経営は環境対策と重要な関わりを有しており，開発制限区域や上水源保護といった環境規制の指定区域では，こういう対立がより先鋭化している。上水源地域では政府側からの政策が始まる前に，農民側の自主的な運動として，環境農業推進運動が進められていた。環境農業の技術を導入し，有機農法の技術に工夫を重ね，新たな農法の開発を競うことによって運動はかなりの成果を収めていった。しかしながら運動が拡大して，対象地域が拡散するにつれて，借地農も運動に巻き込むこととなり，不在地主による土地所有との対抗関係も明確になってきている。

例えば，都市近郊における環境負荷の大きい施設型農業を，環境農業へと転換する際にも，長期の経営安定が要求されるが，この場合には土地の所有が問題となる。とくに上水源地域は都市資本の所有地が多く環境農業の推進を阻んでいる。環境への負荷の小さい農業を行うためには，農薬や化学肥料の投与を抑制して土壌改善を行う必要があるが，通常農法から有機・自然農法への転換に際して土壌改善には3年から5年を要する。都市近郊の通常農法では，施設型農業の場合，多投入・多収益栽培が多く，農薬・肥料の大量投入が土壌汚染を通じて上水源の環境に影響を与える。このために，上水源地域における環境対策の一環として，ソウル近郊の八堂地域でも環境農業が推進されているが，この地域では，都市資本による農地の購入が広範に行われており，都市資本が不在地主化している。農業経営者のなかには，不在地主から農地を借りる借地農が多く，地主の理解のないままでは経営手法変更が難しいことから，環境農業実践の障害となっている。いつ土地が引き揚げられるか分からないという状況下で，収益低下まで覚悟して，有機農法導入に踏み込むことはなかなか難しい。本章では，韓国最大の上水源保護区域である八堂地域を対象にして，このような土地所有と環境農業の対抗関係について検討している。

(2) **ソウル首都圏の上水源地域**

韓国では，上水源の環境を保全するために，上水源一帯を環境保護区域に指定して，厳しい開発規制を敷いている。その規制は，汚染物排出施設の設

表7-1 上水源保護区域の面積と人口　　　　　　　　　　　　　（単位：ha, 人, 戸）

地　域	総面積	耕地面積			人口			
		畑	田	計	総人口	農業人口	総世帯	農家数
ソウル	645.0	—	—	—	—	—	—	—
釜　山	9,329.9	244.0	1,064.0	1,308.0	17,165	6,871	4,973	1,991
大　邱	5,414.3	172.4	429.8	602.2	3,252	2,988	924	849
仁　川	420.0	28.0	37.0	65.0	365	121	119	39
光　州	3,116.8	535.8	157.0	692.8	525	202	178	68
大　田	8,083.0	409.0	374.0	783.0	28,592	3,780	7,794	1,030
京畿道	25,333.4	3,613.2	3,414.8	7,028.0	18,740	9,903	5,846	3,089
江原道	9,439.1	1,139.1	2,338.5	3,477.6	3,185	2,057	933	603
忠清北道	12,112.3	787.6	911.8	1,699.4	6,510	2,013	1,930	597
忠清南道	3,595.2	416.2	938.3	1,354.5	4,129	2,383	1,081	624
全羅北道	5,067.8	185.3	207.9	393.2	1,167	647	353	196
全羅南道	15,173.7	451.9	886.6	1,338.5	1,741	1,510	579	502
慶尚北道	9,283.6	472.1	459.2	931.3	1,631	1,311	556	447
慶尚南道	10,395.6	720.7	1,211.5	1,932.2	4,374	3,128	1,315	940
済州道	182.8	29.0	2.0	31.0	337	34	85	9
計	117,592.5	9,204.3	12,432.4	21,636.7	91,713	36,948	26,666	10,984

出所：韓国農村経済研究院『条件不利地域及ビ環境保全ニ対スル直接支払イ制度ニ関スル研究』
　　「第4章環境農業支援ノタメノ実態調査」, 1998年, 113頁。
注：(1) 1996年6月30日基準, 環境調査資料による。
　　(2) 農家戸数は, 農業人口を1世帯当り平均員数で除した推定値であり, 問題を含む。

置禁止などの建築規制や，土地利用の用途規制などからなる。上水源保護区域は全国に指定されており，保護区域全面積は117,592.5 haであるが，そのうち農地が21,636.7 haを占める。保護区域を地域別に見ると，ソウル首都圏の八堂上水源保護区域が面積で突出している。ソウル市に仁川（インチョン）市および京畿道を加えたソウル首都圏の保護区域面積は26,398.4 haであり，漢江（ハンガン）上流の江原道まで加えると35,837.0 haとなる（表7-1）。

　この保護区域の大きさは，上水源や用水の供給規模に関係している。韓国では総人口約4,600万人のうち約2,000万人が首都圏に居住しており，巨大な首都圏人口の上水道需要に応えるために，ソウル市東方において上水源の開発と管理が進められてきた。首都圏人口が爆発的に増えた70年代から80

年代にかけては，上水の量的確保が問題であったが，増加趨勢が一段落した90年代には，上水の質的保全が課題となっている。90年代には，水源近辺へ都市開発の波が押し寄せるに連れて，水源地域の環境への影響が大きくなった。しばらくの間は上水道の水質問題として顕在化することはなかったが，90年代に入り開発が急速に進んだことから，水源周辺の環境問題が注目され始めた。そして水質という身近な問題から地域住民の水源環境保護への関心が高まり，ソウル首都圏の水源環境保護運動が環境農業推進運動として進められることになる。

ところで，ソウル首都圏の水源としては，漢江が最も大きく，ここに首都圏上水道の約8割が依存している[8]。漢江を上流へさかのぼるとソウル東方江原道の山脈地帯に至る。日本海に面した江原道の太白（テーベク）山脈から京畿平野に流れ込む漢江は，首都圏においてソウル市中央部を流れる大河となる。この大河はもともと，太白山脈を北方から流れてくる北漢江と，南方から流れてくる南漢江の二つの河川からなり，ソウル東方でこれらが合流して巨大な漢江の流れを形成している。この合流地点は八堂地域と呼ばれ，昔から水運交通の要衝で水運施設が設置されていたが，70年代初頭の大洪水によりこの施設が破壊流失し，それを契機にダム建設が進められることとなった。八堂ダムの建設により広大な農地が湖の底に沈み，現在は巨大な湖水と化している。ここから取水が行われて，京畿道ソウル市一帯に用水を供給している。八堂地域は京畿道を含む首都圏広域上水道及び首都圏の発電及び農業用水を供給する重要な水源である。八堂ダム湖には現在，北漢江と南漢江から1日2,965万5,000㎥が流入し，そのうち用水として首都圏広域上水道に1日545万5,000㎥が供給され，残りの2,420万㎥は下流に放流されている（表7-2・表7-3）。毎日，広域上水道に供給される545万5,000㎥のうち，首都圏への供給内訳は，ソウル市171万7,000㎥，仁川市約100万3,000㎥，京畿道273万5,000㎥である[9]。

八堂ダム湖を囲む八堂地域は，ソウルの人口増加に伴い都市用水の供給地として重要性を増している。ダム建設以後の八堂上水源は上水源保護区域における厳格な規制により比較的正常な状態を維持してきたが，最近，同保護区域の農地と山地の開発や，土地利用と建築規制の緩和で飲食店・旅館等の

表7-2 首都圏広域上水道事業現況（取水源は八堂ダム）

(単位：千m³/1日)

事業名	施設容量				事業費億ウォン	事業期間年
	計	京畿道	ソウル	仁川		
首都圏 I	1,200	100	747	353	441	1973～79
首都圏 II	1,400	430	970	—	402	1977～81
首都圏 III	1,330	1,030	—	300	1,887	1984～88
首都圏 IV	1,525	1,175	—	350	2,384	1989～94
計	5,455	2,735	1,717	1,003	5,114	—
構成比	100.0%	50.1%	31.5%	18.4%	—	—

出所：京畿開発研究院『八堂浄水源水質改善方案ニ関スル研究』，1997年，39頁。
注：原資料の事業期間には重複・空白の期間がある。

表7-3 八堂ダム及び八堂ダム湖の概要

(単位：m, km², m³/1日)

項目	規模
ダムの高さ	29 m
ダムの長さ	575 m
平均水深	6.5 m
貯水位	25 m
湖水面積	36.5 km²
流域面積	23,800 km²
八堂ダム湖への流入量（A）	2,965万5千m³
首都圏広域上水道用水（B）	545万5千m³
下流への放流量（C）	2,420万m³

出所：同上。
注：A（流入量）－B（取水量）＝C（放流量）

娯楽施設が大量に入り込み水質汚染が加速化している[10]。本来，同地域は，上水源保護区域に加えて，開発制限区域にも重複指定されて二重の開発規制が敷かれており，厳格な開発規制のために，汚染とは無縁と考えられていた[11]。開発制限区域の規制は，建築規制と土地利用の用途規制があり，数年ごとに用途地域が見直されるのではなく，70年代の指定がほぼそのまま継承されてきた。また取り締まりや罰則も厳しく規制緩和を訴える声も強かっ

た。こういう規制にさらに，上水源保護区域の規制をかぶせるという二重の規制の下に八堂地域は置かれており，規制が有効である限り環境問題は起こり得ないはずであった。そして実際に，80年代半ばまではその規制も機能したが，80年代後半に入り，八堂地域では，土地投機ブームを背景に規制緩和が一部の地域で進められた[12]。さらに90年代には開発制限区域の規制緩和も相当に議論された。その結果，別荘地等としての開発が徐々に進められることになり，環境への影響が大きくなっていった。

(3) 不在地主の農地所有拡大

当時の経緯をたどると，厳格な規制が敷かれていた80年代後半に土地投機ブームが起こり，土地の買い占めが進む中で，相対的に規制対象地域の土地価格が低迷した。規制区域境界の内外で土地価格差が拡大し，それに対する住民の反発から，一部住居地の規制解除が行われた。解除対象区域は，北漢江と南漢江の合流地点に位置している。南北の漢江が交わり，湖水に突き出たところに位置する両水里（ヤンスリ）集落及びその周辺である。規制解除後に，同集落では急速に開発が進み両水里中心部は現在，10階建てのアパートまで建設されて市街地を形成している。こうした市街地の形成により，規制解除済みの区域と規制対象区域との間では，土地価格差が一層拡大した。2000年現在，規制区域外の両水里市街の地価が，坪単価600万ウォンから700万ウォン（10ウォン＝約1円として換算すると，60万円から70万円に相当）であるのに対して，隣接する上水源保護区域は10万ウォンから20万ウォンにとどまっている。規制区域内外の土地価格差は最大では60倍から70倍まで開いてきており，規制区域内に土地を所有する人たちからはその格差について不満が出ている。

都市開発の対象になりそうな平坦地のほとんどは農地である。両水里の場合，約31.5万坪の農地の内，30万坪が不在地主所有で1.5万坪（4 ha）だけが自作地としての所有である。本来の農地は農業の生産手段であるが，80年代後半より全般的に資産価値と見なされるようになってきた。銀行に資金を預けるようにして，資産として土地を保有する人々は，資産価値を低迷させる開発規制に強く反発している。特に，規制解除区域内の境界近くに土地

を所有する人々の多くは，線引き区域内外での格差に直面して，低い資産価値評価に不公平感を抱いている。市街地に近い八堂地域の農民の多くも，自己の所有する土地を，生産手段ではなく資産価値とみている。借地ではなく自己の所有地で農地経営を行う自作農の場合には，この傾向が比較的強い。ある環境保護活動家によれば，八堂地域の9割の住民は，「もっと農薬を使い，水質が汚染されて，上水源保護区域の規制が撤廃されることを望んでいる」という（筆者の聞き取り調査による）。皮肉な表現である。

資産価値低迷に不満を抱く人々は規制の解除を求めるが，それがなかなか難しいと知るや，都市の資本に所有地を転売する。開発行為は禁じられているが所有権の移動には規制がないからである。そして一旦，都市資本が土地を購入すると，今度はそれを投機的資産として扱い，転売を繰り返す。こうして規制区域では，土地所有権の移動が頻繁に行われて土地の利用は不安定化している。これらの所有権移動は，将来の開発規制の緩和ないしは撤廃を見込んで，土地の買い占め，土地の投機を進めるものである。特に，当該地域に居住しないソウルの都市民や都市資本による土地の買い占め・土地投機が横行している。

八堂地域のダムサイトは風光明媚な別荘地として人気があり，テレビドラマや映画のロケ地になり，週末にはソウル市民が美しい風景を求めてやってくる。湖岸には，レストラン・コーヒーショップ・ホテルなどが建ち並び，都市資本が入り込んで土地の買い占めを行っている。八堂地域で特に有名なのはP財閥グループであり，山林を含めたP財閥グループの土地所有は相当な規模になる。一時は山林と農地を合わせて約800万坪（約2,600 ha）がこの都市資本の手中に帰した。この他に近年は山林の投機的売買や，墓地の拡大による環境への影響が憂慮されている[13]。山林は墓地用の土地として投機的に売買されており，購入価格は坪当り1万5,000ウォンから3万ウォンで，転売価格は4万ウォンから5万ウォンである。こういう山林を含めると，P財閥グループの土地所有は相当な規模になると言われていたが，現在，P財閥グループは破産して政府管理のもとに置かれている。P財閥グループはまた，兵器製造業体でもあり，農薬・肥料産業とともに，社会的影響力を有していた。このことが関係しているかどうかは不確かであるが，一連の土地投

機や環境汚染はなかなか表面化しなかった[14]。

都市資本の活動は様々な影響をもたらしているが，とくに八堂ダム周辺の環境保全を担う地域農業への影響が大きい。都市資本による所有権の度重なる移動や，地主による土地引き上げの可能性などから，農民は借地農業経営に不安を抱いており，地域農業の環境負荷低減の障害ともなっている。

このような事態を改善するために，都市資本の活動を封じ込める施策として，土地（農地）取引の規制措置がとられることになった。1998年12月に「土地取引規制」が敷かれて，上水源保護区域の土地取引は，申告制から許可制に移行し，農地についてはその取引は村内の農民に限定された。このことにより一旦は，農地の売買は村内の農民に限定するということになったが，実際には様々な抜け道が残されており，充分な効果をあげるにはいたっていない。農業経営の不安定性は解消されないままである。

さて，こういう事態を地域農民は傍観していたのではない。地域農民の間でも農業経営の安定化や地域農業の振興を目的に様々な運動が展開されてきている。特に有機農業推進運動は，上水源という地域特性も手伝って，全国的な注目を集めるに至った。

2．環境農業と政府支援

(1) 環境農業の現況

都市開発で不在地主が増えたことの影響は大きい。開発が直接的に汚染をもたらしたということよりも，地域農民の環境農業実践に際して，不在地主の土地所有が障害になっており，構造化した不在地主所有は，容易には解決されない問題となっている。こういう土地所有のいわば外部化による農業経営の不安定性は，農業分野における環境保護の実践に影響を与えている。八堂地域では以前より有機農業実践運動が進められてきたが，土壌改善に対する不在地主の理解不足から，有機農業が，ある段階を超えるとなかなか進展しなくなってきた。有機農業の土壌改善には3〜5年という期間を要するが，その間に地主による農地転売ないしは借り手変更の可能性があり，借地農民がなかなか土壌改善に踏み出せないからである。

表7-4 農薬出荷量によるha当り農薬使用量の推定 　　　　（単位：千ha, トン, kg)

年次	農地面積（千ha）			農薬出荷量（成分量トン）			ha当り推定使用量（kg）		
	計	水稲	園芸他	計	水稲用	園芸他用	計	水稲	園芸他
1980	2,765	1,233	1,532	16,132	6,430	9,702	5.8	5.2	6.3
85	2,592	1,237	1,355	18,247	7,069	11,178	7.0	5.7	8.2
86	2,570	1,236	1,334	21,331	7,045	14,286	8.3	5.7	10.7
87	2,598	1,262	1,336	23,229	7,999	15,230	8.9	6.3	11.4
88	2,529	1,260	1,269	21,967	7,042	14,925	8.7	5.6	11.8
89	2,485	1,257	1,228	23,280	7,257	16,023	9.4	5.8	13.0
90	2,409	1,244	1,165	25,082	8,429	16,653	10.4	6.8	14.3
91	2,332	1,208	1,124	27,476	9,254	18,222	11.8	7.7	16.2
92	2,260	1,156	1,104	26,718	8,305	18,413	11.8	7.2	16.7
93	2,285	1,136	1,149	25,999	6,000	19,999	11.4	5.3	17.4
94	2,205	1,103	1,102	26,282	5,512	20,770	11.9	5.0	18.8
95	2,197	1,056	1,141	25,834	4,867	20,967	11.8	4.6	18.4
96	2,142	1,050	1,092	24,641	5,073	19,568	11.5	4.8	17.9
97	2,097	1,052	1,045	24,814	6,526	18,288	11.8	6.2	17.5
98	2,118	1,059	1,059	22,103	6,749	15,354	10.4	6.4	14.5

出所：農林部『農林業主要統計』1999年版より，深川が算出。

　この地域の有機農業については若干の説明が必要であろう。有機農業は通常，食の安全性という視点から消費者の関心を呼ぶが，八堂上水源地域では，農薬や化学肥料の過剰投与が，土壌汚染を通じて水環境に影響を与えることから，上水道の水質管理と直結して考えられている。都市開発による環境破壊は，都市資本による開発行為により引き起こされたものが中心であるが，農業における環境破壊は，農業という産業自体が一見，環境と調和的にみえるだけに，環境汚染源として把握することがなかなか難しい。それでも，90年代の韓国農業は大都市近郊にあって環境への負荷を大きくしてきた。この背景には農産品需要の多様化に対応した，都市的農法の導入や都市近郊農業の発達がある。都市近郊では都市に近いという恵まれた市場・流通条件を生かして，蔬菜類・花卉類・果樹類など，施設型の高収益農業が展開している。これらは高収益・多投入型の農業であり，平野部稲作地帯の低収益・低投入型農業とは異なって，化学肥料や農薬を多投することから，周辺地域に環

境・水質汚染が拡がっている。

　とくに深刻なのは農薬の過剰使用であるが，この問題は統計資料による把握がなかなかに困難であり，特定地域の資料を集めることは難しい。そこで，政府統計から農薬使用状況を推計していくと次の通りである。80年代から90年代の韓国農業では，畑作園芸農業の分野で農薬使用量が急増した。農薬の国内出荷量を農地面積で除することにより，ha当りの農薬使用量を推計していくと，80年以降に水稲のha当り農薬使用量がほぼ横ばいを続けている中で，畑作園芸に向けられる農薬の使用量が急増している（表7-4）。80年基準で見た場合，水稲のha当り農薬使用量はピーク時の91年でも1.5倍程度の伸びでしかないが，園芸等の場合，約3倍近くまで農薬使用量が伸びており，これらの過剰使用により農薬による人的被害など様々な問題が現れている。両水里の有機農業運動本部による89年の農薬被害調査によれば，農薬使用の多い同地域の350世帯について，ガンの異常発生が見られた。また，調査対象の350世帯の内，約60％がなんらかの農薬被害を受けており，内26人が10日ほど入院していた。有機農業の運動家のなかには，近親者が農薬被害を受けて，それをきっかけに関心を持つようになったという人も少なくない[15]。

　農薬を大量に投入する畑作園芸は，主に都市近郊地域に展開する施設型の栽培であることから，近隣の上水源への汚染拡散が憂慮されている。

　一方，これらの農薬過剰使用の対極では，全国各地で，早期から民間の篤農家が中心となって，農薬や化学肥料を用いない有機・自然農法の実験・導入の運動を自主的に進めてきている[16]。周辺環境への影響の大きい上水源保護区域においてもこれらの運動は盛んである。そういう民間の有機農業について，1996年に政府が初めての調査を行った。その政府農林部調査の報告からみると，1996年現在，全国の環境農業実践農家は6,720戸（全農家の0.5％）で，耕地面積は7,265 ha（全農耕地の0.4％）。有機・自然農法の他にも微生物法，アイガモ農法，清浄農法などの多様な形態が存在する[17]。有機農業の種別に各農家を見ていくと，無農薬・無肥料の有機農業から低農薬農業など様々であり，通常はこれらを全部合わせて有機農業と呼んでいる（表7-5）。農家数と面積では，そのなかでも，低農薬・化学肥料使用という

表7-5　環境農業実践農家と栽培面積（1996年）　　　　　　（単位：戸, ha, %）

	有機農業		無農薬		低農薬		低農薬		合計	
	無農薬・無化学肥料		低化学肥料		無化学肥料		化学肥料使用			
農家数（戸）	実数	構成比	実数	構成比	実数	構成比	実数	構成比	実数	構成比
稲作	368	15.6%	520	22.1%	103	4.4%	1,365	57.9%	2,356	100.0%
蔬菜	568	18.8%	440	14.6%	284	9.4%	1,727	57.2%	3,019	100.0%
果樹	83	9.9%	62	7.4%	138	16.5%	554	66.2%	837	100.0%
その他	153	30.1%	61	12.0%	32	6.3%	262	51.6%	508	100.0%
合計	1,172	17.4%	1,083	16.1%	557	8.3%	3,908	58.2%	6,720	100.0%
面積（ha）	実数	構成比	実数	構成比	実数	構成比	実数	構成比	実数	構成比
稲作	398.3	15.0%	517.8	19.5%	104.0	3.9%	1,634.2	61.6%	2,654.3	100.0%
蔬菜	521.2	17.4%	446.0	14.9%	281.6	9.4%	1,754.0	58.4%	3,002.8	100.0%
果樹	96.0	9.3%	89.4	8.6%	152.5	14.7%	698.6	67.4%	1,036.5	100.0%
その他	109.7	19.2%	77.9	13.6%	38.8	6.8%	344.6	60.4%	571.0	100.0%
合計	1,125.2	15.5%	1,131.1	15.6%	576.9	7.9%	4,431.4	61.0%	7,264.6	100.0%

出所：韓国農村経済研究院『条件不利地域及ビ環境保全ニ対スル直接支払イ制度ニ関スル研究』
　　　「第4章　環境農業支援ノタメノ実態調査」, 1998年, 87頁。

農家が過半を占める。特に, 果樹の場合, 無農薬・無化学肥料というのは困難であり, 農薬散布回数を減らすなどして, 環境農業の実践につとめている。こうした環境農業による農産物量は1996年時点でみると, 全国で約10万トン（米1.1万トン, 蔬菜類7.5万トン, 果実類1.3万トン, その他0.3万トン）で, その80％が流通されており, 流通は主として生産者組織と消費者組織との直接取引によって行われている。このように環境農業は自主的な民間運動として発展してきているが, 環境農法の導入に際しては, 農家の所得減少の可能性や流通の未整備など, いまだ課題も多い。

　全般的に見て, 幾つかの問題が残されているなかで, 八堂地域の有機農業運動はかなりの成果をあげてきた。八堂有機農業運動本部では, 95年までに有機農法の農家は5・6軒にすぎなかったが, 2000年現在は350軒に増えている。土壌改善には3〜5年がかかり, 支援転換中も含めると1,200軒に

なる。有機・自然農法の自主的基準についても，細かく定めて，消費者の信頼を得ることに努力している。八堂有機農業運動本部では，ブドウは年2回・リンゴは4回までの農薬散布が認められており，この散布回数を規格化して，流通過程における有機農業商品の信頼性確保と市場拡大につとめている。

こういう運動の成果をみて，政府も支援に乗り出した。政府は，環境農業育成事業を推進して，既に民間運動として進められていた都市・農村交流事業や，篤農家らによる有機・自然農業を政策事業に吸収してきている（資料1参照）。なかでも，上水源保護区域内の有機農業育成事業は，八堂ダム周辺地域（ソウル市の上水源），安東（アンドン）ダム周辺地域（大邱市の上水源）がモデル地区として指定され，環境農業が推進されている[18]。さらに，1998年には，環境農業育成法が通過して，政府支援が開始された（資料2参照）。

韓国の農政のなかで，環境政策は大別して汚染負荷の減縮と環境親和的農業の育成に分けられている。環境汚染の総合的な政策対応は環境部の所管であるが，農業環境については農林部が管掌し，汚染源の縮小対策が講じられている。農政の重点は環境農業の育成にあり，有機・自然農法の助成のための多様な施策を行っている。98年の環境農業育成法は，その制度的な基礎と位置付けられている[19]。農業環境の汚染軽減における解決すべき課題は，①生産投入財の過多使用（化学肥料，農薬）の問題，②畜産廃棄物増加（畜産経営の大規模化と家畜糞尿発生量の急増）の問題，③廃営農資材の増加（廃ビニール，農薬びん，廃農機械）の問題の3点である[20]。この中で，生産投入財の過多使用（化学肥料，農薬）の問題はかなり重視されている。

政府支援の内容を具体的に見ていくと，1ha当り52万4,000ウォンの有機農法補助があり，またこの他にも，有機農業への補助（生産性支援）としては，農協原資融資（長期低利2〜5年5％：4,000万から6,000万ウォン），ソウル市利子補給（通常14％の金利負担を軽減）などがある。財源としては水道料賦課金があり，1998年の水質対策法でソウル市民の水道料に上乗せして，水源保護のための負担金が課せられることとなった。また，流通網・販売市場開拓についてソウル市の支援が始まり，ソウル市内25ヵ所の

[資料1] 親環境農業政策の内容

1.「中小農家の高品質農産物の生産支援事業」(政府補助事業, 95年〜)

　もともと農業構造改善事業に含まれない中小規模農家の所得安定をねらったもの。有機農業などのように小規模経営の利点を生かした高品質の農産物の生産を通じて一般農産物との差別化を誘導し、それによって農業所得の増大を図る。事業対象は、1ha以下の中小農家が組織を結成し、10ha以上の有機・自然農業団地を造成する場合に限定。この団地内の微生物生産施設、予冷施設、冷蔵庫などの共同生産施設、畜舎やハウス等の個別施設について補助。生産物に対しては、国立農産物検査所の品質認証を得て販売。品質認証制は93年に有機・無農薬農産物から導入され、96年には低農薬農産物に対しても実施。この政府支援で造成された有機・自然農薬団地は、97年現在3,483haの面積に3,300戸が参与。

2.「上水源保護区域内の有機農業育成事業」(農協と地方自治体の共同事業, 95年〜)

　八堂・安東地域。有機・自然農業実践農家に対して必要施設資金および運営資金支援。97年までの実績は、八堂1,191戸、安東656戸。

3.「環境農業地区造成事業」(政府補助事業, 98年〜、環境農業実践農家を団地化)

　有機・自然農業の実践の他に、農薬や化学肥料の汚染源軽減、農業環境の維持のための土壌微生物増殖施設、家畜糞尿の堆肥化施設、廃農資材の処理施設などを総合的に助成。同事業は98年開始でモデル事業として5ヵ所から始まり(1ヵ所当り20億ウォン)2004年までに189ヵ所造成の計画。

4.「環境農業直接支払い制度」99年〜

　環境規制地域において、有機・低投入農業を実践する農家を対象として、5年間に一般農法との所得差額の部分(稲作基準で1ha当り52万4,000ウォン)を政府が直接支払う。農業者は営農期前にこのプログラムに参加することを申請し、政府と栽培契約を結び、収穫後に土壌検査及び生物的検査を実施した結果、契約の通り有機・低投入農業を行ったと判明した場合に補助金受給。

出所：金正鎬「転換期の韓国の農業環境政策」『農業と経済』第64巻第12号、1998年11月、69-70頁。

[資料2] 環境農業育成法（98年施行）

> 1．環境農業とは，農業生産において農薬，肥料，家畜，飼料添加剤などの化学資材の基準使用量を守り，家畜糞尿の適切な処理を通じて環境を保全し，安全な農産物を生産する農業を言う（第2条）。
> 2．環境農産物について，一般環境農産物，有機農産物，転換期有機農産物，無農薬農産物，低農薬農産物，の5種に区分し，環境農産物を生産し，表示しようとする場合には申告させ，またその市販品に対して調査できるようにする（第16〜18条）。
> 3．環境農産物の生産者，生産者団体，流通業者に対して必要な支援を講じる（第19条）
> 4．環境農産物の購買を促進するために，公共機関の長及び農業関連団体の長に対して，環境農産物の優先購買を養成できるようにする（第21〜22条）。

出所：金正鎬「転換期の韓国の農業環境政策」『農業と経済』第64巻第12号，1998年11月，71-72頁。

区庁のうち10ヵ所で有機農業産品の市場を開いている。こうして八堂地域の有機農業は近年，飛躍的な発展を遂げて，全国的にも有機農業のモデル団地として注目されている。

(2) 農林部の調査

これらの成果について政府支援が功を奏したことは否めない。そういう支援には経済的根拠が求められ，調査により，有機農業の不利性を証明しようとしている。それらの調査にも一定の説得力があり，種々の優遇措置を引き出すことによって，有機農業振興に寄与している。しかしながら，有機農業の拡大が一段落した現在では，より一層の発展に，別のアプローチが必要となってきている。

農林部による実態調査は，規制地域と非規制地域の生産費を比較して，規制地域の条件不利性を明らかにすることにより，条件不利地域補助の根拠を見いだそうとするものである[21]。しかしながら，規制地域は環境農業を強制するものではないために，規制地域＝環境農業，非規制地域＝一般農業と単

表7-6　環境農業の生産費比較（米）
（単位：千ウォン/10 a）

	有機農業	低投入農業	一般農業
粗収入（A）	764.1	720.1	710.6
収穫量(kg/10 a)	315.0	350.0	442.7
価格(ウォン/kg)	2,430.0	2,060.0	1,605.0
生産費（B）	359.6	360.5	256.9
種苗費	11.5	11.4	8.6
無機質肥料費	0.0	6.2	10.9
有機質肥料費	82.3	73.6	3.6
農薬費	6.9	12.7	18.9
光熱費	8.9	8.9	8.9
自家労力費	127.3	158.6	104.5
雇用費＋機械	122.7	89.1	101.5
純所得（A－B）	404.5	359.6	453.8

出所：前掲，韓国農村経済研究院，109頁。

表7-7　環境農業の生産費比較（唐辛子）
（単位：千ウォン/10 a）

	低投入農業	一般農業
粗収入（A）	1,272.6	1,739.8
収穫量(kg/10 a)	169.9	258.9
価格（ウォン/kg）	7,490.0	6,720.0
生産費（B）	783.0	1,075.5
種苗費	99.5	89.7
無機質肥料費	14.7	39.4
有機質肥料費	116.4	72.6
農薬費	13.7	47.1
光熱費	61.3	61.3
自家労力費	440.0	660.4
雇用費＋機械	37.5	105.0
純所得（A－B）	489.6	664.3

出所：前掲，韓国農村経済研究院，110頁。

表7-8　環境農業の生産費比較（梨）
（単位：千ウォン/10 a）

	低投入農業	一般農業
粗収入（A）	3,854.0	4,228.5
収穫量(kg/10 a)	2,278.5	2,857.2
価格（ウォン/kg）	1,690.0	1,480.0
生産費（B）	1,846.1	1,889.7
無機質肥料費	22.1	33.3
有機質肥料費	313.8	216.2
農薬費	87.8	265.3
光熱費	364.0	364.0
自家労力費	576.3	508.8
雇用費＋機械	487.1	502.1
純所得（A－B）	2,007.8	2,338.8

出所：前掲，韓国農村経済研究院，110頁。

表7-9　環境農業の生産費比較（ブドウ）
（単位：千ウォン/10 a）

	低投入農業	一般農業
粗収入（A）	3,792.5	3,458.4
収穫量(kg/10 a)	1,712.6	2,193.0
価格（ウォン/kg）	2,210.0	1,580.0
生産費（B）	1,183.1	1,671.5
無機質肥料費	10.7	40.3
有機質肥料費	139.5	113.8
農薬費	8.6	106.5
光熱費	338.5	338.5
自家労力費	457.5	844.1
雇用費＋機械	228.3	228.3
純所得（A－B）	2,609.4	1,786.9

出所：前掲，韓国農村経済研究院，111頁。

第7章 土地所有と環境農業の対抗

純に区分することはできない。規制地域にも環境農業にならんで一般農業が多く存在している。

このために農林部調査の生産費比較は、環境規制地域と非規制地域だけではなく、環境農業と一般農業についても比較検討している。この結果を示したものが、表7-6から表7-9である。米、唐辛子、梨、ブドウについて、それぞれ低投入農業と一般農業の生産費が比較されている。これらの比較をみると、概して低投入農業は一般農業に比べて、①単価は高いが、②収穫量が少ないために、③粗収入は一般農業並みか、それを下回る水準にある。ブドウに関しては例外で、「都市近郊で市場条件に恵まれたため例外」と但し書きが付けられている[22]。次に、純所得を見ると、例外とされるブドウを除いて、低投入農業の方が低い。この理由としては、米では生産費の高いためであり、唐辛子と梨では、粗収入の低さが影響している。いずれも一般農業に比べて、農薬費や無機質肥料費は低く押さえられているが、生産費全体に占める割合がそれほど大きなものでないために、低投入農業の経費削減には寄与していない。

これらの分析は、低投入農業と一般農業を比較する客観的なデータを提供して、低投入農業の純所得の低さを示し、環境農業支援の根拠を提示するという点で、一定の有効性を持つものと考えられる。しかしながら、これらの分析に共通の問題点は、一定時点の生産費分析であるために、経営の長期安定性という視点が分析範囲に入ってこないことである[23]。すなわち韓国特有の土地所有構造による借地経営の不安定という点が、考察の外に置かれている。特に有機農業の場合、転換に3～5年という期間を要することから、賃貸借関係の長期安定という点を、経営比較の要素に含めることは重要と考えられる。土地所有の視点が含められない理由は、それを含めても土地改革という根本的な作業がなかなか難しいことが挙げられる。通常、韓国の賃貸借契約は、口頭契約・1年更新であり、都市近郊では地主が借り手を次々に代えるという事例が多い。地主の意のままに土地が引き揚げられるという条件下では、低投入農業支援というインセンティブを与えても、一向に低投入農業は普及しないであろう。低投入農業発展のためには、この土地所有構造に手をつけることから始めなければならない。その事は農林部においても充分

に理解されている。しかしそれが極めて困難であるということも十分すぎるほど認識されており，そのなかで条件不利地域の支援政策が打ち出されてきている。

既存の分析に土地所有の視点が含められない理由は，今までの経験から，それを含めても土地改革という根本的な作業がなかなか難しいことにあり，有機農業の部分だけが独立に議論されているようである。しかしながら，例えば，日本との比較において韓国の有機農業を理解しようとすれば，この土地所有構造の問題は避けて通ることはできなくなる。有機農法の導入と普及に関しては，韓国と日本の間において，様々な交流活動が進められているが，土地所有構造という条件の違いを等閑視して，有機農法技術の優劣を論じるだけでは，有機農業の発展は難しいのではないかと思われる。韓国の場合，独特の土地所有構造の制約下に有機農業運動が進められているという点に留意しておく必要があろう。

韓国では，平均的に賃貸借比率が高いが，その比率も，農村平野部から都市部に向かうほど高くなっており，その都市近郊に当該の保護区域は位置している[24]。この賃貸借の性格は，借地農家の経営安定に不利なものであり，政府はこれを安定化させる施策をとってはいるものの，未だ十分とはいえない。そういう状況のなかで，有機農法奨励策がとられているが，実態調査から見る限り，経営不安定な借地農家のなかには，借地のために有機農法導入が困難であるというところが少なくない。

3．土地所有と環境農業

(1) 調査地域の土地所有

3～5年という土壌改善の期間中における農地引き揚げの可能性から，有機農業に踏み切れない農家も多く，土地所有が有機農業普及のひとつの障害となっている。土壌改善期間中には，生産性が最初は急激に下がり，収穫量も減る。これらは3～5年で回復するが，この回復するまでの期間をどのようにして経済的に支え，また経営を安定させていくかが問題となる。政府農林部は，有機農業を資金面で支援しているが，賃貸借という土地所有問題に

ついては改革が遅れている。生産費という短期的問題に加えて，長期地代契約の締結による経営の安定という課題が残されている。

筆者は1999年から2000年に，八堂ダム湖近くの京畿道南楊州（ナムヤンジュ）市烏安面（チョアンミョン）松前里（ソンジョンニ）において，約30軒の農家聞取り調査をおこなった。調査の目的は，有機農業実施地域における賃貸借の実態を把握して，有機農業と賃貸借の関係を明らかにすることであった。南楊州市烏安面の概要と不在地主による土地所有は次の通りである。烏安面の全体面積51.03 km²のうち36.32 km²（71.2％）が林野，農地は4.6 km²（9.0％）。開発制限区域指定は41.85 km²（82.0％），上水源保護区域が42 km²（82.3％），2.48 km²（4.9％）が水辺区域である（水辺区域とは，河川から300～500 mの間の流域上水源保護のために農業以外の開発行為を禁止したところ）。所有は，全体農地の約4割が外地人所有，村によっては6割が外地人所有となっている（「外地人」については第4章注30参照）。

烏安面のこの間の経過をみると，70年代初めまでは，土地への投資価値が小さいと見なされ，外地人所有の少ない地域であったが，70年代初めのダム建設から上水源保護区域指定の80年代までにおいて，美しい景観から，外地人・企業の土地取得が増加した。80年代後半以降には，盧泰愚政権下の，全国的な不動産投機ブームで，個人の土地取得が増加した。

この烏安面において松前里の土地売買は，88年以前は，村内の取引がほとんどであったが，それ以降は外地人による売買が急増した。外地人の土地について，実際の借地の監督は，村内にある2軒ほどの不動産業者が行っている。不動産業者は，元来当地の住人であるが，自分の意のままに農地の賃貸借を管理するケースもあり，自分の親しい人に農地を賃貸し，また意にそぐわない借地人からは農地を引き揚げることもある。

ちなみに，八堂地域両水里周辺におけるP財閥グループなどの大きな土地所有について，筆者の聞き取り調査で把握した限りでは次のようなものがある。P財閥グループ，一時800万坪，現在500万坪。T大学校財団200余万坪。S寺宗教法人700万余坪。G連盟100余万坪。K研究所（某大学教授所有地）30万坪。前職高官のL某氏約30万坪。H財閥グループJ会長別荘地10万坪（以上は山林を含む）。

1998年12月に「土地取引規制」が敷かれて，上水源保護区域の土地取引は，申告制から許可制に移行し，農地についてはその取引は村内の農民に限定された。都市資本の活動を封じ込め，土地（農地）取引を規制する措置であった。このことにより一旦は，村内の農民しか農地の売買ができないということになったが，実際には抜け道がある。

　筆者の聞き取り調査によれば，企業地主の場合は，架空融資による担保権設定という手法をとる。会社側から農民に架空融資を行い担保として農地をとる。すなわち企業が農民に資金を貸したことにして，農地に担保権を設定し，農地の実質的な占有権を得る。この場合，名義上の所有は耕作農民だが実質的に，その農地は企業が支配していることになる。一方，個人地主の場合は様々だが，例えば不在地主は，農村内に住民票を移し，そこに住んでいることにして，自耕目的と偽って農地を購入し，知人の農民に耕作をさせる。その農民は，不在地主所有の家に住むが，その家には外地人（不在地主）が住んでいることになっている。農民新聞社の記者Ｃ氏によれば，農地を取得して8年以上耕作すれば，売却時に非課税となる。農地を取得した所有主は，これを農林部の農地原簿に載せるが，実際には賃貸して，自家耕作のように偽装している。そういう事例が極めて多いという。では，具体的に，土地所有を巡る農村の実情についてみてみよう。

(2) 農家個票一覧の検討

　筆者は，1999年8月と2000年4月の2回にわたり，同じ地域で実態調査を行った。最初は予備調査，2回目は集落農家の個別聞き取り調査である[25]。ここでは，2回目の農家調査から様々なデータを整理して，個票一覧表を作成し，この整理表の示すものについて検討していく。

　調査に際しては，訪問相手先の農家に調査の趣旨を説明するために，「説明書」を準備した（資料3参照）。また，調査個票は，限られた時間に話が散漫にならないように，質問事項を土地所有関係に絞り込んで，1時間程度の短い時間でも，当該農家の農地の状況が把握できるようにした（資料4参照）。こうして，30軒の農家について，1軒ずつ個別に訪問し，土地所有関係の聞き取り調査を進めた。調査結果は，多くのメモに残されているが，そ

第7章　土地所有と環境農業の対抗

[資料3]　調査主旨の説明書

> 안녕하십니까?
> 본 회는 팔당상수원의 수질보호와 토양생태계 회복을 위해 오래 전부터 유기농업 보급과 실천을 위해 다양한 노력들을 기울여 왔습니다. 또한 우리고장 농가들의 소득증대와 애로사항 해결을 위해서도 관심과 노력을 기울이고 있습니다.
> 팔당상수원에서 유기농업의 씨앗이 뿌려진지 벌써 20여 년이 지났고, 정책적으로 전 농가를 환경농업으로 전환시키고자 하는 사업이 펼쳐진지 5년이 되었습니다. 그 동안 민관이 적극 협조하는 가운데 팔당상수원 유역은 우리 나라 제일의 환경농업단지로 발돋움하고 있습니다. 그러나 아직도 많은 과제를 안고 있다고 생각됩니다.
> 이에 따라 본 회는 환경농업 실천 농가들의 애로사항을 제대로 파악하고 추진상항을 체계적으로 분석하여 자체적으로 해결 가능한 문제들은 해결하고, 정책적인 사항들은 농림부, 환경부 등에 적극 건의할 계획입니다. 아무쪼록 조사원 방문시 조사에 적극 응해 주시고 협조해 주실 것을 당부 드립니다.
> 금번 조사는 일본 구주대 경제학부 후카가와 교수와 공동 조사하고 있음을 아울러 알려드립니다.
> 그럼 가내 두루 평안하시기를 기원 드립니다.
> 감사합니다.
> 팔당상수원유기농업운동본부　본부장　정상묵

注：八堂有機農業運動本部と筆者の共同調査。

れらの一部を整理したものが，表7-10①から表7-10⑤の五つの個票一覧表である。

ここでは，論点を明確にするために，農家を幾つかのタイプに分けてみていく。分類基準は，一つは，有機農法導入農家と未導入農家，もう一つは借地農家と自作地農家である。自作地のみからなる農家は同集落には見当たら

[**資料 4**] 調査個票

한국농가조사표 (임대차) 2000년   월   후카가와 작성
일본 큐슈대학 경제학부 조교수 후카가와 히로시

조사일: 2000년   월   일
조사지역:
조사자:
조사대상자: (성명:)

1. 경영형태 (하나만 체크할 것)
· [자작농 (   ), 자작차지농 (   ), 차지농 (   )]
· [전작중심 (   ), 도작중심 (   )]

2. 가족구성 (동거가족만 기입)
　　　관계　　성별　　연령　　농업종사일수　　겸업종사일수
· 본인　(　　) (　　) (　　　) (　　　　)
· (　) (　　) (　　) (　　　) (　　　　)
· (　) (　　) (　　) (　　　) (　　　　)
· (　) (　　) (　　) (　　　) (　　　　)
· (　) (　　) (　　) (　　　) (　　　　)
· (　) (　　) (　　) (　　　) (　　　　)
· (　) (　　) (　　) (　　　) (　　　　)
· (　) (　　) (　　) (　　　) (　　　　)

3. 일일고용
총고용일수: 남 (   )인, 여 (   )인
임   금 : 남 (₩), 여 (₩)

4. 농지
·경영규모(평)과 필지수
  밭 (평)   논 (평)   기타 (평)
  밭의 필지수   논의 필지수   기타 필지수
  (   )   (   )   (   )
·재배작물의 종류와 평수
  (   ) (   ) (   )
  (   ) (   ) (   )
·농지소유 (평)
　　　　　　자작지　　　　　　차입지　　　　　　임대지
　　　(   ) (   ) (   )
　　　(   ) (   ) (   )
　　　(   ) (   ) (   )
　　　(   ) (   ) (   )
합계 (   ) (   ) (   )

5. 차입지 (지주와의 관계)
　　　　면적　　지주와의 관계　지주의 거주지　지주의 직업　차지개시년
　　　　평　　　타인 or 친족　마을내 or ?　농가 or ?
지주 a (   ) (   ) (   ) (   ) (   )
지주 b (   ) (   ) (   ) (   ) (   )
지주 c (   ) (   ) (   ) (   ) (   )
지주 d (   ) (   ) (   ) (   ) (   )
지주 e (   ) (   ) (   ) (   ) (   )

6. 지주와의 계약
　　　　　계약기간　　　　계약방법　　　　지대지불방법　　　지대의 금액
　　　　(1년 or ?년)　　(구두 or 문서)　(현금 or 현물)　(　　　W/평)
지주 a (　　　　)　(　　　　)　(　　　　)　(　　　　)
지주 b (　　　　)　(　　　　)　(　　　　)　(　　　　)
지주 c (　　　　)　(　　　　)　(　　　　)　(　　　　)
지주 d (　　　　)　(　　　　)　(　　　　)　(　　　　)
지주 e (　　　　)　(　　　　)　(　　　　)　(　　　　)

7. 지주에의 요망. (　) 안에 체크해 주십시오.
　계약기간의 장기화 (　), 계약방법의 문서화 (　), 지대의 인하 (　)
　기타요망 (　　　　　　　　　　　　　　　　　　　　　　　　　)
　(　　　　　　　　　　　　　　　　　　　　　　　　　　　　　)
　그 요망의 이유
　(　　　　　　　　　　　　　　　　　　　　　　　　　　　　　)
　(　　　　　　　　　　　　　　　　　　　　　　　　　　　　　)
　(　　　　　　　　　　　　　　　　　　　　　　　　　　　　　)
　(　　　　　　　　　　　　　　　　　　　　　　　　　　　　　)

8. 농지의 구입
　지금까지 농지를 구입한 적이 있습니까?　Yes or No
　Yes → 언제입니까? (　　　　) (　　　　　) (　　　　)
　(　　　　　)
　　　→ 면적은?　(　　　　) (　　　　) (　　　　)
　(　　　　)
　　　→ 평당단가는? (　　　　) (　　　　) (　　　　)
　(　　　　)
　　　→ 상대는 누구입니까? (　　　　　) (　　　　　)
　(　　　　) (　　　　)
　　　(농가 or 비농가)

9. 농지의 매각
　지금까지 농지를 매각한 적이 있습니까?　Yes or No
　Yes → 언제입니까? (　　　　) (　　　　　) (　　　　)
　(　　　　　)
　　　→ 면적은?　(　　　　) (　　　　) (　　　　)
　(　　　　)
　　　→ 평당단가는? (　　　　) (　　　　) (　　　　)
　(　　　　)
　　　→ 상대는 누구입니까? (　　　　　) (　　　　　)
　(　　　　) (　　　　)
　　　(농가 or 비농가)

10. 농지의 임대
　　　　면적　　　차지인과의 관계　　차지인의 거주지　　임차개시년
　　　　평　　　　타인 or 친족　　　마을내 or ?
차지인 a: (　　) (　　　　) (　　　　) (　　　　)
차지인 b: (　　) (　　　　) (　　　　) (　　　　)
차지인 c: (　　) (　　　　) (　　　　) (　　　　)

11. 차지인과의 계약
　　　　계약기간　　　　계약방법　　　　지대지불방법　　　지대의 금액
　　　　(1년 or ?년)　(구두 or 문서)　(현금 or 현물)　(　　　W/평)
차지인 a: (　　　) (　　　　) (　　　　) (　　　　)
차지인 b: (　　　) (　　　　) (　　　　) (　　　　)
차지인 c: (　　　) (　　　　) (　　　　) (　　　　)
·농가경제상황
　　연간농업소득　　　　　연간농외소득　　　　　연간가계지출
　(　　　　W)　　　(　　　　　W)　　　(　　　　　W)

表 7-10 ① 農家個票一覧　京畿道南楊州市鳥安面松村里 2000 年 4 月（農家番号 1 ～ 5 番の農家）

農家番号	同居家族	年齢	労働 農業従事日数[1]	労働 兼業従事日数	労働 日雇年間延人数[2]	経営 所有地 計	経営 所有地 自作地	経営 所有地 賃借地	経営 所有地 所有主別	借農地 地主との関係	借農地 地主の居住地	借農地 地主の職業	借農地 借地理由	借農地 借地経過年	借農地 地代の支払方法及び分量[3]	雇用農の労働力利用の有無	備考（農地の売買など）
単位		歳	日	日	人	坪	坪	坪	坪					年			
1	本人	58	365	0	—	2,700	1,450	1,250	250 畑 1,000 田	他人 宗土	河南市 ソウル	軍人 宗親会		20 10	現物 3 割	有	購入：田 1,000 坪、80 年、坪 2 万。相手農民は負債のため農地を売却してソウルへ移住した。
	妻	55	365	0													
2	本人	36	365	0	男 10	7,000	6,400 うち梨園 1,500	600	600 田	他人	村内	公務員		7	現物精米 80 kg	有	購入：畑 200 坪、92 年、坪 5 万。相手農民は高齢化で農地を売却。
	妻	30	0	0	女 90												
	父	72	365	0													
	母	64	365	0													
3	本人	38	365	0	男 40	2,500	1,100	1,400	1,400 畑	親戚	村内	公務員	労働力不足	4	現金 1,500 ウォン/坪	有	
	妻	33	0	0	女 350												
	息子	3	0	0													
	娘	2	0	0													
4	本人	45	365	0	男 80	3,300	1,800	1,500	1,500 畑	河川部地				20	96 年まで坪 200 ウォン 97 年以降徴収なし。	有	購入：畑 1,500 坪、80 年、河川部地の耕作権。相手は親戚（本家：祖父の兄）ソウル移住に伴う売却。
	妻	45	365	0	女 500												
	母	72	0	0													
	息子	64	365	0													
	娘	7	0	0													
5	本人	49	365	0	男 10	5,300	4,300	1,000	1,000 畑	河川部地				15	96 年まで坪 200 ウォン	無	購入：畑 1,000 坪（河川部地の耕作権），85 年。売却：畑 600 坪、92 年、坪 5 万。相手は村内の農民。負債のため。
	妻	47	250	0	女 70												
	母	72	250	0													
	息子	18	10	0													
	娘	19	10	0													

調査年月：2000 年 4 月．調査者：深川、八堂有機農業運動本部キム・ビョンス政策室長同行．
注：(1) 農業従事日数：農民による回答のほとんどは、「365 日」や「毎日」といったものである。これらはそのまま「365」と記載している．
(2) 日雇い賃金：男 5 万ウォン、女 2 万 5,000 ウォン．
(3) 賃貸借契約の共通事項：契約は 1 年更新、口頭契約、地代は現金で通常 1,200 ウォン/坪、施設栽培なら 1,800 ウォン/坪、前後である．

第 7 章　土地所有と環境農業の対抗　　　321

表 7-10 ②　農家個票一覧　京畿道南楊州市鳥安面松村里 2000 年 4 月（農家番号 6〜11 番の農家）

農家番号	同居家族	年齢	労働 農業従事日数	労働 兼業従事日数	労働 日雇年間雇人数	経営 自作地	経営 賃借地	経営 計	経営 所有主別	借地 地主との関係	借地 地主の居住地	借地 地主の職業	借地 地主の賃貸理由	借地 借地経過	地代の支払方法及び分量	有機農法の採用の有無	備考（農地の売買など）
単位		歳	日	日	人	坪	坪	坪	坪					年			
6	本人 妻	62 62	365 365	0 0	女 40	2,400	0	2,400	700 畑 1,700 畑	河川部地 他人	村内	農業	兼業（公務員）	今年	96 年まで坪 200 ウォン、現金1,400 ウォン/坪	無	高齢のため有機農業不可能[1]。
7	本人 妻 息子 息子	50 47 20 13	100 365 0 0	200 建設労働 0 0		0	2,500	2,500	1,000 畑 1,500 田	他人 他人	議政府市在住 住民票は村内	高校理事長	投機目的	20	na[2]	無	議政府在住の高校理事長は、住民票を村に置いている。
8	本人 妻 父 母 息子 娘	42 38 69 69 8 11	365 365 365 365 0 0	0 0 0 0 0 0	女 600	1,000	1,500	2,500	1,500 畑	河川部地					96 年まで坪 200 ウォン、93 年に建設交通部より、浸水補償。365 ウォン/坪	有	
9	本人 妻 息子 息子	46 45 21 18	200 200 60 60	0 0 学生 学生	男 400 女 800	0	3,000	3,000	3,000 畑	他人	村内	農家	労働力不足	12	現金 1,500 ウォン/坪	有	
10	本人 妻 父 娘 娘	39 35 65 28 25	365 365 365 30 30	0 0 0 200 200	男 80	6,255 (果樹園 1,200 坪)	2,145	8,400	1,600 畑 545 田	河川部地 河川部地				10	96 年まで坪 200 ウォン	有	
11	本人 弟 義妹 弟 父	44 42 34 40 70	365 365 365 365 365	0 0 0 0 0	女 300	2,700	300	3,000	300 畑	河川部地				22	96 年まで坪 200 ウォン	有	

調査年月：2000 年 4 月．調査者：深川，八堂有機農業運動本部キム・ビョンス政策室長同行．
注：(1) 有機農業は労働力の追加投入を要するため高齢者には難しい．
　　(2) na は，not available の略．

表7-10③ 農家個票一覧 京畿道南楊州市鳥安面松村里2000年4月（農家番号12～17番の農家）

農家番号	同居家族	年齢	労働			経営				借地					購入農機の有無	備考（農地の売買など）
			農業従事日数	兼業従事日数	日雇人間日数	計	自作地	賃借地	所有主別	地主との関係	地主の居住地	地主の職業	地主の賃貸理由	借地経過	地代の支払方法及び分量		
単位		歳	日	日	人	坪	坪	坪	坪					年			
12	本人	34	365	0	女30	2,200	0	2,200	1,000 畑	河川部地	ソウル	宗親会		22	96年まで坪200ウォン	無	
	母	64	365	0					1,000	宗土	村内			15	現金1,000ウォン/坪		
									200 畑	他人				1			
13	本人	44	365	0	男20	4,000	2,800	1,200	700 田	河川部地				22	96年まで坪200ウォン	有	
	妻	37	365	0	女10				500 田	河川部地							
	父	65	365	0													
	母	64	365	0													
	息子	14	0	0													
	娘	13	0	0													
14	本人	42	365	0	男50	6,200	5,400	800	300 畑	河川部地					96年まで坪200ウォン	有	
	妻	41	365	0	女200				500 畑	河川部地							
	息子	7	0	0													
	息子	5	0	0													
	娘	3	0	0													
15	本人	39	365	0	男10	5,500	1,500	4,000	600 畑	河川部地	九里市	飲食店	投機目的	22	96年まで坪200ウォン	無	
	妻	36	30	300	女80				1,200	他人	ソウル	Pグループ（企業体）		2	na		
	母	68	300	0					2,200 畑	他人				5	na		
	息子	9	0	0													
	息子	7	0	0													
16	本人	62	na	na	男50	16,100	10,200	5,900	4,600 畑	河川部地	ソウル		投機目的	22	96年まで坪200ウォン	無	売却：河川部地の畑600坪、今年坪2万5千（耕作権売却）相手は村内の農民、売却理由は、息子の事業資金（中古車販売）を得るため。
	妻	63	na	na	女250				130 田	他人	ソウル		投機目的	4坪前	na		
									330 田	他人	ソウル		投機目的	4坪前	na		
									840 畑	他人				4坪前			
17	本人	54	365	0	女50	1,200	500	700	700 畑	他人 村民の親戚	ソウル	会社員	村民のソウル移住	5	現金1,000ウォン/坪	有	購入：200坪（宅地用）、94年坪8万、売却したのはソウル在住の非農家。
	妻	46	365	0													
	娘	24	50	200													
	息子	20	50	0													

調査年月：2000年4月，調査者：深川，八堂有機農業運動本部キム・ビョンス政策室長同行。

第 7 章 土地所有と環境農業の対抗 323

表 7-10 ④ 農家個票一覧 京畿道南楊州市鳥安面松村里 2000 年 4 月（農家番号 18～24 番の農家）

農家番号	同居家族	年齢	労働				経営				農地賃借				採用農法の有無	備考（農地の売買など）
			農事従事日数	兼業従事日数	日雇年間人数	計	自作地	賃借地	所有主別	地主との関係	地主の居住地	地主の職業	地主の貸貸理由	借地経過年	地代の支払方法及び分量		
		歳	日	日	人	坪	坪	坪	坪					年			
18	本人 妻 息子 息子	59 55 36 34	365 365 50 50	0 0 200 200	女900	5,200	4,000	1,200	1,200 田	他人	村内	農業	高齢化	1	現物4割	有	購入：田340坪，今年，坪10万。相手はソウルに移住した元村民。売却理由は，結婚した息子が家を借りる際の委託金（チョンセ金）の必要から。
19	本人 妻 母	58 56 80	365 365 —	0 0 —	—	7,270	4,810	2,460	2,060 畑 400 田	他人	村内	不動産業	投機目的	5	96年まで坪200ウォン 現金，1,500ウォン/坪	有	地主は経済危機前に投機目的で購入。
20	本人 妻 母 娘	54 54 88 26	365 365 na 200	0 0 na 0 会社員	0	2,400	0	2,400	800 畑 1,600 田	他人 隣村	村内	農業 牛の仲買業	労働力不足 投機目的	3 3		無	
21	本人 妻	72 64	365 na	0 na	0	2,100	0	2,100	1,500 畑 600 畑	河川部地 教育庁（元の国民学校の所有地）				22	96年まで坪200ウォン	無	この国民学校は現在廃校。
22	本人 妻 母 娘	50 48 70 17	0 365 300 0	300 0 運送業 0	0	3,700	0	3,700	2,400 畑 1,200 畑	河川部地 他人	ソウル	事業	投機目的		na	無	購入：畑2,400坪（河川部地の耕作権)，90年，隣村の人から。実際の管理は村内の不動産業者に委託されている。不動産業者は頻繁に借地人をかえる。この業委託は10年前から。
23	本人 妻	60 54	365 365	0 0	—	5,350	0	5,350	2,600 畑 1,000 畑 350 畑 1,400 田	河川部地 他人 他人 他人	ソウル 村内 村内	農業 牛の仲買業	投機目的 高齢化 労働力不足	4	96年まで坪200ウォン 1,300ウォン/坪 1,300ウォン/坪現物	無	購入：畑2,600坪（河川部地の耕作権)，97年。
24	本人 妻	66 62	365 365	0 0	女300	2,200	400	1,800	300 畑 1,500 畑	河川部地 他人	村内	農業	高齢化 息子は公務員	5	1,700ウォン/坪	有	

調査年月：2000年4月，調査者：諜川，八堂有機農業運動本部キム，ピョンス政策室長同行。

表7-10 ⑤ 農家個票一覧　京畿道南楊州市鳥安面松村里 2000 年 4 月（農家番号 25～30 番の農家）

農家番号	同居家族	年齢	労働 農事従事日数	兼業従事日数	日雇年間雇人数	経営 計	自作地	賃借地	所有主別	地と の関係	賃借地 地主の居住地	地主の職業	地主の貸借理由	地代の借地経過年	地代の支払方法及び分量	結縁の農民合否	備考（農地の売買など）
単位		歳	日	日	人	坪	坪	坪	坪					年			
25	本人	61	365	0	—	8,100	0	8,100	6,600 畑 1,500 畑	河川部地 親戚	住民票は村内。ソウル居住。	事業	不動産所有	20	96年まで坪 200 ウォン 地代無し	無	ソウル在住の親戚は住民票を村に置いており、その家に当該農家が居住している。
	妻	60	365	0													
	息子	30	300 会社員														
26	本人	45	200	100 畜産	男 10	2,600	1,600	1,000	1,000 田					20	na na	有	購入：田 650 坪, 98 年, 坪 8 万 購入した農地は、前財務部長官の所有地（不正蓄財への批判）。
27	本人	56	365	0	—	2,600	0	2,600	200 畑 2,400 畑	河川部地 地人	ソウル			22 20	96年まで坪 200 ウォン 無地代	無	
	妻	50	365	0													
28	本人	48	365	0	女 600	4,500	3,700	800	800 畑	河川部地	ソウル			22	96年まで坪 200 ウォン	有	購入：畑 600 坪, 90 年, 坪 5 万。相手の売却理由は労働力不足。村内の他の農民が借地耕作中。売却：1,700 坪, 80 年, 買主は医師 負債のため農地売却。
	妻	41	365	0													
	息子	17	—														
		10	—														
29	本人	51	300	0	女 100	6,000	3,800	2,200	1,200 田 1,000 田	他人 河川部地	ソウル	事業		4	現物米 2 カマ精米 80 kg×2	無	
	母	74	300	0													
30	本人	44	300	0	女 150	11,000	10,400	600	600 田	親戚	ソウル	不動産		8	現物米 2 カマ精米 80 kg×2	有	子供が病弱なために有機農業を 7 年前に始めた。同家は村内の元小地主農地の売却 3 件：5,000 坪, 72 年, 韓国電力へ。3,000 坪, 75 年, ソウルの事業主。1,500 坪, 80 年, ソウルの事業主。いずれも現在は村民が借地耕作。
	妻	42	300	0													
	父	87	0	0													
	母	84	0	0													
	息子	14	50	0													
	娘	17	50	0													

調査年月：2000 年 4 月，調査者：深川，八堂有機農業運動本部キム・ビョンス政策室長同行．

第 7 章　土地所有と環境農業の対抗　　　325

ない。これで形式的には農家を 4 タイプに分けることができる。有機農法未採用の，借地農家と自作地農家，有機農法採用済の借地農家と自作地農家，である。ここでの研究の目的は，有機農法採用の有無に，借地が影響を与えているか否かを明らかにすることであるから，借地を持つ有機農法未採用農家の未採用理由に焦点を絞る。このタイプの農家は 30 軒中 13 軒であり，これをさらに二つに分けて，自作地を全く持たない純借地農家 9 軒と，自作地も併せ持つ自借地農家（自小作農家）4 軒の二つのタイプについて検討を加える。

a）有機農法未導入の純借地農家

ここでは前者の自作地ゼロというタイプから見てみよう。

まず，6 番は借地経営に加えて，「高齢のため」有機農業ができない。有機農業は通常農法に比べて，多くの労働力投入を要すると言われている。除草剤を使わずに手仕事で除草することもある。このため，高齢で，過酷な労働に耐えられない農家には有機農法採用が難しいと言われている。6 番の農家の有機農法不採用の理由としては，借地よりもそちらの要因の方が大きい。続く 7 番の農家は，労力要因と借地要因が相半ばしている。家族労働力の主体となるべき家主が年間 200 日建設労働に兼業で従事しており，有機農法のために労働力を追加投入する余裕が無い。また借地 250 坪は，明らかに投機目的で購入したと思われる地主が所有しており，長期的な賃貸借関係締結が困難のようである。地主は，ソウル北方の議政府（ウィジョンブ）市に住む高校理事長である。余裕の資金で投機目的に農地を購入している。しかも，実際は遠方の議政府に住みながら，住民票は当村落内に置いて，不在地主ではないかのように偽装している。実際には，その地主の家に，借地農を住まわせて，自分が住んでいるかのごとくにしている。12 番の農家は，借地要因よりも労働力要因が大きいと思われる。借地 2,200 坪の内，200 坪のみの地主が村内の他人で開始 1 年という，いまだ不安定な賃貸借関係にあるが，他は，河川部地（ハチョンブチ）の 1,000 坪が坪当り 200 ウォンという低い地代で賃貸借開始後，既に 22 年を経過し，残りの 1,000 坪は，宗親会という一族の祭司用に地代を供する土地であり，「宗土」と呼ばれている。この

「宗土」は韓国の各村々に大抵何箇所か見られ，宗親会を支える経済的基盤となっている。さて，このように比較的安定した借地関係の元にありながら，有機農法採用に踏み切れないのは，34歳と64歳の2人の女性労働力のみという事情のためと推測される。20番の農家は，労働力よりも借地要因が大きい。2,400坪の借地のうち，1,600坪は隣村の牛仲介業者が所有するが，その地主は投機目的で農地を購入している。賃貸開始後，未だ3年にすぎず，状況次第では転売する可能性があることから，長期賃貸借は困難と言える。800坪の筆地は，労働力不足により村内に住む地主が賃貸を開始したものであるが，こちらも3年しか経過しておらず，親族関係にもないことから，安定した賃貸借関係とは言えない。こうして1,600坪と800坪の筆地のいずれも長期賃貸借を前提に有機農法を導入できるという状況にはない。21番は労働力要因である。賃借地2,100坪の内，1,500坪が河川部地で比較的安定した賃貸借関係下にあるが，家族労働力は，72歳の家主と64歳の妻という典型的な高齢一世代世帯であることから，追加労働投入を伴う有機農法の導入は困難とみられる。22番は，労働力要因と，借地要因の双方から有機農法が困難な状況にある。家主は運送業に年間300日従事しており，その妻及び高齢の母が農業労働の担い手となっている。こういう状況では，畑3,400坪の有機農法に労働力を追加投入するのは難しいであろう。3,400坪の畑はすべて借地であり，内2,400坪は河川部地であるが，残り1,200坪はソウル在住の人が所有している。職業は「事業」であるが，韓国では，独立して仕事をする人は，ほとんどの人が自分の職業を「事業」と回答する。「事業」という回答には，中小企業経営主だけではなく，あらゆる業種の零細事業者も含まれている。この「事業」家は，投機目的で10年前に農地を購入し，それを直接管理することなく，村内居住の不動産業者に委託管理させている。同村内には，こういう不動産業者が2軒存在し，2軒の業者ともに，もともと村内の人であるという。筆者はこの不動産業者に何度かインタビューを試みたが拒絶された。不動産業者は，ソウル在住の不在地主に代わり，農地の貸付や引き揚げを行っている。借地農によれば，この不動産業者は，頻繁に借り手を変えており，とても契約継続を保証されるような状況ではないという。実際に借地開始後1年しか経過しておらず，今後どうなるか分らないと

いう状態では，有機農法導入は困難であろう。以上のように22番の農家が有機農法を採用するには労働力投入と，賃貸借安定化という二つの壁がある。
23番の農家は比較的規模の大きい借地農家であり，60歳と54歳の夫婦2人で農地を経営している。経営農地全体農地うち最も大きい筆地2,600坪は河川部所有地である。この河川部地の耕作権を，地代徴収の停止された97年に購入している。地代徴収＝農地回収の可能性という問題も，同時に抱え込んでいるという点では，他の河川部地経営農民と同じ条件下にある。他の3つの筆地をみると，最も小さな300坪の畑は村内の農民が高齢化のために賃貸に出したものである。同じ村内であるが賃貸後未だ1年しか経過していない。1,400坪の田も同じ村内に地主がいるが，こちらは牛の仲介業を営む地主が，労働力不足を理由に賃貸している。ついで，1,000坪の畑はソウル在住の不在地主が投機目的で購入した農地を賃貸しており，賃貸開始後1年しか経過していない。このような条件からみて，特に畑において有機農法の採用は難しいと見られる。27番も土地所有要因と思われる。その根拠は地代がゼロであることだ。賃借地2,600坪の内，2,400坪がソウル在住の不在地主の所有であるが，地代がとられていない。これは地主が寛容だからではなくて，地主の土地所有が，投機目的で，地代は眼中にないことを示している。この地主は20年間同じ借地人に賃貸しているが，借地人は地主を「他人」と認識しており，容易に有機農法を導入できる状況ではないと思われる。農業労働力は夫婦2人であるが，まだ高齢という年齢ではなく，労働力不足よりも土地所有要因が大きいと推測される。

b）有機農法未採用の自借地農家

次に，自作地を一定程度持ちながら借地も相当あるという，自借地農家の未採用事情について，みてみよう。農家番号では，5番，15番，16番，29番の4軒がそれに該当する。5番は，働き盛りの夫婦労働力に高齢者の補助労働力で，5,300坪の農地を経営している。自作地を4,300坪持ち，借地は畑1,000坪の河川部地のみである。一見すると恵まれた条件にありながら，5番の農家が有機農法未採用である，その理由を自ら明らかにしていないが，おそらく92年の時点で，負債を理由に農地を600坪売却していることが関

係しよう。負債という経済的な理由が，有機農法という短期的には採算のとれない農法の導入を妨げていることが考えられる。15番は，三世代家族であるが，妻が年間300日兼業に出ており，家主と高齢者各1名が主な労働力である。経営農地5,500坪の内4,000坪が賃借地であり，うち，1,200坪は，近郊の九里市在住の不在地主所有であるが，投機目的に購入した農地を賃貸している。また2,200坪の筆地は，ソウルの都市資本P財閥グループが所有している。いずれも賃貸開始後の期間は比較的短く，農地引き揚げの可能性があることから，有機農法導入は難しいとのことであった。16番は，村内で最も経営農地規模の大きな農家である。16,100坪，5haを超える農地を夫婦2人で経営しているが，実際には，臨時雇いに依存するところが小さくない。年間延べ人数で，男50人，女300人を雇っている。ちなみに，日雇い賃金は男5万から6万ウォン，女2万5,000から3万ウォンで，村内は統一されているようである。女性の臨時雇いが，野菜出荷時の梱包などおもに室内作業中心であるのに対し，男性労働力は外での重労働が多く，賃金には2倍の格差がつけられている。その男性労働力を年間50人採用していることは，当該経営の臨時雇い労働力への依存度が比較的高いことを示している。ただ，経営者の夫婦2人は既に60歳を超えており，今後，臨時雇いに依存しつつも経営規模を縮小するようであり，そういう方向性の中で，有機農法未採用という事情が出てきている。借地関係をみると，5,900坪の借地の内，4,600坪が河川部地であるが，このうち畑600坪分の耕作権を今年，坪2万5,000ウォンで売却している。売却理由は，非同居の子息の事業資金（中古車販売業）ということであるが，徐々に農地経営から退いて，子息への生活の依存度を高めていく年齢をむかえつつある。後述するように，河川部地については，政府による耕作権引き揚げの可能性が出てきており，賃貸借関係に不安定要因が残る。そういう状況の中では，耕作権を事前に転売して，資金を他へ投じるという選択が賢明と考えられるかもしれない。そういう行為を繰り返していく場合，5年間という土壌改善計画をたてるのは難しいであろう。この経営について，河川部地以外の比較的狭小の三つの筆地は，ソウル在住の不在地主が所有している。IMF経済危機以前の4年前に，その地主が投機目的で購入したものを，当該農家に賃貸しており，経済状況好転と，

地価上昇の見込みがあれば，すぐにも，土地引き揚げや転売の可能性が出てくる事から，もとより土壌改善計画は困難である。29番は労働力と借地双方の理由のようである。労働力は女性労働力のみであり，臨時雇いの女性を延べ100人導入している。74歳という高齢の母親を抱えており，今後5年間女性労働力のみで，有機農法に追加労働力を投入するのは難しいと思われる。借地2,200坪の内訳は，1,000坪が河川部地で，1,200坪がソウル在住の事業主所有であり，この借地でも有機農法導入は難しいであろう。

　5番，15番，16番，29番のように，自作地を一定程度持ちながら，借地も相当あるという，自借地農家についても，有機農法未採用の理由としては，労働力要因か，借地要因のあることが確認された。

c）有機農法と地主の性格
　さて，以上のように見てくると，労働力不足や借地が有機農業未採用の理由であることがわかる。ここで，労働力要因は部分的には臨時雇いを増やすことによって解決可能であり，それを可能にするには農業経営の長期的展望や賃貸借の安定性などが必要となる。
　まず，労働力不足は，兼業や，高齢化，及びその他の家族の事情によるものであるが，経営について一定の将来展望があれば，臨時雇いを増やすことによって解決可能な場合もある。重労働は男性の臨時雇い，軽労働は女性の臨時雇いを，年間延べ数百人と雇えば，残された軽労働及び就農計画だけで，労働力に不足する農家でも農地の経営が可能である。そういう条件下において有機農業未採用の農家の事情を見ていくと，長期的に営農を継続するという計画のある農家に採用は限定されてくるようである。家主が兼業に出ている農家は女性が労働の中心である。またもともと女性労働だけからなる農家もある。女性労働や高齢労働であれば，追加の臨時労働力投入を要する有機農法の採用には慎重にならざるをえないであろう。このように労働力不足も要因ではあるが，主要な問題は賃貸借ないしは，土地所有になるのではないかと思われる。不在地主の土地所有が拡大して，賃貸借関係が不安定であるために，労働力が補充できても，有機農法採用は難しい，ということになろう。そうなると，有機農法導入如何は，採算性がまず第1の条件ではあるが，

表7-11 地主の性格と有機農法採用如何の関係　　　　　（単位：借地件数，戸数）

	地主の性格						河川部地	借地件数	農家戸数
	在村地主			不在地主					
	親戚	他人	計	親戚	他人	計		計	
単　　　位	件	件	件	件	件	件	件	件	戸
採 用 済 農 家	1	5	6	2	2	4	12	22	17
うち自借地農家	1	4	5	2	2	4	12	21	16
うち純借地農家	0	1	1	0	0	0	0	1	1
未 採 用 農 家	0	6	6	1	14	15	12	33	13
うち自借地農家	0	0	0	0	6	6	4	10	4
うち純借地農家	0	6	6	1	8	9	8	23	9
計	1	11	12	3	16	19	24	55	30

出所：表7-10①〜表7-10⑤の5つの表より作成。
注：在村・他人という地主は，村外に居住しつつ住民票を村内においている場合がある。

究極的には土地所有の状況にも左右されるということになる[26]。

　その両者の関係に焦点を絞って，集落農家の状況を，わかりやすくまとめたものが，表7-11である。表7-11は，農家戸数ではなく，賃貸借件数の数値を示している。例えば，同一の農家について，ある筆地は不在地主から，別の筆地は河川部地から賃借している場合は，それぞれをカウントして，賃貸借件数2件となる。同集落の農家30軒で，借地件数は合計55件であった。この55件の内，有機農法採用農家17軒で22件の借地を，未採用農家13軒で33件の借地を抱えている。まず先に未採用農家の借地における地主の性格を，地主の所在地別に見ていくと，借地件数33件の内，在村地主が6件で，不在地主が15件であった。在村地主のなかには，先の調査で見たように，実際には村外に住みながら住民票を村内に置き，村内居住のごとく偽装している農家も含まれると考えられ，そうしてみると，未採用農家には，不在地主所有との一定の相関関係が認められる。また，地主との親戚関係の有無では親戚よりも他人が多い。在村地主が6人全員他人と回答し，不在地主は15名中14名が他人である。このように見てくると，有機農法未採用農家は不在の他人地主との賃貸借関係が多いようである。このことを確認するた

めに，裏面の有機農法採用農家の地主についてみていく。採用農家と反対の現象があれば，未採用農家の性格づけが，より強固なものになるだろう。既採用農家17軒の借地22件についてみると，地主の所在地別では，6件が村内，4件が村外である。また，地主の親戚・他人の別は，親戚3名・他人2名であり，未採用農家に比べて，相対的に親戚の割合が大きい。すなわち，既採用農家は未採用農家とは反対に，在村地主・親戚地主という，特徴が見られるようである。事例農家数が少ないが，調査農家からはそういう結果が出てくる。そして，このことから，土地所有問題に焦点を当てた場合，有機農法を未採用である農家における地主の性格は，不在地主で，親戚関係のない他人地主であるということが確認された。

　ところで，この借地件数のなかでは，河川部地の件数がかなり多い。既採用農家17軒で12件，未採用農家13軒で12件が河川部地である。すなわち，採用農家で借地件数の約半分，未採用農家で3分の1に相当する件数が，河川部地となっている。

　もともと八堂上水源地域の土地所有は，都市資本以外にも政府所有地，すなわち河川部地（河川敷の農地）の賃貸借に関して問題を抱えていた。この地域では，建設交通部が地主となる河川部地が相当の面積を占めている。河川部地は70年代にダム湖へ土地が沈むために強制収用された農地であり，当時は韓国電力公社の所有地であったため，韓電（ハンジョン）の土地（タン），すなわち韓電タンと呼ばれていた。その後，韓電タンは，建設部の管理に移されて，その建設部が交通部と合併し，建設交通部に組織改編されたために，一時は，建交部（コンキョウブ）の土地（タン）とも呼ばれた。現在は，建交部内の河川部による管理のため河川部地と呼ばれることが多いようである。同じ土地が管理部局の変更に伴い，韓電タン，建交部のタン，河川部地と名前を変えてきたことになる。調査時の農民の回答も，韓電タン，建交部のタン，河川部地と様々であり，困惑したが，後で筆者が整理して，調査一覧には，河川部地という統一名で掲載している。要は，これらの様々な名称を持つ土地が，実は政府所有という同一の性格を有し，都市資本とともに，地域農業の運命を左右しかねないことである。

　河川部地は湖を望む平坦地帯に広がっている。八堂ダムの高さは29 m，

八堂ダム湖の標準水位は25mであるが，25〜28m間における高度差3mの冠水可能性のある河川敷（もともと農地であったところ）を，政府が農民に賃貸しており，この部分が「河川部地」である。この河川部地は，八堂ダム湖の周辺全域に広がっており，近隣農村の農地の中では相当の割合を占めている。地代は坪当り200ウォンであり，一般の農地の1,200〜1,500ウォンに比べればかなり低い水準にある。地代とは別に河川部地には耕作権が設定されており，農民間で耕作権の売買がなされている。これを政府は黙認しているようである。

　この河川部地は梅雨時に冠水の可能性があり，農民はそのリスクを抱えている。実際に3年に一度程度，部分的に冠水しており，93年の豪雨災害に際しては，政府が坪当り約300ウォンの冠水被害補償を行っている。以来，地代徴収をもって農民の土地利用を認めてきたが，97年から政府が突然に，何の通告もなく，地代徴収を中止した。徴収中止について，政府はなんらの具体的な説明も行ってはいないが，農民たちは，管理部局の建設交通部が，賃貸関係を解消して，土地を収用し，環境保全を理由に河川部地への植林を計画していると推測している。そうなると農民は相当の経営農地を失うことになるが，明快な政府回答がないために反対運動も難しく，農民の間には不安がひろがっている。

おわりに

　通常の環境対策においては，開発と環境はトレードオフの関係にあり，両立させることはなかなか難しい。これを環境対策の技法で乗りきることにも限界がある。ここでは開発側について土地所有という構造問題を取りあげて，有機農法による環境対策の限界について考察した。

　八堂上水源保護区域は都市近郊にあって，開発の可能性の高いことから，都市資本が入り込んで投機的な土地売買を繰り返しており，平坦農地の多くが都市資本の所有に帰している。そういう土地所有状況の下で，八堂有機農業運動本部を中心に有機農業普及の運動が進められてきた。この運動は，農薬及び化学肥料の使用を抑えて，周辺への環境負荷の小さい農法を導入・普

第7章 土地所有と環境農業の対抗

及させるものである。当初，この試みは少数の農民の自主的な民間運動として始まったが，近年，その成果が示されるに連れて社会的な注目を集めるようになった。八堂ダム湖の水質保全対策を必要とした政府もこの運動の支援に乗り出し，民間の環境農業推進運動を政府が吸収する形で事業化を進めた。その結果，近年の八堂地域は，韓国有数の有機農業モデル団地にまで発展した。

しかしながら，八堂地域における有機農業の一層の発展には，土地所有問題の解決が課題となっている。有機農業は長期・安定的な土地利用経営を必要とするが，土地所有側はそういう条件を提供するには至っていない。土地所有側は随時的な土地処分権を保持することを重視しており，農業側の長期・安定的な土地利用とは利害が対立している。この結果，借地を多く抱える地域を中心に，有機農法による土壌改善に踏み込めない農家が多数現れてきている。実態調査の結果においても，不在地主の土地所有と有機農法導入との間には，一定の相関関係が現れている。借地経営で，その借地が不在地主からのものであるという農家ほど，有機農法の導入には消極的である。有機農法不採用の理由は借地要因ばかりではなく，労働力不足や高齢化を理由にあげる農家も少なくない。通常農法に比べて有機農業は労力を要し片手間にはできない。しかし，一定の労働力保有を前提に，各農家の有機農業導入如何の条件を検討していくと，土地問題がやはり浮上してくる。特に有機農法導入のある程度進んだこの地域では，より一層の普及には土地所有問題がネックとなっている。これらの結果から，一般に，有機農業の発展には土地所有の安定が不可欠ということが言える。これに加えて最近では，八堂ダム湖河岸の広大な政府所有農地である河川部地についても，収用の可能性が出てきており，長期的な農地利用計画の策定が困難となっている。私的土地所有と公的土地所有の双方から挟撃される形で，安定的土地利用という有機農法導入の条件が脅かされており，普及活動は困難に直面している。

有機農法全般が土地所有に左右されるわけではないが，有機農業の今後の発展は，土地所有構造の改革に依存するところが小さくない。とくに韓国の有機農業を理解するためには土地所有問題を避けて通ることはできない。日本と比較して，韓国の有機農業を理解する際には，日本とは異なる土地所有

構造に留意する必要がある。有機農業すべてが土地所有に左右されるわけではないが、有機農業の今後の発展は、土地所有改革に依存していると思われる。典型事例の調査地域では有機農業発展に土地所有が大きく関わってきている。政府と都市資本の土地所有について、長期賃貸借契約の締結という経営安定の条件を確保できれば、同地域の有機農業は一層の普及拡大が見込まれる。同地域は韓国における有機農業のモデル団地であるために、同地域の動向が韓国全体の有機農業の進路に影響を与えるであろう[27]。

1990年代前半を振り返ってみれば、農業分野における、環境問題の発生とその対策は、農産物市場開放という国際的な農業調整を受けた政策支援の影響をストレートに受けている。1994年の農産物市場開放妥結時には様々な施策が打ち出され、都市近郊農業における施設現代化資金の補助は大きな役割を果たした。農産物市場開放に備えて、稲作農業を高収益農業に転換することで、韓国農業の生き残りを目指すという方向性のなかに、その動きは位置付けられる。支援を受けた成長作物は大いに生産を伸ばし、海外市場へも販路を伸ばすほどであった。しかしながら、高収益農業の追求は、化学肥料や農薬の投入増加を伴い、農業全般の環境汚染という新たな問題をもたらした。

このような問題の解決のために、環境農業の育成事業が90年代後半より進められつつある。それは従来の民間の自然農法を政府が取り込む形で進められ、政策支援により近年飛躍的な成長を遂げつつある。そして、この環境農業育成目的の政府支援も、90年代末のWTO体制下のグリーンボックスという枠組みのなかで推進されている。つまり、90年代における韓国農業の環境問題とその解決政策は、いずれも、WTO体制下における国際農業政策の産物として現れてきている。

注

1) 拙稿「韓国のグリーンベルト ―転用規制と環境保全の試み―」日本経済政策学会編『政策危機の構図』勁草書房、2000年、204-207頁。また、拙稿 "Green Belt in the Republic of Korea"、九州大学『経済学研究』第63巻第1号、1996年、29-42頁。
2) 現在はより大胆な規制緩和策が打ち出されている。現在の大統領は、全国14都市圏開発制限区域の内、七つの小都市の開発制限区域を全廃、残りの都市についてもそ

第7章　土地所有と環境農業の対抗　　　　　　　　　　　　　　335

の30％程度を解除する方向で検討している（第6章注14参照）。
3）稲作平坦部と比べた場合の，都市近郊農業の地代に関連する地主側の関心については，次のように言える。いずれも不在地主の農地所有と仮定した場合に，稲作平坦部の場合は，地代収入（現物の食糧含む）のみが問題となるのに対して，都市近郊の場合には，投機目的に，地主が農地を所有している可能性が高く，地代収入に加えて，地価への関心が大きい。
4）環境問題の活動家のR氏によれば，京畿道果川市は財源が豊富のために，余計に農薬を散布し環境問題を引き起こしている。住宅地において緑地を形成する樹木の防虫のために散布される農薬が，近隣住民の健康被害を巻き起こしている。果川市においてその被害が特にひどく，健康被害の結果，他都市へ移住する者まで出ている。IMF緊縮財政下において，果川市近隣の儀旺（ウィワン）市，河南（ハナム）市，などでは，都市財政緊縮→農薬散布費縮小，という経過をたどったが，競馬場を抱え政府庁舎のある果川市は例外的に都市財政が豊富であるために，農薬費が唯一伸びた。この背景には，他都市の農薬使用費の減少を，果川市で回復しようとする，農薬製造業体の激しいロビー活動があったと言われている。その結果，財政に占める農薬散布費は，他都市が減少するなかで，果川市だけが異常に増加している。本来ならば不要であるはずの大量の農薬が，住居地の樹木に散布されており，アパート地区居住の住民は低層階の人を中心に，原因不明の健康障害に見舞われた。これらの被害はなかなか表面化することはなかった。農薬製造業体は政府の手厚い保護下にあると言われている。農薬製造業体は，肥料製造業体とともに退役軍人の重要な天下り先となっており，これらのことが，農薬や肥料の過剰供給継続の背景にあるという。これらの問題についての詳細な調査は，様々な事情から極めて難しい。
5）日本経済政策学会第56回大会（東海大学）における深川報告「韓国のグリーンベルト―転用規制と環境保全の試み―」，及び，討論者の横浜市立大学倉持和雄氏のコメントを整理。
6）金正鎬「転換期の韓国の農業環境政策」『農業と経済』第64巻第12号，1998年11月，65頁。
7）京畿開発研究院『首都圏地域ノ水環境管理方案ニ関スル研究―八堂浄水源ヲ中心ニシテ―』，1996年。同じく京畿開発研究院『八堂浄水源水質改善方案ニ関スル研究』，1997年。また，韓国農村経済研究院『条件不利地域及ビ環境保全ニ対スル直接支払イ制度ニ関スル研究』，1998年。
8）最近は朝鮮民主主義人民共和国との境界を流れる臨津（イムジン）江開発も話題となっているが，交渉の進展は伝えられていない。
9）前掲，京畿開発研究院『首都圏地域の水環境管理方案ニ関スル研究―八堂浄水源ヲ中心ニシテ―』，11頁。
10）前掲，京畿開発研究院『八堂浄水源水質改善方案ニ関スル研究』，3頁。
11）八堂上水源地域は，72年に保護区域1号・2号に指定され，同時期に開発制限区域にも指定された。
12）土地投機が規制緩和の契機になったことは事実であるが，どのような理由と手続き

を持って，規制緩和が進められていったのか詳細はわからない。規制緩和前後の土地購入者のなかには，都市居住の政治家や財界人が含まれるが，規制緩和をめぐる状況については明確ではない。

13) 韓国では埋葬の際，日本のように人体を焼却して家族全員を同じ墓に埋葬することはしない。焼却せずに，しかも埋葬者が1人出るごとに一つずつ新たな墳墓をつくっていく。このため毎年，広大な山野が墳墓地に転換され続けており，墳墓地は山間地のなかで相当の面積を占めている。裕福な人ほど広い敷地に大きな墓を構える傾向があり，生前から自分で墓地の準備をして，景観の良い土地を自分の埋葬地用に買い取っていく。このため墓地開発可能性のある山林は有力な投機の対象となる。景観に優れた湖周辺の丘陵地ではこういう取引が盛んに行われている。投機的取引であるから取引による利益を得る見込みがあれば，必要以上の山林伐採や墓地造成も行われる。景観が良く，利益獲得が望める場合には，傾斜度の急な危険地域さえも開発の対象となる。この結果，急傾斜地の山林伐採と用地造成から降雨時には山崩れの危険性が増している。

98年夏の豪雨時には，ソウル東方の八堂ダム湖周辺において，不法拡張された急傾斜地の墓地より，遺骨約200体が八堂ダム湖へ流入するという事件が起きた。人骨の流入した八堂ダム湖からはソウル市民の飲み水が取水されており大きな社会問題となった。

事件が起きたにもかかわらず翌年の99年1月には再度，墓地造成の作業が開始された。環境運動団体がこれに激しく反発し，墓地が上水源の水質を悪化させるという危機感から，八堂上水源の公園墓地新設反対を訴える集会を開いた。そこに現れた環境運動団体の活動家たちは，事件を皮肉って喪服姿であり，「謹弔上水源」というアイロニカルな幟（のぼり）を掲げていた。痛烈な批判である。墳墓の流出による湖水汚染という環境保護団体の指摘を受けて，環境部はようやく重い腰をあげた。そして同年2月，八堂ダム湖上水源近隣における共同墓地造成禁止の方針を明らかにした。

14) 2000年夏現在，同グループは破産して政府管理のもとに置かれている。
15) 両水里での筆者の聞き取り調査による。
16) 前掲，金正鎬「転換期の韓国の農業環境政策」，69-72頁。
17) 前掲，韓国農村経済研究院『条件不利地域及ビ環境保全ニ対スル直接支払イ制度ニ関スル研究』，86-112頁。
18) 同上，韓国農村経済研究院，83頁。
19) 前掲，金正鎬「転換期の韓国の農業環境政策」，65頁。
20) 同上，金正鎬，66-68頁。
21) 前掲，韓国農村経済研究院『条件不利地域及ビ環境保全ニ対スル直接支払イ制度ニ関スル研究』，86-112頁。
22) 同上，韓国農村経済研究院，107頁。
23) 経営の長期安定性という視点を考慮に入れた分析枠組みを想定すると，3年から5年という土壌改良の期間中における農業収益の低下や，地代への影響，及び，地主の承諾という，側面に留意する必要が出てこよう。1年単位ではなく例えば，5年間

第7章　土地所有と環境農業の対抗

トータルでの，通常農法と有機農法の生産費・収益比較などを行い，収益性低下と地代への影響が不可避であれば，何らかの支援措置を講じて，通常の地代支払いを保障することで，地主の承認を取り付けていくことも可能であろう。こういう土地所有構造の下における分析に際しては一定のタイムスパンを想定して比較する必要があると思われる。

24) 日本とは異なる韓国独特の土地所有構造，また，低投入農業の発展を左右する賃貸借・土地所有問題一般については，拙稿において論じている。①「韓国の稲作地帯における農地の賃貸借について」『第13回韓日経済・経営国際学術大会論文集』韓日経商学会，1998年，61-66頁，②「韓国における農業構造政策の大転換」九州大学『経済学研究』第66巻第1号，1999年，245-263頁，③「韓国の長期賃貸借推進事業について―賃貸借抑制政策から賃貸借推進政策への転換―」『1999年度 日本農業経済学会論文集』日本農業経済学会，1999年，483-485頁，④「韓国における農地賃貸借の実態把握」九州大学『経済学研究』第66巻第4号，1999年。

25) 1999年8月の予備調査では，八堂有機農業運動本部及び両水里農場を訪問し，八堂ダム湖周辺地域の有機農業について概要説明を聞いた。次いで，八堂有機農業運動本部のキム・ビョンス政策室長の案内で，松前里及び鎮中里の農作業現場を回った。聞き取り相手は，各マウルの里長および複数名の農民（ブドウ・蔬菜栽培農家）であった。その後，本調査までの間に，韓国農村経済研究院及び大学の専門研究者を訪問し，研究資料収集作業を進めるとともに，韓国における同分野の研究動向について把握した。先行研究のサーベイから，幾つかの論点を取り上げて，本調査では，土地所有と有機農業の関係に絞り込み，作業を進めることとした。

26) 農地問題のみが環境農業の制約要因か，という論点については，より詳細な説明が必要と考えている。ここは，韓国の環境農業全般を論じているわけではなく，農地問題から見た環境農業に限定して考察しており，その限りにおいて，環境農業中の有機農業発展に際しては所有問題が発展抑制の重要な要因となっている，ということである。筆者は，八堂地域の有機農業をもって韓国の環境農業全般を代表させているわけではないし，また，農地問題が有機農業発展の唯一の原因であると強調しているのでもない。しかしながら，ここに述べたように，例えば，日本と比較した場合の環境農業，ないしは有機農業の問題を論ずる際に，農地問題が韓国独特の要因として浮かび上がってくる。

27) 本研究の構想については，2000年5月の日本経済政策学会第57回大会において，「韓国の土地所有と『親環境農業』政策」と題して報告した。その際に，沖縄国際大学の呉錫畢教授より批判を受けた。その批判は，土地所有問題が解決されれば，有機農業は発展するのか，という趣旨のものであった。他の要因を軽視して土地所有にこだわりすぎるという指摘であったと理解している。その時に筆者は明快な回答を提示しえなかったが，調査個票を整理・分析後，あらためて集落農家の状況を見てみると，氏の指摘の意味がある程度理解されうる。すなわち，有機農法導入に踏み切れない農家は，賃貸借関係の不安定というケース以外にも，労働力不足や高齢化という場合が多く見られる。自作農家でも兼業であれば追加労働投入を要する有機農業採用を躊躇

するようである。しかしながら，追加労働投入が，臨時雇いを増やすことによって経済的に解決されうる事柄であるのに対して，不在地主の土地所有は，社会関係として構造的に組み込まれており，容易には解決できることではなくなっている。こういうところに韓国における有機農法導入問題独特の難しさが認められる。

終　章

市場開放下の韓国農業

はじめに

　本書では，市場開放下の韓国農業について，とくに農地問題を中心に，90年代末までの状況について検討した。ウルグアイ・ラウンド妥結を受けて，韓国では農産物市場の開放が進められるとともに，農業生産性の向上を目標に，構造政策が実施された。それは，構造政策資金を投じて，大規模経営体を育成し，これに連動して農地所有の規制緩和を進めるというものであった。これらにより，村々には大規模な経営体が生まれたが，構造政策は十分な成果を挙げるまでには至っていない。

　これは主に，農地の流動化が不十分なためである。大規模経営体の育成過程では，農地の集団化や経営耕地規模の拡大が進められた。経営効率の向上を目的として，利用可能な農地が生産性の低いところから，生産性の高い経営体へと集められていく。農地の売買や賃貸借という手法を通じて，農地の流動化が進められたが，農地の所有者から農地購入や賃借の了解を得ることは容易ではなかった。

　そこで，農地の流動化を推進するという，構造改善事業が政策の中心に据えられた。構造改善事業は，農地の買い手や借り手に一括して資金を融資し，農地の購入や賃借を容易にすることで，自作地ないしは賃借地の拡大を支援した。支援を受けた農家は，農地の購入や借地拡大を進めて，90年代半ばには多くの大農が出現した。

こうして構造改善事業は一定の成果を収めたが，ある段階を過ぎると農地流動化の速度は低下し始めた。構造改善事業に抗う形で，一部の所有者に農地への強い固執が見られた。90年代には農地の流動化を妨げるような事情が生まれており，農地の売却や賃貸は以前にも増して難しくなった。農地への強い固執は，平野部では主に高齢者，都市部では資産として農地を保有する人々に見られた。

兼業機会の少ない韓国農村では，青壮年の都市への流出が激しく，残された農民は高齢化の進行とともに一層，兼業機会から遠ざかり，農業への依存度を高めた。農業以外に収入源のない高齢の農民にとって，零細地片であれ，そこにおける営農は重要な生計の手段であった。そういう状況において，離農を促す構造政策は当然のごとく困難に直面した。また都市近郊地域の農村では，都市化の進展にともない，農地が本来の生産手段としての機能を失い，資産として農地を取得する人々が増えた。彼らは農業以外の目的で農地を所有しており，農業収益に相応する地価で農地を手放すことは難しかった。

このような状況においても市場開放は進められた。90年代前半の市場開放は，米以外の作物について進められ，施設栽培の育成策により，施設型農業は一時期急速に成長したが，97年の経済危機により相当のダメージをこうむっている。稲作は2005年の市場開放拡大に向かっているが，構造政策が進まない中で，高齢化が加速している。今後，憂慮されるのは，開放拡大を迫られる米市場と，その影響を受ける平野部稲作地帯の農業経営であろう。とくに，平野部における高齢者の問題は深刻さを増しており，高齢者と大農との間での賃貸借関係や営農受委託関係が重要となっている。

高齢で労働力に不足するという世帯が，集落の一部ではなく，大多数を占めるようになってきている。他方で大型機械を抱える少数の農家が集落全体の農地を賃借や受託により引き受けており，高齢者の生活は大農の受託・賃借引き受けに依存しているのが現状である。そして従来は，比較的好調であった大規模稲作経営が，今後の米市場の開放拡大や農政転換のなかで苦境に陥る場合に，一定の経済関係を通じて高齢者の生活が困難に直面する可能性も出てきている。

WTO体制下の国内補助削減と市場開放拡大で，米価と稲作収入が下落し

た場合，大規模稲作経営は大きなダメージを受けるだろう。その影響が，賃貸料の切り下げや委託料の引き上げを通じて高齢農家に転嫁されることになれば，高齢者の生活は困難に直面しかねない。農地の賃貸借や営農受委託という経済関係を通じて維持されてきた高齢者の生活が脅かされることになり，これは高齢者が多数を占める今日の韓国農村社会の崩壊を意味している。

　本書ではこういう現状認識に立ち，先行研究吟味後に，重要と思われる三つの課題について検討した。市場開放下の韓国農業について，農地問題を中心に検討し，併せて，問題解決の取り組みとしての構造政策の変遷過程を吟味した。

1．賃貸借の性格

　ここでは，高齢化の進行や構造政策の進展により，90年代後半には，新たな賃貸借が生まれたという見方を提示し，その見方については統計分析と実態調査の結果を示した。新たな賃貸借の内容とは，高齢の農民が労働力に不足し，農地の一部を賃貸に出して経営を縮小する，というものである。これらにより生ずる賃貸については，農村全般で高齢化が進むことから，賃貸地の供給量も相当なものであり，賃借側の経営引受能力が一定水準以上でなければ，賃貸と賃借を両者合わせた形での，賃貸借は成立しない。

　このうち賃貸については，90年代の農民世帯高齢化が要因であり，賃借については主に，90年代前半に生産力上の優位を確立した大農が，引き受け手であると考えられる。そして，これら，賃貸と賃借の双方の条件がそろったのは，90年代の特徴であることから，これは従来にない，新たな賃貸借であるという考えを示した。

　賃借側については，従来にない大規模経営体の登場は，政策の産物たる側面も有しており，統計分析や実態調査でも確認されたことから，存在の是非について議論の余地はないと思われた。問題は，賃貸側の主体の性格や，その発生要因である。当初，この賃貸が新たな性格のものか，それとも従来の賃貸の延長線上に存在するものか，という点について若干の議論があった。家族の一部が都市に流出して，自家労働力不足の高齢農家が在村地主化する

パターンについては，すでに80年代よりそういう賃貸が指摘されており，高齢で労働力不足を理由とするだけでは，この賃貸を新たな発見とは言えない可能性があった。そのために，高齢を理由とする農家の農地賃貸については，新しい傾向か否かについて検討の必要が出てきた。

　本書では，統計分析と実態調査，文献の検討などにより，90年代における高齢化を理由とする賃貸が，従来とは異なる性格を有するという結論に至った。最近の高齢化による農家賃貸の事情は，従来とは異なる点が幾つか見られるが，最も大きな点は労働力不足の発生要因である。80年代までの高齢化を理由とする経営の縮小や農地の賃貸は，農村人口の流出が招いたものであった。しかるに，ここで論じた新しい傾向としての農家賃貸は，農家人口の流出がダイレクトに招いた労働力の不足ではなく，人口流出後，一定時間を経過して，農民の高齢化が進行したことによる経営規模の縮小として捉えられる。換言すれば，人口流出による労働力の不足と，残存農民の高齢化による労働力の不足は区別される。例えば，若い世代が都市へ流出した後に残された壮年の夫婦二人の世帯は，最初の段階で，経営耕地面積を縮小して所有農地を賃貸に出す等の，農地賃貸の時期がある。そしてこの夫婦は10年ないし20年後には，高齢化による体力の衰えから，もう一段の経営耕作規模の縮小と賃貸地増加という道を選ぶであろう。こういう文脈において，本書では，村内農家による農地賃貸を，新しい傾向とみている。

　それでも高齢化は本来，ゆっくりと進むものであり，90年代になって急に，韓国の農村すべてにおいて，高齢化が労働力不足を招く水準に達した，というものではない。それゆえ今度は，もう一つの借り手側の要因が重要となる。農地の借り手側はそれまで，家族労働力で農地を経営するには規模の限界があったが，稲作機械化一環体系を備える農家が出現して，省力化技術の普及で，比較的大きな面積の稲作経営が可能となり，賃借面積の上限が上昇したものと思われる。そして，大農の生産力的優位の確保や，それを加速させた90年代の構造政策，および借り手側の経営能力の成熟等が，貸し手側の事情に結びつくことで，村落内の賃貸借関係が拡大して，結果的に，高齢の村内地主を多く産むことになったと考えられる。

　言い換えれば，従来は，これらの高齢化した農民は，労働力不足に陥った

場合に，農地を預けるに際して，一定の条件での預け先がなかなか見つからず，賃貸の必要はあっても，賃貸借としては成立しなかった。しかるに，90年代には構造政策の支援を受けて大農が出現したことから，農地の預け先を村内に得て，離農することなく農村にとどまったものと考えられる。そういう点では，高齢者の農地賃貸増加については，現在の高齢農民世代の農業・農地への執着ということよりも，90年代における生産力格差等の影響に注目したほうが妥当のようである。こういう経済事情がなければ，都市の親戚や知人などを頼って都会へ流出したであろう高齢者が，農村にとどまりうる条件の一部を創出したという点で，90年代の構造変化は，農村社会の形成に一定の影響を与えたともいえよう。

こうして，稲作平坦部における集落の農業経営は，多数の高齢一世代世帯と少数の大農経営の世帯に二極分化しており，両者間での賃貸借関係や営農受委託関係が増えている。このような状況は，高齢化の進展と，90年代の構造政策によるものであり，賃貸借の性格は変化したと考えられる。

2．賃貸借の経営への影響

政策との関連で重要なのは，賃貸借の経営不安定に及ぼす影響である。90年代には，市場開放対策として大農育成が推進されるともに，賃貸借が経営規模拡大の中心的な手法に据えられてくることから，賃貸借の経営に与える影響が従来に比べて大きくなった。

韓国農村において，分散錯圃制で農地が集団化せず，しかも経営規模が零細であることが，生産性上昇を阻む要因であったから，借地による経営規模の拡大は生産性向上につながるものとみなされた。在村地主による賃貸借の場合は，長年の賃貸借関係が慣習化して安定している場合も多く，農民の高齢化による農地賃貸増加は，生産性向上に寄与する可能性も出てきた。90年代には高齢化と構造政策により，こういう村内賃貸借関係が増えて一部では賃貸借関係が安定化の方向へ向かった。しかし，他方では，都市化の波が農村部へと押し寄せており，都市近郊地域から平野部農村へと徐々に，農地の資産価値化が進みつつある。そういう地域では，農地は生産手段ではなく

資産価値として所有・売買されることから，生産性向上を促すような農地の流動化が進展しにくい。また，そればかりではなく，賃貸借関係も相対的に不安定である。特に不在地主が所有する農地の場合には，農地の賃貸借関係は村内で完結することなく，村落の内外で取り結ばれている。例えば，不在地主が賃貸農地の管理を在村の不動産業者に委ね，不動産業者が随意に農地の引き揚げや貸し手変更を行う場合もある。都市化の進展や，農地の資産価値化は，それまでの慣習的な賃貸借関係に影響を与えるが，そういう都市化が急進展したのも90年代の特徴であり，農地関係は，従来とは異なってきていると考えられる。

　本書の第3章では，平野部における賃貸借を類型化し，村内で完結する安定的な賃貸借と，村外との賃貸借を取り結ぶ比較的不安定な賃貸借に分けて考察した。

　前者の村では，高齢化を理由として多くの農家が，中核農家に農地を賃貸しており，村内賃貸借関係の多いのが特徴である。一定程度に高齢化した世帯であれば，毎年賃貸相手を替えていくよりも，信頼できる借地農に委せて，実質的に長期の賃貸借関係を維持した方が有利，という判断によるものと推測される。このような判断に至れば，借地農の経営も安定し，さらにはそのことが借地農の経営拡大をも促して，高齢化と村内賃貸借関係増加が並行する。結果的には，大規模借地農中心の，借地比率の高い農村集落を形成することになる。高齢化世帯の多い集落では一つの安定した集落運営のタイプと言える。

　対する後者の借地面積が小さい村では，村内ではなく村の内外で賃貸借関係が取り結ばれている。不在地主が多く，経営は相対的に不安定で，借地の規模拡大には一定の限界がある。大農はいずれも不在地主との間に賃貸借関係を結んでいるが，前者の村のように安定した経営ではない。不在地主が多い場合には，今年借地した農地が来年も同じように経営できるとは限らず長期的な営農計画の樹立は困難となる。このことから，農家は，借地による経営規模拡大の道を諦めて，一定以上の安定的経営拡大には，借地から自作地拡大路線への転換の道を選ばざるをえなくなる。結果的に集落のタイプとしては，前者の村とは異なり，自借地型の中規模農中心で，比較的借地比率の

小さい農村集落を形成する。

　以上のような検討にみる限りでは，稲作平坦部には二つの類型の賃貸借が存在し，経営への影響が異なっている。90年代には農村高齢化と農村都市化が同時並行しており，賃貸借の経営への影響は，両者で異なっていたものと考えられる。

3．構造政策の評価

　構造政策は一般に，国内の構造問題を解決すべく，立案，施行されるが，立案過程や政策推進過程には国際情勢の影響が避けられず，政策転換に際しての評価を困難にしている。政策が大きく変わる際にそれが，国際的な情勢変化を受けたものか，それとも政策の内部問題打開を目的としたものか，判別しがたいケースが見られる。一般には，国際的情勢変化を原因として説明される場合が多いが，政策の推進過程で生じてくる問題も軽視できない。

　韓国においても構造政策については種々の評価がある。市場開放下における構造政策であることから，海外からの影響は政策評価の重要な要因とみなされる。確かに，構造政策自体の立案と実施に至る背景には市場開放が影響を与えているが，いったん政策が始動すると，政策実施過程の生み出す問題が，その構造政策変化の基本的要因となる。しかるに従来は，国際的な経済状況の変化や経済危機の影響をもって，構造政策の動きを説明するケースが見られた。そこでは，政策自体は首尾一貫性を有したが，外部的要因，あるいは突発的要因により，政策の失敗や問題露呈に至ったと説明される。それらの説明はわかりやすく，一定の妥当性も有しているが，他方において，推進された政策自体についての内在的分析が不十分でもあった。その理由は不明であるが，既存の政策評価は，政策立案側によるものが多く，立案者の自己評価には一定の限界があるものと推測される。このことから，政策推進の過程で生じた問題に光を当て，政策転換の背景を探ることは重要な課題であった。

　具体的な政策事例としては，賃貸借政策転換の背景に関する評価があげられる。80年代までの韓国では，都市化による農家人口の流出から賃貸借面

積が増加し，農地問題が注目された。都市化の進展は農地の資産価値化を招来し，不在地主の所有農地が増えて，農業の生産基盤は不安定化した。このような問題を解決するための当初の構造政策の内容は，賃貸借農地の自作地化であった。政府が低利の自作地購入資金を提供し，賃貸借面積の縮小と自作地面積の拡大を通じて，農地改革以来の自作農体制を補強し，農業経営基盤を安定させるものであった。

しかし，こういう構造政策は，国際的な農業情勢の変化と，それを受けた市場開放対策にとって代わられることになる。市場開放交渉に伴い国際的な農業競争力の確保が切迫した問題と認識されるようになると，自作農体制維持を目的とした政策は，競争力ある大農の育成へと方針転換し，さらには経営規模拡大の手法に賃貸借が活用されるようになる。賃貸借による大農経営創出方針は，自作農主義の放棄と，借地農主義への転換を意味した。

このような方針転換は一見，国際的な農業情勢をうけたもののように見受けられるが，しかし，政策実施過程で醸成された問題が政策転換を加速させたという側面もある。当初の政策は自作地購入を促進したが，大農育成に伴い，自作地購入規模が増えると地価の高騰を招いた。そして大農による購入需要増加も相まって，財政負担が重くなり，事業自体が方針転換を迫られるようになった。よって，自作農主義の放棄と借地農主義への転換は，政策の産物たる側面も有している。

以上のように構造政策転換は，対外的変化だけではなく，政策自体の施行により生み出された問題の解決という性格も有しており，双方に配慮しつつ政策評価を行うことが肝要と思われる。

おわりに

ここでは以上の三つの課題について検討し，一定の見方を示した。90年代における賃貸借の性格評価については，それまでにない新たな側面を指摘し，それが，農民高齢化や大農出現といった農業構造の変動を背景としつつ，市場開放下の農業政策との関連を有していることを示した。さらにこれらの賃貸借の経営に及ぼす影響について，新たな賃貸借の部分に関しては，比較

的安定的な関係を持続するであろうという見方を示しつつ，都市化の影響を受けた不在地主の賃貸地については，一定の経営不安定化は避けられないという見解を提示した。要は賃貸借は均一ではなく，背後の経済事情に規定されて多様な形が存在しており，90年代には，そういう特徴がより明確になったと考えられる。

　そのような農業構造の変動を受けて実施された政策については従来，対外関係からの評価が多く見られたことから，ここでは，政策の内部から生じた問題が政策転換を促すという側面について吟味した。発端は市場開放に始まる政策の立案・施行であるが，施行された政策の内部問題の発現と，対外関係変化による政策転換の双方に配慮する必要がある。対外関係の変化は，90年代前半の市場開放交渉妥結を受けた政策転換と，90年代後半の経済危機による政策見直しの二つに分けられる。前者の政策転換では，市場開放妥結による農業競争力育成の必要という事情が大農育成へと結びつき，後者の政策転換では，経済危機による農家経済の破綻が要因となり，いずれも政策の評価を困難にしている。今後も，WTO農業交渉を受けて国内農政は転換する可能性があり，国内・国外要因という両者の絡み合いのなかで政策問題が発現してくることから，両者を別々にとりあげて検討することは難しいであろう。それでもここでは，従来の評価が対外関係に傾斜していたという認識の下に，政策内部の問題に注目しそれらの動きを追跡した。

　さて，以上の検討作業により，90年代の韓国農業の姿が幾分か明らかになった。90年代の特徴は，韓国農業が市場開放を迫られたということである。市場開放交渉の妥結を受けて実施された政策は，一定の成果を示しつつも，他方では，多くの問題を産み出した。そのことから本書では，『市場開放下の韓国農業』というテーマをたて，構造政策の根幹を成す農地問題に焦点を絞って検討を行った。さらに今後の農業政策が，グリーンボックス内の，直接支払い等に重心を移すことから，環境農業への取り組みについても吟味した。環境農業及び，それを支援する政策は開始されたばかりであり，現段階で政策として評価することは難しい。しかしながら，今後の農業政策は，価格支持から直接支払いへと重心を移すことにより，農業政策自体の生き残りを模索する可能性が大きく，環境農業等に注目することが，WTO体制下

の韓国農業の将来を占ううえで重要と思われる。そういう考えから本書では，第6章及び第7章において，開発と環境の関係や，環境農業実践の動きについて検討を加えた。

これらの分析をもとにして今後は，市場開放拡大という新たな状況の下における韓国農業の動きが追跡されねばならない。そこでは，これまでになかったような，直接支払いの諸制度の運用が試みられているはずであり，新たな農業政策の試行過程として，検討・分析される必要があろう。

韓国語要約

제 1 장 WTO 체제하의 국제농업정책과 한국농정의 방향

　한국농촌은 일본과 비교하면 몇가지 특징이 있다. 그 특징은 90 년대 후반에 들어서면서 더욱 명확해지고 있으며, 성격상으로도 일본농업과의 거리가 벌어지고 있다. 특히, 한국농업은 일본과 비교해서 도작소득에 의존도가 높고, 전업농가비율도 높다. 도작농업이 좋은 조건이라면, 건전한 농업발전이 기대되지만, WTO 에 의한 쌀시장개방등, 국제적인 농업생산성의 경쟁하에서 도작소득만으로 농가소득을 유지하는 것은 어려워지고 있다. 90 년대 전반기에는 도작전업대규모경영의 육성과 시설재배등의 성장농업육성에 의한 탈도작정책이 동시병행적으로 추진되었다.
　전자의 경우, UR 교섭타결에 의한 미니멈억세스를 받아들인 결과, 2004 년까지 쌀시장개방에 대한 준비로 대규모 도작전업경영을 육성하여 국제경쟁력을 갖춘 농업구축을 목표로 했다. 그로인해, 거액의 조자금이 조성되어 토지, 기계등, 규모확대를 지향하는 농가에 지원이 이루어졌다. 이 정책의 효과로 대규모경영체제가 각지에 등장했지만, 90 년대 후반기에 들어서면서부터 농가경영문제등이 심각화되고 충분한 투자대상농가가 결정되지 않은 상태에서 구조자금이 유입되는 등, 구조정책은 전환점을 맞이하게 되었다.
　후자의 경우, 시설재배의 육성에 의한 탈도작농업정책이 추진되어, 한국농업의 도작의존도는 점차 낮아지게 되었다. 도시인구증가에 의한 농산물수요의 다양화로 도시근교의 야채,화훼재배등이 증가하고 일본시장에 수출이 증가하여 90 년대중반에는 시설재배가 신장했다. 그러나, 90 년대 후반기에 들어서면서 경제위기에 의한 자재가격의 폭등, 시장개방에 의한 농산물유입과 가격변동에 의해 시설근대화융자를 받았던 농가중에서 부채문제로 인해 파탄에 직면하는 경우가 발생했다. 시설재배경사에의 반동 및 도작농업의 수익성향상으로 비교적 안정적인 도작으로 회귀현상이 일

어나, 농가전체의 도작의존도가 상승했다.

이 시기의 부채는 정부융자를 받았던 도작전업경영에게도 약간 문제화 되었다. 구조정책은 농지의 유동화를 추진하고 대규모경영을 육성하여 2004년의 쌀시장개방이전에 국제경쟁력을 갖춘 농가구축을 목적으로 했다. 유동화촉진과 대규모농의 경영효율화를 목적으로 많은 정책자금이 투입되었다. 그 결과 부채는 영세농보다, 융자를 받아서 규모를 확대한 계층에게서 문제화되었다. 이 계층은 금후 한국농업의 중심농가군이지만, 부채문제로 인해 경영이 곤란한 지경에 이르렀다. 한국농업의 중심을 담당할 대규모농가계층의 경제적기반이 부채문제로 약화해 가는 시점에서 2004년의 쌀시장전면 개방시기가 다가옴에 따라 종래의 구조정책수정과 근본적인 농정전환이 요구되고 있다.

WTO 체제하의 농정전환에는 가격지지삭감과 직접지불제로의 이행이 추진되고 있지만, 문제점도 적지 않다. 가격지지삭감은 2001년의 양곡유통위원회에서 미가인하가 결정되면서 하나의 전환점이 되었다. 그러나, 농민단체의 반발이 강력하기 때문에 금후의 농정전환은 파란이 예상된다. 이와 동시에 다면적기능에 관한 평가방법과 직접지불제의 도입이 검토되고 있다(2000년도부터 수전농업 직접지불제 실시중). 특히, 직접지불제의 도입에 관해서는 농민측의 이해가 필요하며 덧붙여 종래 구조정책과의 정합성이 요구된다.

제 2 장 임대차정책의 전환

94년의 UR 교섭타결에 의해 한국은 쌀이외의 농산물에 대해서도 시장개방을 진행함과 동시에 10년후인 2004년까지 쌀시장개방확대가 유보되어 있다. 2004년의 개방확대에 대비한 해외농업과 경쟁할 수 있는 농업구조의 구축이 요구되고 있다. 농업생산성의 향상을 목표로 구조정책을 추진하고 그것과 연동하여 임대차정책도 전환되고 있다.

한국에서는 1980년대까지 농지개혁법의 이념에 근거하여 임대차는 원칙적으로 금지되어 있었지만, 실제로는 차지가 증가하여 농지문제를 둘러싼 오랜 논쟁이 존재했다. 80년대후반에는 차지면적의 증가와 고령화문제등, 농지문제의 해결방안이 모색되었다. 임대차관리법이 제정된 후, 임대차의 존재를 인정하고 이것을 관리하는 방안이 연구되었다. 정책변환의 과정에서 부재지주의 소유지가 생산성향상의 장애요인이 되었기 때문에, 80 년대후반부터 농지매입융자에 의한 차지해소가 추진되었다.그러나, 1990 년대전반기에는 차지해소가 아닌, 차지에 의한 규모확대가 생산성향상의 측면에서 추진되었다. 90년대후반의 임대차는 더욱 적극적으로 추진되어 구조정책의 중심이 되었다. 이러한 임대차추진정책으로의 전환은 법정비에 의해 확립되어 갔다. 1996 년에 시행된 농지법에는 부재지주의 농지소유를 인정하고 신규부재지주의 출현을 1ha 한도에서 용인하였다.

농지법제정시기에는 구조개혁사업이 진전되었다. 농지매매사업은 94 년의 농지법제정이전부터 많은 농지매입희망자를 모았다. 임대차추진사업은 당초 침체했지만, 농지법의 시행으로 사업양이 증가했다. 농지매입사업의 문제노출과 임대차추진사업으로 전환이 있었지만, 구조개혁사업에 적극적으로 대응한 농가수도 많았다. 현재 농촌은 대형농기계를 보유한 소수의 대농과 다수의 고령단세대의 소농이 혼재되어 있다. 현재 정부의 정책은 농촌인구의 고령화와 농외노동시장의 점진적전개하에서 농지의 유휴지화를 막고, 생산기반의 존속을 도모하는 것이다. 임대차정책은 농지의 소유관계를 정부가 장악하여 일정방향으로 유도하기 위해 진행되고 있다.

그러나, 필자의 실태조사에 의하면 임대차관계에 정부가 개입하는 것에 대해서 농민들은 부정적인 견해를 가지고 있다. 농촌에는 이미 1년계약의 사적인 임대차관계가 형성되어 있기 때문에 5년, 10년계약의 정부추진사업은 경원시되고 있다. 최근 임대차사업은 사업양이 증가하고 있지만, 전체 임대차에서 차지하는 비율은 작다. 그리고, 금후 전체 임대차비율의 감소가 예상된다. 많은 고령농가는 임대차보다 영농위탁을 선호하고 있다. 임대차추진정책은 임대차부진과 임대차사업의 부진이라는 두가지 문제가 혼재하고 있다. 정부사업이 이러한 문제점을 극복하여 임대차를 규모확대의 축으로 자리잡을 수 있을까하는 점이 이제부터의 과제라 할 수 있다.

제 3 장 농지임대차관계와 장기임대차추진사업
- 도작평야부 4개마을에 대한 임대차관계 -

본장에서는 한국농지임대차의 기본구조를 [농업센서스]및[농가경제조사]를 이용하여 분석했다. 양통계자료는 불충분한 점도 있지만, 양자의 이점을 활용하여 검토함으로써 임대차의 특징이 명확하게 나타났다. 한국의 임대차는 농지전체에서 차지하는 비율이 높고 부재지주의 비율이 높다고 하는 특징을 가지고 있다. 본장의 새로운 착안점은 차지구조분석을 도작평야부만으로 한정하지 않고, 차지비율과 부재지주비율이 더 높게 나타나는 도시형차지경영에 대해서도 검토하고 있다. 본장에서는 도작평야부를 중심으로 통계분석과 더불어 실태조사를 실시했다.

우선 조사농촌에 대해서는 지역적위치를 설명하고 4 마을 60 가구의 농가에 대한 조사결과를 정리했다. 실태조사에 의한 차지면적비율은 공식통계수치를 크게 오버했다. 공식통계만으로는 정확한 현실을 반영하기 어렵다는 사실을 다시 한번 확인했으며 실태조사의 중요성을 인식하는 계기가 됐다.

실태조사의 결과로 부터 농촌고령화의 빠른 진전을 확인했다. 60 세 또는 70 세이상의 고령단세대와 단신고령세대는 높은 비율을 차지하고 있었다.이러한 노동력부족의 농가는 통상적으로 농지임대나 경영위탁을 하기 때문에 농민층분해가 진행되지만, 한국에서는 부재지주의 존재로 인해 농민층분해가 왜곡되고 있었다. 농지의 임대차가 완결되어 소경영의 이농과 대경영의 차지확대로 이어지지 못하고, 도시재주이농민등이 농지를 빌려주는 경우가 많았다. 이러한 농지는 투기적으로 매매가 이루어져 왔다. 부동산업자는 부재지주의 대리인으로 농지를 관리하고 이러한 임대차관계는 불안정했기 때문에 차지농경영과 장기적 생산성향상의 장해가 됐다.

그러나, 이러한 한국농촌의 상황은 최근 급격한 고령화로 인해 변해가고 있다. 마을내부의 임대차관계가 증가하여 마을내 농민층분해의 패턴이 부활하고 있다. 많은 농가의 고령화가 진행되고 있는 한편, 소수의 대규모경영이 각촌락내부에서 발생하고 있어 노동력이 부족한 농가의 경영과 작업을 인수하고 있다. 고령화농가군과 소수의 대규모농가의 출현, 이것

韓国語要約　　　　　　　　353

이 현재 한국농촌의 상황이다.

　이러한 변화를 배경으로 농촌에서는 고령노동력부족과 겸업이농이라는 두가지 타입의 임대차가 나타나고 있다. 기본적으로 아직 부재지주에 의한 임대가 대세를 차지하고 있기 때문에 농지유동화의 곤란이라는 상황이 이어지고 있다. 96년 농지법에 의해 부재지주가 용인되어, 경직적인 소유구조를 배경으로 농지유동화의 사업속도는 저하되고 있다. 통상의 임대차는 정부사업과 관계없이 개별상대의 케이스가 대부분이다.

제 4 장　농업기계화사업과 임대차관계

　임대차의 부진에는 농업기계화사업의 영향이 크다. 농업기계화사업에 의해서 농업기계가 각 농민계층에 보급된 결과, 영농위탁이 확대되고 임대차는 부진에 빠졌다.

　본래의 농업기계화사업은 농업구조개혁추진상에 있어서 농지규모화사업과 보완관계였다. 농지규모화사업이 농지규모의 확대와 교환분합을 통해서 경영규모확대와 농지의 집단화를 추진시키는 것에 대해서, 농업기계화사업은 농민에게 구입자금의 보조 및 융자를 대상으로 했다. 그리고 자기자금이 없더라도 보조금과 융자금을 더해서 농업기계를 구입할 수 있었다. 이것에 의해 기계화에 의한 노동시간단축이 이루어져 한정된 인력으로 경영규모를 확대할 수 있었다. 농지 규모화사업에 의한 경영규모확대는 농업기계화사업에 의해서 기술적, 경제적인 뒷받침을 받게 되었다.

　그러나, 농업기계화사업은 1993년경부터 그 성격이 바뀌었다. 농업기계화사업은 농지규모화사업과의 보완관계에서 벗어나, 독립적인 위치를 갖게 되었으나, 점차 농지규모화사업의 저해요인으로 변질되어 갔다. 이러한 변질계기는 시장개방에 반대하는 국내중소농가에 대한 대책으로 부터 발생하게 되었다.

　90년대 전반에는 농지규모화사업의 지원대상이 대규모상층농가로 범위가 좁혀져 있었다. 그러나, 지원대상에서 제외된 일반중소농가가 이에 대해 반발했다. 특히, 청장년의 일반농가는 대규모농가처럼 농업기계보유경향이 강했기 때문에 대농중심의 지원정책에 반대했다. 그들은 일부 소수의 농민계층을 대상으로 육성하는 정책에 반대했기 때문에 농가일반의 지원정책을 요구했다. 시장개방수락을 얻어내기 위해서는 국내농민에 대한 대책이 필요한 시점이었다.

이 대책으로 1993년부터 농업기계화사업은 기계구입에 대한 보조율을 인상하여 막대한 보조금이 지출되었다. 본래 농업기계사업은 규모확대의 이점을 가진 대농이 타켓이었기 때문에 농지를 대농이 집중하도록 대형기계의 도입을 보조할 예정이었다. 그러나, 지원대상이 일반농가로 확대되어 융자보다 보조금의 비중이 증가했다. 보조율이 50 퍼센트인 농업기계화사업에서는 대농보다 일반농가에 많은 지원이 이루어져, 효율적인 기계가동이 어려운 농가조차 기계구입이 가능해졌다. 농업기계를 구입한 일반농가는 더욱 농지에 애착을 가지게 되어 농지규모화사업이라는 정부의 분해촉진정책을 저해하는 요인이 되었다.

그뿐만 아니라, 농업기계가 각 농민층에 보급된 결과, 영농위탁이 활성화되어 임대차가 부진하게 되었다. 농업기계화사업의 부작용은 그 밖에도 나타나, 99년에 중지되었다. 농업기계화사업은 농업기계의 과잉도입이라는 문제점으로 구조정책에 영향을 미쳤다. 기계를 과잉으로 보유한 결과, 임대보다 영농위탁이 유리하다는 경제적조건이 발생하여 임대차가 상대적으로 감소했다. 영농수위탁의 경우, 임대차와 비교해서 매년 당사자가 바뀔수 있으므로 불안정한 구조라고 할 수 있다. 기계화사업의 결과라 할 수 있는 영농수위탁확대와 임대차축소는 대규모경영을 지향하는 구조정책에 불리하게 작용했다.

제 5 장 구조정책의 제도적 틀 - 농업진흥지역제도의 도입을 둘러싸고 -
본장에서는 WTO 등의 국제농업조정을 배경으로 한, 농지제도개혁과 그 개혁을 둘러싼 논쟁을 검토한다. 1990년대 초반에 도입된 농업진흥지역제도는 구조개혁을 위해서 보전농지를 면으로 확정하는 제도였지만, 동시에 농지소유제도를 완화하는 제도였다. 소유제도의 완화는 1.소유상한규제의 완화, 2.부재지주의 농지소유라는 두방향에서 논의되었다.

1. 소유상한규제의 완화; 1990년대초반 한국에서는 농업의 국제경쟁력

향상을 목표로 보전농지의 확정작업이 진행되었다. 특정농업지역에 한정해서 전용규제를 설치하여 우량농지의 전용을 막고 동시에 생산성 높은 농업을 육성하는 것으로 농산물수입에 대항하려고 했다. 농지보전지역이 설정되면, 설정지역에는 중점적으로 농업투자가 실시되었다. 안정적인 농업투자를 위해서는 경영안정과 확대가 전제되는, 농지제도의 정비가 요구되었다. 종래의 농지제도에는 3ha 의 소유상한규제가 있어서, 경영규모 확대의 장해요인이 되었다. 94년의 농지법에서는 보전농지에 한정해서 상한규제가 20ha 까지 넓어졌다.

2. 부재지주의 농지소유 ; 한국에서는 공업화, 도시화에 의한 이농민의 증대와 농업인력의 감소로 농지개혁이후 80 년대까지 계속된 소농, 자작농체제가 붕괴되었기 때문에 구조변동에 대응한 소유제도개혁이 논의되었다. 그러나, 당시의 한국농촌에는 부재지주의 소유지가 투기의 대상이 되는 등, 개혁전부터 도시자본의 영향이 존재하였기 때문에, 규제완화에 대한 비판도 강했다. 결국 이 논쟁은 결론을 내리지 못하고, 시장개방불가피라고 하는 정세속에서 규제완화가 실시되었다. 1994 년에 제정된 농지법에는 기존의 부재지주소유지를 용인함과 동시에 신규로 발생하는 부재지주소유에 대해서도 1ha 한도에서 인정했다.

농지법시행을 전후로 해서 막대한 정책자금이 농업분야에 투하되었다. 이로인해 개혁의 스피드는 가속되었지만, 많은 문제점도 노출되었다. 현시점에서 되돌아보면 당시의 논의에서 우려되었던 문제점이 그 대로 일어났다. WTO 대책의 평가에 있어서 농지제도를 둘러싼 당시의 심의내용은 귀중한 기록이며, 그 내용을 음미하는 것은 현재의 농지문제를 검토하는 중요한 자료이다.

이와 같은 논쟁과는 별도로 보전농지지정의 작업은 착실히 진행되었다. 농림수산부는 도시근교지역농지의 농지지정에 대한 저항을 예상하여 지정면제의 예외규정을 준비하였으나, 실질적으로는 구상면적의 1할이 지정을 거부했다. 감소분의 많은 비율은 도시화영향을 받고 있는 지역이었으며 특히, 개발제한구역에서 많이 지정외로 남았다. 개발제한구역은 규제완화를 예상해서 농지를 구입한 주민이, 지정에 의한 전용규제를 반대했기 때문으로 생각된다. 도시근교에서는 농민이외의 농지소유가 많아서 평야부

와는 다른 타입의 임대차가 형성되어 있다. 부재지주의 농지소유는 도시 근교의 농업경영을 불안정한 것으로 만들기 때문에 개발제한구역내의 농지소유는 특히 검토가 요구된다.

제 6 장 개발제한구역제도와 농업경영

한국의 도시계획에 있어서 토지이용은 엄격히 용도규제가 설정되어 있으며, 그 대표적인 것이 개발제한구역제도이다. 개발제한구역의 지정은 도시의 무질서한 확산방지와 도시주변의 자연, 생활환경의 확보를 목적으로 하고 있다. 동지역은 도시주변지역에 도너츠형으로 지정되어 있고, 도시개발을 차단하여 미개발의 오픈 스페이스를 형성하고 있다. 거기에는 임야이외에도 농지와 집락이 포함되어 있고, 농지의 전용규제가 엄격하게 유지되고 있기 때문에 제도에의 비판과 반발이 많다.

특히, 개발제한구역에 인접한 구역외농지는 이미 상당부분 전용되어 있고, 그로인해 개발제한구역내외의 농지가격차를 확대시켰다. 도시개발과 농지전용에 의해서 인접지역의 농지평가액이 상승하면 상대적으로 개발제한구역내의 농지평가액은 저하된다. 개발제한구역에 농지를 소유한 사람에게 있어서 전용규제는 무거운 부담이 된다. 농지소유자들은 개발제한구역내의 규제에 불만을 품게된다. 지정구역의 규제내용은 변한게 없지만, 80년대 후반이후 도시개발의 급속한 전개는 구역내외의 자산격차를 확대시켜 제도의 부담감을 무겁게 만들었다. 규제완화논의는 제도의 결함이라기보다 제도를 둘러싼 경제구조의 변화를 배경으로 하고 있다.

80년대후반부터 지가폭등의 영향으로 전용규제완화의 욕구가 분출되었고, 정부는 92년에 제도를 개정하여 전답전환을 인정했다. 이것은 개발억제라는 비판에 대해서 도시적인 토지이용을 억제하고 농업이라고 하는 산업의 진흥을 도모하는 것이었다. 그렇지만, 그 후 전답전환이 급증하여 환경에 여러가지 영향이 나타났다. 이 시기의 전답전환급증에는 WTO 체제하에 있어서 성장작물로 정부의 지원이 집중했던 배경이 큰 영향을 미쳤다.

환경부담의 증대는 전답전환용인에 의해서 고수익을 위한 농업증가가

원인이 되었다. 화훼등의 고수익재배는 화학비료와 농약을 대량투하하기 때문에, 농업진흥이 환경파괴를 불러들이게 된다. 본래는 환경을 보호해야 할 개발제한구역이 환경을 파괴하는 현상이 발생했다. 이러한 현상은 토지소유가 부재지주소유로 광범위하게 이루어져 있는 것과 밀접히 관계하고 있다.

도시거주의 부재지주는 개발제한구역의 환경보전보다 농지에서의 지대에 관심을 갖고 있기 때문이다. 그 지대는 고수준의 수익에서 지불된다. 단기간에 고수익을 확보하기 위해서는 대량의 화학비료와 농약투입이 필요하다. 이러한 구조속에서 개발제한구역의 환경파괴가 진행된다.

개발제한구역의 산림과 농지는 대도시의 수원지역으로써 위치되어 있지만, 서울시의 상수도는 수질악화문제가 심각하다. 부재지주의 토지소유구조가 일정한 경제적메카니즘을 통해 도시의 수질환경을 악화시키고 있다. 최근 일부 개발제한구역에서는 유기농업의 보급활동이 활발하게 전개되고 있다. WTO 교섭의 영향에 의해 정부도 환경농업에 대해 지원을 준비하고 있다. 그러나, 이러한 유기농업에 있어서도 차지문제가 표출되고 있기 때문에 한층 더 발전하기 위해서는 토지정책의 중요성이 강조되고 있다.

제 7 장 토지소유와 환경농업의 대항
- 팔당댐주변의 상수원보호구역을 사례로해서 -

최근 서울수도권상수도의 수질문제가 중요시되고 있어, 대도시주변지역의 농약사용을 규제하는 시책이 발표되었다. 개발제한구역에 대한 용도규제만으로는 환경보전이 어렵게 돼었으며, 특히 수질보전문제가 중요시되고 있다.

본장에서는 상수원보호구역의 유기농업을 둘러싼 문제를 다루도록 하겠다. 상수원보호구역은 개발제한구역안에 있으며, 특히 규제가 엄격히 제한되어 있다. 서울근교의 유기농업은 80년대부터 지역주민에 의해 자주적으로 실시되어 왔다. 90년대에 들어오면서 환경문제가 주목되면서, 정부가 이것을 지원하게 되었다. 정부의 지원과 함께 90년대말에 유기농업은 비약적으로 발전했지만, 더욱 확대되기 위해서는 차지문제가 장해로 남아 있다.
　유기농업은 토양개선에 3년에서 5년이 걸리기 때문에, 그 기간동안 일시적인 수익저하로 경영곤란을 겪는 경우가 많다. 임대차지의 경우, 통계에 의하면 농지의 약 40 퍼센트 그리고, 1년간의 계약기간이 통상적인 예이다. 토양개선기간중에 농업에 관심이 없는 부재지주는 소작인을 바꿀 가능성이 높다. 토지소유상황과 유기농업의 관계에 대해서 농업경영상황을 조사한 결과, 차지관계와 유기농법과의 사이에는 일정한 상관관계가 존재하고 있음을 확인했다.
　유기농업지역에 인접한 팔당호는 서울의 동쪽에 있는 남한강과 북한강의 합류지점에 위치하고 있으며, 이곳에 위치한 거대한 호수에는 수도권상수도의 80 퍼센트를 의존하고 있다. 이 지역은 별장지로의 개발기대가 높고 도시자본에 의한 토지 매입현상이 뚜렷하여, 많은 평야농지가 도시자본의 소유로 되어 있다. 이러한 배경속에서도 유기농업보급운동이 실시되어 많은 성과를 거둔 지역이기도 하다.
　그러나, 팔당지역의 유기농업발전을 위해서는 토지소유문제의 해결이 과제로 남아있다. 유기농업은 장기 안정적인 토지이용경영을 필요로 하지만, 토지소유측은 그러한 조건을 제공하고 있지 못하다. 토지소유측은 즉각적인 토지처분권을 중시하기 때문에, 농업경영측과 이해가 대립하고 있다. 그 결과 차지가 많은 지역에서는 유기농법을 위한 토양개량을 실시하기가 어렵다. 부재지주의 토지소유와 유기농법과의 사이에는 일정한 상관관계가 존재하고 있다. 부재지주로부터 농지를 빌린 농가의 경우, 유기농법도입에 소극적이었다.
　유기농법을 채용하지 않는 그 밖의 이유는, 노동력부족과 고령화를 들 수 있다. 유기농법은 보통농법과 비교하면 노동력이 더욱 필요하다. 그러나, 일정한 노동력보유를 전제로 한다면, 유기농법도입의 여부에는 토지문제가 관련하고 있다. 특히, 어느정도 유기농업이 도입된 지역에서는 토지소유문제가 장해요인으로 지적되고 있다. 이러한 결과를 통해 일반적으로 유기농업의 발전에는 토지소유의 안정이 불가결하다고 말 할 수 있다.

WTO 체제하에 있어서 한국의 국제농업정책

이책의 시점은 두가지를 제시하고 있다. 첫번째는 WTO 체제하에서 시장개방에 둘러싸인 한국농업의 대응 특히, 환경농업과 같은 21 세기형 농업정책에의 관심이다. 그리고, 두번째는 환경농업성공의 열쇠를 쥐고 있는 농지소유문제의 해명이다.

90 년대를 뒤돌아 보면, 한국의 농업분야에 있어서 환경문제와 그 대책은 국제농업정책의 영향을 받고 있다. 농업분야의 환경문제는 성장농업육성책을 계기로 심각하게 노출되었고, 그 환경대책은 WTO 체제하의 그린박스의 틀안에서 진행되고 있다. 1994 년의 농산물시장개방타결후에는 다양한 시책이 실시되었고, 도시근교농업에 있어서는 시설근대화자금의 보조가 큰 역할을 담당했다. 농산물시장개방에 준비해서 도작농업을 고수익농업으로 전환하는 것으로한국농업의 미래상을 가다듬었다. 정책지원을 받은 성장작물은 크게 생산을 증대시켜, 해외시장에도 판로를 개척해 나갔다. 그러나, 고수익농업의 추구는 화학비료와 농약의 투입증가를 동반하기 때문에, 농업분야의 환경오염이라는 새로운 문제를 야기시켰다.

이러한 문제를 해결하기 위해서 환경농업의 육성사업이 90 년대후반부터 진행되었다. 이것은 종래 민간의 자연농법을 정부가 받아들인 형태로, 정책지원에 의해 근년 비약적인 성장을 보이고 있다. 이러한 정부의 정책지원은 WTO 체제하에서 국내정책의 개입이 환경농업지원 등에 제한된(그린박스) 국제적배경을 가지고 있다.

90 년대전반의 정책지원은 성장농업으로 전환을 추진함으로써, 그 부산물의 하나로 고수익다투입이라고 하는 환경부하가 큰 농업을 만들어냈다. 그 해결을 위해 정부는 환경농업육성을 목적으로 정부지원을 90 년대말 WTO 체제하의 그린박스 틀안에서 추진하고 있다. 90 년대에 있어서 한국농업의 환경문제와 그 해결정책은 WTO 체제하의 국제농업정책의 산물로 발생되었다.

이러한 환경농업정책은 WTO 체제하에서 실시할 수 있는 농업정책의 하나이지만, 그 전개에는 농지소유문제와 구조문제가 관계하고 있다. 이 책은 그러한 문제의 해명을 목적으로 하고 있다.

90 년대에는 한국의 WTO 체제로의 편입에 따른 구조정책이 계속해서

실시되었다. 농업진흥지역제도의 도입, 농지법의 제정, 구조개혁사업, 농업기계화사업등이 그것이다. 이 책에서는 제1장 및 2장에서 WTO 체제하의 농업정책전환에 대해, 제3장과 4장에서는 구조개혁사업과 도작평야부의 임대차문제를 다루었다. 그리고, 제5장에서는 구조개혁의 틀안에서 농지제도전환의 문제를, 제6장과 7장에서는 환경농업과의 관점에서 개발제한구역과 상수원보호구역등, 도시근교의 임대차문제를 언급했다. 이것들은 조금씩 시점을 바꾸어 가면서도 일관되게 임대차구조의 해명에 초점을 맞추고 있다. 그리고, 국제농업체제로의 이행기에 있어서 농업이 살아남기 위해 필요로 하는 정책에 대해서 다각적인 분석을 덧붙였다.

  본 연구에 대해서는 일본생명재단의 환경연구조성[한국의 개발제한구역제도에 관한 연구]으로부터 조성을 받았다. 그리고, 이 책의 간행에 있어서도 동재단으로부터 연구성과공개조성(출판조성)을 받고 있다. 더불어서 감사의 말씀을 드린다.

2002년 9월 후카가와 히로시

初出論文一覧

序　章：書き下ろし。

第1章：「韓国のガット・ウルグアイラウンド対策」（九州大学『韓国経済研究』第1巻第1号，2001年，93-109頁）をもとにして執筆。ただし大幅に加筆修正している。

第2章：「韓国の長期賃貸借推進事業について―賃貸借抑制政策から賃貸借推進政策への転換―」日本農業経済学会『1999年度 日本農業経済学会論文集』，1999年，483-485頁），および「韓国における農業構造政策の大転換」（九州大学『経済学研究』第66巻第1号，1999年，245-263頁）をもとにして執筆。ただし大幅に加筆修正している。

第3章：「韓国における農地賃貸借の実態把握」（九州大学『経済学研究』第66巻第4号，1999年，211-236頁）をもとにして執筆。ただし大幅に加筆修正している。

第4章：「韓国の農業機械半額供給事業」（九州大学『経済学研究』第66巻第3号，1999年，335-357頁）をもとにして執筆。大幅に加筆修正している。

第5章：「国際農業調整と農地制度改革―韓国における農業振興地域制度の導入をめぐって―」（九州大学国際経済構造研究会編『経済・経営構造の国際比較試論』九州大学出版会，1995年，135-157頁）の一部，及び「農家経済の自立と農地の保全―韓国の農業振興地域制度―」（九州大学『経済学研究』第60巻第3・4合併号，1994年，261-284頁）の一部をもとにして執筆。ただし大幅に加筆修正している。

第6章：「韓国のグリーンベルト―転用規制と環境保全の試み―」（日本経済政策学会編『政策危機の構図』勁草書房，2000年，204-207頁），および「韓国の土地利用と開発制限区域制度」『アジア都市研究』第1巻第3号，2000年，55-80頁）の一部をもとにして執筆。ただし大幅に加筆修正している。

第7章：「韓国の土地所有と『親環境農業』政策」（日本経済政策学会編『経済政策学会年報』勁草書房，2001年，113-116頁），および「土地所有と環境農

業の対抗」(九州大学『経済学研究』第67巻第4・5合併号,2001年,235-265頁)の一部をもとにして執筆。ただし大幅に加筆修正している。

終　章：書き下ろし。

参 考 文 献

　参考文献は，本書で引用ないし直接参照したものを基本としている．しかし，直接参照はしていないが，本書執筆にあたって参考にし，重要と思われたものも一部含まれている．

　文献の配列は韓国語文献は著者名の가나다라順，日本語文献では著者名の五十音順，英語文献では著者名のアルファベット順とした．なお，韓国語文献名は邦訳を示したあと，原題名を記したが，邦訳にあたっては，漢字ハングル混じりの場合，漢字部分はできるだけ原典のままとし（ただし，旧漢字は新漢字で表記），ハングル部分はカタカナで表記した．ただし，カタカナより，漢字が適切と思われる場合は，漢字で表記した．ハングルだけの文献名の場合，漢字とカタカナ混じりで表記した．韓国人研究者の人名については，すべてハングルを附記したが，書名・発行者等については原文を尊重したため，はじめから漢字で表記されていたものについては，ハングルは表記しなかった．また，本文献目録のなかの，『農地関連社説・評論集』に収められた評論については，最初の論説発表年と，末尾の発行年が異なっている．この『農地関連社説・評論集』は，90年代初めに発表された農地問題に関する評論を，あとから収集・整理して発行したものであるために，著者名の後にはその論説の最初の発表年を記し，末尾には『農地関連社説・評論集』発行年を記している．

［韓国語文献］
가
姜奉淳［강봉순］(1997)「農業機械化」「농업기계화」(韓国農村経済研究院，農林事業評価委員会『農林事業評価』，1997年)

姜正一ほか［강정일 외］(1991)「機械化営農団ノ管理及ビ運営改善ニ関スル研究」「기계화영농단의 관리 및 운영개선에 관한 연구」(韓国農村経済研究院『農村経済』『농촌경제』第14巻第2号，1991年)

姜昌容［강창용］(1991)「農地賃貸借ヲ通ジタ経営規模拡大ノ可能性分析」「농지임대차를 통한 경영규모확대 가능성 분석」(韓国農村経済研究院『農村経済』『농촌경제』第14巻第3号，1991年)

姜昌容［강창용］(1995)「水稲作機械化ノ適正規模ニ関スル研究」『수도작 기계화의 적정규모에 관한 연구』(韓国農村経済研究院，1995年)

姜昌容［강창용］(1999)「農業機械事後管理支援ノ改善策」「농기계 사후 관리지원 개선방안」(韓国農村経済研究院『農村経済』『농촌경제』第22巻第2号，1999年)

倉持和雄(1983)「農地改革以後ノ韓国ノ農地賃貸借問題」「농지개혁 이후의 한국의 농지임대차문제」(韓国農村経済研究院『農村経済』『농촌경제』第6巻第1号，1983

年)
国土研究院 [국토연구원] (1998)『グリーンベルト調整政策ニ対スル専門家ノ意見調査結果』『그린벨트조정정책에 대한 전문가의 의견조사결과』(1998年)
キム・ギョンドク [김경덕] (1991)『農工地区開発事業ノ波及効果分析』『농공지구 개발사업의 파급효과분석』(韓国農村経済研究院 [한국농촌경제연구원], 1991年)
キム・カンジュンほか [김광중 외] (1996)『ソウル市住宅改良再開発ノ沿革研究』『서울시 주택개량재개발의 연혁연구』(ソウル市政開発研究院 [서울시정개발연구원], 1996年)
金基成 [김기성] (1992)『農業関連租税制度ノ研究』『농업관련 조세제도의 연구』(韓国農村経済研究院 [한국농촌경제연구원], 1992年)
金基成 [김기성] (1997)『農林水産租税制度ノ変遷ト発展方向』『농림수산 조세제도의 변천과 발전방향』(韓国農村経済研究院 [한국농촌경제연구원], 1997年)
キム・ドンミンほか [김동민 외] (1997)『輸出農業活性化方案―輸出団地ヲ中心トシテ―』『수출농업의 활성화방안―수출단지를 중심으로―』(韓国農村経済研究院 [한국농촌경제연구원], 1997年)
金炳台 [김병대] (1988)「農業構造改善ト農地政策」「농업구조개선과 농지정책」(韓国農業政策学会『農業政策研究』第15巻第2号, 1988年)
金炳台 [김병대] (1992)「都市独占資本ノ農村支配ヲ憂慮―集団営農デ活路ヲ模索スルト―」「도시독점자본의 농촌지배를 우려 ― 집단영농으로 활로를 모색하려면 ―」(韓国農林水産部『農地関連社説・評論集』〈論争編〉, 1993年)
金秉鐸ほか [김병택 외] (1992)『農業ノ法人経営分析ト発展戦略ニ関スル事例調査研究』『농업의 법인경영분석과 발전전략에 관한 사례조사연구』(韓国農村経済研究院, 1992年)
金炳鎬ほか [김병호 외] (1986)『農家経済調査業務改善研究』『농가경제조사의 업무개선연구』(韓国農村経済研究院, 1986年)
金鳳九 [김봉구] (1992)「韓国ノ土地政策ト分配構造改善ノ方向」「한국의 토지정책과 분배구조개선의 방향」(韓国農業政策学会『農業政策研究』第19巻第1号, 1992年)
金聖昊ほか [김성호 외] (1984)『農地制度及ビ農地保全ニ関スル調査研究』『농지제도 및 농지보전에 관한 조사연구』(韓国農村経済研究院 [한국농촌경제연구원], 1984年)
金聖昊 [김성호] (1985a)「韓国土地制度ノ連続性ト断絶制 (上)」「한국토지제도의 연속성과 단절제 (上)」(韓国農村経済研究院『農村経済』『농촌경제』第8巻第3号, 1985年)
金聖昊 [김성호] (1985b)「韓国土地制度ノ連続性ト断絶制 (下)」「한국토지제도의 연속성과 단절제 (下)」(韓国農村経済研究院『農村経済』『농촌경제』第8巻第4号, 1985年)
金聖昊ほか [김성호 외] (1987)『農地管理委員会活動ニ関スル調査研究』『농지관리위원회활동에 관한 조사연구』(韓国農村経済研究院 [한국농촌경제연구원], 1987年)

参考文献

金聖昊ほか［김성호 외］(1988)『農政史関係資料 Ⅰ・Ⅱ・Ⅲ』『농정사관계자료 Ⅰ・Ⅱ・Ⅲ』(韓国農村経済研究院, 1988年)
金聖昊［김성호］(1988)『韓国ノ農地制度ト農地改革ニ関スル研究』『한국의 농지제도와 농지개혁에 관한 연구』(韓国農村経済研究院, 1988年)
金聖昊ほか［김성호 외］(1988)『農地ノ保全オヨビ利用合理化方案ノ研究』『農地의 保全 및 利用合理化方案의 研究』(韓国農村経済研究院［한국농촌경제연구원］, 1988年)
金聖昊［김성호］(1988)『農地賃貸借慣行総攬（総括篇）』『농지임대차관행총람（총괄편）』(韓国農林水産部・韓国農村経済研究院, 1988年)
金聖昊ほか［김성호 외］(1991a)『農業構造改善ノタメノ農地制度定立方案』『農業構造改善을 위한 農地制度의 定立方案』(韓国農村経済研究院［한국농촌경제연구원］, 1991年)
金聖昊ほか［김성호 외］(1991b)『村落オヨビ農家実態調査結果』『村落 및 農家実態調査結果』(韓国農村経済研究院［한국농촌경제연구원］, 1991年)
金聖昊［김성호］(1992a)「人力不足―自作農ノ時代ハ過ギタ―」「인력부족―자작농의 시대는 끝났다―」(韓国農林水産部『農地関連社説・評論集』〈論争編〉, 1993年)
金聖昊［김성호］(1992b)「韓国ノ農業構造ノ現状ト課題」「한국의 농업구조의 현상과 과제」(韓国農村経済研究院『農業構造改善ノタメノ韓・日討論会』, 1992年)
金栄鎮ほか［김영진 외］(1982)『農地賃貸借ニ関スル調査研究』『농지임대차에 관한 조사연구』(韓国農村経済研究院, 1982年)
金沄根ほか［김운근 외］(1990)『農地法制定ニ関スル研究』『농지법의 제정에 관한 연구』(韓国農村経済研究院［한국농촌경제연구원］, 1990年)
金沄根［김운근］(1991)「農地所有上限拡大―賛成論：大規模営農ガ生キ残ル道―」「농지소유 상한확대―찬성이론：대규모영농이 살아 남는 길―」(韓国農林水産部『農地関連社説・評論集』〈論争編〉, 1993年)
キム・ウンスンほか［김은순 외］(1999)『環境農業政策ノ評価ト発展方向』『환경농업의 평가와 발전방향』(韓国農村経済研究院［한국농촌경제연구원］, 1999年)
金儀遠［김의원］(1983)『韓国国土開発史研究』『한국국토개발사연구』(大学図書, 1983年)
金正夫［김정부］(1989)『農地価格形成ニ関スル研究』『農地価格形成에 관한 研究』(韓国農村経済研究院［한국농촌경제연구원］, 1989年)
金正夫ほか［김정부 외］(1990a)『農地ノ利用及ビ流動化改善方案』『농지의 이용 및 유동화개선방안』(韓国農村経済研究院［한국농촌경제연구원］, 1990年)
金正夫ほか［김정부 외］(1990b)『農地価格ノ変動ト波及効果分析』『농지가격의 변동과 파급효과분석』(韓国農村経済研究院［한국농촌경제연구원］, 1990年)
金正夫［김정부］(1991)『農地価格ノ形成要因ト影響ニ関スル研究』『농지가격의 형성요인과 영향에 관한 연구』(慶熙大学校博士学位論文, 1991年)
金正夫ほか［김정부 외］(1992)『農地価格ト所有及ビ利用構造ニ関スル研究』『農地価格과 所有 및 利用構造에 관한 研究』(韓国農村経済研究院［한국농촌경제연구원］,

1992 年)

金正夫ほか [김정부 외] (1994) 『農地所有及ビ転用制度ノ改編ノ影響ト対策ニ関スル研究』『농지소유 및 전용제도개편의 영향과 대책에 관한 연구』(韓国農村経済研究院, 1994 年)

金正夫ほか [김정부 외] (1995)『農地規模化事業ノ評価ト発展方向ニ関スル研究』『농지규모화사업의 평가와 발전방향에 관한 연구』(韓国農村経済研究院, 1995 年)

金正夫ほか [김정부 외] (1998 a)『農地ノ効率的保全方案ニ関スル研究』『농지의 효율적 보전방안에 관한 연구』(韓国農村経済研究院 [한국농촌경제연구원], 1998 年)

金正夫ほか [김정부 외] (1998 b)『営農規模化事業ノ成果ト発展方向ニ関スル研究』『영농규모화사업의 성과와 발전방향에 관환 연구』(韓国農村経済研究院 [한국농촌경제연구원], 1998 年)

金正鎬ほか [김정호 외] (1989)『農地保全ト農村地域ノ土地利用体系定立ニ関スル研究』『農地保全과 農村地域의 土地利用体系定立에 관한 研究』(韓国農村経済研究院 [한국농촌경제연구원], 1989 年)

金正鎬ほか [김정호 외] (1990)『専業農育成ト営農組織活性化方案』『전업농육성과 영농조직의 활성화방안』(韓国農村経済研究院 [한국농촌경제연구원], 1990 年)

金正鎬 [김정호] (1991)「農地所有上限拡大ー賛成論：農地ヲ農民ニ還元ー」「농지소유 상한확대ー찬성이론：농지를 농민에게 환원ー」(韓国農林水産部『農地関連社説・評論集』〈論争編〉, 1993 年)

金正鎬 [김정호] (1992)「最近ノ農地流動化ノ動向ト性格」「最近 農地流動化의 動向과 性格」(韓国農村経済研究院『農村経済』『농촌경제』第 15 巻第 1 号, 1992 年)

金正鎬 [김정호] (1993)「農地保全ノ理論ト方法ー農地保全方式ノ転換ノタメノ接近ー」「농지보전의 이론과 방법ー농지보전방식의 전환을 위한 접근ー」(韓国農村経済研究院『農村経済』『농촌경제』第 12 巻第 1 号, 1993 年)

金正鎬・鄭起煥・朴文浩 [김정호 외] (1993)『土地利用型農業ノ経営体確立ニ関スル研究』『토지이용형 농업의 경영체 확립에 관한 연구』(韓国農村経済研究院 [한국농촌경제연구원], 1993 年)

金正鎬・ウィ・ヨンソク [김정호・위용석] (1997)「稲作農業ノ効率性ト関連要因ノ分析」「도작농업의 효율성과 관련요인의 분석」(韓国農村経済研究院『農村経済』『농촌경제』第 20 巻第 1 号, 1997 年)

金正鎬ほか [김정호 외] (1997)『農業法人ノ運営実態ト政策課題』『농업법인의 운영실태와 정책과제』(韓国農村経済研究院 [한국농촌경제연구원], 1997 年)

金正鎬 [김정호] (1997)「農業構造政策ノ成果ト課題」「농업구조정책의 성과와 과제」(韓国農村経済研究院『農村経済』『농촌경제』第 20 巻第 4 号, 1997 年)

金正鎬 [김정호] (1998)「農漁村構造改善事業ニ対スル幾ツカノ誤解」「농어촌구조개선사업에 대한 몇가지 오해」(内外経済新聞, 1998 年 10 月 2 日)

金正鎬ほか [김정호 외] (2001)『農家経済・負債ノ実態ト政策課題』『농가경제・부채의 실태와 정책과제』(韓国農村経済研究院, 2001 年)

金正鎬 [김정호] 編(2002)『農漁村構造改善白書』『농어촌구조개선백서』(韓国農村経

済研究院, 2002 年)

金正鎬 [김정호] (2002)「WTO 体制下ノ韓日農政変化ノ比較」「WTO체제하의 한일 농정의 변화비교」(日韓農業経済学会共同シンポジウム [일한농업경제학회 공동심포지움]『WTO 体制下ノ日韓農業ノ進路—農業経済学ノ課題—』『WTO 체제하의 일한 농업의 진로—농업경제학의 과제—』報告論文集, 2002 年)

金昌吉ほか [김창길 외] (1998)『条件不利地域及ビ環境保全ニ対スル直接支払イ制度ニ関スル研究』『조건불리지역 및 환경보전에 대한 직접지불제도에 관한 연구』(韓国農村経済研究院, 1998 年)

キム・チョルミンほか [김철민 외] (1999)「農業機械化事業ノ課題ト政策方向」『농업기계화사업의 과제와 정책방향』(韓国農村経済研究院 [한국농촌경제연구원], 1999 年)

金惠愛 [김혜애] (1998)「グリーンベルト (Green Belt) 問題ノ新シイ解法」「그린벨트 (Green Belt) 문제의 새로운 해법」(『環境ト生命』『환경과 생명』, 1998 年)

金泓相 [김홍상] (1993)「農地法制定ノ必要性トソノ前提条件」「농지법 제정의 필요성과 그 전제조건」(韓国農漁村社会研究所 [한국농어촌사회연구소]『農民ト社会』『농민과 사회』第 7 号, 1993 年)

金泓相 [김홍상] (1997)「農地規模化事業ニ対スル診断ト政策課題」「농지규모화사업에 대한 진단과 정책과제」(韓国農村経済研究院『農村経済』『농촌경제』第 20 巻第 2 号, 1997 年)

金泓相ほか [김홍상 외] (1999)『開発制限区域ノ制度改善ノタメノ環境変化基準研究中ノ農業適性度調査・分析部門』『개발제한구역 제도개선을 위한 환경평가기준 연구 중 농업적성도 조사・분석부문』(韓国農村経済研究院 [한국농촌경제연구원], 1999 年)

金泓相ほか [김홍상 이형순] (2000)「営農規模化事業ノ米生産費節減効果推定」「영농규모화사업의 쌀생산비절감효과추정」(韓国農村経済研究院『農村経済』『농촌경제』第 23 巻第 4 号, 2000 年)

金興官 [김홍관] (1993)「開発規制ノ緩和ト撤廃」「개발규제의 완화와 철폐」(東南開発研究院『東南開発研究』第 4 号, 1993 年)

金興官 [김홍관] (1993)『釜山圏周辺ノ開発制限区域現況ト土地利用』『釜山圏周辺의 開発制限区域現況과 土地利用』(土地利用研究会, 1993 年)

나
農漁村振興公社 [농어촌진흥공사] (1990)『農漁村発展総合対策基本指針』(1990 年)
農漁村振興公社 [농어촌진흥공사] (1996)『農地規模化事業統計』『농지규모화사업통계』(1996 年)
農漁村振興公社 [농어촌진흥공사] (1998)『営農規模適正化事業ノ成果』『영농규모적정화사업의 성과』(1998 年)

마

明光植［명광식］(1987)『糧穀政策ノ長期方向定立硏究』『糧穀政策의 長期方向定立硏究』(韓国農村経済硏究院, 1987 年)

ミン・サンギほか［민상기 외］(1990)『離農・脱農ノ都市適応ニ関スル硏究』『이농・탈농의 도시적응에 관한 연구』(韓国農村経済硏究院［한국농촌경제연구원］, 1990 年)

바

朴光曙［박광서］(1990)『韓国ノ経済発展ト小農農業ニ関スル硏究』『韓国의 経済発展과 小農農業에 관한 硏究』(延世大学校博士学位論文, 1990 年)

パク・トンギュほか［박동규 외］(1997)『米産業政策ノ変化ト課題』『쌀산업정책의 변화와 과제』(韓国農村経済硏究院［한국농촌경제연구원］, 1997 年)

パク・トンギュほか［박동규 외］(2000)『水田農業直接支払イ制』『수전농업 직접지불제』(韓国農村経済硏究院［한국농촌경제연구원］, 2000 年)

パク・ムンホ［박문호］(2000)「米専業農育成方案」「쌀전업농 육성방안」(韓国農村経済硏究院『農村経済』『농촌경제』第 23 巻第 4 号, 2000 年)

パク・ソクドほか［박석두 외］(2000)『都市地域農地ノ利用ト政策課題』『도시지역 농지의 이용과 정책과제』(韓国農村経済硏究院［한국농촌경제연구원］, 2000 年)

朴珍道［박진도］(1987)「地主小作関係ノ展開トソノ性格」「지주소작관계의 전개의 그 성격」(『韓国資本主義ノ性格ト課題』『한국자본주의의 성격과 과제』, 1987 年)

朴珍道［박진도］(1991)「農地所有上限拡大―反対論：農地投機・小作奨励ノ様相―」「농지소유상한확대―반대론：농지투기・소작장려의 양상―」(韓国農林水産部『農地関連社説・評論集』〈論争編〉, 1993 年)

朴珍道［박진도］(1993)「韓国農業構造ノ再編方向」「한국농업구조의 재편방향」(韓国農漁村社会研究所［한국농어촌사회연구소］『農民ト社会』『농민과 사회』第 7 号, 1993 年)

朴珍道［박진도］(1994)『韓国資本主義ト農業構造』『한국자본주의와 농업구조』(ハンギル社［한길사］, 1994 年)

朴珍道［박진도］(1998)「農業構造動向ニ関スル事例調査研究」「농업구조 동향에 관한 사례조사 연구」(韓国農業経済学会『農業経済研究』第 39 輯第 1 巻, 1998 年)

朴珍道［박진도］(1999)「世界貿易機構（WTO）ト韓国農業政策ノ調整」「세계무역기구（WTO）와 한국농업정책의 조정」(韓国農業政策学会『農業政策研究』第 26 巻第 2 号, 1999 年)

朴珍道［박진도］(2001)「WTO 農業協商ト韓国農村ノ課題」「WTO 농업협상과 한국농정의 과제」(韓国農業経済学会『農業経済研究』第 42 巻第 2 号, 2001 年)

朴珍道［박진도］(2002)「WTO ドーハラウンド農業協商ト我々ノ対応」「WTO 도하라운드농업협상과 우리의 대응」(農政研究センター［농정연구센터］『農政研究』『농정연구』創刊号, 2002 年)

朴弘鎮［박홍진］(1995)「中型機械所有農家ノ経営変化トソノ含意」「중형기계소유 농가의 경영변화와 그 함의」(ソウル大学校経済研究所『経済論集』第 34 巻第 2 号,

1995年)
朴弘鎮［박홍진］(1995)「機械化ガ水稲作生産費及ビ収益性ニ及ボス影響トソノ含意」「機械化가 水稲作生産費 및 収益性에 미치는 影響과 그 含意」(韓国農業経済学会『農業経済研究』第36輯第2巻, 1995年)
朴弘鎮［박홍진］(1995)「機械化ニヨル水稲作経営ノ変化ニ関スル研究―1980年代以後ノ中型機械化ヲ中心トシテ―」[기계화에 의한 수도작경영의 변화에 관한 연구―1980년대이후의 중형기계화를 중심으로 해서―] (ソウル大学校博士学位論文, 1995年)
邊衡尹ほか［변형윤 외］(1987)『韓国経済ト農民現実』『韓国経済와 農民現実』(経世院, 1987年)
釜山直轄市［부산직할시］(1992)『釜山都市基本計画』『부산 도시 기본계획』(1992年)
白善基［백선기］(1997)『農地取引実態ニ関スル研究』『농지거래실태에 관한 연구』(韓国農村経済研究院［한국농촌경제연구원], 1997年)
白善基［백선기］(1998)『農地転用ニヨル価格変化ニ関スル研究』『농지전용에 따른 가격변화에 관한 연구』(韓国農村経済研究院［한국농촌경제연구원], 1998年)

사

徐相穆ほか［서상모 외］(1981)『貧困ノ事態ト零細民対策』『貧困의 事態와 零細民対策』(韓国開発研究院, 1981年)
徐鍾赫ほか［서종혁 외］(1988)『農家ノ債務履行ト金利負担ニ関スル研究』『農家의 債務履行과 金利負担에 관한 研究』(韓国農村経済研究院, 1988年)
徐鍾赫ほか［서종혁 외］(1988)「農家ノ債務不履行ト政策課題」「農家의 債務不履行과 政策課題」(韓国農村経済研究院『農村経済』『농촌경제』第11巻第2号, 1988年)

아

安仁燦［안인환］(1984)『我ガ国ノ米穀生産費ニ関スル研究』『우리나라의 米穀生産費에 관한 研究』(東国大学校博士学位論文, 1984年)
ヤン・ジンウほか［양지우 외］(1996)『首都圏地域ノ水環境管理方案ニ関スル研究―八堂上水源ヲ中心ニシテ―』『首都圏地域의 水環境管理方案에 관한 研究―八堂上水源을 中心으로―』(京畿開発研究院［경기개발연구원], 1996年)
廉亨民［염형민］(1997)「韓国開発制限区域ノ合理的改善方案」「한국개발제한구역의 합리적개선방안」(金泰福編『グリーンベルト白書』『그린벨트 백서』槿花, 1997年)
呉治料ほか［오치료 외］(1993)『農家経済調査標本設計』『농가경제조사표본설계』(韓国農村経済研究院［한국농촌경제연구원], 1993年)
呉浩成［오호성］(1981)『経済発展ト農地制度』『経済発展과 農地制度』(韓国農村経済研究院, 1981年)
ユ・ヨンソンほか［유영성 외］(2001)『八堂上流地域ノ環境親和的清浄事業―漢江水系管理基金ノ効果的利用模索―』『팔당상류지역의 환경친화적 청정사업―한강수계관

尹皓燮ほか［윤호섭 외］(1988)『米穀需給与件変化ト糧穀政策ノ再調整研究』『米穀需給与件変化와 糧穀政策의 再調整研究』(韓国農村経済研究院, 1988 年)

尹皓燮［윤호섭］(1998)『OECD 農業政策変化分析方法ニ関スル研究』『OECD 농업정책의 변화분석방법에 관한 연구』(韓国農村経済研究院［한국농촌경제연구원］, 1998 年)

イ・ギヨンほか［이기영 외］(1999)『京畿道内河川別水質汚染源ノ基礎調査ニ関スル研究』『경기도내 하천별 수질오염원의 기초조사에 관한 연구』(京畿開発研究院, 1999 年)

イ・ギヨンほか［이기영 외］(2000)『八堂湖水質保全ノタメノ汚染総量管理制ノ効率的試行方案』『팔당호 수질보전을 위한 오염총량관리제의 효율적인 시행방안』(京畿開発研究院［경기개발연구원］, 2000 年)

李相茂［이상무］(1992)「農業振興地域指定—賛成論：国際競争力等ノ向上—」「농업진흥지역지정—찬성이론：국제경쟁력등의 향상—」(韓国農林水産部『農地関連社説・評論集』〈論争編〉, 1993 年)

李性旭・韓相國・崔明根［이성욱・한상국・최명근］(1993)『土地税制ノ評価ト今後ノ政策方向』『土地税制의 評価와 向後政策方向』(韓国租税研究院, 1993 年)

イ・ソンホ・金正鎬［이성호・김정호］(1995)『農家ノ相続ト経営継承ニ関スル研究』『농가의 상속과 경영승계에 관한 연구』(韓国農村経済研究院［한국농촌경제연구원］, 1995 年)

李英基［이영기］(1992)『韓国農業ノ構造変化ニ関スル研究』『한국 농업의 구조변화에 관한 연구』(ソウル大学校博士学位論文, 1992 年)

李英基［이영기］(1993)「地域農業ノ構造問題ト再編方向」「지역농업의 구조문제와 재편방향」(韓国農業経済学会『農業経済研究』第 20 巻第 1 号, 1993 年)

李英基［이영기］(1994 a)「現段階ノ農地問題トソノ解決方向」「현단계의 농지문제와 그 해결방향」(東亜大学校農業資源研究所『農業資源研究』第 3 巻第 1 号, 1994 年)

李英基［이영기］(1994 b)「農業構造改革ノ政策方向ト課題」「농업구조개혁의 정책방향과 과제」(東亜大学校農業資源研究所『農業資源研究』第 3 巻第 2 号, 1994 年)

李英基［이영기］(1995)「農業構造ノ改革」「농업구조의 개혁」(ミン・キョウヒョプ編『韓国ノ農業政策』未来社, 1995 年)

李英基［이영기］(1996)「農地法ト現段階ノ農地政策ノ性格」「농지법과 현단계농지정책의 성격」(韓国農業政策学会『農業政策研究』第 37 集第 1 巻, 1996 年)

イ・ヨンテほか［이영대 외］(1990)『農村人力ノ体系的育成方案』『농촌인력의 체계적인 육성방안』(韓国農村経済研究院［한국농촌경제연구원］, 1990 年)

李永錫［이영석］(1989)『首都圏周辺地域ノ農業構造変化ニ関スル調査研究』『首都圏주변지역의 農業構造変化에 관한 調査研究』(韓国農村経済研究院, 1989 年)

李榮萬・パク・ヒョンコン［이용만 박형권］(1992)『農村都市地域ノ土地所有ト利用ニ関スル事例調査研究』『農村都市地域의 土地所有와 利用에 관한 事例調査研究』

(韓国農村経済研究院［한국농촌경제연구원］, 1992 年)
李榮萬［이용만］(1993)「農地保全政策カ, 農地転用政策カ」「농지보전정책인가, 농지전용정책인가」(韓国農漁村社会研究所［한국농어촌사회연구소］『農民ト社会』『농민과 사회』第 7 号, 1993 年)
李榮萬［이용만］(1997)「生産基盤整備及ビ規模化」「생산기반정비 및 규모화」(韓国農村経済研究院・農林事業評価委員会『農林事業評価』, 1997 年)
李元暎［이원영］(1985)「工業配置政策ガ地域格差解消ニ寄与シタ效果」「工業配置政策이 地域格差解消에 기여한 效果」(韓国開発研究院 1985 年夏号, 1985 年)
李殷雨［이은우］(1993)「韓国ノ農村都市間送金実態」「韓国의 農村都市間 送金実態」(韓国農業経済学会『農業経済研究』第 34 輯, 1993 年)
李壮鎬［이장호］(1988)「農家経済調査業務ノ改善方案」「農家経済調査業務의 改善方案」(韓国農村経済研究院『農村経済』『농촌경제』第 11 巻第 1 号, 1988 年)
李貞煥ほか［이정환 외］(1988)「低所得農家ノ問題ト対応方向」「低所得農家의 問題와 対応方向」(韓国農村経済研究院『農村経済』『농촌경제』第 11 巻第 2 号, 1988 年)
李貞煥ほか［이정환 외］(1990)『農業構造政策ノ目標ト支援組織』『농업구조정책의 목표와 지원조직』(韓国農村経済研究院［한국농촌경제연구원］, 1990 年)
李貞煥［이정환］(1991)「URト韓国農業ノ基本問題, ソシテ農政ノ選択」「UR과 韓国農業의 기본문제, 그리고 農政의 선택」(韓国農村経済研究院『農村経済』『농촌경제』第 14 巻第 1 号, 1991 年)
李貞煥［이정환］(1994)「農地問題ニ対スル認識ノ七ツノ論点」「농지문제에 대한 인식의 7 가지 논점」(韓国農村経済研究院『農村経済』『농촌경제』第 17 巻第 3 号, 1994 年)
李重雄［이중웅](1989)「機械化大農育成ノタメノ政策方向」「機械化大農育成을 위한 政策方向」(韓国農村経済研究院『農村経済』『농촌경제』第 12 巻第 3 号, 1989 年)
イム・ソンス［임송수］(1998)『貿易・環境連携ニ関スル論議ト争点分析』『무역・환경 연계에 관한 논의와 쟁점분석』(韓国農村経済研究院［한국농촌경제연구원］, 1998 年)
イム・ジョンビン［임정빈］(1999 a)「我ガ国 UR 農業協定ノ履行経験」「우리나라 UR 농업협정의 이행경험」(韓国農村経済研究院『農村経済』『농촌경제』第 22 巻第 4 号, 1999 年)
イム・ジョンビン［임정빈］(1999 b)「UR 以後農産物市場開放ノ履行ト後ノ影響分析」「UR 이후 농산물시장개방의 이행과 그 후의 영향분석」(韓国農業経済学会『農業経済研究』第 40 輯第 2 巻, 1999 年)
イム・ジョンビン［임정빈］(2000)「WTO 出帆以後国際農産物関税構造ノ比較分析ト政策課題」「WTO 출범 이후 국제농산물관세구조의 비교분석과 정책과제」(韓国農村経済研究院『農村経済』『농촌경제』第 23 巻第 4 号, 2000 年)

자

張東燮［장동섭］(1990)『農村経済ト農業政策』『農村経済와 農業政策』(張東燮教授

華甲記念論文集刊行委員会，1990年）
蒋尚煥［장상환］（1989）「農地問題ノ解決方向」「농지문제의 해결 방향」（韓国農業政策学会『農業政策研究』第16巻第1号，1989年）
蒋尚煥・金秉鐸［장상환・김병택］（1991）『農地所有制度ノ調整ニヨル農家事例ノ研究』『農地所有制度의 調整에 따른 農家事例의 研究』（韓国農村経済研究院［한국농촌경제연구원］，1991年）
蒋尚煥［장상환］（1993）「農地所有上限ハ小幅緩和シナケレバナラナイ」「농지소유상한은 소폭 완화해야 한다」（韓国農漁村社会研究所［한국농어촌사회연구소］『農民ト社会』『농민과 사회』第7号，1993年）
蒋尚煥［장상환］（1994）『韓国ノ農地問題ト農地政策ニ関スル研究』『韓国의 農地問題와 農地政策에 관한 研究』（延世大学校博士学位論文，1994年）
全国開発制限区域住民連合会［전국개발제한구역주민연합회］（1993）『開発制限区域ノ合理的ナ制度改善方案』『開発制限区域의 合理的인 制度改善方案』（1993年）
鄭起煥［정기환］（1993）『農家ノ性格ノ変遷ニ関スル研究』『농가의 성격변천에 관한 연구』（韓国農村経済研究院［한국농촌경제연구원］，1993年）
鄭起煥［정기환］（1997）『農家ノ女性ノ労働力構造ト経済活動実態』『농가여성의 노동력구조와 경제활동실태』（韓国農村経済研究院［한국농촌경제연구원］，1997年）
チョン・ミョンチェほか［정명채 외］（1990）『農業構造改善ノタメノ農村社会政策ノ方向定立ニ関スル研究』『농업구조개선을 위한 농촌사회정책의 방향정립에 관한 연구』（韓国農村経済研究院［한국농촌경제연구원］，1990年）
チョン・アンソンほか［정안선 외］（1990）『主穀価格政策ノ評価ト調整方向』『주곡가격정책의 평가와 조정방향』（韓国農村経済研究院［한국농촌경제연구원］，1990年）
鄭英一［정영일］（2001）「コメ管理政策ノ与件変化ト主要課題」「쌀관리정책의 여건변화와 주요과제」（ソウル大学校経済研究所『経済論集』第40巻第2・3号，2001年）
鄭英一［정영일］（2002a）「米政策転換ノ課題ト方向」「쌀정책전환의 과제와 방향」（農業技術者協会『農業技術者協会報』2002年4月号）
鄭英一［정영일］（2002b）「『農地制度改善方案』ニソエテ」「農地制度改善方案에 첨가하여」（試論，2002年）
鄭亨謨［정형모］（1993）「農地制度ニ関スル検討―農地法制定ト関連シテ―」「農地制度에 관한 検討―農地法制定과 関連하여―」（韓国農協共同組合中央会『農協調査月報』，1993年12月号）
鄭亨謨［정형모］（1993）「農地制度ニ関スル検討」「농지제도에 관한 검토」（韓国農林水産部，農業構造政策局『農業振興地域関連資料』，1993年）
鄭弘祐［정홍우］（1993）「水稲作構造改善政策ニ関スル研究―大規模専業農家ト生産組織体ヲ中心ニ―」「水稲作構造改善政策에 관한 研究―大規模専業農家와 生産組織体를 中心으로―」（韓国農業経済学会『農業経済研究』第34輯，1993年）
趙佳鈺・シン・ヨンチョル［조가옥 외］（1994）「水稲作ノ生産力格差ニ関スル研究」「수도작의 생산력격차에 관한 연구」（韓国農業政策学会『農業政策研究』第21巻

第 2 号，1994 年)

趙佳鈺［조가옥］(1995)「水稲地帯ノ農地賃貸借ノ特性分析」「도작지대의 농지임대차 특성분석」(全州大学校地域開発研究所, 別冊本第 3 集, 1995 年)

趙佳鈺［조가옥］(1996)「平野地帯ニオケル大規模稲作栽培農家ノ生産要素特性分析」「평야지대에서의 대규모도작농가의 생산요소특성분석」(全州大学校地域開発研究所, 別冊本第 4 集, 1996 年)

朱奉圭［주봉규］(1988)『現代土地経済論』『현대토지경제론』(博英社, 1988 年)

차

車洪均［차홍균］(1987)「賃借農家ノ階層性ノ変化トソノ要因」「임차농가의 계층성의 변화와 그 요인」(韓国農業政策学会『1987年洞渓学術発表論文集』, 1987 年)

車洪均［차홍균］(1989)「農作業受託組織ノ動向トソノ構造」「농작업수탁조직의 動向과 그 構造」(韓国農業政策学会『農業政策研究』第 16 巻 1 号, 1989 年)

チェ・ビョンサン［최병상］(1992)「農業振興地域指定―反対論：食糧自給ノ放棄政策―」「농업진흥지역지정―반대론：식량자급의 포기정책―」(韓国農林水産部『農地関連社説・評論集』〈論争編〉, 1993 年)

チェ・セグンほか［최세균 외］(1996)「WTO 出帆以後農産物貿易自由化論ノ動向ト対策」「WTO 출범 이후 농산물무역자유화론의 동향과 대책」(韓国農村経済研究院［한국농촌경제연구원］, 1996 年)

チェ・セグン［최세균］(1998)「WTO 農業委員会ノ論議動向ト対応方案」「WTO 농업위원회의 논의동향과 대응방안」(韓国農村経済研究院『農村経済』『농촌경제』第 21 巻第 1 号, 1998 年)

崔茸柱［최용주］(1988)「農業労働力減少ト農家労働力ノ調達様式変化」「農業労働力의 減少와 農家労働力의 調達様式変化」(韓国農業協同組合中央会『農協調査月報』9 月号第 33 巻第 9 号, 1988 年)

崔在錫［최제석］(1988)『韓国農村社会変動研究』『한국농촌사회 변동연구』(一志社, 1988 年)

하

河瑞鉉［하서현］(2001)「WTO 体制下ニ対応スル韓日ノ農政比較」「WTO 체제아래에서 대응하는 한일의 농정비교」(『農業経営・政策研究』第 28 巻第 3 号, 2001 年)

韓国建設部［건설부］(1993)『開発制限区域制度改善ノタメノ公聴会』『개발제한구역제도개선을 위한 공청회』(1993 年)

韓国建設部［건설부］(1994)『開発制限区域関係法規』『개발제한구역관계법규』(1994 年度版)

韓国建設部［건설부］(1996)『開発制限区域関係法規』『개발제한구역관계법규』(1996 年度版)

韓国建設交通部［건설교통부］『建設交通統計年報』『건설교통통계연보』(各年版)

韓国建設交通部［건설교통부］(1998)『開発制限区域現況』『개발제한구역현황』(1998

年)

韓国経済企画院調査統計局［경제기획원 조사통계국］『人口移動統計年報』『인구이동통계연보』（各年版）

韓国農林部［농림부］『農家経済調査及ビ農産物生産費調査結果』『농가경제조사 및 농산물생산비 조사결과』（各年版）

韓国農林部［농림부］『農家経済統計』『농가경제통계』（各年版）

韓国農林部［농림부］『農業動向ニ関スル年次報告書』『농업동향에 관한 연차보고서』（各年版）

韓国農林部［농림부］『農林水産統計年報』『농림수산통계연보』（各年版）

韓国農林部［농림부］『農林業主要統計』『농림업주요통계』（各年版）

韓国農林部［농림부］『農業センサス』『농업 쎈서스』（各年版）

韓国農林部［농림부］『農産物生産費統計』『농산물생산비통계』（各年版）

韓国農林部［농림부］『作物統計』『작물통계』（各年版）

韓国農林部［농림부］（1996）『業務資料』『업무자료』（1996年）

韓国農林部［농림부］（2001）『統計ニミル世界ノ中ノ韓国農業』『통계로 보는 세계속의 한국농업』（2001年）

韓国農林部［농림부］報道資料（2002）『農林制度改善方案（試案）発表』（2002年）

韓国農林部・流通経済統計担当官室［농림부 유통경제통계담당관실］（1988）『農家経済調査要領』『농가경제조사요령』（1988年）

韓国農林部・流通経済統計担当官室［농림부 유통경제통계담당관실］（1998）『農家経済調査要領』『농가경제조사요령』（1998年）

韓国農林水産部［농림수산부］（1985）『簡易農業調査』『간이농업조사』（1985年）

韓国農林水産部，農業構造政策局［농림수산부・농업구조정책국］（1992）『農業振興地域関連資料』『농업진흥지역관련자료』（1992年）

韓国農林水産部［농림수산부］（1993）『農地関連社説・評論集』『농지관련사설・평론집』（1993年）

韓国農林水産部［농림수산부］（1994 a）『農産物生産費調査要領』『농산물생산비조사요령』（1994年）

韓国農林水産部［농림수산부］（1994 b）『農地法制定方向ト法案』『농지법제정방향과 법안』（1994年）

韓国農林水産部［농림수산부］（1994 c）『農地法（案）解説資料』『농지법（안）해설자료』（1994年）

韓国農業協同組合中央会［한국농업협동조합중앙회］『農協年鑑』『농협연감』（各年版）

韓国農業協同組合中央会［한국농업협동조합중앙회］（1989）「我ガ国農地賃貸借ノ展開トソノ性格」「우리나라 農地賃貸借의 展開와 그 性格」（韓国農業協同組合中央会『農協調査月報』1989年8月号）

韓国農業協同組合中央会［한국농업협동조합중앙회］（1991）『稲作経営実態調査』『도작경영실태조사』（1991年）

韓国農業協同組合中央会［한국농업협동조합중앙회］（1991）「米穀ノ産地流通実態ト課

題」「米穀의 産地流通実態와 課題」(韓国農業協同組合中央会『農協調査月報』1991 年 4 月号)
韓国農村経済研究院［한국농촌경제연구원］(1982)『農地賃貸借現況ト制度定立ノ方向』『農地賃貸借現況과 制度定立의 方向』(1982 年)
韓国農村経済研究院［한국농촌경제연구원］(1983)『農地制度改善関係資料集』全 6 巻『농지제도개선 관계자료집』(1983 年)
韓国農村経済研究院［한국농촌경제연구원］(1984)『農地改革及ビ農地制度関係文献目録』『農地改革 및 農地制度関係文献目録』(1984 年)
韓国農村経済研究院［한국농촌경제연구원］(1985)『農地法案（制定推進時期別）』『농지법안』(1985 年)
韓国農村経済研究院［한국농촌경제연구원］(1986)『農地所有現況ト改善方案』『農地所有現況과 改善方案』(1986 年)
韓国農村経済研究院［한국농촌경제연구원］(1987)『農地賃貸借管理法白書』『농지임대차관리법백서』(1987 年)
韓国農村経済研究院［한국농촌경제연구원］(1989 a)『韓国農政 40 年史（上・下）』(1989 年)
韓国農村経済研究院［한국농촌경제연구원］(1989 b)『農地関係新聞論説及ビ主要記事集』『農地関係新聞論説 및 主要記事集』(1989 年)
韓国農村経済研究院［한국농촌경제연구원］(1993)『農地制度改善ト農地法制定ノ方向』『農地制度改善과 農地法制定方向』(1993 年)
韓国農村経済研究院［한국농촌경제연구원］(1994)『農地法制定方向ト法案』『農地法制定方向과 法案』(1994 年)
韓国農村経済研究院［한국농촌경제연구원］(1996)『農地規模化事業統計』『농지규모화사업통계』(1996 年)
韓国農村経済研究院［한국농촌경제연구원］(1997)『農林事業評価』『농림사업평가』(1997 年)
韓国農村経済研究院［한국농촌경제연구원］(1999 a)『韓国農政 50 年史』(韓国農林部, 1999 年)
韓国農村経済研究院［한국농촌경제연구원］(1999 b)『WTO 次期農産物協商ノ展望ト対策研究』『WTO 차기 농산물협상의 전망과 대책연구』(1999 年)
韓国農村経済研究院［한국농촌경제연구원］(2000)『21 世紀韓・中農業発展―中国ノ WTO 加入ニ対応シタ協力方案』『21세기 한・중 농업발전―중구의 WTO 가입에 대응한 협력방안―』(2000 年)
韓国農村経済研究院［한국농촌경제연구원］(2001)『農業展望 2001』『농업전망 2001』(2001 年)
韓国農村経済研究院［한국농촌경제연구원］(2002)『農業展望 2002』『농업전망 2002』(2002 年)
韓国農村振興庁［한국농촌진흥청］(1990)『農業経営研究指導事業報告書』(1990 年)
韓国農村振興庁［한국농촌진흥청］(1994)『農家経営相談調査資料』『농가경영상담조사

자료』(1994 年)

韓国統計庁［통계청］『地域統計年報』『지역통계연보』(各年版)

韓国統計庁［통계청］(2001)『2000 年農業センサス暫定結果』『2000 년 농업쎈서스잠정 결과』(2001 年 5 月)

韓道鉉［한도현］(1991)『現代韓国ニオケル資本ノ土地支配構造ニツイテノ研究』『현대 한국에 있어서 자본의 토지지배구조에 대한 연구』(ソウル大学校博士学位論文, 1991 年)

許在栄［허재영］(1993)『土地政策論』『토지정책이론』(法文社, 1993 年)

深川博史 (2002 a)「WTO 体制下ノ韓日農業比較ト韓国農政ノ進路」「WTO 체제하의 한일농업비교와 한국농정의 진로」(蔚山発展研究院『蔚山主力産業ノ現在ト未来』, 2002 年)

深川博史 (2002 b)「日韓農業ノ比較ト韓国ノ構造問題」「일한 농업의 비교와 한국의 구조문제」(日韓農業経済学会共同シンポジウム［일한 농업경제학회 공동심포지움］『WTO 体制下の日韓農業の進路―農業経済学の課題―』『WTO 체제하의 일한 농업의 진로―농업경제학의 과제―』報告論文集, 2002 年)

ホヮン・スジンほか［황수진 외］(1997)『八堂上水源水質改善方案ニ関スル研究』『팔당상수원의 수질개선방안에 관한 연구』(京畿開発研究院［경기개발연구원］, 1997 年)

黄延秀［황연수］(1995)『韓国米作農業ノ生産力構造分析―生産性及ビ収益性ノ階層差ト地域差ヲ中心トシテ』『한국미작농업의 생산력구조분석―생산성 및 수익성의 계층차와 지역차를 중심으로 해서』(高麗大学校博士学位論文, 1995 年)

[日本語文献]
あ行

安部淳 (2000)「WTO 体制下における韓国の農政転換」(村田・三島編『農政転換と価格・所得政策』筑波書房, 2000 年)

安部淳 (2001)『中国・韓国における米穀の流通と管理制度の比較研究』(平成 11 年度～平成 12 年度科学研究費（基盤研究 B (2)）研究成果報告書, 2001 年)

安部淳・張徳氣 (2002)「WTO 体制下の韓国における農政転換」(九州大学『韓国経済研究』第 2 巻, 2002 年)

李尚遠・佐藤洋平・星野達夫 (1999)「韓国におけるグリーンベルトの開発行為制限制度の変遷に関する考察」(農村計画学会『農村計画論文集』第 1 集〔農村計画学会誌第 18 巻別冊〕, 1999 年)

李尚遠・佐藤洋平・畑中賢一 (2000)「ソウルグリーンベルト内の農地転用に関する一考察」(農村計画学会『農村計画論文集』第 2 集〔農村計画学会誌第 19 巻別冊〕, 2000 年)

李相茂 (1999)「UR 以降韓国における農政の変化と次期農産物交渉の対応戦略」(富民協会『農業と経済』1999 年 7 月号)

参考文献

李哉汰 (2000)「アジア諸国のWTO対応―韓国―」(農林統計協会『農林統計調査』2000年2月号)
李哉汰 (2002)「東アジア地域農産物貿易の現実と展望―韓国から見た場合」(日本農業経済学会『日本学術会議共催シンポジウム』，2002年3月)
五十嵐暁郎 (1993)「土地を取り戻せ」(『民主化時代の韓国―政治と社会はどう変わったか―』世織書房，1993年)
糸山健介・坂下明彦・朴紅 (2001)「韓国中山間地域における農業構造とその再編―忠清北道青川面を対象に―」(日本農業経済学会『2001年度 日本農業経済学会論文集』2001年)
今村奈良臣 (1985)「基本法農政下の農民層分解」(梶井功編『農民層分解』農山漁村文化協会，1985年)
今村奈良臣ほか (1994)『東アジア農業の展開論理』(農山漁村文化協会，1994年)

か行

梶村秀樹 (1981)「韓国の農家経済の現状・素描」(神奈川大学経済貿易研究所『経済貿易研究』No.9，1981年)
加藤光一 (1993)「東北庄内地方の農家・韓国全羅北道の農家―現代家族経営危機の日韓比較―」(日本村落研究学会『家族農業経営の危機―その日韓比較―』，1993年)
加藤光一 (1995)「韓国『農地法』論争の位相―農地改革論から最近の農地法論争(第7次)まで―」(北海学園大学『開発論集』第54号，1995年)
加藤光一 (1998)『韓国経済発展と小農の位相』(日本経済評論社，1998年)
川口智彦・小林謙一 (1991)「農家労働力の流出と農業経済の低迷」(法政大学比較経済研究所編『韓国の経済開発と労使関係』，1991年)
川本忠雄 (2001)「WTO体制と東アジア農業の現段階―「日韓自由貿易協定」と農業問題」(『下関市立大学論集』第45巻第1号，2001年)
金恩喜ほか (櫻井浩訳) (2001)『韓国型資本主義の解明』(九州大学出版会，2001年)
金正鎬 (1993)「農業構造の再編に向かっている韓国」(富民協会『農業と経済』1993年6月号)
金正鎬 (1998)「転換期の韓国の農業環境政策」(富民協会『農業と経済』1998年11月号)
金正鎬 (2000)「韓国の多面的機能評価と政策展開」(富民協会『農業と経済』2000年5月号)
金正鎬 (2002)「WTO体制下の韓日農政変化の比較」(日韓農業経済学会共同シンポジウム『WTO体制下の日韓農業の進路―農業経済学の課題』報告論文集，2002年8月)
金聖昊 (1985)「韓国農家の階層構造変動と小作の実態」(『農林業問題研究』第80号，1985年)
金聖昊 (1989)『韓国の農地改革と農地制度に関する研究』(京都大学博士学位論文，1989年)

金聖昊（1994）「韓国農業の展開論理」（今村奈良臣ほか著『東アジア農業の展開論理』農山漁村文化協会，1994年）
金聖昊（1989）「韓国の家族農業経営をめぐる諸問題」（農業総合研究所・農業研究センター編『高度産業社会における家族農業経営の危機』，1989年）
金炳台（1990）「韓国の農地改革に対する評価」（東北大学経済学会『経済学年報』第52巻第2号，1990年）
倉持和雄（1988）「韓国における地主小作関係についての論点」（『アジア経済』第29巻第12号，1988年）
倉持和雄（1990）「80年代韓国農業機械化の背景と現状―農業労働力不足への対応」（『アジア経済』第31巻第4号，1990年）
倉持和雄（1992）「韓国の達成」（東京大学社会科学研究所編『現代日本社会3 国際比較(2)』東京大学出版会，1992年）
倉持和雄（1993）「80年代後半の韓国における農地関係の変化」（『アジア経済』第34巻第4号，1993年）
倉持和雄（1994）『現代韓国農業構造の変動』（御茶の水書房，1994年）
倉持和雄（1997）「農業より見た地域問題―韓国―」（久留米大学産業経済研究所『産業経済研究所紀要』第23号，1997年）
倉持和雄（1997）「韓国農業の現状と基礎構造―担い手問題を中心に―」（『農業経済論集』第48巻第1号，1997年）
倉持和雄（2001）「経済危機後の韓国：財閥破綻と金大中の改革」（横浜市立大学大学院国際文化研究科『国際文化研究紀要』第7号，2001年）
後藤光蔵（1985）「農地賃貸借問題調査」（古島敏雄ほか『地域調査法』東京大学出版会，1985年）
小林和美（2001）「韓国大都市近郊農村における若年層の就学流出―大邱広域市S集落の事例」（『村落社会研究』第8巻第1号，2001年）

さ行
櫻井浩（1976）『韓国農地改革の再検討』（アジア経済研究所，1976年10月）
櫻井浩（1978）「韓国経済における農業の位置―1960年代と70年代―」（『アジア経済』第16巻7号，1978年）
櫻井浩（1988）「韓国における耕作規模別農家の変動について」（『アジア経済』第29巻第10号，1988年）
食糧・農業政策研究センター（1991）『東アジア農業の構造問題』（農山漁村文化協会，1991年）
祖父江利衛（1998）「農村-都市間労働力移動の基本課題」（法政大学大原社会問題研究所編『現代の韓国労使関係』御茶の水書房，1998年）

た行
滝沢秀樹（1993）「1980年代後半の韓国における社会階層構造の変化」（『甲南経済学論

集』第33巻第4号,1993年)
滝沢秀樹 (2000)『アジアのなかの韓国社会』(御茶の水書房,2000年)
田代順孝・丙京禄 (1993)「韓国における土地利用規制型開発制限区域である開発制限区域の適用過程について」(千葉大学『園芸学報』第47号,1993年)
田代洋一 (1995)『農業問題入門』(大月書店,1995年)
田代洋一ほか編 (2000)『現代の経済政策』(有斐閣,2000年)
谷浦孝雄 (1966)『韓国の農業と土地制度』(日本国際問題研究所,1966年)
崔在錫 (1979)『韓国農村社会研究』(学生社,1979年)
車洪均 (1987)「韓国・水稲単作地帯における農地賃貸借の現状」(『農業経営研究』第25巻第1号,1987年)
車洪均 (1987)『韓国における農業構造変化と農地賃貸借に関する研究』(東京大学博士学位論文,1987年)
章大寧 (1996)「韓国の農業担い手問題と担い手対策」(農林統計調査協会『農林統計調査』第46巻8号,1996年)
張德氣・安部淳 (1999)「新糧穀管理制度下の米穀生産と農家対応―全羅南道海南郡玉泉面香村里の事例について―」(日本農業経済学会『1999年度 日本農業経済学会論文集』,1999年)
朱宗桓 (1990)「韓国の米作経済」(『農業経済研究』第62巻第1号,1990年)
趙佳鈺 (1994)『韓国における稲作生産力構造に関する研究』(九州大学博士学位論文,1994年)
趙武熙 (1995)「韓国と日本の農業構造改善政策の比較」(横浜市立大学経済研究所『経済と貿易』第169号,1995年)
全雲聖 (1988)『韓国における自作農的土地所有の研究』(九州大学博士学位論文,1988年)
鄭起煥 (1993)「韓国における農家人口の流出と家族農業構造の変化」(日本村落研究学会『家族農業経営の危機―その日韓比較―』,1993年)
鄭英一 (2002)「日韓FTAと農業問題」(講演録 (2001年12月1日の九州大学韓国研究センターのシンポジウム講演) 九州大学『韓国経済研究』第2巻,2002年)

な行

日韓地方都市比較研究会 (1991)『日韓両国の地方都市の活性化政策に関する都市計画的比較分析』(平成2年度科学研究費 (国際学術―共同研究) 研究成果報告書,1991年)
日韓地方都市比較研究会 (1993)『日韓両国の工業型地方都市の構造転換に関わる都市計画的対応に関する比較分析』(平成3年～4年度文部省科学研究費 (国際学術―共同研究) 研究成果報告書,1993年)
日本女子大学農家生活研究所 (1991)『韓国における農家生活の現状―京畿道龍仁邑柳里2里,5里と全羅北道扶安郡白山面巨龍里桂洞の農家生活―』(日本女子大学『農家生活研究所所報』第10号,1991年3月)

農政調査委員会（1975）『農業統計用語辞典』（農山漁村文化協会，1975年）
農林水産省（2001）『農林水産統計2001年版』（2001年6月）

は行

朴宗彬（1990）「1980年代前半における韓国農民の階層別経済状況について」（『大阪経済法科大学アジア研究所』創刊号，1990年）
朴宗彬（1993）「1980年代後半における韓国農民の経済現状と土地経営」（『大阪経済法科大学総合科学研究所年報』第12号，1993年）
朴珍道（1987a）「戦後韓国における地主小作関係の展開とその構造(1)」（『アジア経済』第28巻第9号，1987年）
朴珍道（1987b）「戦後韓国における地主小作関係の展開とその構造(2)」（『アジア経済』第28巻第10号，1987年）
日出英輔（1992）「韓国の農業と農地政策」（『農政調査時報』第431号，1992年）
深川博史（1991）「植民地政策とインフラストラクチュア―朝鮮半島の経験―」（九州大学教養部『社会科学論集』第32集，1991年）
深川博史（1992a）「韓国農業の構造変動―全国統計にみる経営規模別農家戸数の変化―」（九州大学経済学会『経済学研究』第58巻第1号，1992年）
深川博史（1992b）「韓国における農地の賃貸借について―農地価格の上昇と賃貸借の拡大―」（九州大学経済学会『経済学研究』第58巻第3号，1992年）
深川博史（1993a）「韓国農地法論争の経過と争点―第三次農地法論争を中心として―」（九州大学経済学会『経済学研究』第58巻第4・5号合併号，1993年）
深川博史（1993b）「韓国の農地保全制度―国土利用管理体系における農地保全法の運用実態―」（九州大学経済学会『経済学研究』第58巻第6号，1993年）
深川博史（1994）「農家経済の自立と農地の保全―韓国の農業振興地域制度―」（九州大学経済学会『経済学研究』第60巻第3・4合併号，1994年）
深川博史（1995）「国際農業調整と農地制度改革―韓国における農業振興地域制度の導入をめぐって―」（九州大学国際経済構造研究会編『経済・経営構造の国際比較試論』第8章，九州大学出版会，1995年）
深川博史（1998）「韓国の稲作地帯における農地の賃貸借について」（韓日経商学会『第13回韓日経済・経営国際学術大会論文集』，1998年）
深川博史（1999a）「韓国における農業構造政策の大転換」（九州大学経済学会『経済学研究』第66巻第1号，1999年）
深川博史（1999b）「韓国の長期賃貸借推進事業について―賃貸借抑制政策から賃貸借推進政策への転換―」（日本農業経済学会『1999年度 日本農業経済学会論文集』，1999年）
深川博史（1999c）「韓国の農業機械半額供給事業」（九州大学経済学会『経済学研究』第66巻第3号，1999年）
深川博史（1999d）「韓国における農地賃貸借の実態把握」（九州大学経済学会『経済学研究』第66巻第4号，1999年）

深川博史 (2000 a)「韓国の土地利用と開発制限区域制度」(九州大学 P&P「アジア都市研究センター」プロジェクト研究体『アジア都市研究』Vol.1, No.3, 2000年)
深川博史 (2000 b)「グリーンベルトからブルーベルトへ」(韓日経商学会『第15回韓日経済経営国際学術大会論文集』, 2000年)
深川博史 (2000 c)「韓国農村のフィールドワーク」(九州大学『Radix』No.26, 九州大学大学教育センター, 2000年)
深川博史 (2000 d)「韓国のグリーンベルト—転用規制と環境保全の試み—」(日本経済政策学会編『政策危機の構図』勁草書房, 2000年)
深川博史 (2001 a)「ソウル首都圏の上水源保護区域における土地所有と環境農業」(アジア太平洋センター『アジア太平洋研究』第8号, 2001年)
深川博史 (2001 b)「韓国の土地所有と『親環境農業』政策」(日本経済政策学会編『21世紀日本の再生と制度転換』勁草書房, 2001年)
深川博史 (2001 c)「韓国のガット・ウルグアイラウンド対策」(九州大学『韓国経済研究』第1巻第1号, 2001年)
深川博史 (2001 d)「ソウルメトロポリタン周辺の環境農業推進運動」(矢田俊文ほか編『グローバル経済下の地域構造』九州大学出版会, 2001年)
深川博史 (2001 e)「土地所有と環境農業の対抗」(九州大学経済学会『経済学研究』第67巻第4・5合併号, 2001年)
深川博史 (2002 a)「韓国農業の特徴と構造調整の方向」(九州大学『韓国経済研究』第2巻, 2002年)
深川博史 (2002 b)「グローバル経済下の韓国における農政転換」(石田修・深川博史編『国際経済のグローバル化と多様化 2—アジア経済のグローバル化—』九州大学出版会, 2002年)
ブルース・カミングス (鄭敬謨・林哲共訳) (1989)『朝鮮戦争の起源 第1巻—解放と南北分断体制の出現—』(シアレヒム社, 1989年)

ま行
マーク・ピーティー (浅野豊美訳) (1996)『植民地—帝国50年の興亡—』(読売新聞社, 1996年)
松本武祝 (1993)「1970年代韓国におけるセマウル運動の展開過程」(神奈川大学『商経論叢』第28巻第4号, 1993年)
松本武祝 (1998)『植民地権力と朝鮮農民』(社会評論社, 1998年)
光吉健次 (1988)『用途地域制度から見た韓国諸都市と日本との比較』(1987年度科学研究費 (一般B) 研究成果報告書, 1988年)
宮崎猛 (2001)「韓国の観光農園」(富民協会『農業と経済』第67巻第7号, 2001年)
武藤明子 (2000)「急増する韓国からのバラ輸入」(農林統計協会『農林統計調査』2000年7月号)

や行

尹明憲（1990）「韓国資本主義と農業問題」（本多健吉監修『韓国資本主義論争』世界書院，1990年）

わ行

渡辺利夫編（1990）『概説　韓国経済』（有斐閣選書，1990年）

[英語文献]

Cumings, B. (1987) "The Origins and Development of the Northeast Asian Political Economy: Industrial Sectors, Product Cycles, and Political Consequences," *The Political Economy of the New Asian Industrialism,* edited by Frederic C. Deyo, Ithaca: Cornell University Press, pp. 44-83.

Park, F. K. (1986) "Off-farm Employment in Korea," *Off-farm Employment in the Development of Rural Area,* edited by R. T. Shand, National Center for Development Studies, Australian National University, pp. 135-152.

Fukagawa, H. (1996) "Green Belt in the Republic of Korea," *Journal of Political Economy,* Vol. 63, No.1, Kyushu University, pp. 29-42.

Fukagawa, H. (1998) "Development Control and Farmland Transformation: A Green Belt in the Republic of Korea," in *The Asian Economy and the Changes in Policies, Structures and Institutions,* Kyusyu University, pp. 47-61.

Fukagawa, H. (2001) "Land Ownership and Environmental Agriculture in a Water-supply Protection Area in the Seoul Metropolitan Area," *The APC Journal of Asian-Pacific Studies,* No. 8, Asian Pacific Center, pp. 61-72.

Moore, M. (1985) "Mobilization and Disillusion in Rural Korea: The Saemaul Movement in Retrospect," *Pacific Affairs,* Vol. 57, No. 4, pp. 577-598.

Moore, M. (1988) "Economic Growth and Rise of Civil Society: Agriculture in Taiwan and South Korea", in *Developmental State in East Asia,* edited by G. White and Robert Wade, A Research Report to the Gatsby Charitable Foundation.

Moore, M. (1993) "Economic Structure and the Politics of Sectoral Bias: East Asian and Other Cases," *Journal of Development Studies,* Vol. 29, No. 4, London: Frank Cass, pp. 79-128.

Francks, P. (1999) *Agriculture and Economic Development in East Asia,* London, Routledge.

Samuel P. H. Ho (1986) "Off-farm Employment and Farm Households in Taiwan," *Off-farm Employment in the Development of Rural Area,* edited by R. T. Shand, National Center for Development Studies, Australian National University, pp. 95-134.

あとがき

　本書の執筆を終えて，当初は未整理だった部分がかなり整理されてきた。執筆という思考活動を通じて著者自身の考えがまとまってくると同時に，当初は朧気ながら考えていた部分についても，だんだんと明瞭になってきた。ここでは，そのような，執筆を終えて後に，整理されてきた本書全体の研究の枠組みについて少し，触れておきたい。

　韓国農業の特徴は農地問題にあり，農地全体の面積に占める借地面積の割合の大きさについては，これまでも繰り返し述べてきたとおりである。韓国におけるこの借地面積の増加傾向は，実はこれまでに，二つの転換期を経ている。一度目は70年代の前半，もう一つは80年代後半である。最初の転換期では，農地改革以降，70年代に入って減少趨勢にあった借地面積が増加に転じた。これは農家人口の流出を原因としており，農家人口の都市流出で労働力に不足する農家の賃貸や，挙家離村した農家の農地賃貸が借地面積増加の原因であった。しかし，こういう形の農家人口の流出は80年代半ばには一段落するとともに，借地面積の増加も一旦は停止している。二度目の転換はこの80年代後半に訪れた。借地面積は80年代後半になると再び増加に転じたが，それにもかかわらず，借地面積増加の原因とされてきた農家人口の都市への流出は相対的に減少していた。さらに，90年代には農村人口の流出速度がそれまでに比べて大きく低下するなかで，借地面積は増加を続けた。これらのことから，90年代における農家人口の流出と借地面積増加の因果関係については検討を要すると同時に，農家人口の流出により形成された農業構造には新たな変化が生じているのではないかと考えられた。筆者にとっては，このような問題意識が朧気ながらも本書執筆の一つのきっかけとなった。そして本書で見てきたように，90年代における農業構造変動の特徴は，都市化と農民高齢化であり，これらが90年代における，農家人口流出停滞下での借地増加の基本的な原因になっているものと考えられる。

加えて，これら農業構造変動に対処する農業政策についても，可能な限り詳細に検討を加えた。従来の研究は，農業構造の変動に関するものがほとんどであり，農業政策を対象とする研究は限られていた。資料収集上の限界もさることながら，70年代のセマウル運動以降，本格的な農業政策がなかなか実施されなかったためと思われる。しかるに90年代には，ウルグアイ・ラウンド妥結後の市場開放対策として，大規模な構造政策事業が実施された。加えて，韓国農政史上では画期的な農地法が制定されており，これらの農業構造への影響は無視できないと考えられる。そのような観点から，本書では可能な限りの農政資料を収集するとともに，90年代における構造政策の立案者から直接に，長時間のインタビューを行い，政策の背景についても証言を集めた。それらの資料すべてを本書に盛り込むことはできなかったが，市場開放下における政策推進を巡る状況については，一定の根拠を基に，検討作業を進めることができたと考えている。資料提供に御協力下さった方々にはあらためて感謝申し上げたい。

　最後に，本研究の実態調査に際してお世話になった方々について触れておきたい。本研究では，過去5年間に，幾つもの村を訪れ，筆者が直接，韓国語で農家の方々から話を聞いた。訪れた農家の数は約120軒に及ぶ。

　調査の初めの頃は，韓国語の方言が聞き取れずに苦労した。本書に示したように，韓国農村は高齢者が多数を占める。高齢者の韓国語方言に悩まされ，何度も聞き返しながら，調査票の項目を少しずつ埋めていった。時には若い農民に，韓国語方言の標準語への通訳を頼んで，それを筆者が韓国語で調査票に記入していった。そうして集めた農家の調査個票は数百枚に及ぶ。今，それらを手に取ると，韓国の農村を朝から夜まで歩いた日々が思い起こされる。時には，里長の家に上げてもらい，夜遅くまで話を聞いた。また，多くの農民が農作業の手を休め，見ず知らずの日本人に時間を割いて，話を聞かせてくれた。陽に焼けた農民の顔が今も眼に浮かぶ。親切に対応してくださった多くの方々に，心より感謝申し上げたい。

　　　2002年9月

　　　　　　　　　　　　　　　　　　　　　　　　　　　深川博史

略 語 一 覧

AMS (Aggregate Measurement of Support) →国内補助，国内総助成
EU (European Union) →欧州連合
FAO (Food and Agriculture Organization of the United Nations)
　→国連食糧農業機関
GATT (General Agreement on Tariffs and Trade)
　→関税及び貿易に関する一般協定，ガット
IMF (International Monetary Fund) →国際通貨基金
KREI (Korea Rural Economic Institute) →韓国農村経済研究院
MA (Minimum Access) →ミニマム・アクセス，最低輸入義務
NGO (Non-Governmental Organizations) →非政府機関
OECD (Organization for Economic Cooperation and Development)
　→経済協力開発機構
RPC (Rice Processing Complex) →米穀総合処理場
UR (Uruguay Round) →ウルグアイ・ラウンド，多角的貿易交渉
WTO (World Trade Organization) →世界貿易機関

図 表 一 覧

表1-1　日本との比較に見る韓国農家・農業の特徴（2000年） ………… 38
表1-2　90年代の韓国農家・農業の特徴Ⅰ（耕地利用と農家人口） ……… 44
表1-3　90年代の韓国農家・農業の特徴Ⅱ（専・兼業農家） …………… 48
表1-4　90年代の韓国農家・農業の特徴Ⅲ（高齢化） …………………… 49
表1-5　政府収買米価及び収買実績 ………………………………………… 58

表2-1　韓国農業の長期的変化（1965～1995年） ………………………… 79
表2-2　賃借農地面積の推移 ………………………………………………… 80
表2-3　農家経済の道別比較（1996年） …………………………………… 81
表2-4　農家の経営規模別借地面積比率 …………………………………… 82
表2-5　構造政策4事業の面積推移 ………………………………………… 84
表2-6　構造政策4事業の事業費推移 ……………………………………… 85
表2-7　農地管理基金の運用状況 …………………………………………… 91

表3-1　営農形態別作目別地域別農家戸数 ………………………………… 112
表3-2　耕地所有形態別農家及び面積 ……………………………………… 114
表3-3　経営耕地面積別借地規模別農家戸数 ……………………………… 116
表3-4　耕地借用所別農家及び面積 ………………………………………… 118
表3-5　『農家経済調査』の賃貸借統計（年次別借地面積の推移） ……… 120
表3-6　『農家経済調査』の賃貸借統計（経営規模別） …………………… 122
表3-7　『農家経済調査』の賃貸借統計（地帯別） ………………………… 123
表3-8　農家経済に関する道別統計（1993年） …………………………… 126
表3-9　農家個票一覧（全羅北道益山市クムガン洞カンギョン村） …… 130
表3-10　農家個票一覧（全羅北道益山市シヌン洞シヌン村） …………… 133
表3-11　農家個票一覧（全羅北道群山市ファヒョン面デチョン里ソギ村） … 136
表3-12　農家個票一覧（全羅北道群山市ファヒョン面クムガン里オクセム村）

	………………………………………………………………………	140
表3-13	総括表（全羅北道調査各集落の特徴と政府事業への対応） …………	144
表4-1	購入機械の種別と農業機械化事業資金 ………………………………	166
表4-2	経営階層別機械保有比率の変化（1990年・1995年） ………………	170
表4-3	稲作経営規模別・作業別の 営農委託農家戸数の変化（1990年・1995年） ………………………	171
表4-4	稲作における農作業機械化率 …………………………………………	175
表4-5	農家の家族構成（全羅南道海南郡玉泉面ホンサン里） ……………	187
表4-6	経営面積（ 〃 ） ……………………………………………………	188
表4-7	農業機械保有状況（ 〃 ） …………………………………………	190
表4-8	農地の賃貸借（ 〃 ） ………………………………………………	191
表4-9	農地の売却（ 〃 ） …………………………………………………	193
表4-10	構造改善事業への農家の参加状況（ 〃 ） ………………………	194
表4-11	営農受委託（ 〃 ） …………………………………………………	197
表6-1	開発制限区域の人口と土地利用 ………………………………………	258
表6-2	開発制限区域の土地所有状況 …………………………………………	258
表6-3	開発制限区域の制度運用 ………………………………………………	262
表6-4	行為許可現況（1988～1991年） ………………………………………	263
表6-5	農地価格 …………………………………………………………………	271
表6-6	果川市農業の特徴Ⅰ ……………………………………………………	280
表6-7	果川市農業の特徴Ⅱ ……………………………………………………	280
表7-1	上水源保護区域の面積と人口 …………………………………………	300
表7-2	首都圏広域上水道事業現況 ……………………………………………	302
表7-3	八堂ダム及び八堂ダム湖の概要 ………………………………………	302
表7-4	農薬出荷量によるha当り農薬使用量の推定 ………………………	306
表7-5	環境農業実践農家と栽培面積（1996年） ……………………………	308
表7-6	環境農業の生産費比較（米） …………………………………………	312
表7-7	環境農業の生産費比較（唐辛子） ……………………………………	312

表7-8　環境農業の生産費比較（梨）　…………………………………312
表7-9　環境農業の生産費比較（ブドウ）　………………………………312
表7-10①　農家個票一覧（京畿道南楊州市鳥安面 松村里）……………320
表7-10②　農家個票一覧（　〃　）………………………………………321
表7-10③　農家個票一覧（　〃　）………………………………………322
表7-10④　農家個票一覧（　〃　）………………………………………323
表7-10⑤　農家個票一覧（　〃　）………………………………………324
表7-11　地主の性格と有機農法採用如何の関係　………………………330

図6-1　開発制限区域と緑地地域の区別　…………………………………253
図6-2　韓国の開発制限区域　………………………………………………256
図6-3　開発制限区域内外の農地価格　……………………………………276
図6-4　韓国の開発制限区域（規制緩和）…………………………………290

索　引

本索引は本文を対象とした事項，人名，地名の索引である。したがって注の文章に出てくる事項，人名，地名は含まない。検索の便宜上，(1)事項索引，(2)人名索引，(3)地名索引として配列した。一般的な地名は事項索引の中に含め，韓国内の地名のみ，別の地名索引とした。韓国人の名前，韓国の地名は，韓国語読みを五十音順に従って配列した。→で，関連の項目を記した。

事項索引

ア行

アイガモ農法　307　→有機農法
アジア経済研究所　5
移秧　173-174, 177
移秧機　169, 172-174
イチゴ　62, 111
稲作，稲作農業　22-23, 26, 39, 41-43, 45-46, 50, 52-54, 57, 63-64, 81, 87, 93-94, 133, 137, 175, 189, 214, 274-275, 279, 281, 284-285, 295, 310, 330, 340
稲作依存，稲作依存度　33, 45-46, 53, 64
稲作回帰現象，稲作農業への回帰，稲作への回帰現象　33, 45, 53, 64
稲作経営　14, 47, 54, 281, 342
　　→大規模稲作経営
稲作作付け面積　43, 45, 52-53
　　→水田稲作作付け率
稲作収入　340
稲作所得　23, 126
稲作専業農，稲作専業農家　23, 51, 54, 63, 75, 87, 133, 164-165, 167-168, 179-180, 214-215, 217
稲作農家　61, 93, 175, 232, 279

稲作平坦部　15, 24, 107-108, 129, 132, 147, 150-151, 343, 345
　　→平野部稲作地帯
ウォンの暴落　53　→経済危機
ウルグアイ・ラウンド　3, 23, 33-36, 42, 45-46, 48, 51, 57, 63, 75, 87, 211, 214, 339
ウルグアイ・ラウンド農業協定　56
ウルグアイ・ラウンド農業交渉　212-213, 236
英国　10, 254
営農委託，委託　14, 25, 47, 50, 99, 108, 128-129, 134-135, 157, 161, 169, 173-174, 176-182, 184, 192, 194, 198, 326
営農委託農家，委託農家　14, 173-174, 177, 194, 198
営農委託料，委託料　14, 177-178, 181-183, 341
営農組合法人　83, 95
営農計画　24, 132, 146, 177-178, 344
営農継続，営農を継続　40, 161, 167, 177, 194, 230, 273, 321
営農受委託　14-15, 25, 129, 131, 169, 173-174, 186, 194, 198, 340-341, 343

営農受委託料　14, 176
営農受託　50, 135, 169, 172, 179, 193, 198, 216-217
営農受託農家　178
営農受託料，受託料　25, 99, 169, 172, 174, 193-194, 198
欧米　35-36
大型機械　4, 25, 50, 99, 163-165, 189, 340

カ行

開墾地　83
外地人　192, 315-316　→不在地主
開発規制　10, 21, 26, 235, 270, 274, 295, 297, 299, 302-303
開発規制緩和　10, 304
開発計画　232, 234, 255
開発制限区域（グリーンベルト）　10, 22, 26-27, 119, 151, 232-235, 237, 249-255, 257, 261, 263-267, 269-279, 282-283, 285-288, 295, 296, 299, 302-303, 315
開発制限区域制度　22, 249-250, 254-255, 261, 263, 269-270, 272, 274-275
開発途上国，途上国　36-37
価格支持　35-36, 51, 60, 64, 347
化学肥料，無機質肥料　22, 27, 260, 287-288, 296-297, 299, 306-310, 313, 333-334
花卉　27, 62, 111, 113, 117, 232, 260, 287, 306
花卉栽培，花卉類栽培　62, 111, 115, 278-279, 281, 283-284, 287, 296
　→施設栽培
家計費　82, 109, 161, 281
果樹　53, 83, 111, 113, 115, 218, 232, 306, 308
過剰生産　36, 53
過剰生産力，過剰な生産力　34, 36
過剰装備，過剰装備問題　168-169, 176, 178　→農業機械
下層農，下層農家　14, 111, 172, 176, 186

→上層農，上層農家
家族経営　20, 281
家族経営体　169
過大都市　254
ガット・ウルグアイ・ラウンド対策　158, 160, 162-165　→市場開放対策
簡易農業センサス　110
　→農業センサス
韓牛　138
環境　10-11, 22, 27, 36, 43, 46, 252, 257, 267, 274, 287-288, 295, 299, 303-304, 311, 332
環境汚染　297, 305-306, 309, 334
環境改善　269
環境親和的農業　309
環境直接支払い　51
環境農業　10-11, 37, 61, 108, 119, 151, 288, 295-297, 299, 305-311, 313-314, 347-348
環境農業育成　60, 334
環境農業育成事業　309
環境農業育成法　57, 309, 311
環境農業推進　36
環境農業推進運動　11, 299, 301, 333
環境農業政策，環境農政　36, 74, 149
環境農業直接支払い制度　310
環境農法　308
環境破壊，環境を破壊　276-277, 287-288, 306
環境部　309
環境保護　10, 277, 299, 301, 304-305
環境保全　10, 35, 37, 57, 60-61, 63, 235, 252-253, 261, 264, 269, 274, 277, 282, 287-288, 295-296, 299, 305, 332
環境問題　7, 10-11, 22, 27, 296, 301, 303, 334
韓国カトリック教農民会　220
韓国農漁村社会研究所　7
韓国農村経済研究院　5-7, 9-12, 53-54,

事項索引　　　　393

　　56, 60, 76, 78, 90, 157, 224, 227, 296
関税化猶予　　57　→ミニマム・アクセス
乾燥機　　172-174, 189
干拓地　　83, 137　→漁業補償
管理機　　172-174
機械化　　13-14, 37, 50, 82, 142, 157, 159, 161, 172-175, 182, 194, 218
機械化事業　　21, 25, 74, 107-108, 151, 159, 163, 168, 172, 178, 186, 189, 194, 198
　　→農業機械半額供給事業
聞き取り調査　　108, 124, 127, 158, 186, 304, 315-316
規制解除　　249, 275-276, 282-283, 287, 303
規制緩和　　3-4, 6, 10, 13, 22, 26, 98-99, 211-212, 216, 218, 225, 228-230, 235-237, 250, 264, 266-267, 271-277, 283, 288, 295, 297-298, 302-303, 339
規模拡大　　12, 14, 23, 27, 34, 51, 54, 56, 63, 74, 76, 82-83, 87, 93-95, 99, 142, 147, 160-164, 175-176, 214, 216-217, 226-230, 236
規模拡大支援　　55
規模拡大のポテンシャル　　162-163, 226-227, 236
キャピタルゲイン　　185, 282
　　→資産価値化
キュウリ　　62
競争力向上, 農業競争力の育成, 農業競争力育成　　13, 21-22, 27, 42, 52, 56, 75, 87, 159-160, 162-163, 168, 199, 212-216, 218-219, 225, 230, 236, 347
　　→生産性向上, 国際競争
漁業補償　　137
居住環境　　274
京畿開発研究院　　10-11, 296
均分償還　　165
グラスハウス　　22, 81, 260, 274, 282, 296, 298

グリーンボックス　　35-36, 51, 60, 334, 347
経営規模　　3, 16, 55, 83, 93, 110-111, 113, 115, 117, 121, 129, 135, 138-139, 142, 145, 177, 181, 189, 192, 218, 281, 328, 342-343
経営規模拡大, 経営農地規模の拡大, 営農規模拡大, 営農規模の拡大, 営農規模を拡大　　13, 16-17, 23, 37, 74-75, 80, 94-95, 107, 128, 142, 159-161, 212, 217, 225, 228, 343-344, 346
経営規模拡大事業　　107
　　→農地規模化事業
経営耕地面積　　16, 115, 342
経営効率化　　56, 64
経営不安定, 経営の不安定　　16, 24, 63, 75, 77, 94, 146, 198, 217, 305, 313-314, 343-344, 347
経済危機　　17, 33-34, 47-48, 53-56, 63, 328, 340, 345, 347
契約　　94-97, 99, 129, 138, 217, 282-284, 297, 310, 315, 326
　　→長期賃貸借契約, 賃貸借契約
圏域別保全方式　　25, 73, 214
　　→筆地別保全方式
兼業　　40-41, 47-48, 54, 109, 128-129, 131-132, 134, 214, 281, 325, 328-329
兼業化　　132, 150
兼業機会　　40-41, 47-48, 55, 77-78, 80-82, 109, 126, 161, 214-215, 281, 340
　　→工業化, 農工団地
兼業所得　　42, 54-55, 77, 82, 215
兼業農家　兼業農　　42, 47, 77, 95, 129, 132, 135, 137, 139, 164, 167, 215
　　→専業農家
兼業比率　　40-41, 46
兼業離型賃貸　　109
　　→高齢労働力不足型賃貸
建設交通統計年報　　255, 277
建設交通部　　254-255, 277, 331-332

建設部　250, 254, 266, 286-287, 296, 331
耕耘　172-174
耕耘機　165, 167, 169, 172-174, 189, 194
工業化　46, 51, 77-78, 161, 211
後継者　57, 83, 87, 92-93, 160, 218, 283, 287
耕作放棄地　39, 52, 125-126　→離農
耕者有田　77, 224-225, 228
　→農地改革法
高収益農業　22, 111, 235, 260, 281-282, 287-288, 296, 306, 334
　→施設型農業
構造改善事業　52, 56, 192, 310, 339-340
構造政策　3-4, 6, 13-15, 17, 20-25, 27, 34-35, 37, 45, 51-52, 54, 56-57, 61, 63-64, 73-77, 94, 96, 135, 157, 163, 168, 183, 192, 198, 211-212, 230, 339-343, 345-347
構造政策事業　3, 6, 74, 78, 107, 183, 189
構造政策資金　23, 339
構造政策4事業　91-92, 96, 98, 175
構造問題　5, 17, 22-23, 28, 157, 332, 345
耕地面積　43, 78, 125, 307
耕地利用率　43　→水田稲作作付け率
口頭契約　96, 132, 138, 184, 313
　→文書契約
高米価政策　77　→収買米価
高麗人参　111
高齢一世代世帯　4, 15, 39, 40-41, 45-46, 50, 54, 57, 99, 108, 128, 135, 186, 282, 326, 343　→三世代家族
高齢化　4, 14-16, 19, 24, 27, 34, 40-42, 45, 47-48, 50, 54-57, 60, 87, 99, 108-109, 119-120, 128-129, 131-132, 134-135, 137-138, 142, 145-148, 150, 160-161, 174, 181-182, 189, 192, 194, 282, 286-287, 327, 329, 330, 340-346
高齢化問題　23, 27, 40, 47, 56-57, 74, 137, 160, 184　→セイフティネット，年金
高齢者　27, 40-41, 46, 48, 50-51, 54, 137,
144, 181-182, 184, 282, 327-328, 340-341, 343
高齢世帯，高齢者世帯　14, 46-48, 50, 108, 128, 146-147
高齢農家　55, 61, 109, 128, 135, 146, 341
高齢労働力不足型賃貸　109
　→兼業離農型賃貸
小型機械　165, 167, 169, 189
国際競争　87, 216
国際競争力　23, 37, 51, 56, 62-64, 162, 212, 219, 236
国際競争力向上，国際競争力の向上，国際競争力を高める　42, 56, 75, 87, 160, 168, 199, 213, 215-216, 218-220, 225
　→生産性向上
国際農業政策　33, 35, 334
　→WTO体制，グリーンボックス
国際農業調整，国際的な農業調整　211, 236, 334
国土研究院　10
国土利用管理法　131, 231
国内補助　35, 51, 57, 340
　→グリーンボックス
小作　5-6, 14, 213, 226, 228　→賃貸借
小作経営　77
小作制　226, 229
小作制限　77
小作地　77, 84, 225, 228　→借地
小作農　225-227
小作料　84, 225-226　→借地料
米　3, 36-37, 42, 45, 53, 57-58, 60, 73, 78, 93, 95, 127, 285, 308, 313, 340
米関税化，米輸入関税化　36, 57
　→ミニマム・アクセス
米の自給率　52, 93　→食糧安全保障
米市場　58-59, 340
米市場開放　33, 56-57
米市場開放拡大，米市場の開放拡大　3, 4, 23, 33, 46-47, 51, 54, 62-64, 73, 340

事項索引　　　　　　　　　　　　　　395

米市場のコントロール　59
米専業農，米専業農家　83, 92-94
米の収買方式　57　→糧穀流通委員会
米不足　52
コンバイン　165, 189

サ行

財源問題　21, 76, 88, 90, 94, 96
財政負担　18, 61, 160, 346
在村地主　15-16, 24, 78, 134, 145, 147, 330-331, 341, 343　→不在地主
在村地主型賃貸借，在村地主型　148, 150　→不在地主型賃貸借
財特融資金　90
山間地，山間地域　19, 111, 121, 215
山間部　19, 111, 121, 124, 220
山間地農業　279
三世代家族　42, 186, 328
　　→高齢一世代世帯
支援限度額　164
自家労賃　20, 80
自己資金，自己負担　90, 93, 159, 164, 167, 169, 193
自己労働　97, 178
自己労働実現　97, 178
私債　56
自作小農体制　25, 211
自作地　17, 84, 115, 120, 127, 129, 131, 142, 149, 188, 192-193, 282, 284-285, 303, 317, 325, 327, 329, 339, 346　→借地
自作地規模拡大，自作地拡大，自作地を拡大　24, 85, 94, 132, 142, 145-146, 148, 344
自作地購入　17-18, 21, 142, 346
　　→所有規模拡大
自作農，自作地農家，自作農家　139, 145, 273, 282-283, 304, 317, 325
　　→借地農，借地農家
自作農育成　21, 94

自作農主義　12, 17-18, 74, 157, 246
　　→借地農主義
自作農体制　3, 17, 74, 98, 211, 226, 346
　　→農地改革法
資産　97, 135, 138, 146, 150, 181, 215, 224, 276, 282, 303-304, 340
資産格差　26, 250
資産価値　16, 26, 28, 221, 230-231, 233, 250, 272-273, 277, 282, 298, 303-304, 344
資産価値化，農地の資産価値化　5, 16-17, 27, 109, 146-148, 222, 233, 343-344, 346
資産増殖　90, 181
資産保全，資産価値保全　135, 146-147, 233, 282
自借地型　24, 146, 344
自借地農，自借地農家　18, 115, 283-285, 325, 327, 329
市場開放，市場開放下　3-4, 13-14, 20-21, 23, 26-27, 33-34, 36-37, 42, 51, 53, 62-64, 73-74, 87-88, 160-163, 168, 211-212, 222-223, 236, 339-341, 345-348
　　→ウルグアイ・ラウンド
市場開放対策　16-17, 22, 26, 33, 159, 227, 274, 343, 346
市場指向　35
市場のコントロール　59
施設営農団地　232
施設園芸　53, 125, 287
施設型農業　34, 45, 52-53, 299, 306, 340
施設現代化　37, 56, 63
施設現代化資金　33, 52, 274-275, 286-287, 296, 334
　　→ビニールハウス，グラスハウス
施設栽培　22-23, 26-27, 62, 81, 111, 274, 288, 295-296, 340
施設作物　53, 63-64
自然環境　250, 267
自然環境破壊　251

索　引

自然緑地　　267, 274, 282　→都市計画
実態調査（フィールドワーク）　　6, 9-10, 15, 18-20, 76, 80, 99, 108, 117, 124-125, 127, 129, 143, 151, 158, 189, 277, 297, 311, 314, 316, 333, 341-342
私的賃貸借　　158, 185-186
地主小作関係　　13-14　→賃貸借関係
借地　　12, 18-20, 23-24, 27, 74, 80, 83, 98, 113, 115, 120, 124, 129, 131, 134, 137-140, 145-146, 149-150, 188-189, 235, 275, 282-285, 304, 314-315, 325-331, 333, 343-344
借地解消　　23, 74
借地拡大，借地規模拡大，借地の規模拡大　　4, 14, 24, 108, 146-147, 187, 339, 344
借地競争　　80, 103, 161
借地経営，借地農業経営　　28, 81, 147, 181, 282, 305, 313, 325, 333
借地による規模拡大　　14, 74, 76, 98, 126, 132
借地農，借地農家　　18-19, 24, 78, 84, 108, 113, 115, 117, 142, 145, 147-148, 150, 275, 282-284, 299, 305, 314, 317, 325-327, 344　→自作農，自作地農家
借地農育成　　74
借地農主義　　12, 17-18, 157, 346　→自作農主義
借地農体制　　74
借地の自作地化，借地が自作地化　　148, 192-293
借地封じ込め　　74
借地料　　110　→小作料
自由貿易　　60
収穫　　80, 95, 173-174, 177, 284-285, 310, 313-314
集団化，農地の集団化　　13, 16, 25, 27, 82, 159, 162, 214, 219, 232, 339, 343　→流動化，分散錯圃制
重点投資　　52, 54
収買価格　　43, 45, 57-59

収買米価　　59　→米価
集落構造改善事業　　251-252
首都圏開発制限区域　　255, 257, 273
純借地農，純借地農家　　18, 115, 325
準農林地域　　131　→国土利用管理法
償還負担　　56, 176, 178, 180-181
条件不利地域　　10, 35-37, 61, 311, 314
条件不利地域政策　　149
　→直接支払い制
上水源保護区域　　27, 295-297, 299-305, 307, 309-310, 315-316, 322
　→水質保全，環境農業
上　水　道　　10-11, 22, 257, 288, 296-297, 300-301, 306
上層農，上層農家　　13-14, 145-146, 169, 172-176, 186, 192-193
　→下層農，下層農家
小　農　　4, 8, 12-14, 20, 81-83, 87, 93, 160-162
小農経営　　12-13, 75, 81-82
消費者組織　　308
消費性負債　　55　→生産性負債
商品化米　　58
植民地期　　7, 127
食品の安全性，食の安全性　　60, 306
食糧安全保障　　36, 60, 63
食糧管理制度　　52
食糧自給　　222
食糧自給率　　37, 222
食料・農業・農村基本法　　36
　→新農基法（日本）
除草剤　　325
所有規制　　3, 27, 73, 213, 216, 218, 224
所有規制緩和，所有規制の緩和　　4, 13, 25, 73, 98, 216, 218, 224
所有規模の拡大，所有規模拡大　　3, 75, 94, 98, 179　→農地法
親環境農業　　296, 310　→環境農業
親環境農業法　　74　→直接支払い制

事項索引　397

新規就農，新規就農者　93, 137
新農基法（韓国）　74
新農基法（日本）　36
新農政方案　56
水質汚染　22, 287, 296, 302, 307
水質保全　10-11, 232, 296, 333
　→上水源保護区域
水田稲作作付け率　39, 41, 43, 45-46
　→稲作回帰現象
水田率　43, 45, 125
スプロール現象　214
生活環境　22, 218, 249-250
政策資金　21, 54, 56, 64, 212, 217
政策転換　3-4, 6, 17-18, 21-22, 35, 56, 75-76, 85-87, 160, 295-296, 345-347
政策融資　47, 53, 55-56, 63
生産環境　232-233
生産基盤，農業生産基盤　4, 9, 11, 17, 52, 99, 147-149, 160, 215-216, 218, 232, 346
生産基盤保全対策　87
生産者組織　165, 308
生産手段　28, 146, 150, 182, 303-304, 340, 343
生産性向上，生産性の向上，農業生産性の向上　16, 23, 27, 73-74, 78, 94, 107-108, 169, 184, 214, 216-217, 229, 231, 236, 298-299, 339, 343-344
生産性負債　55　→消費性負債
生産補助金　163
生産力　13, 47, 61, 161
生産力格差　12-14, 82, 161, 343
生産緑地　274　→都市計画
生産力の優位，生産力上の優位，生産力的優位　13, 82, 161, 176, 341-342
清浄農法　307
整地　173-174
成長農業　23, 52-53, 235　→施設栽培
セイフティネット　37, 56
　→高齢化，年金

政府補償　137
絶対農地制度　73
　→農地保全制度，農業振興地域制度
セマウル運動　77
専業　23, 40-41, 48
専業化　42
専業農，専業農家，専業世帯　42, 47, 51, 55, 63, 83, 92, 95
専業比率　23, 40-41, 47-48, 51, 63
全自作地農家　115
全借地形態　18, 115　→部分借地形態
全借地農家　19
選別支援方式　162
相互金融資金　56
蔬菜　33, 111, 113, 274, 306, 308
　→施設栽培
宗親会　325-326
宗土　325-326
村内賃貸借，村内賃貸借関係　24, 128, 145-148, 343-344

タ行
第1次国土総合開発計画　255
第1種兼業農家　47
大規模稲作経営　160, 341
大規模稲作専業農，大規模な稲作専業農家　51, 54, 63, 214, 215
大規模稲作農家　87, 175
大規模経営，大規模な経営体，大規模農業経営　14-15, 23, 33-34, 53, 56, 63, 73, 131-132, 139, 165, 182, 211, 339, 341, 343
大規模借地農，大規模借地農家　24, 135, 146-147, 344
大規模農業　225
大農，大農層　4, 12-14, 18, 21, 24-25, 55, 76, 82-83, 87-88, 92-95, 99, 128, 159-164, 168-169, 225-226, 339-344, 346
大農育成，大農の育成　4, 13, 16-18, 21, 25, 27, 74-75, 86-87, 94-95, 128, 146, 160,

162, 165, 167, 189, 226, 343, 346-347
大農経営　3, 12-14, 81-82, 343, 346
大農借地経営　12, 81, 199
大農借地農体制　12
第2種兼業農家　40, 47, 281
対日輸出　33, 36, 53, 62, 64
台湾　219
脱稲作政策　23　→市場開放
脱穀　173-174
脱農　40-41, 61
田畑転換　22, 26, 260, 264-265, 274, 279, 283, 287-288, 295-296　→規制緩和
WTO協定　59
WTO対策　34-35, 212
WTO体制，WTO体制下，世界貿易機関　9-11, 23, 26, 33-37, 42, 51-53, 57, 60-64, 73-74, 149, 151, 211, 264, 279, 334, 340, 347　→国際農業政策
WTO農業交渉　4, 36, 63, 347
多面的機能，農業の多面的機能　36, 60-61, 63-64　→環境農業
地域均衡，地域均衡重視　167-168
地価　80, 92, 110-111, 115, 125-126, 150, 158, 186, 228, 260-261, 275, 282-283, 285-287, 296, 298, 303, 340
　→土地価格，農地価格
地価高騰，地価の高騰　18, 26, 264-266, 295
地価コントロール，土地価格コントロール　135, 158, 186
地価上昇　85, 89-90, 131, 143, 148-149, 158, 186, 193, 260, 271-273, 275, 297-298, 329, 346
畜産　53, 111, 113, 232, 309
　→施設型農業
地代　13, 77-78, 80-83, 94, 107, 110-111, 120, 126-127, 160-161, 176, 178-179, 183, 189, 260, 282-288, 296, 325, 327, 332
地代収入　178

地代水準　13, 78, 81-82, 126, 161, 176, 178-181, 286
中型機械　14, 164, 173
中国　33, 62
中山間地，中山間地域　61, 94, 110, 113, 125-126, 168
中山間部　19, 111, 124
中農　74, 92, 160, 173, 198
中農育成　74-75, 77, 87, 92, 160
長期賃貸借　76, 83, 95, 148, 194, 326
長期賃貸借契約，長期契約　94, 97, 109, 132, 135, 138, 185, 189, 334
長期賃貸借推進事業，賃貸借推進事業　3-4, 21, 76, 91, 94-96, 98-99, 107, 109, 128-129, 131-132, 134-135, 138-139, 142-143, 147-148, 150-151, 157, 172, 189, 194　→構造政策事業
直接支払い　36, 51-52, 60, 347-348
直接支払い制　35, 37, 57, 60-61, 64, 97-98, 310
賃借競争　176, 178-180, 183
賃借地の拡大　161, 216, 339
賃借農家　13, 76, 95-96, 109, 132, 176, 179
賃借料　89, 95, 126, 176, 178-180, 182, 282
賃貸借　3, 11-21, 23-25, 73-74, 77, 83-84, 95, 97, 99, 107-108, 110, 113, 115, 117, 119-121, 124, 127-129, 132, 134, 142-143, 145-149, 151, 157-158, 168, 174, 176-177, 179-180, 182-186, 189, 194, 198, 217, 237, 314-315, 325, 327, 329-331, 339, 341, 343-347
賃貸借解消　74
賃貸借関係　14-16, 24-25, 78, 99, 107-109, 128, 131-132, 134-135, 137, 145-148, 150, 157, 184, 186, 189, 313, 315, 325-326, 328-330, 340, 342-344　→地主小作関係
賃貸借契約　97, 147, 150, 162, 275, 282,

事項索引

313, 334
賃貸借構造　4, 18, 107-111, 119, 149, 151, 192, 194
賃貸借構造政策　192
賃貸借事業　95, 97, 99, 157-158, 168, 172, 175-176, 179-180, 183-185, 198
賃貸借推進, 賃貸借の推進　21, 23, 74-75, 94
賃貸借推進政策　23, 76, 94, 96, 98-99　→長期賃貸借推進事業
賃貸借不振, 賃貸借の不振　99, 157-158, 172, 177, 179-180, 183-184
賃貸借問題　3, 6, 11, 14-15, 25, 74, 108
賃貸借抑制, 賃貸借の抑制　21, 74-75, 77, 175-176, 183
賃貸借抑制政策　23, 76, 98
賃貸借料　76, 94-96, 217
賃貸料　14, 78, 95, 177-180, 270, 341
通貨危機　53　→経済危機
低農薬農業　307
転作　52
転売, 土地の転売, 土地転売, 農地転売　222-224, 282, 304-305, 326, 328-329
転用規制, 農地の転用規制　26, 73, 89, 147, 180, 212, 215-216, 230, 233, 235, 237, 249-250, 253-254, 260-261, 273-274, 283, 287, 295　→農地の転用
転用規制緩和　26, 264
転用促進政策, 転用を促進　214-216
転用地価, 転用価格　80, 89, 111, 180, 221, 235, 276
唐辛子　313
投機的取引　149, 297-298
東南アジア　62
東南開発研究院　10, 269
都市化　4-5, 10-11, 14, 16-17, 22-23, 27, 39, 46, 77, 99, 125, 128, 150, 211, 216, 230, 233-235, 237, 249, 252-254, 257, 261, 273-274, 287, 295, 340, 343-347

都市開発　26, 249-250, 269, 272-273, 301, 303, 305-306
都市型借地　117, 150　→平野部借地
都市型借地経営　150
都市近郊　16, 19, 25-26, 50, 89-90, 110-111, 117, 121, 132, 150, 180, 221, 231, 233, 235, 237, 257, 264, 266, 271, 279, 281, 296, 298-299, 306, 313-314, 332
都市近郊地域　14, 19, 25, 90, 119, 121, 168, 216, 237, 252, 271, 298, 307, 340, 343
都市近郊賃貸借　19, 108, 115, 119, 151　→平野部賃貸借
都市近郊農業　18, 279, 281, 306, 334　→平野部農業
都市近郊農村　108, 127
都市計画　231, 234, 249-251, 253-254, 263, 270, 272
都市再開発事業　265
都市再整備計画　232
都市資本, 都市の資本　27, 211, 216, 228, 297-299, 304-306, 316, 328, 331-332, 334
都市地域　19, 26, 124, 230-231
『都市年鑑』　257, 277
都市農業　230, 235, 283, 298
都市部　14-15, 18-19, 24, 27, 111, 113, 117, 119, 231, 257, 269, 314, 340
都市問題　254, 269, 295
都市用途への転用　261, 267, 295
土壌汚染　22, 296, 299, 306
土壌改善　27, 296-297, 299, 305, 308, 314, 328-329, 333
土地価格　97, 165, 250, 264, 271, 273, 276, 282, 295, 303
土地資産　42, 181　→資産価値
土地所有　19, 27, 110, 117, 119, 124, 127-128, 135, 158, 186, 255, 260, 261, 267, 273, 275, 287-288, 295-299, 304-305, 313-316, 327, 329-334
土地所有構造　19, 184, 282-283, 288, 296,

313-314, 333-334
土地投機　　224-226, 229, 255
土地取引規制　　305, 316
土地利用型農業，土地利用型　　5, 11, 45, 52, 55, 74, 87, 113
独居　　42, 108, 128
トマト　　62, 284-285
トラクター　　165, 172-174, 189
　→農業機械

ナ行

内務部　　257, 277
梨　　285, 313
ナス　　62
二極分化　　15, 50, 186, 189, 343
　→農民層分解
二重規制，二重の開発規制，二重の規制　　234, 302-303
日韓協力体制　　62
日本　　5, 7-9, 21, 23, 33-34, 36-37, 39-43, 46-48, 51, 55, 57, 62-64, 74, 77-78, 87, 121, 127, 219, 285, 314, 333-334
日本人地主　　127　→植民地期
日本農業　　8, 23, 34, 41, 51
年金，老齢年金　　97-98, 161, 181
　→セイフティネット
農外就業　　54-55, 215
農外所得　　54-55, 80, 125, 161, 214-215, 281　→兼業所得
農外労働市場　　4, 80-81, 99
農家経済　　23, 51, 54, 63, 119, 125-126, 214-215, 222, 227, 229, 234, 236, 347
農家経済調査　　18-19, 110, 119-121, 124, 129, 143, 149
農家経済統計　　107-108, 110
農家経済のポテンシャル，農業ポテンシャル　　227, 229, 236
農家戸数　　39-40, 45, 47, 110-111, 115, 117, 135, 172, 330

農家所得　　37, 54-55, 77-78, 80, 109, 161, 215, 281
農家人口　　15-17, 39-41, 43, 45-46, 48, 50, 54, 77, 342, 345
農協　　9, 75, 83, 86, 310
農業会社法人　　164, 169
農業環境　　214, 231, 309-310
農業環境政策　　36
農業機械　　22, 25, 157, 159, 164-165, 168-169, 176, 179-180, 189, 251
農業機械化，農作業機械化，営農機械化　　154, 157, 175-176, 183, 189, 231
農業機械化事業　　21-22, 25, 74, 157-159, 162-164, 172, 189
農業機械購入，農業機械の購入，機械購入　　158-159, 163-164, 169, 172, 174-177, 189, 193-194, 198
農業機械の過剰装備，機械の過剰装備　　14, 24-25, 99, 169, 176-178, 198
農業機械半額供給事業　　22, 157-159, 163-164, 168-169, 172, 175-180, 182-185, 198
農業機械保有，機械保有　　162, 169, 172-174, 176, 186, 189, 193
農業経営　　4, 12, 14-17, 25, 34, 51, 55, 63, 73, 75, 87, 129, 168-169, 177-178, 189, 217, 249, 279, 286, 299, 305, 329, 340, 343, 346
農協原資融資　　309
農業構造　　4-9, 12, 21, 33-34, 37, 40-42, 73, 77-78, 81, 125, 198, 212, 223, 225-230, 236, 346-347
農業構造改善事業　　56, 310
農業構造政策　　3, 76-77, 83, 98, 159, 198
農業構造政策局　　214, 218-219
農業就業者　　39-41, 46, 48
農業所得　　13-14, 33, 40, 53-55, 73, 80, 82, 109, 126, 139, 160-161, 177-179, 181-182, 215, 222, 281, 310
農業振興地域　　25-26, 75, 83, 87, 89-90,

事項索引   401

92, 131, 180, 214-222, 230-234, 254
農業振興地域制度　25, 73, 147, 211, 213-222, 224, 230-235, 274
　→絶対農地制度
農業振興地域の「優待支援方針」　218
農業生産性　27, 51, 63, 73, 78, 87, 107, 184, 214, 339
農業センサス，農業総調査　18-19, 43, 107-108, 110, 119, 121, 124, 129, 143, 149, 277-279　→簡易農業センサス
農協中央会　86
農業投資　25, 212-214, 217-218, 234, 286
農業の共同化　61
農業発展，農業の発展　23, 47, 51, 56, 63, 74, 185, 219, 224-228, 232-233, 295, 334
農業余剰　13, 82, 160-161
農漁村構造改善対策　88
農漁村振興公社　86-87, 94-95, 184
農漁村発展総合対策　86
農漁村発展対策及び農政改革推進方案　52
農漁村発展特別措置法　213, 230-231
農工団地　51　→兼業
農産物価格　45, 281
農産物市場開放　34, 36, 45, 75, 87, 162, 164, 212-214, 236, 334
農産物貿易自由化　62
農産物流通構造革新　52
農政改革　57, 62, 64
『農政研究』　7
農政研究センター　7
農政研究フォーラム　7
農政転換　11, 33-34, 37, 52, 54, 60, 62, 64, 340
農村コミュニティ　47, 50
農村社会　4, 11, 50-51, 60, 341, 343
農村人口　11
農村地域社会　60
農村福祉政策　182

農村平野部　19, 50, 117, 124, 314
農地改革　5, 12, 17, 25, 77, 84, 97-98, 138, 181, 211-213, 216, 224, 226, 236, 346
農地改革法　3, 12, 23, 74, 77, 211-212, 224, 228
農地価格　21, 26, 75, 88-91, 94, 109, 128, 142, 158, 160, 185-186, 193, 222-223, 233, 235, 271, 273, 276
農地管理基金　90
農地管理基金法　86
農地規模化事業　13, 22, 25, 131, 134, 159-160, 162, 164, 175, 179, 184, 186
農地購入　4, 21, 75, 83-84, 88, 90, 93-94, 98, 120, 139, 142, 148, 160-162, 177, 179-181, 192-193, 339
農地購入資金支援事業　75, 83-87, 92, 107, 160
農地債権　90-91
農地政策　5, 21, 73-74, 76, 83
農地制度　5, 12, 212, 214
農地制度改革，農地制度の改革　7, 12, 211-213, 225-226, 236
農地制度改善　52
農地賃貸借　11, 16, 19, 24, 107, 124, 149, 192　→賃貸借
農地賃貸借管理法，賃貸借管理法　3, 12-13, 23, 73-74, 83, 120
農地転用，農地の転用，他用途転用　25-26, 39, 52, 147, 212, 214-216, 221, 224-227, 230, 233, 235, 249-250, 253, 260, 270, 274, 283, 286-287
農地の所有上限規制，所有上限規制　13, 75, 87, 98, 212-213, 223-226, 236
農地の遊休地化，遊休地化　4, 87, 99, 160
農地売買事業　3-4, 21, 75, 83, 85-94, 96-99, 128-129, 131-132, 138-139, 142-143, 145, 148-149, 160, 179-181, 183, 189, 192-193

索　引

農地評価額　26
農地法　3-4, 9, 12, 24, 74-77, 87, 96, 98, 109-110, 120, 211-213, 224, 236-237
農地保全，農地の保全　26, 214, 216-223, 226, 233-235, 237, 286
農地保全制度　25, 73-74, 147, 149, 213-214, 216, 236
農地保全地域　131
　→農業振興地域制度
農地問題　4-6, 9, 11, 14-15, 17-18, 23, 73, 212, 339, 341, 346-347
農民層分解　12, 95, 121, 128, 161-162, 164, 176, 193-194, 198
『農民ト社会』　7
農薬，化学農薬　22, 27, 173, 177, 260, 287, 288, 296-297, 299, 304, 306-311, 313, 332, 334
農薬被害　307　→低農薬農業
農林業主要統計　59, 165
農林水産部　214, 218-223, 234, 237, 254, 286-287, 296
農林部　19, 119, 121, 165, 167-168, 307, 309, 311, 313-314, 316
緑色連合（ノクセキヨナップ）　10

ハ行

ハウス栽培　111, 274　→施設農業
畑，畑地　22, 26, 39, 83, 260, 264, 274, 279, 286, 288, 295, 326-328
畑作　93, 111, 113, 115, 125, 168, 189, 264, 274, 279
畑作園芸，畑作園芸農業　307
河川部地（ハチョンブチ）　325-333
パプリカ　62
バラ　33, 62
八堂上水源地域　301, 306, 331
　→上水源保護区域
八堂上水源保護区域　300, 332
八堂有機農業運動本部　11, 308-309, 332

板子村（パンジャチョン）　265
飯米，食料米　20, 78, 134-135, 285
非政府組織　7
微生物法　307
ビニールハウス　22, 81, 251-252, 260, 265, 274, 282-284, 296, 298
非農家賃貸，非農家による農地賃貸，非農家からの賃貸　16, 18-19, 78, 117, 119, 131-132
非農業振興地域　90
非農地への転用　52　→農地転用
日雇い賃金，日雇い労賃　80, 328
筆地（ピルチ）　127, 129, 131-132, 134-135, 137-139, 142-143, 145, 214, 285, 326-328, 330
筆地別保全方式　25, 73, 214
　→圏域別保全方式
福岡　62
負債　47, 53-56, 63, 90-91, 192, 327-328
負債問題　33-34, 53-54, 63-64, 174
不在地主　6, 11, 16-18, 23-24, 27, 75-78, 83-84, 96, 98, 107-109, 120-121, 128, 131, 135, 137, 139, 142, 145-150, 160, 184-185, 189, 192-194, 211, 221, 223-226, 228, 235, 237, 275, 282, 288, 296-299, 303, 305, 315-316, 325-331, 333, 344, 346-347
　→在村地主
不在地主型賃貸借　109, 148
　→在村地主型賃貸借
不在地主構造　150, 189, 192, 223
釜山圏開発制限区域　269
ブドウ　309, 313
不動産業，不動産業者　16, 108, 131, 261, 315, 326, 344
不動産投機ブーム　315
不動産投機抑制ニ関スル特別措置法　255　→投機の取引防止
部分借地形態　18, 115　→全借地形態
分解促進，分解を促進　95, 99, 162-164,

176, 182, 189　→農民層分解，構造政策
分散錯圃制　　13, 16, 82, 343　→集団化
文書契約　　96, 184　→口頭契約
米価　　59-60, 64, 285, 340
米国　　61
米穀総合処理場　　9, 218
米作　　92, 97, 111, 113, 125
平野部　　18-20, 27, 80, 89, 110-111, 113, 118-119, 124-125, 150, 168, 180, 231, 237, 281, 340, 344
平野部稲作地帯　　25, 27, 81, 115, 117, 127, 150, 196, 298, 306, 340　→稲作平坦部
平野部稲作農村　　50
平野部借地　　18, 117, 150
平野部土地利用型経営　　113
平野部賃貸借　　18-19, 108, 115, 119, 125　→都市近郊賃貸借
平野部農業　　279
平野部農村　　12, 14, 50, 81, 89-90, 119, 127, 287, 343
ベッドタウン，ベッドタウン化　　257, 274
防除　　173
保護政策，農業保護政策　　36, 73, 162
補助　　25, 35, 51, 57, 59-60, 158-159, 163-165, 167-168, 173, 193, 198, 218, 235, 274, 283-284, 286-287, 309-310, 334, 340
補助金　　25, 36-37, 98, 159, 163-165, 167-169, 172-173, 176, 182, 194, 286, 310
保全地域　　25-26, 73, 131, 147, 212-214, 216-217, 219-221, 223, 236
保全農地　　25, 211-212, 214-217, 219-221, 223, 237　→農地転用
香港（ホンコン）　　62

マ行

マジキ　　127　→筆地（ピルチ）
ミカン　　111
ミニマム・アクセス，最低輸入義務　　23,

42, 51, 57, 63　→ウルグアイ・ラウンド農業交渉，米輸入の関税化
民間転用　　264-265, 272, 276
民主化　　43, 59
無化学肥料　　308
無農薬　　307-308, 310-311
無肥料　　307
モデル団地　　311, 333-334
「モラン団地」事件　　255

ヤ行

約定収買　　57
有機・自然農業　　309-310
有機・自然農法，自然農法　　11, 299, 307, 309
有機農業　　10-11, 27, 288, 296, 305-307, 310-311, 314-315, 325, 329, 332-334
有機農業育成事業　　309-310
有機農業振興　　311
有機農業モデル団地，有機農業のモデル団地　　333-334
有機農産物，有機農業産品　　60, 309, 311
有機農法　　27, 299, 308, 314, 317, 325-333
有機農法補助　　309
融資，資金融資　　25, 54, 64, 75-76, 85-87, 90-97, 142, 149, 159-160, 162-165, 167, 169, 181-182, 189, 339
融資金，融資資金　　34, 90, 159, 175, 180-181, 193
優等地　　180
優良農地　　87-88, 214, 216, 219
用水確保　　232
養豚業　　138

ラ行

離農　　12-14, 16, 45, 50, 56-57, 61, 64, 75, 77, 81-83, 93, 95, 98, 108-109, 120, 129, 132, 134-135, 146, 160-161, 164, 176,

193-194, 228, 281, 343 →生産力格差
離農促進，離農を促す　109, 162-163, 175-176, 340
離農補助金　182
離農民　5, 56, 77-78, 108, 160, 211
流通，市場流通　9, 26, 306, 308-309, 311
流動化，農地流動化，農地の流動化　4, 14, 25, 27-28, 34, 37, 42, 56-57, 64, 98, 109, 135, 148, 160-161, 175-176, 182, 184, 218, 339-340, 344　→集団化
両極分解　47, 55, 93, 128, 189
糧穀流通委員会　60, 64　→収買米価
糧穀流通委員会答申　59
緑地地域　231, 253　→都市計画
リンゴ　309
臨時雇い　329
零細経営　57, 75, 177
零細小作農　12, 226, 275

零細自作農体制　12
零細借地経営，零細な借地経営　12, 75, 77, 81, 83
零細小農　4, 93, 161
零細農，零細農家　6, 53-56, 64, 80, 92-93, 98, 117, 160, 163, 175-176, 194, 225
老後の生活　98, 181-182
　→セイフティネット，年金
労働集約型　281
労働多投入　281-282
労働力　4, 57, 60, 80, 99, 128, 132, 137-138, 181, 186, 188-189, 215, 325-329
労働力調整，労働力の調整　108, 128, 186, 198
労働力不足，労働力の不足　15-16, 108-109, 128, 131-132, 134, 137, 142, 150, 172, 174, 186, 192, 326-327, 329, 333, 340-342

人名索引

安部淳　53, 62-63
李相茂（イ・サンム）　36-37, 219
李哉汯（イ・ジェヒョン）　52, 57
李英基（イ・ヨンギ）　6, 13, 82
李榮萬（イ・ヨンマン）　6, 76, 97
加藤光一　8
姜奉淳（カン・ボンスン）　6, 157, 164-165, 169
金儀遠（キム・ウィオン）　254
金沄根（キム・ウングン）　224-227
金正夫（キム・ジョンブ）　5, 76, 78, 93, 157, 164, 179
金正鎬（キム・ジョンホ）　5, 56, 60, 76, 89, 97, 227-229, 310-311
金聖昊（キム・ソンホ）　5, 12, 126
金昌吉（キム・チャンギル）　10
金大中（キム・デジュン）　10, 275
金泰福（キム・テボク）　10
キム・ビョンス　11
金炳台（キム・ビョンテ）　12
金興官（キム・フングァン）　10, 269-270, 272
金恵愛（キム・ヘエ）　10
金泓相（キム・ホンサン）　76
金栄鎮（キム・ヨンジン）　11
倉持和雄　5
櫻井浩　5
蘇淳烈（ソ・スンヨル）　7
谷浦孝雄　5
車洪均（チャ・ホンギュン）　6, 13-14, 80-82, 177
チェ・ビョンサン　220-224
趙佳鈺（チョ・カオク）　6, 14
鄭英一（チョン・ヨンイル）　7, 9
盧泰愚（ノ・テウ）　273, 315
河瑞鉉（ハ・ソヒョン）　37, 53, 57
朴珍道（パク・チンド）　6, 7, 13, 61, 82, 225-229
朴弘鎮（パク・ホンジン）　6, 14, 177
韓道鉉（ハン・ドヒョン）　6
黄延秀（ファン・ヨンス）　6, 81
許在栄（ホ・ジェヨン）　269-270
松本武祝　7
武藤明子　62
劉正奎（ユ・ジョンギュ）　7
廉亨民（ヨム・ヒョンミン）　10

地名索引

安養（アニャン）　255, 276
安東（アンドン）　309-310
益山（イクサン）　90, 127, 129, 131-132, 139, 179-180
一山（イルサン）　273
仁川（インチョン）　111, 125, 255, 257, 300-301
議政府（ウィジョンブ）　255, 325
江原道（カンウォンド）　111, 117, 125, 167-168, 300-301
金堤（キムジェ）　179
京畿道（キョンギド）　80-81, 111, 113, 115, 117, 125-126, 167-168, 257, 273, 277-279, 281-283, 300-301, 315
慶尚南道（キョンサンナムド）　62, 80-81, 93-94, 111, 113, 115, 125, 167-168
慶尚北道（キョンサンボクド）　93-94, 111, 167-168
果川（クヮチョン）　273, 276-279, 281-283, 287, 296
群山（グンサン）　89, 127, 135, 137-139, 142
ソウル　10-11, 27, 81, 111, 113, 115, 117, 125-127, 137, 142, 231, 254-255, 257, 260, 264-265, 267, 269, 273-279, 282, 284-285, 288, 295-301, 304, 309, 325-329
炭川（タンチョン）　255
済州島（チェジュド）　94
済州道（チェジュド）　111
鎮海（チネ）　260
春川（チュンチョン）　260
忠清南道（チュンチョンナムド）　111, 125, 167-168
忠清北道（チュンチョンプクド）　93-94, 111, 125, 167-168
全羅道（チョルラド）　161, 179
全羅南道（チョルラナムド）　62, 80-81, 93, 111, 125, 127, 167-168, 186
全羅北道（チョルラボクド）　80-81, 89-90, 93, 108, 111, 113, 115, 124-127, 143, 151, 167-168
清州（チョンジュ）　261
全州（チョンジュ）　127
太白（テーベク）山脈　301
大邱（テグ）　111, 254, 309
羅州（ナジュ）　179
南漢江（ナマンガン）　297, 301, 303
南楊州（ナムヤンジュ）　315
八堂（パルダン）　11, 297, 299-301, 303-306, 308-311, 315, 331-333
八堂ダム　295, 301, 305, 309, 331
八堂ダム湖　11, 301, 315, 332-333
漢江（ハンガン）　300-301, 303
釜山（プサン）　81, 113, 125-127, 254, 257, 261, 269, 272
富川（プチョン）　263-264
盆唐（ブンダン）　273
海南（ヘナム）　186
北漢江（プッカンガン）　297, 301, 303
木浦（モッポ）　127
両水里（ヤンスリ）　303, 307, 315
良才洞（ヤンジェドン）　279

著者略歴

深川　博史（ふかがわ・ひろし）

- 1958年　佐賀県生まれ
- 1982年　九州大学経済学部卒業
- 1984年　九州大学大学院経済学研究科修士課程修了
- 1987年　九州大学大学院経済学研究科博士課程単位取得
- 　　　　九州大学経済学部助手，教養部講師，助教授を経て，
- 　　　　現在，九州大学大学院経済学研究院助教授。

（主要論文）
「韓国のガット・ウルグアイラウンド対策」（九州大学『韓国経済研究』第1巻第1号，2001年），「韓国の土地所有と『親環境農業』政策」（日本経済政策学会編『21世紀日本の再生と制度転換』勁草書房，2001年），「韓国のグリーンベルト―転用規制と環境保全の試み―」（日本経済政策学会編『政策危機の構図』勁草書房，2000年），「韓国の土地利用と開発制限区域制度」（『アジア都市研究』第1巻第3号，2000年），など。

市場開放下の韓国農業
―農地問題と環境農業への取り組み―

2002年10月31日　初版発行

著　者　深　川　博　史

発行者　福　留　久　大

発行所　㈶九州大学出版会
〒812-0053　福岡市東区箱崎7-1-146
九州大学構内
電話　092-641-0515（直通）
振替　01710-6-3677
印刷／九州電算㈱　製本／篠原製本㈱

Ⓒ 2002 Printed in Japan　　　ISBN4-87378-755-6